化工过程安全管理与实践

王浩水　编著

中国石化出版社

内 容 提 要

本书概述了化工安全生产，阐述了化工过程安全管理的起源与发展、化工过程安全管理与安全管理体系的关系，以及构建的适合我国国情的化工过程安全管理要素。本书重点对化工过程安全管理20个要素逐个进行详细阐述，内容涉及安全领导力、全员安全生产责任制、安全生产合规性要求、安全生产信息管理、安全教育培训和能力建设、风险管理、安全规划与设计、生产装置首次开车安全、安全操作、设备完好性管理、安全仪表管理、重大危险源安全管理、作业安全管理、承包商安全管理、变更管理、应急准备与响应、安全事故事件的调查与管理、本质更安全、安全文化以及化工过程安全管理的实施、考核评审与持续改进等内容。

本书内容全面，叙述流畅，有多个案例支撑，适合从事化工生产的操作人员、技术人员、企业管理人员以及从事化工、危险化学品安全监管的政府有关部门人员学习参考，也可作为高等院校相关专业学生的参考用书。

图书在版编目(CIP)数据

化工过程安全管理与实践／王浩水编著 . —北京：
中国石化出版社，2022. 5
ISBN 978-7-5114-6665-5

Ⅰ. ①化… Ⅱ. ①王… Ⅲ. ①化工过程–安全管理
Ⅳ. ①TQ02

中国版本图书馆 CIP 数据核字(2022)第 064712 号

中国石化出版社出版发行

地址:北京市东城区安定门外大街 58 号
邮编:100011　电话:(010)57512500
发行部电话:(010)57512575
http://www.sinopec-press.com
E-mail:press@ sinopec.com
北京科信印刷有限公司印刷
全国各地新华书店经销
*
787×1092 毫米 16 开本 21.25 印张 496 千字
2022 年 6 月第 1 版　2022 年 6 月第 1 次印刷
定价:136.00 元

推进化工产业安全高质量发展

（代序言）

◀◀◀◀◀◀◀

王浩水同志撰写的《化工过程安全管理与实践》一书即将付梓，作者要我为书作序，借此我谈点拙见。

化工产业是国民经济的基础产业和支柱产业。化工产品广泛用于国民经济各个领域，关系到民生的"衣食住行用"。我国化工产业历史长久，新中国成立后迅速发展，经过70多年的努力，我国已经成为全球规模最大的化工大国。

化工产业是全球化程度高、市场竞争激烈的产业。我国坚持独立自主、创新驱动的发展道路，涌现了许多化工行业的发明创造。同时根据历史条件变化，我们不断引进、吸收、消化国外的先进技术工艺和装备，实现了再创新。"一五"时期苏联援建的156项工程中有不少化工项目。1973年，毛主席、周总理决定花43亿美元从国外引进13套大化肥、4套化纤、3套乙烯装置，称为"四三"工程。改革开放后，我国化工产业融入国际化工领域，引进技术、资本和成套化工装置，加速了我国化工行业技术水平的提升。但目前我国化工在关键核心技术、关键设备材料等方面被"卡脖子"的环节不少，在工程新材料、精细化工和电子化工等高端化工领域需要实现更多突破，在强链、补链上下功夫，应对国际形势的变局。

化工产业对安全生产要求严格。化工行业的原料和产品多为危险化学品，易燃易爆、腐蚀辐射、有毒有害；工艺路线复杂，生产连续，生产过程高温深冷、高压真空，条件严苛，这些客观条件决定了化工生产过程的高风险特征。

党和国家高度重视安全生产。1952年12月贯彻毛主席指示确定了"生产必须安全，安全为了生产"的方针，1984年确定了"安全第一、预防为主"的总方针并于1987年写入《劳动法》。2002年6月发布《中华人民共和国安全生产法》后几经修订。在党的十六届五中全会上提出了"安全发展"的理念，将"节约发展、清洁发展、安全发展"列为可持续发展观的重要组成，对安全生产方针增加了新的表述，变为"安全第一、预防为主、综合治理"。习近平总书记向来对安全生产高度重视、身体力行，多次强调"发展是第一要务，安全是第一责任"，并且提出安全生产"党政同责"，完善了安全生产监管体制。我在2005年初调国家安全生产监管总局任局长，期间和同事们共同组织研究了安全生产与工业化进程的关系，提出"安全责任、安全法制、安全科技、安全投入、安全文化"的安全生产五要素，积极贯彻安全发展理念，针对工业化中期事故多发的严峻状况要"标本兼治，重在治本"。当时将煤矿、非煤矿山、危险化学品、建筑施工、民爆器材、烟花爆竹等列为高危行业，此外还有第三产业中的道路交通、铁路运输、航空运输等。回顾那几年，在中央的正确领导和全社会的支持下坚决遏制煤矿等重特大事故频发、高发，经过努力实现了安全生产形势的基本好转和明显好转。化工行业的安全生产是重点之一，落实地方政府监管责任和企业主体责任，推动化工行业专项治理，关闭非法、违法、违规的小化工，对质量、安全、环保、节能等方面不达标的化工企业限期改造，淘汰落后产能也取得了进展。

近些年来化工行业和涉及危险化学品的事故仍然多发。如2013年11月22日青岛原油管线爆炸、2015年8月12日天津港危化品仓库爆炸、2019年3月21日江苏盐城响水化工区爆炸都造成了巨大伤亡。当时在社会上谈"化"色变，一些地方和部门也采取了全部关停"一刀切"的做法，可以理解，但也产生了一些误导。化工行业要"规模化、高端化、园区化、数字化、绿色化"发展是对的，但也要看到这些措施是一把双刃剑。比如单体装置规模的扩大、园区化的集聚同时造成了危险源、污染源单个体量的扩张和叠加，形成更大的风险。再如数字化、智能化推动了化工技术的提高，但同时可能由于内外原因造成控制失灵，牵一发动全身，引发全面停产，甚至导致重大事故。总的看化工行业新老问题并存，在总结经验教训的同时，要能够形成化工安全生产管理的理论框架和监管体系。我国到2035年将基本实现新型工业化、信息化、城镇化和农业现代化，建立现代化产业体系。在新形势下，仍要坚持"安全第一、预防为主、综合治理"的安全生产方针，防止安全生产被边缘化，要坚持安全生产齐抓共管，进一步落实压实安全生产责任。

化工过程安全管理是化工企业技术和管理的综合体现。纵观国际同行，20世纪60~80年代，西方发达国家化工产业高速发展，化工事故多发、频发，最惨烈的是美国联合碳化物公司（UCC）1984年12月3日在印度博帕尔的农药厂爆炸，造成6400多人死亡，惊动全世界。其他如英国、德国、意大利等主要化工大国，也多次发生重大安全事故。事故教训催生了化工过程安全管理理念，逐渐成为发达国家预防重大化工事故的重要理论和方法，也得到了全球化工界的共识。

王浩水同志是从生产一线成长起来的，2006年从齐鲁石化公司调任国家安全监管总局任危化司司长，后来担任国家安全监管总局党组成员、总工程师，应急管理部党组成员、总工程师。他一直从事化工产业安全生产监管工作，他体会到要实现化工产业安全发展，必须紧紧扭住化工过程安全这个牛鼻子，针对化工产业安全生产实际，他曾组织起草了相关政策法规和规章制度。王浩水同志总结化工安全管理的实践和经验，借鉴国外先进经验和做法，聚焦化工过程安全管理，写成了《化工过程安全管理与实践》这本书。

我翻阅了一遍本书，感到作者对我国化工产业安全生产的规律、安全风险的特点和主要问题有比较深刻的体会和认知。书中提出的化工过程安全管理要素体系比较全面和系统。"化工过程安全管理"体现了我国化工界"全员、全过程、全方位、全天候"的安全管理原则，覆盖了化工产品的"全生命周期"，着眼于提高人员素质、保障"本质安全"，凝结为化工过程安全管理体系的20个要素。书中对每个要素内涵及实践的阐述，符合我国化工行业安全理念和现实状况，易于读者理解和把握，有较强的针对性和实用性。作者还提供了从实践中总结出来的工具和方法，增强了本书的实践性和可操作性。书中引用的国内外事故案例及事故原因教训分析，会使读者各有所获。

　　化工产业的发展与创新没有止境，化工过程安全管理也没有止境。近年来，我国一些高校和研究机构先后开展了化工过程安全理论研究与教学，这本书既是对以往化工过程安全实践的总结，也为化工过程安全管理发展和创新提供了一个新的起点。期待作者和有志于此的同行们有更多的研究成果问世。以上是对粗览《化工过程安全管理与实践》一书的一些思考，是为序。

李毅中

二〇二二年五月二十三日

前　言

◀◀◀◀◀◀◀◀

1982 年 7 月，我毕业后即分配到当时的齐鲁石油化学工业总公司（1983年 7 月由山东省划归新成立的中国石油化工总公司，1984 年 1 月 1 日起改称中国石油化工总公司齐鲁石油化工公司，简称齐鲁石化公司）"30 万吨乙烯工程指挥部"工作，从此开始就与化工、危险化学品的安全生产结下了不解之缘。在齐鲁石化公司工作期间，我先后在芳烃装置、高密度聚乙烯装置、线性低密度聚乙烯装置、高压聚乙烯装置四套现代化的石油化工装置工作，除在高密度聚乙烯装置跟班学习半年外，其余三套装置都是自始至终参加了生产准备和首次开车，职务也从最初的技术员、工段长、车间副主任、主任，到塑料厂副总工程师、副厂长、厂长。2002 年 8 月起任齐鲁股份公司经理、中国石化齐鲁分公司副经理。在任齐鲁股份公司经理、齐鲁分公司副经理期间，我分管安全、生产、设备、动力、技术、外事、档案等工作，组织了齐鲁公司 80 万吨/年乙烯改造工程的生产准备和化工投料，这些工作无一不与安全生产紧密相连。在齐鲁石化公司工作的 24 年间，可以说没有一天不与安全生产打交道，无时无刻不在处理生产和安全问题。长期的化工装置基层工作，使我积累了较为丰富的化工安全生产的经验，但也为随时可能发生的生产安全事故担心，总想有朝一日能够把握化工安全生产规律，找到一条做好化工安全生产工作的有效途径和管用办法，可以有效避免化工生产事故造成人员伤亡和财产损失，让化工更好地助力国家民族的振兴、更好地造福人类。

2006 年 7 月，带着如何做好化工安全生产工作的困惑和做好化工安全生产的强烈愿望和使命，我从中国石化齐鲁石化公司调到原国家安监总局工作，任危险化学品安全监管司司长。面对全国化工、危险化学品安全生产的严峻形势，如何尽快遏制事故多发的势头成为当务之急。

初到国家安监总局危险化学品安全监管司工作时，基本上还是"追着事故跑"：全国各地发生了典型的化工或危险化学品事故，司里就会针对事故暴露出的突出问题，发文提出整改和整治的工作要求。但找到一套化工安全生产科学管理方法、安全管理要走在事故发生前的信念一直激励我不断地探索。在开展我国与化工发达国家安全监管法律法规标准的对标研究和安全生产监管对外交流的过程中，发现美国化工过程安全中心（Center for Chemical Process Safety，CCPS）推行的化工过程安全管理（Process Safety Management，PSM），对提高化工装置本质安全水平、防范遏制由化学品大量泄漏导致的化工、化学品事故有明显成效，是化工企业预防事故有效的管理方法。

化工过程安全管理理念的提出源于印度博帕尔事故。1984年12月3日凌晨，位于印度中央邦的博帕尔市（Bhopal）的美国联合碳化物（Union Carbide）下属的联合碳化物（印度）有限公司（UCIL），发生剧毒化学品甲基异氰酸酯（又叫异氰酸甲酯，简写为MIC）泄漏事故。据国际异氰酸酯协会提供的资料表明，事故导致6495人死亡，12.5万人中毒，接受治疗的受害人高达20万人！成为人类工业史上最惨烈的事故灾难。事故发生后，特别是事故涉及美国的化工公司，震惊了美国化工界。为了防范和遏制化工和化学品事故，美国化学工程师协会（American Institute of Chemical Engineers，AIChE）专门成立了化工过程安全中心。美国化工过程安全中心是美国化学工程师协会下属的一家非营利性企业联合组织，该中心致力于化工、制药、石油等领域的过程安全研究与评估。同时，美国化工过程安全中心带动了制造业、政府部门、咨询业、学术界、保险业等行业对工业过程安全的认识与提高。

2007年，美国化工过程安全中心编写出版了《Guidelines for Risk Based Process Safety》（该书中文版《基于风险的过程安全》由中国石化出版社出版），标志着美国化工过程安全管理要素体系的成熟。通过对美国化工过程安全管理要素体系的深入研究，同时借鉴欧盟化学品安全管理的经验，从事化工、危险化学品安全管理的众多专家都认为在我国推行化工过程安全管理，是提升我国化工行业、危险化学品领域安全生产管理科学化水平的有效途径。在充分吸收美国化工过程安全管理理念和要素，同时借鉴欧盟化学品安全管理经验的基础上，结合我国化工、危险化学品安全生产法律法规、标准规范和实践经验，2013 年 7 月，原国家安监总局印发《关于加强化工过程安全管理的指导意见》（安监总管三〔2013〕88 号），对化工企业、涉及危险化学品单位的安全管理提出了 13 个方面 30 项工作要求，将化工过程安全管理的理念和做法全面引入我国化工行业和危险化学品领域。

《关于加强化工过程安全管理的指导意见》发布后，受到了业界的广泛认同和肯定。全面推进化工过程安全管理，对于遏制化工、危险化学品事故起到了明显效果。随着对《基于风险的过程安全》一书理解的加深和与国内外专家的深入交流，编者萌生了构建符合我国国情、满足我国安全生产要求的化工过程安全管理体系的想法。在接近退休的 2019 年，编者在深入研究美国化工过程安全管理 20 个要素、欧盟化学品安全管理、日韩和马来西亚、新加坡化工安全管理做法的基础上，结合多年来化工安全生产的实践经验，以及在原国家安监总局和应急管理部从事化工、危险化学品安全监管的工作经历，开始研究构思我国化工过程安全管理体系要素。

在中国石油大学（华东）"美国化工过程安全中心中国分部"赵东风教授团队、中国化学品安全协会和应急管理部化学品登记中心有关专家学者的协助下，历时两年多的思考和研究，编者提出了基于我国国情的"化工过程安全管理体系及其构成要素"。编者构想的化工过程安全管理体系，由 20 个要素构成，以"安全领导力"要素为引领，以基于风险管理为核心，强调化工、危险化学品装置各专业全生命周期的安全管理，增加"安全规划与设计""化工装置首次开车安全"和依靠科技进步推动装置"本质更安全"等要素；借鉴欧盟的做法和我国安全生产的成功经验，增加"重大危险源"管理要素。要素体系广泛征求了化工、危险化学品安全生产工作者的意见，达成了一致的共识。编者把管理体系的基本内容整理编写成本书——《化工过程安全管理与实践》，意在表明我国的化工过程安全从学习、实践美国化工过程安全起步，积极探索出一条符合我国国情的化工、危险化学品安全生产科学管理之路。

随着我国国民经济和社会的迅猛发展，化工行业日新月异，危险化学品的应用也越来越广泛，化工和危险化学品的安全生产管理也会不断出现新情况、新问题，需要我们继续总结经验、吸取教训，不断提升和完善我国化工、危险化学品安全生产管理的方法，编者出版此书的初心即是为致力于我国化工、危险化学品安全生产工作的同志提供借鉴和参考。

由于编者能力所限，书中观点和错误在所难免，诚挚欢迎各位读者提出宝贵意见。

目　录

第13章 安全操作 / 176

第14章 设备完好性管理 / 183

第20章　应急准备与响应 / 241

第 1 章
化工安全生产概述

　　化学工业是人类社会文明发展的产物，并随着不断满足人类生活需要而发展。人类化工生产活动最初是通过对天然物质进行极其简单的加工，制作一些生活所需化学品开始。考古发现，至少在 1 万年前，人类就已经掌握了窑穴烧陶技术；5000 年前就开始将海水蒸发结晶制盐，发明了葡萄酒酿造工艺，加工过程涉及过滤、蒸馏、蒸发、结晶、干燥等化工工艺。

　　随着近代工业革命和石油的大量开采加工，化学工程成为重要的现代工程学科。1888 年美国麻省理工学院开设了世界上最早的化学工程专业，该院化学工业委员会 1915 年首次提出了单元操作的概念。由于化工单元操作的发展和战争需要，进入 20 世纪三四十年代之后，化工专用机械、设备制造快速发展。流化床催化裂化制取高级成品油、乳液聚合生产丁苯橡胶以及用于制造原子弹的曼哈顿工程三项重大研发技术同时在美国问世，极大地促进了化学工业的发展。

　　在此期间，随着计算机技术应用于过程控制，使得化学工业由人工操作逐渐朝自动控制方向过渡。20 世纪 60 年代，高效催化剂的发明、大型离心压缩机组的研究成功、各类化工设备生产分工不断细化，将化学工业推向了一个新的高度。这一时期新型催化剂的研究开发，助推化工产品的研发周期大大缩短，一些化工产品从实验开发到工业放大生产仅需 3~5 年。

　　新中国化工行业的发展走过了艰苦的历程。新中国成立后，大连化学厂、永利宁厂、抚顺石油一厂等很快恢复了硫酸的生产。第一个五年规划期间，建成了吉林、太原和兰州三大化工基地。为解决人民的基本生活保障需求，加之技术水平限制，我国化工行业在 20 世纪五六十年代是以发展"三酸两碱"无机化工为主(无机化工产业链见图 1-1)。这一时期，我国建设了大量以氮肥为主的化肥厂，为解决国人的吃饭问题发挥了很大作用。

　　煤炭和石油资源的开采利用，为化工生产提供了丰富的原材料，形成了化工行业的两大支柱产业——煤化工和石油化工，二者的产品，又为精细化工发展提供了基础原料。历史上，煤化工起源要早于石油化工，而近代社会对石油产品的需求量持续增大，促使石油化工产业迅猛发展、后来者居上。我国是一个煤炭资源比较丰富的国家，近年来，我国煤化工重新快速崛起，随着煤制油、煤制烯烃技术的开发，煤化工大有与石油化工并驾齐驱的趋势。石油化工、煤化工、精细化工三大产业所生产的化学品，为人们的衣食住行、看病就医和社会文明进步提供了巨大的便利条件和物质支持，见图 1-2~图 1-4。

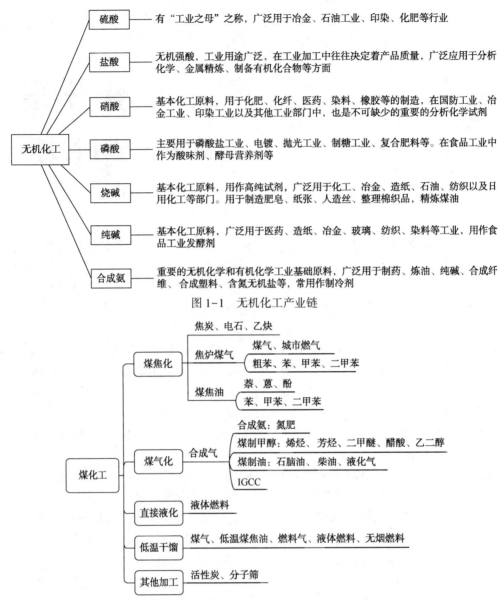

图 1-1 无机化工产业链

图 1-2 煤化工产业链

新中国成立时，我国石油和化学工业"一穷二白"，从新中国成立到改革开放初期，我国化学工业发展主要以"小氮肥"为主。1978 年，全行业主营业务收入 758.5 亿元，利润总额 169.7 亿元，进出口贸易总额 21.4 亿美元，当时化工仍然属于一个基础薄弱和技术落后的行业。

我国石油和化学工业的加速发展是从 20 世纪 70 年代开始的。为了解决全国人民的穿衣吃饭问题，20 世纪 70 年代我国先后从美国、荷兰、日本、法国等国家引进一批大化肥、大化纤和大乙烯项目。改革开放 40 多年来，我国石油和化学工业发生了翻天覆地的变化。2017 年，全行业主营业务收入达到 13.78 万亿元，是 1978 年的 181.7 倍。进出口总额达到 5833.7 亿美元，是 1978 年的 272.6 倍，40 年来各项经济指标年均增速都在 13% 左右。

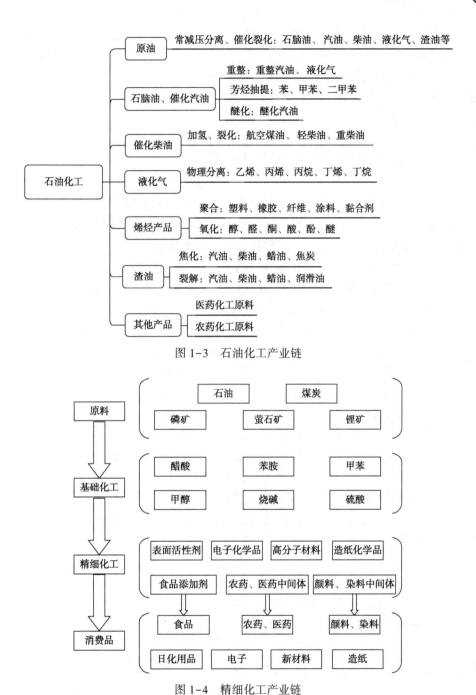

图 1-3　石油化工产业链

图 1-4　精细化工产业链

从 2010 年开始我国已成为世界第一化工大国。2017 年世界化工行业产值中，我国已经达到 1.9 万亿美元，美国是 7600 万美元，日本是 2600 万美元，德国是 2300 万美元，我国化工企业比美、日、德三国产值的总和还要多。

近年来，我国化工行业发展呈现出一些新的特点，一是随着煤制烯烃、煤制油技术的开发，现代煤化工进入快速发展时期，内蒙古自治区、陕西省、新疆维吾尔自治区、宁夏回族自治区等地相继建成了一批现代煤化工基地。二是以医药原料药为主的精细化工发展迅速。三是化工装置、危险化学品储存设施大型化趋势明显，新建的石油化工装置大多都是千万吨级炼油、百万吨级乙烯，原油单罐储存能力达到 $15 \times 10^4 m^3$，汽油单罐储存能力达到 $5 \times 10^4 m^3$。四是民营大型石化装置快速发展。同时，企业缺乏既懂生产(工艺、设备、自控和安全仪表等)又懂安全工程的复合型安全管理人员和高素质的化工产业工人。化工企业安全生产的任务十分繁重。

1.1 化学工业的安全生产问题

在化学工业规模化生产的 200 多年时间里，民间作坊向规模化、专业化、集约化工厂发展持续加速，生产效率得到了大幅提高、生产成本一降再降，整个人类社会都在享受化学工业带来的美好生活和巨大福利，衣食住行越来越离不开化工产品。以石油化工为代表的化工产业迅猛发展，使得近一半的世界财富都来自石油化工产业。任何事物都有两个方面：一方面化工行业的迅速发展，极大地改善了人们的物质生活条件，推动了人类社会文明的进步和发展。另一方面，化工行业原材料、中间产品和最终产品大多是危险化学品，化工过程处理的物料大多易燃易爆、有毒有害；化工生产工艺技术路线复杂，生产过程往往高温(低温)高压(真空)且 24h 连续生产，检修维护工作量大。这些特点决定了化工是高危行业。化工装置(包括危险化学品设施)如果投入不足或管理不善，发生生产安全事故的概率很高，一些涉及危险化学品的事故往往会导致严重后果。

从一组数据可以看出，化工、危险化学品安全生产事故的易发高发。据不完全统计，2005~2019 年 15 年间，我国共发生可统计化工、危险化学品事故总量 5013 起，共造成 3674 人死亡，造成的经济损失、环境污染问题尚未看到权威的统计数据。

我国现有近 10 万家化工企业(危险化学品生产经营单位 40 多万家)，其中小化工企业占到 80% 以上。这些小化工企业大多安全保障水平低。为追求利益最大化，一些小化工企业急功近利，甚至不惜铤而走险，装置没有正规设计、工艺开发没有进行安全评估、设备设施简陋、缺乏必要的安全自动控制系统，又加之缺乏安全管理人才，因而事故多发频发，安全生产形势不容乐观。

上述情况表明，化学工业在国民经济中的地位日益升高，对促进社会发展、巩固国防力量以及改善人民生活水平等方面都起着重要的作用，但伴随而来的人身伤害、环境污染、财产损失事故却不得不引起人们的高度重视。

1.2 历史上典型的化工、危险化学品事故

(1) 比利时列日市大气污染惨案。1930 年 12 月 1 日至 5 日，时值隆冬，比利时列日市西部马斯河谷工业区上空一直笼罩在浓雾之中(图 1-5)。在二氧化硫(SO_2)和其他有害气体以及粉尘污染的综合作用下，河谷工业区有上千人发生呼吸道疾病，症状表现为胸闷、咳嗽、流泪、咽痛、声嘶、恶心、呕吐、呼吸困难等。一个星期内就有 60 多人死亡，是同期正常死亡人数的十多倍，其中以心脏病、肺病患者死亡率最高。许多家畜也未能幸免于难，纷纷死去。这次事件曾轰动一时，是 20 世纪最早记录下的因化工生产导致的大气污染惨案。

图 1-5　20 世纪 30 年代马斯河谷地区

（2）美国得克萨斯州爆炸事故。1947 年 4 月 16 日，在美国得克萨斯州，发生一起美国历史上最致命的工业事故：一艘装载硝酸铵化肥的船只起火爆炸，事故蔓延至海湾附近的化工厂，引燃了炼油设备和油品储罐（图 1-6）。事故灾难导致 500 多人死亡，超过 3500 人受伤，参与灭火的得克萨斯市消防志愿队仅有 1 人幸存，上千栋居民楼和商业建筑被摧毁，1000 多艘船只和 300 多辆汽车损毁。

图 1-6　美国得克萨斯州爆炸事故

（3）英国 Nypro 公司己内酰胺装置爆炸事故。1974 年 6 月 1 日 16 时许，英国 Nypro 公司环己烷氧化生产尼龙的装置，由于临时跨接反应器管道上的膨胀节突然破裂，大量含有环己烷的物料泄漏，形成蒸气云，发生爆炸（图 1-7）。爆炸摧毁了工厂的控制室及邻近的工艺设施，造成厂内 28 人死亡、36 人受伤，厂外附近的 53 人受伤，周围社区也有数百人受伤，经济损失高达 2.544 亿美元。该起事故促使欧洲的化工企业管理者和化学工程师意识到：对工厂的安全设计以及对工厂发生的变更进行系统危害分析至关重要！事故也催生化工危害分析方法——危险与可操作性（HAZOP）分析的诞生。

图 1-7　英国 Nypro 公司己内酰胺装置爆炸事故

（4）意大利塞维索二噁英泄漏事故。1976 年 7 月 10 日，在距离米兰不远的意大利北部城市塞维索伊克梅萨化工厂发生爆炸。事故导致包括化学反应原料、生成物以及二噁英杂质等在内约 2t 化学物质的泄漏。发生爆炸的反应釜在进行加碱水解反应生成三氯酚时，放热失控，引起压力过高，安全阀失灵，引发爆炸（图 1-8）。爆炸过程持续了约 20min，二噁英等有毒化学物质在爆炸后形成污染云团，最终的污染范围涉及塞维索、梅达、地赛欧等 7 个属于米兰省的城市，受影响居民达到 12 万人。约有 2000 名受二噁英严重污染的居民接受了二噁英中毒治疗，其中 447 人症状严重。在受影响的米兰省 7 个城市居民中包括约 400 名孕妇，其中 26 人被建议堕胎。事故推动欧盟颁布了各成员国共同遵守的工业事故处理法令：《塞维索指令》。

图 1-8　意大利塞维索二噁英泄漏事故

（5）上海高桥石化公司液化气球罐泄漏爆炸事故。1988 年 10 月 22 日，上海高桥石油化工公司炼油厂小凉山球罐区，操作人员在对液化气球罐进行切水操作时，未执行"切水操作严禁离人"的操作要求擅离现场，致使液化气与水一起排出，导致液化气遇到明火发生爆燃，造成 26 人死亡、15 人受伤。

（6）北京东方化工厂泄漏爆炸事故。1997 年 6 月 27 日 21 时左右，北京东方化工厂发生重大泄漏爆炸事故(图 1-9)。事故造成 9 人死亡、39 人受伤，直接经济损失 1.17 亿元。大火持续 40 个小时，事故共烧毁油罐 10 座，其中 10000m³ 原料罐 6 座。乙烯产品 B 罐解体成 7 块残片飞出，其中最重的一块为 46t，飞出 234m，另一块 13t，飞到厂外 840m 远的麦田里。

图 1-9　北京东方化工厂"6·27"泄漏爆炸事故

（7）墨西哥圣胡安尼科大爆炸。1984 年 11 月 19 日，墨西哥国家石油公司在圣胡安尼科的储存设施发生爆炸(图 1-10)，工厂内当时储有 10000m³ 的液化丙烷和丁烷气体，整个工厂被摧毁。爆炸毁掉了附近的小镇。事故造成 500 多人死亡、7000 多人受伤，35 万人无家可归，受灾面积高达 27×10⁴m²。

图 1-10　墨西哥圣胡安尼科大爆炸

（8）印度博帕尔农药厂毒气泄漏事故。1984 年 12 月 3 日凌晨，位于印度中部博帕尔市北郊的美国联合碳化物公司农药厂突然传出尖锐刺耳的汽笛声，紧接着在一声巨响声中，一股强大的气流冲向天空，形成一团蘑菇云并快速扩散，弥漫的毒气(异氰酸甲酯)造成了6000多人直接致死、20多万人永久残疾的人间惨剧。

(9)德国莱茵河污染事故。1986年11月1日，位于瑞士巴塞尔附近的桑多斯化学公司仓库起火，装有1000多吨剧毒农药的储罐爆炸，硫、磷、汞等有毒物质随着百余吨灭火剂通过下水道排入莱茵河，事故造成约100多千米范围内大量鱼虾被毒死(图1-11)，约400多千米范围内的井水受到污染不能饮用，沿河自来水厂全部关闭，事故使德国几十年治理莱茵河所耗的200亿美元付诸东流。

图1-11　德国莱茵河污染事故

(10)吉林某石化公司双苯厂爆炸污染事故。2005年11月13日，吉林某石化公司双苯厂苯胺车间因精制塔循环系统堵塞，操作人员操作处理不当发生爆炸，造成生产装置严重损坏，半径2km范围内的建筑物玻璃全部破碎，10km范围内有明显震感。事故导致8人死亡、60人受伤、1万多群众疏散，直接经济损失7000余万元。事故导致松花江严重污染。

(11)大连某油库输油管道爆炸事故。2010年7月16日，位于大连市保税区的某国际储运有限公司原油库输油管道发生爆炸，引发大火并造成大量原油泄漏，部分原油、管道和设备烧损，泄漏原油流入附近海域造成污染。在灭火过程中，消防战士1人牺牲、1人重伤。据统计，事故造成原油泄漏总量6.3×10^4t，直接财产损失达2.2亿元。

(12)河北赵县某化工公司爆炸事故。2012年2月28日，河北赵县某化工公司硝酸胍生产装置，其反应釜底部伴热导热油泄漏着火，引发釜内反应产物硝酸胍、未反应完的硝酸铵和现场存放的硝酸胍产品发生爆炸。事故造成29人死亡、46人受伤，直接经济损失4459万元。

(13)青岛输油管道爆炸事故。2013年11月22日，青岛市一输油管道发生泄漏事故，泄漏原油进入市政排水暗渠，在形成密闭空间的暗渠内油气积聚遇火花发生爆炸。事故造成62人死亡、136人受伤，直接经济损失75172万元。

(14)天津滨海新区爆炸事故。2015年8月12日晚，天津港某公司存放的危险化学品(有大量硝酸铵)发生爆炸(图1-12)，造成165人遇难、8人失踪、700多人受伤，300多幢建筑物、12000多辆商品汽车、7500多个集装箱受损，直接经济损失高达68亿元。

图 1-12　天津港"8·12"爆炸事故

（15）江苏响水县某公司爆炸事故。2019 年 3 月 21 日，江苏省响水县某化工公司生产固废仓库发生特别重大爆炸事故（图 1-13），事故造成 78 人遇难、76 人重伤、640 人住院治疗，直接经济损失 19.86 亿元。

在化学工业快速发展的 200 多年里，各国化工行业都不同程度发生了大量的安全事故。随着化工装置生产规模不断增大，工艺技术复杂程度不断提高，所发生的事故越来越难以控制在工厂范围之内，给人们的生命安全和社会的稳定与和谐带来了深远影响，也正是这些事故教训，催生了化工生产安全这一新兴管理领域。

图 1-13　江苏省响水县"3·21"爆炸事故

1.3　化工生产与安全

无危则安，无损则全。事实上，人类社会从开始生产活动那一天起，就不断在生产实践中总结经验教训，探索预防事故发生的基本规律。《天工开物》中写道："凡烧砒时，立者必于上风十余丈外，下风所近，草木皆死。烧砒之人经两载即改徙，否则须发尽落。"这就是古代先人在砒霜制作过程中总结出来的安全操作之法。

现代生产安全已经是一门以理论和经验为基础、多专业交叉的工程类学科。化工安全工程是针对化工生产中存在的危害因素进行辨识，分析研究其产生的原因和可能导致的后果，并制定可靠的安全技术措施或管控措施，确保风险可控并持续改善。化工生产过程中，人的不安全行为和物的不安全状态是导致事故发生的主要原因，也是化工安全管理防控的重中之重。物的不安全性主要是指化学品的危险特性发生意外释放，而人的不安全行为主要和人的本性、环境和管理有关，人、物、环、管是安全生产过程中最基本的四个要素，它们不是相互独立的，而是互相影响、辩证统一的(图1-14)。

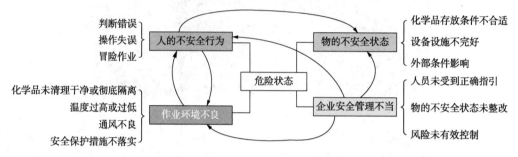

图1-14　危险状态四要素关系图

1.3.1　危险化学品因素

化工生产过程所用的物料大多是化学品，绝大多数化学品具有潜在危险性，如易燃易爆、有毒有害、腐蚀、放射性等。

危险化学品是我国安全管理工作特有的概念。根据化学品的危险特性和社会安全管理的需要，将一部分危险性较大的化学品划定为危险化学品，采取特殊的管控措施，以防范化学品事故。危险化学品采用目录式管理，由国家有关部门定期修订。2015年版的《危险化学品目录》包括2828种(类)化学品(其中剧毒化学品137种)。

根据GB 13690—2009《化学品分类和危险性公示　通则》，可将化学品分为16类。以下简单介绍几类典型的化学品类别。

(1)爆炸物。该类化学品本身能够通过化学反应快速产生大量气体，而产生气体的温度、压力和速度能对周围环境造成严重破坏。其中也包括不放出气体的发火物质。常见的爆炸物有雷汞$[Hg(ONC)_2]$、叠氮化铅$[Pb(N_3)_2]$、二硝基重氮酚$[C_6H_2N_2O(NO_2)_2]$、硝基化合物(含$C-NO_2$)、三硝基甲苯(TNT)、三硝基苯酚(苦味酸)、硝基胺(含$N-NO_2$)、硝酸酯(含$O-NO_2$)、硝化甘油(NG)等。爆炸物的主要危险特性是自反应性、敏感性、高能量密度和冲击波伤害。一般来讲，爆炸物普遍存在一些爆炸性化学基团，如C-C不饱和键(乙炔、乙炔银)、C-金属键和N-金属键(格林试剂、有机锂化合物)、偶氮键及叠氮键等。

爆炸类化学品一旦发生事故，往往后果极其严重，是安全生产领域最危险的物质。国内外发生的化工恶性事故多数与这类化学品有关，例如2019年发生在江苏省响水县的"3·21"特别重大爆炸事故。

(2)易燃气体和易燃气溶胶。易燃气体是指在20℃和标准大气压101.3kPa时与空气混合有一定易燃范围的气体。易燃气体的危险主要体现在它的快速燃烧性，当一定量的易燃气体与氧气(空气)形成混合物，遇到点火源则发生瞬间燃烧。易燃气溶胶是指悬浮在气体介质中的易燃固态或液态微粒，其危险性与易燃气体相似。这类物质最大的危险性在于"闪爆"或"闪燃"。化工厂发生的"闪爆"事故大多与此类化学品泄漏有关。

（3）氧化性气体。氧化性气体是指通过提供氧，可引起或比空气更能导致或促进其他物质燃烧的任何气体，这类化学品的危险性主要体现在助燃作用和金属腐蚀性。助燃作用会致使燃烧过程越发难以控制，例如化工厂用于输送纯氧的管道内部置换不干净，留存的铁屑随着气流带动而产生静电起火，铁屑在纯氧中会剧烈燃烧导致管道爆炸；氧化性气体对金属的腐蚀性一般是指在潮湿环境中氧化性气体与金属材质交换电子而导致容器、管道被氧化腐蚀泄漏。氧化性气体一旦与有机物混合，会有爆炸的危险。

液氧泄漏爆炸会造成严重后果，例如 2019 年发生在河南省三门峡市的"7·19"重大爆炸事故。

（4）压力下气体。压力下气体是指等于或大于 200kPa（表压）下装入储存容器的气体、液化气体、冷冻液化气体。可燃气体压力状态下的危险主要有易泄漏燃爆性、物理爆炸性、不安定性、低温伤害性和缺氧窒息性。液化的可燃气体是非常危险的化学品。

（5）易燃液体。易燃液体是指闪点不高于 93℃ 的液体。它的主要危险是有闪燃性、静电积累性以及火灾时容易产生"流淌火"。低闪点易燃液体更具危险性，与空气混合达到爆炸极限即可发生"闪爆"。

（6）易燃固体。易燃固体是指容易燃烧或通过摩擦可能引燃或助燃的固体。易燃固体可能呈粉末状、颗粒状或糊状物质，它们的主要危险性体现在粉尘的爆炸性方面。粉尘发生爆炸易激起周围环境中沉积的粉尘引发二次或多次爆炸，所以粉尘爆炸往往比可燃气体爆炸的威力和危害性更大。

（7）自反应物质。自反应物质是指即使没有氧（空气）也容易发生剧烈放热分解的热不稳定液态或固态物质，其中不包括根据统一分类制度分类为爆炸物、有机过氧化物或氧化物质混合物。一般来说，具有自反应性的化合物含有相互作用的基团，例如磺酰卤类、磺酰氰类、磺酰腈类等。

（8）自燃类物质。自燃液体和自燃固体是指即使数量小也能在与空气接触后 5min 内引燃的化学品。如液态的三乙基铝、固态的白磷，它们的危险性主要在于安全存储措施失效极易自燃形成火灾。

（9）有机过氧化物。有机过氧化物是指含有—O—O—结构的液态或固态有机物质，可以看作是一个或两个氢原子被有机基团替代的过氧化氢衍生物。有机过氧化物是热不稳定物质，容易放热自加速分解，主要的危险性表现在易爆炸分解、迅速燃烧、对撞击摩擦敏感、与其他物质易发生危险反应。如过氧化苯甲酰、过氧化苯甲酸叔丁基酯、二乙丙苯基过氧化物，都属于化学性质活泼的物质。

从上述 9 类化学品的危险特性可以看出，化学品的危险性源自分子内部结构的不稳定性。正因如此，人们才能比较容易地利用它生产出新的物质，但如果安全防护措施不足，使危险化学品发生能量的意外释放或被激发，那么就可能导致事故的发生。

1.3.2 人的因素

海因里希曾经将机械伤害事故发生的因果连锁过程概括为五大因素，分别是遗传及社会环境→人的缺点→人的不安全行为或物的不安全状态→事故→伤害，其中三个因素都与人们自身相关。遗传因素及社会环境是人的性格塑造者，遗传因素可能造成鲁莽、固执等性格上的缺点，这些不良的性格特征会导致人们容易做出错误的举动，进而引起事故。海因里希用多米诺骨牌来形象地描述这种事故因果关系(图1-15)。在一系列多米诺骨牌中，一颗骨牌被碰倒，则将发生连锁反应，其余的几颗骨牌相继被碰倒。如果移去中间的一颗骨牌，则连锁被破坏，事故的传播途径就可能会被中止。

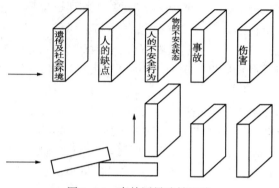

图1-15　事故因果连锁理论

海因里希曾经调查过美国的75000起工业伤害事故，发现98%的事故是可以预防的，只有2%的事故超出人的能力范围，是难以预防的。在可预防的工业事故中，由于人的不安全行为引发的事故占88%，以物的不安全状态引发的事故仅占10%。海因里希认为事故的主要原因就是人的不安全行为或物的不安全状态造成的，并没有把两者结合起来辩证看待分析问题。事实上，第二次世界大战后，人们逐渐认识到管理因素作为背后原因在事故致因中的重要作用。人的不安全行为或物的不安全状态是工业事故的直接原因，必须加以追究，但是它们只不过是其背后的深层次原因的征兆和管理缺陷的反映，只有找出深层次、最根本的原因，改进企业管理，才能有效地防止事故。

在安全生产工作中，墨菲定律也与人的因素有关。墨菲定律的原意是：如果有两种或两种以上的方式去做某件事情，而其中一种选择方式将导致灾难，则必定有人会做出这种选择。根本内涵是：如果事情有变坏的可能，不管这种可能性有多小，它总会发生。或者说：在安全生产工作中，凡是人可能会失误地方，迟早会有人出现失误。

安全生产的根本问题是人的问题。在安全生产工作中，管理者、作业人员的安全意识、管理能力和操作技能是根本的因素。

1.3.3　管理因素

事故发生的原因一般可归结到技术原因和管理原因。安全管理人员应充分认识到，安全管理工作要以得到企业各级人员广泛认同为基础，即安全管理者应该懂得管理的基本理论和原则。控制是管理机能(计划、组织、指导、协调及控制)中的一种机能。安全管理中的控制是指预防事故、控制损失，其中就包括对人的不安全行为和物的不安全状态进行有效控制管理，而且它是安全管理工作的核心。

大多数工厂企业中，由于各种原因，完全依靠工程技术上的改进措施来预防事故既不经济，也不现实。只有通过提高安全管理工作水平，经过较长时期的持续改进，才能防止事故的发生。管理者必须认识到：只要生产没有实现绝对的本质安全化(这几乎是不可能实现的!)，事故就有可能发生，人员就有可能受到伤害。因而在安全管理中，企业必须包含有针对事故因果连锁中所有因素的控制对策。

第 2 章
化工过程安全管理的起源与发展

化工行业是高危行业，其生产过程一般具有工艺流程复杂、易燃易爆、高温高压、有毒有害、连续生产、检修维护作业频繁等特点。随着化学工业的高速发展，化工生产规模越来越大，工艺过程日益复杂，自动化程度越来越高，化学品的储存量越来越大，这极大地增加了事故发生的可能性和事故后果的严重程度。

2.1 化工安全生产的特点

化工生产连续作业，涉及介质大多是危险化学品，具有易燃、易爆、高温、高压、有毒、有害等特点。因而较其他工业行业，化工行业有更大的危险性。

(1) 化工生产使用的原料、半成品和成品种类繁多，绝大部分是易燃、易爆、有毒害、有腐蚀的危险化学品。生产过程对这些原辅材料、燃料、中间产品和成品的储存和运输都提出了特殊的安全要求。

(2) 化工生产工艺条件苛刻。有的生产过程化学反应需要高温、高压，有的要求低温、高真空度。如由轻柴油裂解制乙烯、进而生产聚乙烯的生产过程中，轻柴油在裂解炉中的裂解温度为800℃；裂解气要在深冷(-96℃)条件下进行分离；纯度为99.99%的乙烯气体在294MPa(约3000kgf/cm²)压力下聚合，制取低密度聚乙烯树脂。

(3) 生产规模大型化。近年来，化工生产采用大型生产装置是明显趋势。

(4) 生产方式逐渐变为高度自动化、连续化生产；生产设备由敞开式变为密闭式；控制方式由分散控制变为集中控制；生产操作由人工手动操作变为仪表自动控制。

同时，在染料、医药、表面活性剂、涂料、香料等精细化工生产中间歇操作还很多，由于工人接触或过于靠近生产设施、岗位环境差，劳动强度大，发生事故时很难躲离而造成伤害。

2.2 化工安全事故的特征

(1) 发生火灾、爆炸、中毒事故概率大且后果严重

统计资料表明，化工厂火灾爆炸事故的死亡人数占事故总死亡人数的13.8%，居第一

位；中毒窒息事故死亡人数占总数12%，居第二位；高空坠落和触电，分别居第三位和第四位。

化工生产中的反应器、压力容器的爆炸，以及燃烧传播速度超过音速的爆轰，都会产生破坏力极强的冲击波，冲击波超压达0.2atm（1atm＝101325Pa）时会使砖木结构建筑物部分倒塌、墙壁崩裂。如果爆炸发生在室内，压力一般会增加7倍，一般的建筑物难以承受如此大的压力。

化工管道破裂或设备损坏，大量易燃气体或液体瞬间泄放，便会迅速蒸发形成蒸气云团随风飘移，并且与空气混合达到爆炸下限。据估算，50t易燃气体泄漏会形成直径700m的云团，在云团覆盖下的人员将会被爆炸火球或扩散的火焰灼伤，其热辐射强度将达到14W/cm^2（人能承受的安全热辐射强度仅为0.5W/cm^2），同时人员还会因缺氧而窒息死亡。

据统计，因一氧化碳、硫化氢、氮气、氮氧化物、氨、苯、二氧化碳、光气、氯化钡、氯气、甲烷、氯乙烯、磷、苯酚、砷化物等16种危险化学品造成中毒、窒息的死亡人数占中毒死亡总人数的87.9%。

一些密度比空气大的液化气体如氨、氯等有毒气体，在设备或管道破口处以15°～30°呈锥形扩散，在扩散距离100m左右时，人员还容易察觉并迅速逃离，但当毒气影响距离达到1km或更远时，人很难逃离，会导致大范围人群中毒。

（2）触发事故的因素多

一是，化工生产工艺中有许多副反应发生，有些机理尚不完全清楚，有些则是在危险临界点（如气体爆炸极限、化学品的分解温度等）附近进行生产，工艺条件稍一波动就会发生严重事故。

二是，化工生产工艺中影响各种参数的干扰因素多，设定的工艺参数很容易发生偏移。在自动控制过程中也会产生失调或失控现象，人工调节更易发生事故。

三是，由于企业员工素质或人机工程设计欠佳，往往会造成误操作。

（3）设备材质和加工缺陷以及腐蚀等原因触发事故

化工工艺设备一般都是在苛刻的生产条件下运行，腐蚀介质的作用，振动、压力波动造成的疲劳，高温、低温对材质性质的影响；设备材质受到制造时的残余应力和运转时拉伸、交变应力的作用，在腐蚀的环境中就会产生裂纹并发展长大。在特定条件下，如压力波动、严寒天气就会引起脆性破裂，造成灾难性事故。

设备制造时除了选择正确的材料外，还要求正确的加工方法。如焊缝不良或未经过适当的热处理会使焊区附近材料性能劣化，易产生裂纹使设备破损。

（4）事故的集中与多发

化工装置中的许多关键设备，特别是高负荷连续运转的塔器、储罐、反应釜等压力容器和设备以及经常开关的阀门等，运转到一定时间后，常会出现故障多发或集中连续发生故障的情况，这是因为设备进入到使用寿命周期的故障频发阶段。对待设备设施的事故多发频发期，必须加强设备检测、监护和更新力度，积极采取预防措施防范事故。

2.3 化工过程安全管理的起源与发展

纵观化学工业的发展过程，化学工业从诞生开始，就始终伴随着安全问题。一部化学工业发展的历史，也是化工过程安全管理不断探索、实践、总结、提高的历史。化工安全管理由开始的"问题导向"管理到"经验和问题导向"管理，进而发展到今天科学的安全管理——化工过程安全管理。

化学工业产生之初，化工企业防范事故没有任何的经验教训可以借鉴，安全生产完全处于被动的应对状态，是在"问题导向"的情况下艰难地探索前进。发生事故后，企业管理人员查找事故原因，制定防范措施，这些措施在实践中得到验证后，由事故教训升华积累为经验。

随着化学工业的长期发展，化工企业事故样本积累增多，人们在与化工事故作斗争的过程中，吸取以往事故教训，积累了较为丰富的预防事故的工作经验。在这一阶段，一方面化工企业利用以往事故的经验教训，指导企业员工预防安全生产事故；另一方面，面对新的化学品、新的生产工艺方法、新的设备设施等新情况新问题，仍然需要采用"问题导向"的方式，继续推进化工安全生产工作向前发展。编者称其为安全生产"经验和问题导向"管理阶段。

从 20 世纪 60 年代开始，一直到 80 年代初期，西方发达国家石油化工高速发展，化工事故呈高发多发态势，一些恶性事故的发生，推动了化工安全生产管理传统的"经验+问题导向"方式的转变，提出了化工过程安全管理(Process Safety Management，PSM)的理念和方法，推动化工安全生产工作向科学化管理迈进。

20 世纪 60 年代以来，在欧洲和美国发生了一系列重大化工安全事故，巨大的人员伤亡、财产损失和严重的环境污染，引起了社会各界对化工安全的高度关注。工业界意识到需要采用系统的方法和技术来预防化工安全事故的发生。其后，在欧美等地，政府部门陆续颁布了相关的化工过程安全管理法规。

推动化工安全生产科学化管理的第一起重大事故，是前述 1974 年 6 月 1 日发生在英国弗利克斯堡(Flixborough)镇耐普罗(Nypro)公司己内酰胺装置爆炸事故。事故引发了欧洲化学工程师对化工生产中由于设备设施变更缺乏管理带来巨大风险的高度关注。相关化工行业的管理者和工程师通过对事故原因的深入分析，提出了过程危害分析的观念，要求在工程设计环节进行过程危害分析，这是化工过程安全管理理念的雏形。

推动化工安全生产科学化管理的第二起重大事故，是前述 1976 年 7 月 10 日发生在意大利北部城市塞维索伊克梅萨化工厂的爆炸事故。塞维索事故促使当时的欧共体(欧盟前身)制定和通过了预防和控制此类事故发生的法律，即 1982 年颁布的《关于工业活动中重大事故危害的指令》，又称《塞维索指令》。《塞维索指令》的实施，有效减少了欧洲大型工业事故的发生。

推动化工安全生产科学化管理的第三起重大事故，是工业界瞩目的 1984 年 12 月 3 日发生在印度博帕尔市的美国联合碳化物公司农药厂的剧毒气体泄漏事故。印度博帕尔事故造成数以千计的人员伤亡，促使美国化学工程师协会(American Institute of Chemical Engineers，AIChE)在 1985 年成立了化工过程安全中心(Center for Chemical Process Safety，CCPS)，主要从事推动化工、石化及流程加工行业的安全技术发展与传播，以帮助企业预防重大化工过程安全事故。1988 年，美国化学理事会(ACC)颁布了《责任关怀》，其中包含了化工过程安全相关的规定。

1992 年 2 月 24 日，美国职业安全健康局（Occupational Safety and Health Administration，OSHA）出版了化工过程安全管理标准《高危化学品过程安全管理》，提出了化工过程安全管理（Process Safety Management，PSM，国内最早翻译为"工艺安全管理"）的相关要求，并于1992 年 5 月 26 日生效。

1996 年，欧盟《塞维索指令》修订为《塞维索指令 Ⅱ》，它吸取了印度博帕尔事故教训，更加强调对重大危害的控制和建立过程安全管理系统的必要性。

1996 年，韩国政府颁布了对化工过程安全管理的系统要求。

1999 年，美国环保局（EPA）颁布了"清洁空气法案之灾害性泄漏预防"（RMP），在美国职业安全健康局化工过程安全管理系统的基础上，补充了对风险评价和应急预案的要求。

作为美国职业安全健康局的标准之一，化工过程安全管理是一整套主动识别、评估、缓解和防止石油化工企业由于错误操作与设备设施失效导致安全事故的整体管理体系。化工安全管理的目的是减少和控制生产过程中与化学品有关的危害因素，防止发生火灾、爆炸和有毒有害化学品泄漏等重大事故，避免事故造成生命和财产损失以及环境污染等，确保化工生产安全。如果化工过程安全管理实施得当，可以有效保障生产安全、提高生产效率和消减长期成本。

化工过程安全管理在降低重大事故风险和提高产业绩效方面的作用得到了业界普遍认可。1994 年，美国化学工程师协会化工过程安全中心组织杜邦、道化学、雪佛兰、罗门哈斯等企业的安全专家，对美国 20 世纪 60 年代以来发生的典型化工事故进行深入分析和研究，梳理了影响化工安全生产的重要因素，编写出版了《Guidelines for Implementing Process Safety Management》（国内译为：《过程安全管理实施指南》）。该书针对过程设计、建造、试车、操作、维修、变更及停车等 7 个不同阶段制定了 12 类管理制度、68 项管理措施。

为了进一步提升化工过程安全管理的效率和效果，调用更多的资源参与化工安全生产工作，2007 年美国化学工程师协会化工过程安全中心编写出版了《Guidelines for Risk Based Process Safety，RBPS》（国内译为：《基于风险的过程安全》）。在该书中，管理要素由《过程安全管理实施指南》中的 14 类，扩展到"对过程安全的承诺""洞察危险和风险""管理风险""吸取经验教训"四个模块 20 项管理制度和措施，特别突出对"安全文化"和"安全能力"提出要求，进一步强调了安全理念和能力对做好安全生产工作的极端重要性。

为了应对世界各国重大化学品事故多发的挑战，国际经济合作组织（OCED）2016 年发布《改进公司管理，实现过程安全——高危行业高层领导指南》，对高危行业高层领导加强对企业过程安全工作的组织领导提出指导意见。欧美化工过程安全管理法规颁布进程见表 2-1。

表 2-1 欧美化工过程安全管理法规颁布进程

时　间	典　型　事　故	准则和法规颁布
1974 年	英国弗利克斯堡（Flixborough）事故	
1975 年	荷兰毕克（Beek）事故	
1977 年	意大利塞维索（Seveso）事故	

续表

时　间	典　型　事　故	准则和法规颁布
1982 年		欧洲塞维索指令 I
1984 年	印度博帕尔事故	
1986 年	美国西弗吉尼亚州因斯蒂坦特(Institute)事故	
1988 年		美国化学理事会(ACC)《责任关怀》
1989 年	美国菲利普(Phillips)事故	
1990 年	美国大西洋里奇菲尔德公司(ARCO)事故	
1992 年		美国职业安全健康局《化工过程安全管理》
1996 年		欧洲《塞维索指令 II》
1999 年		美国环保局《清洁空气法案》
1999 年		英国健康安全委员会(HSC)《控制重大事故法案》
2005 年	英国邦斯菲尔德油库火灾爆炸事故	
2010 年		英国能源协会发布《化工过程安全管理高级指南》

应当指出的是，要注意区别化工过程安全管理和传统的职业安全管理的区别(图 2-1)。化工过程安全管理以预防化工行业及化学品领域火灾、爆炸和重大化学品泄漏事故为主要目的，要求全过程各个专业共同参与，防控化工生产等涉及化学品处理过程中的高后果、低概率重大化学品事故。

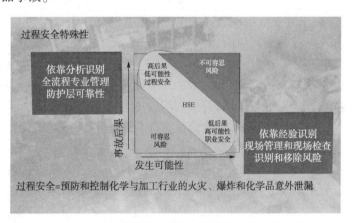

图 2-1　化工过程安全管理与职业安全管理的区别

2.4　我国化工过程安全管理的发展概况

新中国成立以来，党中央、国务院始终高度重视安全生产工作，充分发挥我国社会主义制度的优越性，我国安全生产工作取得了巨大进步。化工行业同其他行业一样，在行业快速发展的同时，高度重视和全面加强安全生产工作，在化工过程安全管理方面进行了积极的探索，特别是化工部时期，出台了诸如《化学工业部搞好安全生产的必须和禁令》(简称"四十一条禁令")等一系列的安全生产规定，通过严格管理，保障了化工行业的快速发展。

改革开放以来，我国经济快速发展，化工行业发展也突飞猛进。但我国化学工业由于起步晚，基础差，缺乏复合型的安全管理人才和成熟的产业工人，化工安全管理很长一个时期，停留在经验管理和问题导向管理阶段，没有形成系统的科学管理方法，因而化工、危险化学品重特大事故时有发生，造成重大生命财产损失和严重的社会、国际影响。例如，1997 年 6 月 27 日发生的东方化工厂重大泄漏爆炸火灾事故；2005 年 11 月 13 日发生的引发松花江重大水污染事件的苯胺车间爆炸事故；2010 年大连发生的"7·16"输油管道爆炸泄漏特别重大事故；2015 年发生的天津港危险品货场"8·12"特别重大火灾爆炸事故；2019 年 3 月 21 日江苏响水发生的特别重大爆炸事故等。我国严峻的化工安全生产形势，已成为制约化学工业健康发展的重要瓶颈。近年来化工、危险化学品事故调查表明，没有实施科学的化工安全生产管理方法、安全管理不善是导致许多重大事故发生的重要原因。

化工过程安全管理已在化工发达国家实施多年，收到了预防遏制事故的良好成效。人们普遍认为实施化工过程安全管理体系，对于降低化工、危险化学品事故风险、提高化学工业效益起着重要的作用。

包括编者在内的长期从事化工安全生产的工作者，基于他们丰富的化工安全生产管理实践经验和对化工过程安全管理的认知，在 2005 年以后，开始向国内推介化工过程安全管理的理念。2011 年 5 月，安全生产推荐标准 AQ/T 3034—2010《化工企业工艺安全管理实施导则》颁布。

编者曾在中央大型石油化工企业工作 24 年，参加和组织过芳烃、线性聚乙烯和高压聚乙烯三套化工生产装置的建设、首次投料试生产和运行管理，2006 年调入原国家安全监管总局从事化工、危险化学品安全生产监管工作。在企业的安全生产管理工作中，长期被"如何做好化工安全生产工作"的问题所困惑。企业实行的安全管理体系要素往往与企业的安全生产实际并不完全相符，体系运行是一套，实际安全管理又是另一套，只有靠老同志的安全生产经验"传、帮、带"和遇到什么问题解决什么问题的问题导向推进安全生产管理工作。进入原国家安监总局工作后，一段时间这种状况没有显著改变。在原国家安监总局工作了两年左右的时间后，通过对长期的化工安全生产管理和监管工作实践的梳理和思考、与发达国家化工安全生产先进管理经验的交流，以及对美国、欧盟、马来西亚、新加坡、韩国等化工安全生产管理法律法规体系的研究，逐渐认识到化工过程安全管理是化工安全生产科学管理方法，全面加强化工过程安全管理是化工企业防范和遏制事故的有效手段。通过对化工过程安全管理方法进行深入研究，认为化工过程安全管理应是所有化工行业安全管理体系的核心内容，决定在化工企业全面推行化工过程安全管理，提升我国化工企业安全生产管理科学化水平。

在消化吸收美国化工过程安全中心(CCPS)出版的《过程安全管理实施指南》的基础上，结合我国化工行业特点和安全生产现状，编者主持起草了《关于加强化工过程安全管理的指导意见》(以下简称《指导意见》)，原国家安全监管总局于 2013 年以"安监总管三〔2013〕88 号"形式予以发布，明确提出要学习借鉴国际化工过程安全管理先进理念和方法，推动我国化工企业加快建立科学现代化的安全生产管理体系，不断提升化工安全生产的科学化水平。《指导意见》针对我国化工企业安全生产的实际情况，增加了适合国情的重点要素，例如"安全领导力""全员安全生产责任制""安全规划与设计""装置首次开车安全""重大危险源管理""安全仪表管理""本质更安全"等，并对原有的要素进行了优化。《指导意见》是发达国家化工过程安全管理"中国化"的产物。

在这一过程中，编者对英文词"process"一词的英语含义进行了深入研究，分析《过程安全管理实施指南》中涉及管理内容不仅仅是"工艺"专业，而且涉及设备完好性、作业安全管理、变更管理等，考虑到美国化工过程安全中心的英文为"Center for Chemical Process Safety"，而且在中国台湾地区，化工过程安全管理被称为"制程安全管理"，因此在征求了相当部分国内化工安全生产的专家、教授和企业管理人员的意见后，将"Process Safety Management"译为"化工过程安全管理"。

2010 年，国务院颁布了《关于进一步加强企业安全生产工作的通知》（国发〔2010〕23号），随后原国家安全监管总局和工信部联合发布了《关于危险化学品企业贯彻落实〈国务院关于进一步加强企业安全生产工作的通知〉的实施意见》（安监总管三〔2010〕186 号）以及《危险化学品从业单位安全生产标准化评审标准》（安监总管三〔2011〕93 号）和《国家安全监管总局〈关于加强精细化工反应安全风险评估工作的指导意见〉》（安监总管三〔2017〕1 号）。这些文件以及 AQ/T 3034—2010《化工企业工艺安全管理实施导则》和《关于加强化工过程安全管理的指导意见》（安监总管三〔2013〕88 号）的出台，标志着我国化工过程安全管理的理念逐渐引入化工企业安全管理和政府危险化学品的安全监督管理。

2013~2017 年，原国家安监总局组织召开了三届中国国际化工过程安全研讨会。2013年第一届大会主题为"化工过程安全在中国"；2015 年第二届会议以"推进化工过程安全管理，强化企业安全基础建设"为主题；2017 年第三届会议主题为"推进化工过程安全管理，有效预防和坚决遏制重特大事故"。"化工过程安全管理"在我国得以广泛推广。从 2017 年开始，国内有关组织每年都举办"化工过程安全管理"研讨会或论坛，化工过程安全管理的理念在国内化工领域开始得到快速的普及和推广。

第 3 章

化工过程安全管理与安全管理体系

3.1　化工过程安全管理与安全管理体系的关系

在推广化工过程安全管理过程中，常常有一些企业会问：我们已经建立了 HSE 管理体系(包括开展了危险化学品企业安全生产标准化工作、引入了杜邦管理体系、建立了 OHSAS 18001 体系等)，为什么还要实施化工过程安全管理？编者研究后认为：化工过程安全管理严格意义上讲，它不是一个传统意义上的管理体系，不像其他安全管理体系那样，有"管理手册""程序文件"等，开展化工过程安全管理的作用应该是：指导化工(危险化学品)企业建立以化工安全管理要素为核心的安全生产管理体系。换句话说：任何化工企业的安全管理体系都应该以化工过程安全管理要素为基本要素，同时兼顾职业安全的要求。化工企业各种安全管理体系是载体，其核心要素要覆盖化工过程安全管理要素，各管理体系可以根据企业自身特点，合并或增减某些要素。

3.2　不同标准的管理要素对比

原国家安全监管总局《指导意见》与美国化工过程安全中心编写出版的《过程安全管理实施指南》、杜邦管理体系、国内推荐标准 AQ/T 3034—2010 管理要素对比见表 3-1。

表 3-1　管理要素对比

要素序号	《指导意见》	《过程安全管理实施指南》（OSHA）	杜邦管理体系	AQ/T 3034—2010
1	安全生产信息管理	过程安全信息	过程安全信息	工艺安全信息
2	风险管理	过程危害分析	过程危害和风险分析	工艺危害分析
3	操作规程	操作程序	操作程序和安全规则	操作规程
4	安全教育和操作技能培训	培训	培训和表现	培训
5	承包商管理	承包商管理	承包商管理	承包商管理
6	试生产安全管理	启动前安全检查	启动前安全检查	试生产前安全审查

要素序号	《指导意见》	《过程安全管理实施指南》（OSHA）	杜邦管理体系	AQ/T 3034—2010
7	设备完好性	机械完整性	机械完整性	机械完整性
8	应急管理	应急预案与响应	应急准备与响应	应急管理
9	事故和事件管理	事故调查	事故调查	工艺事故/事件管理
10	变更管理	变更管理	设备"微小"变更管理	变更管理
			技术变更管理	
			人员变更管理	
11	作业安全管理	热工作业许可	能量管理	作业许可
12	持续改进	符合性审计	审核	符合性审核
13	装置运行安全管理	商业机密	质量保证	
14		员工参与		

从上述比较可以看出：杜邦管理体系和国内推荐标准 AQ/T 3034—2010 的内容与美国职业安全与健康管理局的化工过程安全管理要素基本一致。其中杜邦管理体系特别强调了变更管理和能量管理，而且分别就设备、技术和人员三个方面的变更提出要求；国内标准 AQ/T 3034—2010，因当时对"process"一词翻译为"工艺"，因此标准名为《化工企业工艺安全管理实施导则》；把美国化工过程安全管理中的热工作业许可扩展为作业许可（化工企业八大特殊作业）。

《指导意见》、杜邦管理体系和国内推荐标准 AQ/T 3034—2010 均未涉及美国化工过程安全管理中的"商业秘密"和"员工参与"两个要素，美国化工过程安全管理设计"商业秘密"要素考虑的是防止企业以商业技术保密为由，拒绝将有关安全生产的信息告知有关的操作人员和阻止政府监管人员到有关生产装置现场进行安全检查，同时也要求企业操作人员和政府监管人员必须为企业保守商业秘密。设计"员工参与"要素考虑的是工厂安全规定特别是操作规程的编制，必须吸收有关操作人员参加，以便及时修正有关规定中不符合操作实际的情况，及时、全面地掌握操作人员新发现的异常工况。《指导意见》没有涉及两个要素主要原因是：当时国内尚未遇到企业以商业技术保密为由拒绝政府监管人员检查的情况，同时《安全生产法》规定了企业全员安全生产责任制要求。但现在看来这两个要素还是非常重要的，目前已经遇到企业以商业技术保密为由婉拒政府监管人员现场检查的情况。而且全员安全生产责任制的规定与操作人员参与操作规程等制度编写的要求，内涵上还是不完全一致的。

《指导意见》是美国职业安全与健康管理局的化工过程安全管理"中国化"的产物。《指导意见》既借鉴美国化工过程安全管理的主要管理要素，又考虑中国化工企业安全生产的现状与特点，例如将"安全生产信息"改为"安全生产信息管理"，要求安全生产信息管理要从"全面收集安全生产信息""充分利用安全生产信息""建立安全生产信息管理制度"三个方面规范安全生产信息管理行为，要求更为具体；将"过程危害分析"扩展为"风险管理"，要求更高、更全面；增加了"装置运行安全管理"等。

3.3 《关于加强化工过程安全管理的指导意见》内容要点

（1）安全生产信息管理。
- 全面收集安全生产信息；
- 充分利用安全生产信息；
- 建立安全生产信息管理制度。

（2）风险管理。
- 建立风险管理制度，对涉及重点监管危险化学品、重点监管危险化工工艺和危险化学品重大危险源（以下统称"两重点一重大"）的生产储存装置必须进行风险辨识分析；
- 确定风险辨识分析内容；
- 制定可接受的风险标准。

（3）装置运行安全管理。
- 操作规程管理；
- 异常工况监测预警；
- 开停车安全管理。

（4）岗位安全教育和操作技能培训。
- 建立并执行安全教育培训制度；
- 从业人员安全教育培训；
- 新装置投用前的安全操作培训。

（5）试生产安全管理。
- 明确试生产安全管理职责；
- 试生产前各环节的安全管理。

（6）设备完好性（完整性）管理。
- 建立并不断完善设备管理制度；
- 设备安全运行管理。

（7）作业安全管理。
- 建立危险作业许可制度；
- 落实危险作业安全管理责任。

（8）承包商管理。
- 严格承包商管理制度；
- 落实安全管理责任。

（9）变更管理。
- 建立变更管理制度；
- 严格变更管理；
- 变更管理程序。

（10）应急管理。
- 编制应急预案并定期演练完善；

- 提高应急响应能力。

(11) 事故和事件管理。

- 未遂事故等安全事件管理;
- 吸取事故(事件)教训。

(12) 持续改进化工过程安全管理工作。

由于受当时对我国化工行业、危险化学品领域安全生产状况的认识以及对美国化工过程安全管理要素理解的限制,现在看来,除上述提到"商业秘密"和"员工参与"两个要素外,结合我国当前安全生产暴露出的突出问题,编者认为化工过程安全管理的要素至少还应该增加"企业安全领导力""企业安全生产责任制""安全生产合规性要求""安全规划与设计""安全生产能力建设""安全文化"等要素。鉴于危险化学品重大危险源一旦失控发生事故,往往后果十分严重,应该把重大危险源管理内容从"风险管理"要素单列出来,作为一个单独的要素加以强调。

3.4 化工过程安全管理在国内的实践

目前,化工过程安全管理已在中央企业和部分安全生产基础较好的大中型化工企业有序开展,如中国石化集团开展过程安全管理时,紧紧围绕安全责任、安全培训、安全风险及隐患管理、变更管理、职业健康管理、应急管理、事故管理、建设项目"三同时"管理、生产运行安全管理、施工作业过程安全控制、设备设施安全管理、危险化学品储运安全管理、承包商安全管理、安全审核、持续改进等要素开展工作。

原国家安监总局借助挪威船级社(DNV)采用国际安全评级系统(ISRS),推动在中央化工企业开展炼化企业化工过程安全管理的量化评估工作,围绕企业安全领导力、规划和行政、风险评价、人力资源、合规保证、项目管理、培训和能力、沟通和推广、风险控制、设备管理、承包商管理和采购、应急准备、事件学习、风险监控、结果和评审15个要素进行赋值评估。2014~2015年选取4家炼化企业开展试点,收到了良好的效果,特别是中国石化广州分公司利用评估结果,针对安全管理存在的"短板",有针对性地加强和改进安全生产管理工作,安全生产业绩迅速提升。2016年至今,中国石油、中国石化、中国海油、国家能源集团、烟台万华等企业先后开展了化工过程安全管理的定量评估工作。

根据我国实施化工过程安全管理的具体情况,近几年来,原国家安监总局通过推动《指导意见》的落实,积极推广化工过程安全管理的先进理念和方法,督促企业全面加强化工过程全要素管理,提升企业安全生产管理水平,为遏制化工事故、推动中国化工行业安全生产状况持续好转提供了有力的保障。中国国际化工过程安全研讨会已成为目前中国化工安全领域规模最大、主题覆盖面最广、有一定专业影响力的国际性会议,成为研讨、交流化工安全生产管理知识与经验的重要平台。

当然,目前我国在全面推行过程安全管理方面还存在一些问题,部分企业虽然从表面上建立了较为完善的化工过程安全管理要素体系,但却存在安全管理体系运行资源不足、要素管理不深不细不实不全面等问题,造成安全绩效提升效果不显著。由于我国化工企业80%以上是中小企业,这些企业缺乏安全管理人才,化工过程安全管理工作尚未能够普遍推开，造成我国化工企业安全生产管理工作科学化水平不高、发展不平衡，重特大事故时有发生。这主要表现在：

（1）部分企业认为开展过程安全管理工作比较复杂，只适用于大企业，中小企业通常不具备实施体系管理的能力，且小企业安全管理人才短缺、资源不足，生产规模也小，国家现阶段也没有强制标准要求，小企业可以不开展化工过程安全管理工作。

（2）化工过程安全管理被作为一个孤立的系统加以实施，未纳入企业整个管理体系，且企业已经开展标准化工作，并取得标准化证书，无需再开展化工过程安全管理。

（3）部分企业把化工过程安全管理作为一次性管理项目实施，没有认识到这是一项艰巨的长期工作，是化工企业安全生产的治本之策，是化工安全生产科学的管理方法，工作"一阵风"，没有在"长""常"二字上下功夫。因而实施的效果不明显。

（4）少数企业到目前为止，尚未发生过人身伤害事故，认为企业目前安全管理方法"够用"，企业发生安全事故的风险很低，安全管理水平已基本符合国家安全生产标准化的要求，不愿意再增加精力和投入全面提升安全生产管理水平。

化工过程安全管理是系统、科学的安全生产管理方法，推行化工过程安全管理就是要在日常生产过程中，比较全面地识别潜在的危害，针对这些危害确定需要管控的风险并完善风险的管控措施，从而防止任何形式的高危害化学品事故和人身伤害事故。化工过程安全管理客观反映化工安全生产的规律，体现了化工安全生产的特点。化工企业无论是实施ISO 45001、OHSAS 18001、ISO 9000 体系，还是运行 HSE 体系、实施安全生产标准化体系，其核心内容都应该以化工过程安全管理要素为指导。安全管理体系是形式、是载体，化工过程安全管理内容才是安全管理的核心和关键内容。化工安全生产管理只有抓住这些核心和关键，化工企业的安全生产才有保障。

第 4 章

化工过程安全管理要素概述

基于上述的分析和认识，编者认为，根据我国大中型化工企业安全生产现状、当前安全生产管理水平和人才基础，借鉴 2007 年美国化学工程师协会化工过程安全中心（CCPS）编写出版的《基于风险的过程安全》的内容，兼顾工业企业职业危害的防控，目前我国开展化工过程安全管理工作应从下列要素切入：

（1）安全领导力；

（2）全员安全生产责任制；

（3）安全生产合规性要求；

（4）安全生产信息管理；

（5）安全教育、培训和能力建设；

（6）风险管理；

（7）安全规划与设计；

（8）生产装置首次开车安全；

（9）安全操作；

（10）设备完好性管理；

（11）安全仪表管理；

（12）重大危险源安全管理；

（13）作业安全管理；

（14）承包商安全管理；

（15）变更管理；

（16）应急准备与响应；

（17）安全事故、事件的调查与管理；

（18）本质更安全；

（19）安全文化；

（20）考核和持续改进。

任何管理体系都是一个开放的体系，化工过程安全管理也不例外。企业可根据各自实际增减或者合并相关要素。例如一个建成的化工企业，可以不考虑"安全规划与设计"和"装置首次开车安全"要素。

下面简要分析一下各要素的内涵和作用：

（1）安全领导力

从推进化工过程安全管理工作的实践中体会到，企业主要负责人和领导团队对安全生产问题的认知、安全第一的信念、对化工过程安全管理的理解、企业安全生产体制机制和制度建设、人力资源保障、资金投入和考核奖惩等措施，对实施化工过程安全管理至关重要，这些工作只有企业主要负责人和管理团队才能够决定。因此把安全领导力作为第一要素。

（2）全员安全生产责任制

明晰、落实责任是做好一切工作的基础。全员安全生产责任制是安全生产管理工作的灵魂。2021年《安全生产法》修改，特别明确要求企业要建立健全并严格落实全员安全生产责任制。突出强调安全生产责任制是我国安全生产管理工作特有的做法，这可能与国外企业管业务必然管安全和"直线领导"有关。另外安全生产事故的责任追究和一些企业安全生产责任要求不够具体也增加了落实安全生产责任的难度。目前相当部分企业安全生产责任制的主要作用是应付政府监管部门的检查。一是企业对全员安全生产责任制的重要性认识不足，编制时没有针对岗位特点明确责任，岗位与责任不匹配；二是不够精细，没有做到"一岗一责"，没有准确定义岗位的全部安全责任；三是相当部分企业仍然认为安全生产就是安全管理部门的事，没有做到"全员、全覆盖""管业务管安全"。完善和落实全员安全生产责任制仍是当前企业安全生产工作的难点和重点。

（3）安全生产合规性要求

企业安全生产的合规性非常重要！如果一个企业因为不符合国家安全生产法律、法规、标准和政策性文件（目前我国安全生产许多要求是以行政文件的形式提出的）要求，一旦发生安全生产事故，那肯定是责任事故！轻者企业被行政处罚，重则有关责任人会被追究刑事责任，企业会因事故关闭！随着我国加快建设法治国家，安全生产的合规性要求会越来越严格。当前我国化工企业安全生产不合规运行的问题比较普遍和突出，除少量的外独资企业外，包括一些大型国有企业，安全生产合规性方面尚存在许多的问题，必须引起高度重视。

（4）安全生产信息管理

安全生产信息管理是安全生产一项重要的基础性工作，这项工作看似简单，但要做好并不容易。试想企业员工连岗位接触到的化学品危险特性都不清楚，还谈什么"安全"？更何况工艺技术原理、设备安全操作要求、安全仪表设置依据、同类企业事故教训、政府有关法律法规标准要求等，这些安全生产信息对做好安全生产工作来说，都是重要的基础性资料。当然，对于安全生产信息"管理"，还要明确谁来做、如何做、做到什么程度、如何充分利用好安全生产信息等问题。

（5）安全教育、培训和能力建设

该要素本质是安全生产的人力资源保障。首先安全教育和培训不能混为一谈。安全教育是教育企业员工增强法治意识、风险意识，提高遵章守纪的意识和自觉性，杜绝违章作业和违反工艺纪律、操作纪律、劳动纪律问题；培训是培养员工提高操作、工作技能，做到懂操作原理、懂工艺流程、懂设备原理，会操作、会维护保养和处理事故、会正确使用应急装备和器材。安全生产教育培训工作的关键是教育培训的有效性、针对性和持之以恒。

安全生产是一门科学，化工安全生产更是一门多学科复合、非常复杂的科学。因此，安全生产能力建设是安全生产工作的重要支撑。安全生产能力建设包括企业安全领导能力、安全生产管理能力和员工安全意识、识别风险的能力、安全操作技能和应急处置能力。其中企业安全领导能力由于在安全生产工作中起着关键的、不可替代的作用，因此作为第一要素单独列出。

（6）风险管理

风险管理是安全生产工作的核心任务，企业安全生产的所有要素都是围绕识别风险、防控风险展开。化工企业风险管理既需要理论指导又要靠实际经验积累，必须在具有较为丰富经验的专业人员组织下、全员参与才能有效开展。

（7）安全规划与设计

安全源于设计，化工装置的安全生产工作必须从规划和设计开始。科学的规划、本质安全化的合理设计是化工企业提高本质安全生产水平的基础。选址不科学、工厂布局不合理、工艺路线落后、设备材料选型不科学、自动化控制水平不高，安全仪表装备不合理，这些问题在生产装置投产后都很难彻底解决，消除规划设计阶段留下的安全隐患是非常困难的，费用代价也是非常高的。

（8）生产装置首次开车安全

化工装置第一次化工投料，由于新竣工的管线、设备设施的安装质量需要在装置实际运行中得到检验；设备仪表的调校效果需要在装置运行中得到印证；操作人员的培训效果、操作规程的严谨性需要在操作运行中得到印证；设备、仪表、操作人员相互之间需要进一步磨合。化工装置首次投料开车是化工安全生产的一种特殊状态，不确定、不可控因素多，情况多变，这一阶段安全生产需要采取特殊的管控措施。

（9）安全操作

在充分消化吸收了所有安全生产信息的基础上，编制严谨、准确的操作规程。在此基础上，企业员工严格执行操作规程，并根据操作人员操作中遇到的问题和变更情况，及时修订、不断完善操作规程，是避免操作事故的基本方法。

（10）设备完好性管理

许多安全咨询机构将该要素翻译为"设备完整性"或"资产完整性"，但从要素的内容来看，显然要求设备设施不仅仅是部件方面的"完整"，而应该是既要部件"完整"又要功能"完备"。而且英语单词"integrity"本身就有功能完备的意思。因此，该要素还是称作"设备完好性"更符合汉语的意境。化工生产设备是基础，化工装置的设备完好对于保障安全生产十分重要！许多化工（危险化学品）重大事故都与设备设施泄漏有关；设备管理到位，检维修作业减少，动火等危险作业减少，发生安全生产事故的概率会大大降低。

（11）安全仪表管理

化工装置、危险化学品设施的安全仪表本来应该包括在"设备完好性"要素内，但考虑到我国目前化工（危险化学品）企业自动化程度越来越高、装置规模越来越大、操作人员越来越少，安全仪表的作用越来越重要，而且化工安全仪表专业性强，人才缺乏，推动开展工作难度大，因此作为一个独立要素单独列出。

（12）重大危险源安全管理

在美国化工过程安全中心确定的化工过程安全管理的要素中，没有单列这一要素。设置这一要素借鉴了欧盟化学品安全管理的经验，体现了我国化工、危险化学品安全生产的鲜明特点。重大危险源的化学品储存量大，与化工生产装置相比，发生事故的概率并不高，但我国人口密度大，一旦重大危险源发生事故，后果往往十分严重，大连"7·16"输油管道爆炸泄漏特别重大事故、天津港"8·12"特别重大火灾爆炸事故以及江苏响水"3·21"特别重大爆炸事故教训都十分深刻！因此必须对重大危险源采取特别的安全管控措施。

（13）作业安全管理

作业安全管理要素是为了控制非常规作业风险而设置的。设置这一要素，一是传承了原化工部"八大作业"安全管理的有效做法，二是借鉴了美国化工过程安全管理中设置"安全作业程序"要素，用于控制"非常规作业"风险。化工企业内的动火和进入受限空间作业发生的事故占化工企业事故起数和死亡人数的50%以上，动火和进入受限空间作业安全管理是我国化工企业安全生产的短板和弱项，必须继续强化管理。随着危险化学品的广泛应用，动火和进入受限空间作业事故向其他行业蔓延的趋势明显加快。因此，动火和进入受限空间作业安全管理，当前不仅是化工企业安全生产工作的重点，也成为我国整个安全生产领域防范事故的重点工作。

（14）承包商安全管理

随着社会专业分工进一步细化，化工企业生产装置大量的建设施工、检维修作业、技术改造等，都由专业的承包商承担。由于承包商对特定化工装置安全风险的认知不足，安全管理水平参差不齐，又加之业主方或多或少地不会像管理自己企业那样管理承包商安全，使得承包商安全事故多发频发，承包商安全管理成为中外化工企业安全生产管理工作的重点和难点。

（15）变更管理

这是化工企业用血的教训换来的管理要素，直到今日，许多化工企业的安全生产事故仍然是变更管理不到位造成的，这个问题在我国化工企业问题尤为严重。大连"7·16"输油管道爆炸泄漏特别重大事故、天津港"8·12"特别重大火灾爆炸事故等化工、危险化学品重特大事故，其变更管理缺失是事故发生的重要原因。

（16）应急准备与响应

应急处置是防范事故、减少事故损失的最后一道屏障。安全事故（事件）早期有效的应急处置可以"大事化小、小事化了"。通过加强和改进应急准备和响应工作，制定良好的应急预案、备好充足的应急物资、建设训练有素的应急力量和事故早期的有效处置，在遏制事故发展、减少人员伤亡和财产损失方面起着重要的、不可替代的作用。

（17）安全事故、事件的调查与管理

根据我国《安全生产法》的有关规定，事故的调查权在当地政府安全监管部门，因此这一要素界定为"安全事件调查与管理"。其实安全事故与安全事件调查遵循的原则是完全一样的。安全事件调查的核心是查清原因、吸取教训，坚决杜绝类似事故的发生。

（18）本质更安全

设置这一要素的目的是建成的化工装置要通过科技进步，持续提升本质安全化水平。

用"本质更安全"替代"本质安全化"更能说明这一要素的内涵。安全生产领域中，国内化工行业最先提出"本质安全化"的理念。"本质安全"是指通过原始设计和持续不断的改进等手段，使生产设备或生产系统本身具有一定"容错性"，即使在误操作或发生故障的情况下也不会造成严重事故的功能。在化工生产中绝对的本质安全是很难实现的，但作为高危行业，化工生产应该不断向本质安全的目标迈进，因此部分化工安全生产专家提出"本质安全化"概念。"本质安全"和"本质更安全(本质安全化)"一字之差，但内涵发生了根本变化。"本质安全"从定义而言是绝对的，而"本质更安全(本质安全化)"是相对的，它既是目标又是一项工作，是一个持续改进的过程。化工生产的"本质更安全(本质安全化)"工作从项目的规划、选址、工艺路线选择、安全设计、设备材料选型、装备自控和安全仪表系统以及施工安装入手，装置投入运行后，要继续通过技术进步加强"本质更安全(本质安全化)"工作，不断提高本质安全水平。

(19) 安全文化

企业的安全文化建设，是提升企业安全生产工作执行力的助推器，是企业安全生产规章制度的兜底补充，是企业技术创新、管理创新的有效保障。优秀的化工企业安全文化以"安全第一"为根本理念，以敏锐的风险意识为思想核心，以员工严格的执行力和团结协作的"主人翁精神"做支撑。美国化学品事故调查委员会(CSB)在化工企业的事故调查时，最后都要调查企业安全文化存在的问题，把所有的事故原因最终都归咎到企业安全文化的缺陷上，可见企业的安全文化是多么的重要！

(20) 考核和持续改进

企业安全生产工作是一个长期、复杂的过程，需要不断地查找短板，持续改进。企业安全生产持续改进的措施包括安全生产管理体系的审核、安全生产业绩考核和定期的外部审计。通过体系的定期审核不断完善管理体系；通过良好的安全生产工作业绩考核机制，充分发挥考核的安全生产工作"指挥棒"功能，是加强和改进安全生产工作的有效措施；外部审计则是发现企业领导层、管理层安全生产工作不足的重要手段。通过体系审核、安全生产业绩考核和外部审计，及时发现企业安全生产存在的问题和不足，持续改进安全生产工作，是企业提升安全生产水平通用的唯一方法。

鉴于我国80%的化工企业为小微企业，安全生产人才基础、管理能力都比较薄弱，建议小、微化工企业推进化工过程安全管理，可以先从贯彻落实原国家安监总局《关于加强化工过程安全管理的指导意见》(安监总管三〔2013〕88号)文件切入。

第 5 章
安全领导力

安全领导力是企业推动安全生产工作的主要动力来源。企业的安全领导力是化工过程安全管理的核心要素。如果化工、危险化学品企业领导团队特别是主要领导如果不重视以过程安全管理为主要内容的安全生产工作，企业的安全生产工作肯定搞不好。虽然企业领导比较重视安全，但如果安全生产工作的能力不足，尽管花费了大量的人力、物力、财力，但也局限于"会议多、文件多、检查多"，企业安全生产的业绩往往仍然不会太好。反过来，"纲举目张"，高超的企业安全领导力，可以使企业的安全生产工作取得事半功倍的效果。

为了帮助化工、石化和石油等高危行业企业高层领导提升化工过程安全领导力，经济合作与发展组织（OCED）2016 年发布了《改进公司管理，实现过程安全——高危行业高层领导指南》。该指南从增强风险意识、及时掌握本企业过程安全信息、企业满足过程安全管理的能力要求和率先垂范四个方面，对化工、石化和石油等高危行业企业高层领导改进公司管理、加强过程安全的组织领导，提出了具体的工作指导意见。

企业安全领导力主要包括企业领导团队特别是主要领导的安全生产理念、对安全生产（风险）问题的认知、领导安全生产的方法、企业是否采用了科学的安全生产管理方法、为安全生产提供保障、领导团队在安全生产工作方面率先垂范、企业的执行力和企业安全文化等方面。

5.1 安全领导力缺失或不足的原因

深究化工企业发生的事故，原因多种多样：安全生产存在侥幸心理、责任制不健全不落实、规章制度不完善或执行不力、安全生产教育培训不到位、专业安全管理不到位、安全投入不足、工艺落后、设备设施不完善、员工安全意识和技能满足不了要求等，但更深层次的原因在于企业安全领导力缺失或不足。安全领导力的缺失或不足是事故发生的根本性原因。

迄今为止，我们还没有遇到哪一起生产安全事故是不可避免的，每一起事故最终的调查结论都是"这是一起不该发生的安全生产责任事故"。发达国家化工企业的成功实践表明化工行业是可以做到安全生产的，一些企业发生事故，归根到底都与企业安全领导力不足，甚至是缺乏安全领导力有很大关系。近年来，挪威船级社（DNV）在对我国部分化工企业开展"国际安全与可持续发展评级系统（ISRS）"定量评估中发现，大部分企业"安全领导力"一项得分率仅为50%～65%，安全领导力不足的问题非常突出和普遍。

5.1.1 安全理念落后或心存侥幸

一些企业主要负责人和管理团队对化工安全生产科学性认识不足，认为化工行业是高危行业，很难避免发生事故，没有认识到化工安全生产是一个多学科集合的复杂科学体系，只要搞清原理、掌握规律、核准要素、不断实践、狠抓落实，化工安全生产是完全可以实现的。当然，在增强做好安全生产信心的同时，也要看到化工安全生产致灾因素多、涉及管理要素多、专业多、对人员素质要求高，是一项理论性、实践性都很强的管理工作，只有以先进的理念为引领，采用科学的管理方法不断实践，才能逐渐掌握安全生产的主动权。安全生产的特点决定了它有一定的周期性，每次事故后，企业的每一名员工都被事故惨重损失所强烈震撼，每个人的安全意识得到明显增强，企业也会动员所有的力量查找问题、补齐短板，安全生产会有一个相对稳定的时期。但随着时间的流逝，事故的警示作用逐渐消耗殆尽，引发事故的因素又开始逐渐积累，预示着下一次事故（事件）发生。良好的安全管理在可以大大延长事故周期的同时，也可以不断降低事故（事件）的严重性（事故、事件等级），达到相对安全生产的目的。企业的主要负责人和管理团队既要掌握安全生产科学的一面，增强做好安全生产的信心和决心，同时又要认识到化工安全生产的复杂性、长期性和艰巨性，一个企业要做到安全生产，可能需要几届领导班子持之以恒地艰苦努力工作，才能逐步达到目标。领导对安全重视程度与发生事故关系见图5-1。

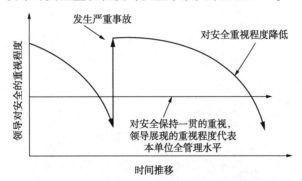

图5-1　领导对安全重视程度与发生事故关系图

还有些企业则对安全生产采取了另外一种态度，没有发生事故前认为"我的企业从未发生过事故""我的运气应该没那么坏""事故不一定会轮到我头上"，安全生产工作不积极、不主动，"听天由命"的消极应对，但墨菲定律决定了这些企业发生事故是迟早的事情。

5.1.2 缺乏风险意识

对化工生产的危害和对风险复杂性认识不足，导致对化工安全生产工作涵盖的内容认知不够，是一些化工企业领导层特别是企业主要领导普遍存在的问题。尤其是相当部分的中、小化工企业主要负责人或实际控制人，既没有化工或相关专业的教育背景，又没有化工生产管理的实践经验，在其他行业完成资金原始积累后，进军化工行业，这类企业由于缺乏对化工生产风险的认知，没有建立基本的化工安全生产概念，企业的安全管理体系形同虚设，仅靠极少数引进"人才"既管技术又管安全，对安全生产一知半解，发生事故是必然的。

案例1：2015年8月31日，山东某化学公司新建二胺车间混二硝基苯装置在投料试车过程中发生重大爆炸事故（图5-2），造成13人死亡、25人受伤，直接经济损失达4326万元。

事故经过：2015年8月28日，山东某化学公司硝化装置投料试车。28日15时至29日24时，先后两次投料试车，均因硝化反应无法实现温度稳定控制、硝化反应运行不稳定而停止试车。

8月31日16时开始，企业组织第三次投料试生产。投料后，4号硝化反应釜、5号硝化反应釜温控均波动大，4号硝化反应釜最高达到96℃（正常温度60~70℃），5号硝化反应釜最高达到95℃（正常温度60~80℃）。操作人员用工业水分别对4号、5号硝化釜上部外壳浇水降温，中控室加大了循环冷却水量。期间，硝化装置二层平台硝烟较大，在试车指导专家建议下，试车再次停了下来，并决定当晚不再试车。22时24分停止投料，22时52分许，硝化反应釜温度趋于平稳。

为防止硝化再分离器中混二硝基苯凝固，车间人员在硝化装置二层用胶管插入硝化再分离器上部观察孔中，试图利用"虹吸"方式将混二硝基苯吸出但未成功。之后，又到装置一层，将硝化再分离器下部物料放净管道（DN50）上的法兰（位置距离地面约2.5m高）拆开，操作人员打开放净管阀门，硝化再分离器中的物料自拆开的法兰口处泄出，先是有白烟冒出，继而变黄、变红、变棕红。见此情形，部分人员撤离了现场。

放料2~3min后，有操作人员看到卸料现场出现火焰，23时19分硝化装置发生爆炸。

事故原因：该装置所属公司安全生产法治观念和安全意识淡漠，无视国家法律，安全生产主体责任不落实，存在项目违法建设、违规投料试车、违章指挥、强令冒险作业、安全防护措施不落实和安全管理混乱等严重的违法违规问题。

图5-2 山东某化学公司"8·31"重大爆炸事故现场

5.1.3 管理方法落后

目前我国大多数化工企业的安全管理处于"经验管理+问题导向"以及合规性管理（符合政府监管部门的要求）阶段，管理体制、机制不健全，安全生产管理缺乏科学性，因而安全生产处于被动的应对状态，出了事故只是"就事论事"，仅仅针对事故暴露出的技术和管理表面问题采取相应的措施，对事故暴露出的深层次管理问题深究不够，更没有从企业安全领导力和安全文化方面查找原因，发生事故后对安全重视一阵子，过了一段时间后，随着事故教训的淡忘，对安全生产的重视程度又逐渐降低，这种状态持续一段时间后又再次发生事故。

5.1.4 责任制不落实，管理要素执行不到位

安全生产责任制是根据安全生产工作的特点，企业建立的领导、职能部门、工程技术人员、岗位操作人员以及所有有关人员在生产过程中对安全生产层层负责、人人负责的一项极为重要的管理制度。建立和落实全员安全生产责任制是安全生产的基础性工作，必须下大气力做到位，企业的安全生产才有可能做好。

建立健全和严格落实安全生产责任制不是我国安全生产的特殊要求，国外化工企业也十分重视安全生产责任的落实，只是西方发达国家对安全生产责任的提法与我国不同而已，他们强调"直线责任"和"属地责任"。"建立健全并落实本单位全员安全生产责任制"，是《安全生产法》赋予企业主要负责人的一项法定职责，企业负责人必须领导企业制定完善的全员安全生产责任制，并采取措施确保责任制得到有效落实，为做好各项安全生产工作奠定基础。

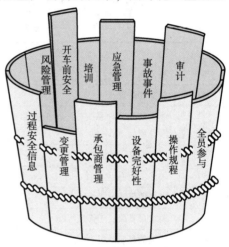

图 5-3　安全管理木桶原理

化工过程安全管理由多个要素构成，每一个要素在化工过程安全管理中都有着不可替代的作用，任何一个要素管理不到位都有可能导致事故，所谓安全管理的"木桶理论"（图5-3）就是这个道理：木桶盛水的多少取决于最短的一块木板。

5.1.5 安全生产保障不力

有的企业建立了比较好的安全生产管理体系，但企业为安全生产工作提供的资金、组织、人力资源和机制保障不足，企业的安全生产管理体系难以有效运行，安全生产的目标也就无法实现。

5.1.6 缺乏科学、合理的考核推动

良好的安全管理体系也必须通过科学、合理的考核来推动持续改进。如果没有有效的考核，管理体系的要素就不会得到有效执行；如果考核单纯地靠严管重罚，大家都会以"不被处罚"为工作标准，企业的安全生产工作陷入被动应付状态。科学有效的考核应是制定各项工作标准，加强"过程"考核而不是仅仅考核结果，合理运用好"奖"和"惩"两种手段，定期考核，持续提升。

5.2 安全领导力的内涵及其作用

国际一流的化工公司都将安全领导能力建设作为安全生产工作的核心任务，企业通过良

好的安全领导力引领，有效促进各项安全生产工作水平的提升。而目前在国内，从企业各级领导到普通员工对"安全领导力"的内涵都还比较陌生。因此需要首先建立安全领导力的概念。

5.2.1 管理者与领导者的差异

在管理和领导这两个词汇上，很多人的理解是比较模糊的，认为管理就是领导，领导就是管理，管理者就是自己的领导，领导也就是自己的管理者，这是一种认识的误区。管理与领导有三点本质性的不同：管理是解决确定性(落实)的问题，而领导是解决不确定性的(方向)问题；管理是解决目前面临的问题，而领导是解决将来的战略问题；管理可以标准化，而领导只有个性化，具有创新性。

管理者与领导者许多方面存在不同。如表 5-1 所示。

表 5-1 管理者与领导者的不同点

序号	管理者	领导者
1	更强调效率	更注重结果
2	接受的是现状	强调的是未来的发展
3	注重的是一种系统、一种结构和工作流程，按标准办事	注重更多的是人的因素
4	运用的是一种制度	强调的是价值观和理念
5	关注"如何做?""什么时候完成?"	会问"什么原因使我们要这么去做?"
6	更多地强调方法	更多地强调方向
7	要求员工服从于管理标准	鼓励企业所有员工改革创新
8	动用的是职务权力	展现的是一种人格魅力
9	力求按正确方式去做事，也就是把事做对	强调的是做正确的事，哪些事是我们该做的
10	管理企业内部怎么去更好地完成领导者下达的任务	领导企业的品牌、战略、文化等，以提高企业的核心竞争力

管理者与领导者的不同还可用图 5-4 形象地表达。

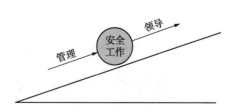

图 5-4 管理者与领导者的不同位置

安全领导者应该是一个通过引导、说服、指示他人和给他人做出榜样以避免发生安全事故、提升安全生产业绩的人。

5.2.2　安全领导力的作用

企业领导是在企业内部推广安全理念、明晰安全责任、建立安全制度、培育安全文化、激励员工安全行为、实现安全生产目标的舵手。安全领导力是企业领导者带领团队实现安全生产的能力，是指在管辖的范围内充分利用企业现有人力、财力、物力、文化等内部资源，根据客观条件，带领整个企业实现安全生产目标的能力。安全领导力的核心是主要安全领导者带领所属领导团队实现安全生产的引领力，可以用图5-5所示的模型来表达。

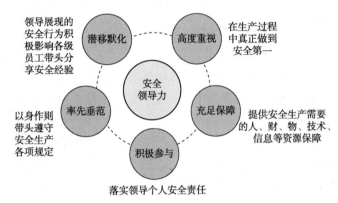

图5-5　安全领导力模型示意图

一个企业中，重要的是管理层的安全领导力，但最重要的是企业主要负责人(或其代理人)的安全领导力。如果企业主要负责人对安全仅仅是重视而没有安全领导力，企业的安全生产工作很难提升水平和效率。与企业管理的所有工作一样，企业的主要领导安全理念和行为有很强的示范效应。企业领导通过展现其安全领导力，带动中层领导重视、提升安全领导力；中层领导发挥出来安全领导力，能带动基层领导具有安全领导力；基层领导(比如班组长)通过展现其安全领导力，能带动一线员工增强安全意识、主动遵章守纪，安全地完成各项操作和工作，从而提升企业的安全生产水平。因此，企业的安全领导力体现在企业的安全要求在最基层的执行力上，称之为安全领导力的穿透力。

安全领导力的这种穿透力，使得先进的理念能够层层往下传递，以最小的衰减(理想状态是没有衰减)到达管理底层。引领企业每位员工由"要我安全"向"我要安全、我会安全、我能安全"转变，良好的企业安全文化初步形成，安全生产得到有效的保障。

5.2.3　提升企业安全领导力的途径

根据目前我国化工企业安全生产的现状和安全领导力存在的问题，提升企业的安全领导力，建议从以下几个方面切入：

(1) 树立先进的安全生产理念；

(2) 始终坚持"安全第一"的原则；

(3) 高度重视安全生产合规性问题；

（4）压实安全生产责任，特别是企业领导班子、各部门各单位主要负责人的安全生产责任；

（5）建立科学完善的安全生产管理体系；

（6）为安全生产工作提供足够的资源保障；

（7）高度重视企业重大安全风险的管控；

（8）认真组织安全事件企业内部调查；

（9）采用科学严格的考核方法，推动工作落实和持续改进；

（10）积极培育优秀的企业安全文化；

（11）领导带头、率先垂范。

5.2.3.1 树立先进的安全生产理念

化工安全事故是不是可防可控？在我国现阶段化工企业中，相当部分企业负责人认为，化工生产涉及众多易燃易爆、有毒有害的危险化学品，生产工艺大多高温高压（或低温真空），技术路线复杂，自动化安全控制要求高，化工生产很难不发生事故，安全生产工作是"人努力天帮忙"；企业不发生事故"一半靠工作、一半靠运气"，做好安全生产工作的信心和决心不足。正确地认识安全生产问题，是树立先进安全生产理念的基础。要用辩证唯物主义观点看待安全生产问题。首先要承认，安全生产是一门科学，是一门由多个专业构成的、复杂的科学。是科学，人们就有能力认识其影响因素，把握事故发生的一般规律，通过管控好各类安全风险，使安全生产由必然王国走向自由王国。发达化工国家走过的发展历程充分证明了这一点。树立先进的安全生产理念，首先要坚定"一切事故都是可以避免的"信念，增强做好安全生产工作的信心和决心。同时也应清醒地认识到，化工安全生产确实是一个复杂的系统工程，影响因素多而且十分复杂，特别是涉及企业操作人员每时每刻的安全意识和正确操作问题，做到有效控制确实不容易。而且安全生产的特点决定了事故一定会有周期性的属性，不可能在较短的时间解决安全生产的所有问题，必须"反复抓、抓反复"，持续改进，久久为功。打好化工企业安全工作基础、掌握化工安全生产的主动权，大中型化工企业要做好几届班子持续努力的准备，小型企业也要有做好安全生产工作的恒心和耐心。

5.2.3.2 始终坚守"安全第一"的理念

"安全第一"的理念源于安全生产工作的实践。1906 年，美国钢铁公司（United States Steel Corporation，U. S. Steel）安全生产事故频发，亏损严重，濒临破产。新上任的公司董事长 B. H. 凯理经过调研得出结论：是事故拖垮了企业。凯理力排众议，把传统的生产经营方针"产量第一、质量第二、安全第三"变成了"安全第一、质量第二、产量第三"。全面推广，立见奇效，美国钢铁公司由此走出了困境。

《安全生产法》规定：我国安全生产的方针是"安全第一，预防为主，综合治理"。企业领导人要领导企业认真贯彻落实国家安全生产方针，牢固树立"安全第一"的理念，坚决克服安全生产工作"说起来重要、部署工作次要、干起工作不要、情况紧急忘掉"的现象。"安全第一"在企业说起来简单，要真正做到却不容易。编者曾在一家大型石化企业的生产车间、工厂和公司从事过生产管理工作多年，在这期间，有过太多次的需要尽快决断：是停车处理？还是加强监护、继续带病运行？作为企业，效益是生存的理由，安全是生存的基础，如何处理效益和安全的关系，有时确实是两难选择：如果选择停车处理，担心万一通过监护运行可以坚持到下一次停车机会，就会丧失部分有效的生产时间，影响企业的经济效益，这在产品市场价格坚挺时就更难下决心；如果选择加强监护继续带病运行，万一坚持不到下一次停车机会，甚至发生安全事故，就更加得不偿失，甚至万劫不复。这种情况下，只有坚守"安全第一"的理念和底线思维原则，广泛科学论证，优先考虑"企业存在的基础"，以确保安全为前提。

另外，企业的负责人必须清楚，会议不能保证"安全第一"，领导讲话也不能保证"安全第一"，企业必须建立一套可执行、可操作的安全管理机制来保证任何情况下都能做到"安全第一"。

案例2：2019年7月19日，河南省三门峡市某空气分离装置发生爆炸事故（图5-6），造成15人死亡、16人重伤。经调查发现，事故原因是该空气分离装置发生泄漏后未及时停车处理，持续"带病"运行引发的。6月26日企业就已发现该空气分离装置冷箱保温层内氧含量上升，判断存在少量氧泄漏，但未引起足够重视，认为监护运行即可；7月12日冷箱外表面出现裂缝，泄漏量进一步增大，由于备用空分系统"备机不备"、缺乏备品备件等原因，企业却仍坚持"带病"生产，未及时采取停产检修措施。备机开启后，又因为停用泄漏的空分装置需要请示上级公司，直至7月19日发生爆炸事故。事故直接原因是空气分离装置冷箱液氧泄漏未及时处理，发生"砂爆"（空分冷箱发生漏液，保温层珠光砂内就会存有大量低温液体，当低温液体急剧蒸发时冷箱外壳被撑裂，气体夹带珠光砂大量喷出的现象），低温液氧导致冷箱钢结构发生"冷脆"，引发冷箱坍塌。坍塌的冷箱又砸裂了附近 $500m^3$ 液氧储槽，大量液氧迅速外泄，周围可燃物在液氧或富氧条件下发生爆炸、燃烧，造成周边人员大量伤亡。

图5-6　河南某空分装置爆炸事故现场

5.2.3.3　高度重视安全生产合规性问题

相当部分的企业对执行国家关于安全生产的法律法规和强制性标准，以及应急管理部、原国家安全监管总局颁布的有关政策性文件重视不够。一是没有确定合规性管理的牵头部门，安全生产的合规性管理工作涉及发展规划、工程管理、安全生产、企业管理、法律事务等多个部门，各有关部门的职责不明确、不清晰，因而导致合规性工作难以落实。二是没有从繁多的国家有关法律法规、强制性标准和政府监管部门的政策性文件中，准确识别出需要本企业具体落实的内容，安全生产工作的针对性、有效性、主动性不够。例如：原国家安全监管总局2008年部署重大危险源装备紧急切断阀的要求，一部分企业迟迟未开展相关整改工作，直至目前还有相当数量的企业未完成改造要求，部分企业在落实时搞变通，不能满足要求。对加强安全仪表系统(SIS)管理的工作要求，相当部分的企业由于人才严重短缺行动迟缓。

如果没有有效地执行国家的相关法律、法规、强制性标准和有关要求，一旦发生事故，肯定是责任事故，一定会追究企业主要领导、分管领导和直接责任人的责任。

5.2.3.4 完善并严格落实全员安全生产责任制

安全生产工作，明晰、落实责任是基础和关键。要想做好安全生产工作，第一位的任务就是建立完善的全员安全生产责任制，并采取有效措施确保各项安全生产工作的责任能够有效落实。党中央、国务院始终强调加强安全生产的领导，十分重视安全生产责任制落实问题，强调责任制是所有安全生产工作的基础。

目前企业安全生产责任制仍存在一些突出问题，一是企业领导班子成员之间、部门之间安全生产责任存在交叉、缺项、模糊和没有全覆盖。二是没有真正做到"一岗一责"（既不是一人一责，也不是数岗一责！）。三是落实"管行业必须管安全、管业务必须管安全、管生产经营必须管安全"原则严重不到位。一些企业认为安全生产就是安全管理部门的事，因而安全生产涉及的规划、设计、工程施工、工艺管理、设备管理、电气仪表管理、公用工程管理、人力资源管理、企业法律事务、责任制考核等部门的安全生产责任不清晰、不明确。

安全生产管理部门单打独斗搞不好安全生产工作，这个问题，杜邦公司100多年前就有着深刻的教训，后来杜邦公司在安全生产工作方面才特别强调"直线领导"和"属地责任"。

做好安全生产工作，首先建立完善的全员安全生产责任制，层层压实全员安全生产责任。

5.2.3.5 建立完善的安全生产管理体系

目前化工企业安全生产管理体系比较多，都比较成熟且大同小异，例如：健康安全环境(HSE)管理体系、ISO 45001体系、安全生产标准化体系，企业采用哪种安全生产管理体系不重要，只要是成熟的体系都可以，关键是施行的安全生产管理体系要涵盖化工过程管理的全部要素。各类管理体系都是载体，关键是要素齐全，具有企业特色。安全生产没有捷径可走，必须老老实实地在一个确立的安全管理体系中，把化工过程安全的每个要素都积极推进，持续不断地长期坚持，才能够取得明显成效。

5.2.3.6 为安全生产工作提供足够的资源保障

做好安全生产工作，必须舍得投入。

一是资金保障。建设化工生产装置的一次性投入是比较大的，投产后的日常维护费用也不低。在保证资金投入满足安全生产需要的前提下，最大限度地节约成本确实是对企业负责人领导能力的很大考验。

二是组织保障。科学的安全生产管理组织保障体系是做好安全生产工作的必要条件。构建高效有力的安全生产管理体系，必须充分考虑企业自身特点。对于加强化工过程安全管理工作来讲，因为要涉及新建项目规划、安全设计管理、工程施工管理、工艺技术、设备设施(特别是安全仪表)、公用工程、承包商管理、人力资源管理等多个方面。可以借鉴国外知名化工公司的成功做法，安排一名精通主要生产装置工艺、懂设备、懂仪表、懂安全工程、会管理并精通过程安全管理要素的专职副总工程师，协助总经理做好化工过程安全管理的推进工作。要赋予安全生产管理部门相应的管理权限，安全生产涉及建设项目规划、工程管理、技术、设备(特别是安全仪表)、公用工程、承包商管理、人力资源管理、法律事务、企业责任制考核等，涉及面广，协调难度大，必须赋予安全生产管理部门相应的协调、管理的权力。

三是人力资源保障。在选聘工厂厂长和生产装置主要负责人时，要充分考虑其安全管理能力。道(Dow)化学公司有一项制度，新上任的厂长三个月后要向上一级安全主管领导进行安全述职，主要内容是任职工厂安全生产现状和存在的主要问题以及下一步的工作措施。述职合格者方能最终任职，述职没有通过的，再给一次额外的述职机会，第二次述职不通过的，取消任职资格。用这种方式倒逼新任厂长尽快熟悉安全生产工作。要选最好的中层主要负责人任企业的安全管理部门负责人。化工安全生产管理涉及工艺、设备、电气仪表、公用工程、安全工程和企业管理等方面。做好安全生产管理工作，需要知识方面是复合型人才，管理方面是行家里手、作风方面敢于吃苦奉献，能够为领导出主意、想办法、抓落实的人才，让主要领导腾出更多精力抓企业发展等其他的大事、要事。一个企业要想在安全生产上长治久安，必须选最好的中层干部担任安全生产管理部门负责人。这是经验，也是许多发生事故企业的教训。要建立高素质的员工队伍，安全生产的根本问题是人的问题，企业要做到安全生产，必须建立高素质的员工队伍。化工企业安全生产需要既精通工艺，了解设备、安全仪表系统(SIS)，又懂安全工程的高素质安全管理人员，需要高素质的产业工人。化工企业要加大安全复合型人才的培养，加强操作人员的业务培训，为安全生产奠定坚实基础。

5.2.3.7 高度重视企业重大风险的管控

安全生产一切工作都是围绕识别风险、管控风险展开(风险管理架构图见图5-7)。企业领导者一定要有强烈的风险意识，把管控重大风险放在所有工作的第一位。主要负责人对企业的重大风险要做到心中有数，把防控重大风险工作牢牢抓在手上、掌握安全生产的主动权。一是企业的危险化学品储存区等重大危险源风险。这些部位发生事故的概率较小，但一旦发生事故后果往往非常严重。二是动火、受限空间作业等高风险作业，这类事故占化工企业事故死亡人数的50%以上。三是承包商的安全风险，一家中央企业曾经在一段时间内承包商事故占到了事故总量的80%。四是天然

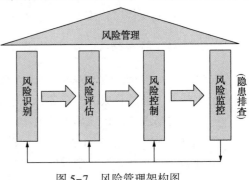

图5-7　风险管理架构图

气、液化石油气、成品油、有毒气体长输管道及厂外输送管道高后果区的安全风险。五是企业事故"外溢"的风险。例如2018年11月28日，河北张家口某化工公司氯乙烯气柜发生泄漏，泄漏的氯乙烯扩散到厂区外公路上，遇明火发生爆燃，导致停放公路两侧等候卸煤的货车司机等20多人死亡。六是员工密集场所的安全风险，这类场所一旦发生事故，往往会造成群死群伤。

5.2.3.8 认真组织安全事故、事件企业内部的调查

企业如果发生等级事故(亡人、多人受伤或者造成重大社会影响)，调查处理权在政府。对于发生的不够安全事故等级的安全生产事故和事件，企业负责人要高度重视，责成有关部门认真调查，控小防大，防患于未然。查明事故直接原因后，要认真分析发生事故的管理原因。首先检查有关制度规定要求是否具体，责任是否明确，即使是操作人员的原因，也要看其是否能够胜任工作、是否正确理解了有关操作规程和安全规定，培训是否到位，不要简单一句"工人违章作业"掩盖企业安全生产管理不细、不实问题。

5.2.3.9 采用科学严格的考核方法，推动工作落实和持续改进

任何工作没有考核，也就失去了推动力。要加强安全生产工作，必须要有科学、严格的考核手段。要奖罚并重，以奖为主。美国系统安全专家 Mr. DAN Petersan 曾讲过，"惩罚是安全的敌人"，严厉追责的负面影响会导致事故的当事人因逃避问责而不把事故的真相完全讲出来。发生安全事件后，要鼓励当事人把问题讲出来，共同分析原因，研究对策，分享教训。要通过深入细致的思想教育，通过科学、有效的奖惩机制，推动各项安全生产工作落地生根，把事故扼杀在萌芽状态。

5.2.3.10 积极培育优秀的企业安全文化

狭义地讲，安全文化是企业团队所有员工对安全生产工作的认知、理解和态度，体现在企业员工安全行为习惯的各个方面。美国化工过程安全中心发现企业成功创建与运行"过程安全管理体系"的关键是安全文化。美国化学品安全生产事故调查，在调查完技术和管理原因后，一定要调查企业安全文化方面存在的问题。化工企业优秀的安全文化，是企业执行力的助推器；是企业安全生产规章制度的兜底补充；是企业技术创新、管理创新的保护神。化工企业优秀的安全文化以"安全第一"为根本，以敏锐的风险意识为核心，以员工的"主人翁精神"做支撑，以安全生产工作的"严、细、实"具体体现。

5.2.3.11 领导带头、率先垂范

"上级领导在安全生产方面的最低行为，就是对下一级领导安全生产的最高要求。"这就是安全生产工作层层衰减的内在原因。企业领导层特别是主要领导安全生产方面的一言一行、一举一动都潜移默化地影响全体员工安全生产的理念和行为。企业主要领导"安全第一"的思想必须真正"融化到血液里"，落实到所有的行动上，才能引领企业员工树立正确的安全理念，养成良好的安全习惯。

5.2.4　实例：英国政府推动企业董事会安全领导力提升的做法

2005 年 12 月，英国邦斯菲尔德枢纽油库发生泄漏爆炸火灾事故，造成经济损失(不包含设施重建费用)近 10 亿英镑(80 亿元人民币左右)，近 2000 人撤离，1000 多名消防员参与了灭火救援工作。

这次事故在英国工业界造成了极大的震动。2007 年 9 月英国政府健康安全环境署(UK HSE Executive)牵头联合政府其他部门和工业界多家协会，包括英国石油工业协会、储运协会、化学品工业协会、环境署、苏格兰环保署、陆地长输管线协会，共同成立了国家层面的过程安全领导力督导组，其主要职能是协助推动和改善工业领域过程安全。安全领导力督导组发布了《过程安全领导力原则》，包含以下要点：

(1) 清晰和积极的过程安全领导力是管控重大危险性生产经营业务的核心，对确保有效管控风险至关重要。

(2) 过程安全领导力要求董事会层级的积极参与及具备相应的能力。对于一些董事会在英国之外的公司，其英国国籍的高管应发挥其领导力。

(3) 良好的过程安全管理不会一蹴而就，它需要持之以恒的积极行动。

(4) 董事会层级的领导深入基层和对过程安全领导力的积极推动，是整个企业建立优良安全文化的根本。

(5) 提升过程安全管理水平并取得良好的业绩，必须全员参与。

(6) 基于领先指标和业绩指标来监控过程安全绩效，是确保业务风险被有效管控的关键。

(7) 定期发布过程安全绩效，为公众提供有关业务风险管理的信心和安全重要保障。

(8) 在工业界各领域充分分享良好的实践经验、从其他相关组织学习和总结事故教训，是企业保持和提升自身知识和能力的重要途径。

第 6 章

全员安全生产责任制

明晰、落实责任是做好一切工作的基础，做好安全生产工作也是如此。因此国务院几任分管安全生产工作的领导同志，都反复强调落实责任在安全生产工作中的基础作用。企业是安全生产的责任主体，政府落实监管责任只有通过企业落实主体责任来实现，因此企业落实全员安全生产责任至关重要。

6.1 提高落实安全生产责任制重要性的认识

任何工作明晰责任是基础，落实责任是关键，安全生产工作更不例外。一个企业如果安全生产责任制都不健全，做好安全生产工作就无从谈起。前几年在全国各地检查、调研时发现，绝大多数企业对安全生产责任制的重要性认识不到位，一些企业照抄照搬其他企业的责任制，安全生产责任制规定不科学、不明晰、不完备，没有针对性和可操作性，仅作为应付政府有关部门检查的工具。个别企业安全生产责任制完全是从其他企业一字不改地照抄过来，完全与本企业的实际情况不符；有的企业主要负责人的安全生产职责完全照抄《安全生产法》规定的七条内容，这对小型企业而言也许可以，但对于大中型企业特别是集团公司、大型企业来讲，完全不具操作性，因为《安全生产法》规定的是针对生产经营单位的主要负责人，集团公司不是基本的生产经营单位。有的企业主要负责人和分管负责人的安全生产职责严重交叉，主要领导和分管领导之间职责不清；有的企业领导班子只有主要负责人、分管负责人和设备负责人的安全生产职责（即使这样有的也不具操作性），在领导层就没有做到"一岗一责"；有的企业不同的生产装置主任安全职责是完全相同；有的企业所有岗位的操作工人安全职责都是一样的；有的企业安全生产责任制不分层次等等。总之，当前企业安全生产责任制存在的问题五花八门，都是表现在不全面、不完善、不具操作性、难以落实，仅是用作应付政府有关部门检查的工具。

影响化工企业安全生产的因素，涉及生命周期的各个阶段、各个专业和各个部门。化工行业安全生产发展历程的经验教训，催生了化工企业全员安全生产责任制的概念。如果安全生产责任不清晰、不完善，安全生产工作就会出现空当和漏洞，日久天长，奶酪原理中的"奶酪孔洞"一旦叠加贯穿，就会导致事故。安全生产管理中的奶酪原理大概是这样描述的：叠放在一起的若干片奶酪，光线很难穿透，但每一片奶酪上都有若干个洞，代表安全生产中每一项防范措施的漏洞或短板，光线可通过漏洞穿过该片奶酪，如果这道光线与第二片奶酪洞孔的位置正好吻合，光线就穿过第二片奶酪，当许多片奶酪的洞刚好形成串连关系时，光线就会完全穿过，相当于某一事故防范措施的漏洞或短板碰巧一起出现时，就会发生安全生产事故。因此，完善和有效落实全员安全生产责任制对于安全生产工作十分重要。

6.2 建立全员安全生产责任制的基本要求

（1）"一岗一责"。安全生产的"一岗一责"是指每个岗位都要有明确的安全职责。"一岗一责"不是一人一责（例如四班倒企业同一个岗位有四个员工）。安全生产责任制要横向到边、纵向到底，实现全员、全覆盖，做到无死角、无盲区。值得注意的是，要区分安全生产"一岗一责"和"一岗双责"的不同内涵，"一岗双责"指的是"管业务必须管安全"，每个工作岗位的职责要包含业务职责和安全职责两个方面；"一岗一责"讲的是每个工作岗位都要有单独的安全生产职责。

（2）同一管理层级间的岗位安全职责应尽量避免重叠交叉，各岗位安全职责要明晰、准确。

（3）岗位管理权限和岗位的安全职责相匹配，避免出现业务权限小而安全职责大、"小马拉大车"的问题。

（4）建立每个岗位的安全生产职责清单。

（5）持续完善。企业安全生产责任制建立之初不可能一开始就非常完善，要在安全生产工作实践和岗位责任制大检查中，及时发现责任制没有覆盖到或存在交叉的情况，出现重大问题要及时修订安全生产责任制，一般问题要完整记录在案，年底时一次性对安全生产责任制进行修订完善，持续改进。

6.3 各层级安全生产责任制建议内容

6.3.1 企业领导层安全生产责任制

企业领导层的安全生产责任制，承接政府法律法规标准和政策对企业安全生产的各项要求，引领企业下属各单位具体落实各项工作，因此企业领导层安全生产责任制完善与否，对企业能否落实安全生产主体责任至关重要。

6.3.1.1 企业主要负责人安全生产责任制

《安全生产法》第二十一条规定：生产经营单位的主要负责人对本单位安全生产工作负有下列职责：

（1）建立健全并落实本单位全员安全生产责任制，加强安全生产标准化建设；

（2）组织制定并实施本单位安全生产规章制度和操作规程；

（3）组织制定并实施本单位安全生产教育和培训计划；

（4）保证本单位安全生产投入的有效实施；

（5）组织建立并落实安全风险分级管控和隐患排查治理双重预防工作机制，督促、检查本单位的安全生产工作，及时消除生产安全事故隐患；

（6）组织制定并实施本单位的生产安全事故应急救援预案；

（7）及时、如实报告生产安全事故。

企业要认真领会《安全生产法》中"生产经营单位"的含义。编者认为，生产经营单位应是能够独立承担生产经营职能的单位，例如企业内由生产装置和配套的公用工程组成的生产厂。因此《安全生产法》第二十一条规定是针对基本生产经营单位的主要负责人。集团公司、分公司主要负责人的安全生产职责要根据其管理职能和公司章程确定。不能是集团公司、分公司和基层生产经营单位的主要负责人，都采用《安全生产法》第二十一条规定的安全职责的表述。

从法理上来讲，企业的主要负责人首先应该是企业的法人代表，有的还涉及实际控制人。从现实情况来看，企业法人代表涉及董事长和总经理两个岗位。另外，小企业的主要负责人可以直接履行《安全生产法》规定的七项安全生产职责，但大型企业集团从最高层管理者到具体生产装置有若干个管理层级，企业的主要负责人直接履行七项职责不现实。因此，可以理解企业的法人代表作为企业排在第一位的主要负责人，对《安全生产法》规定的七项职责承担直接责任或最终的领导责任，小型企业的主要负责人可能承担直接责任；大中型企业法人代表可以将七项责任中的某些责任委托其他企业负责人承担直接责任或领导责任，自己承担最终的领导责任。企业内部董事长、总经理具体的安全生产职责由企业公司章程和内部管理制度确定。

6.3.1.2　企业董事会和董事长安全生产责任制

设有董事会（或称董事局）的企业，一般企业的董事会具有决定企业的经营理念、发展战略、年度经营计划、投资方案、决定公司内部管理机构设置和聘任公司高管人员的权力，是企业的最高权力机构，对企业安全生产理念、政策、保障、考核和安全文化建设具有决定性的作用。因此企业董事会和董事长必须承担明确的安全职责，以便切实落实安全生产主体责任。

对于董事会的安全职责，英国政府在邦斯菲尔德油库重大火灾爆炸事故后做出了明确的规定，值得我们借鉴。

（1）董事会层级的过程安全责任必须明确和接受监督。董事会成员、高管和各级经理必须对过程安全领导力和安全绩效负责。

（2）至少有一名董事会成员应该完全熟悉过程安全管理，以便给董事会报告企业过程安全风险管控情况、提供工作建议和决策支持。

（3）应该配备合理的资源，以保障高标准的过程安全管理。承担过程安全责任的员工，应该培养他们具备相应的能力。

（4）企业应该制定活动计划以提升过程安全管理水平，让高管层积极参与员工和承包商的安全活动，以展示安全领导力的重要性并支持企业保持积极的过程安全文化。

（5）应该使用合适的风险分析方法定期评估和生产经营过程相关的业务风险。

（6）应该为组织设定先进的过程安全绩效和事故、事件统计指标，并定期审查以确保适应业务需要。董事会要定期审查过程安全绩效信息，公司年度报告中应发布过程安全风险管理绩效情况。

（7）企业应和业界同行保持积极互动，以分享过程安全事故的教训和经验。企业应做出制度性安排，确保同行业事故教训能在企业内部得到充分的吸取。

（8）企业应该建立相应的规章制度，确保过程安全管理的知识和经验得到延续和更新，这些知识包括工厂和工艺过程基础设计文件资料、工厂和工艺变更、以往事故材料以及设施设备安全完好性技术资料等。

企业董事长应该领导董事会积极履行安全职责。因此企业董事长安全生产职责中必须至少体现以下原则：领导董事会和支持总经理贯彻落实国家有关安全生产法律法规标准和政策，牢固树立企业生产经营必须始终坚持"安全第一"的原则；制定企业经营计划时必须考虑安全生产方面的限制条件；企业的投入必须满足安全生产的需要；企业必须设置安全生产管理机构；聘任的企业管理人员必须具有相关岗位安全生产管理能力，推动企业建立良好的安全文化等。

6.3.1.3 企业总经理安全生产责任制

企业总经理是企业日常运营的最高管理者，对于《安全生产法》规定的企业主要负责人的七项要求，必须根据企业自身情况确定是自己全部负责，还是部分委托其他相关副经理负责，自己承担相应的领导责任。

（1）"建立健全并落实本单位全员安全生产责任制，加强安全生产标准化建设"一项委托其他副职具体负责的，总经理安全生产职责可表述"领导企业建立健全本单位全员安全生产责任制，督促有关人员严格落实安全生产责任制，加强安全生产标准化建设"。

（2）"组织制定并实施本单位安全生产规章制度和操作规程"一项委托其他副职具体负责的，总经理安全生产职责可表述"审定本单位安全生产规章制度和操作规程，检查督促有关人员严格执行各项规章制度和操作规程"。

（3）"组织制定并实施本单位安全生产教育和培训计划"一项委托其他副职具体负责的，总经理安全生产职责可表述"审定本单位安全生产教育和培训计划，及时掌握教育培训效果"。

（4）"保证本单位安全生产投入的有效实施"一项一般不能委托其他副职负责。

（5）"组织建立并落实安全风险分级管控和隐患排查治理双重预防工作机制，督促、检查本单位的安全生产工作，及时消除生产安全事故隐患"一项，建议大中型企业总经理的该项职责表述为："随时掌握企业的重大安全风险，领导企业建立有效的安全生产管理体系并采取措施保证体系有效运行，不断完善双重预防工作机制，及时消除企业重大安全生产隐患"。

（6）"组织制定并实施本单位的生产安全事故应急救援预案"一项，建议大中型企业总经理的该项职责表述为："审定公司级安全生产应急预案，定期组织演练，确保公司应急救援工作及时、有效"。

（7）"及时、如实报告生产安全事故"一项是总经理重要的职责，不能委托他人，总经理外出期间，要临时指定专人代为履行该项职责。

企业总经理除《安全生产法》明确要求的上述安全生产职责外，编者认为企业总经理还必须要履行以下职责：一是领导企业认真贯彻落实国家有关安全生产法律、法规、标准规范和相关政策。具体地讲，要组织有关部门及时识别有关法律法规标准规范和政策，并将其转化为企业的规章制度和实际行动。二是建立科学适用的安全生产管理体系，并采取措施保障体系的有效运行。三是建立科学的安全生产考核制度，确保各项安全生产工作落到实处。四是选好安全生产管理部门负责人，为安全生产提供足够的人力资源保障，赋予安全生产管理部门相应的管理权限，加强企业安全文化建设等。

6.3.1.4　企业其他负责人安全生产责任制

对于一个大中型化工企业来讲，一般要设生产、设备(工程)、技术(总工程师)、人力资源、经营(供销)、财务(总会计师)副总，有的企业另外单独设安全副总。根据我国现有实际情况，领导班子可能还设有党委书记、工会主席等。对于这些负责人的安全生产责任制要体现"管业务管安全"的原则，要与总经理的安全生产职责有机衔接，同时要保证这些负责人之间的职责界定基本清晰。其他负责人的安全生产职责分工因企业而异，下面给出的是基本的参考。

6.3.1.4.1　生产副总安全生产职责

根据以往的经验，化工企业的安全生产一般由生产副总分管。近年来一些由煤炭企业建设的煤化工项目，也有借鉴煤炭企业将生产副总和安全副总分设的，编者认为两种形式各有利弊，具体哪种形式更好，还有待于进一步实践。生产副总的安全生产职责一般应包括以下内容：

(1) 生产过程中始终坚持"安全第一"的方针，做到"生产必须安全，不安全不生产"，对因生产调度组织不当造成的事故承担直接或领导责任；

(2) 对分管部门、单位的安全生产负责；

(3) 组织制定和不断完善企业的安全生产规章制度，指导、监督各项安全生产规章制度的落实；

(4) 负责企业安全生产教育和培训工作；

(5) 随时掌握生产系统的风险和隐患情况，领导分管部门及时发现新的风险和隐患并及时加以管控或消除；

(6) 组织制定生产系统的各项应急预案，通过演练不断完善并确保需要时预案能够及时启动；

(7) 负责企业的动火和进入受限空间作业安全管理；

(8) 组织或参与对安全生产事件进行调查。

需要说明的是，化工企业的维修和施工作业安全，一般由设备或工程副总负责，但是动火和进入受限空间作业安全不仅仅是施工维修作业，还涉及作业条件的前期准备和确认，涉及危险化学品安全，风险很大，建议由生产副总负责。

6.3.1.4.2　设备(工程)副总安全生产职责

化工设备设施(包括自动化控制和安全仪表系统，下同)是化工生产的基础，因而也是化工安全生产的基础，因此设备副总在安全生产工作中发挥着重要作用。设备(工程)副总的安全生产职责至少应包括以下内容：

（1）组织指导操作人员正确使用设备设施，负责组织企业设备设施维护、维修，组织企业开展设备完好性管理工作，对设备设施失修造成的安全生产事故承担直接或领导责任；

（2）对分管部门、单位的安全生产负责；

（3）组织编制设备设施操作规程和检维修安全作业规程，指导监督落实各项设备操作规程和检维修安全作业规程，负责设备设施维护维修作业安全；

（4）组织开展设备设施操作、维护培训工作；

（5）负责施工承包商的管理和设备设施的变更管理；

（6）负责企业施工、维修安全(动火、进入受限空间作业除外)；

（7）负责组织设备、设施安全事件的调查。

6.3.1.4.3　技术副总(总工程师)安全生产职责

化工企业事故中，操作事故和因变更管理缺失或不到位造成的事故占相当大的比例。化工企业的技术副总(总工程师)一般负责组织操作人员技术培训、操作规程编制、技改技措(变更管理)等工作，承担比较重的安全生产责任。技术副总(总工程师)的安全生产职责至少应包括以下内容：

（1）负责组织操作技术规程(操作手册)的编制，指导监督严格执行各项操作规程(操作手册)；

（2）负责组织操作人员技术培训；

（3）负责组织企业建立健全变更管理制度；

（4）负责技改、技措的方案安全论证，协助做好技改、技措实施过程的安全；

（5）组织生产装置异常工况的原因分析和处置；

（6）组织企业通过科技进步，不断提升生产装置、设施的本质安全化水平；

（7）对分管部门、单位的安全生产负责；

（8）负责组织操作事件的调查。

6.3.1.4.4　人力资源副总安全生产职责

有些企业负责人的安全生产责任制中，没有人力资源副总的安全生产职责。实际上人力资源副总在安全生产中发挥着不可替代的基础性作用，因为安全生产因素中，人力资源是最基本的要素。人力资源副总的安全生产职责至少应包含以下内容：

（1）负责组织招聘满足企业安全生产需要的企业管理人员和操作人员；

（2）协助总经理建立健全企业安全生产管理机构，选聘好能力符合要求的安全生产管理人员；

（3）组织企业新员工的入职安全教育、技能培训和技能提升工作；

（4）组织制定企业安全生产责任制考核奖惩制度；

（5）组织企业开展"违反劳动纪律"治理工作，对企业员工因违反劳动纪律造成的事故承担领导责任；

（6）对分管部门和单位的安全工作负责。

6.3.1.4.5　经营(供销)副总安全生产职责

许多企业可能认为经营副总分管的工作与安全生产工作联系不大，因此企业安全生产责任制中，常常没有经营副总的安全生产职责，这种认识是错误的。设备物资采购、产品销售和落实企业的安全生产主体责任息息相关，经营副总的安全生产职责至少要包含以下内容：

（1）组织从具有相关资质企业采购符合国家有关标准、满足企业工艺设计要求和安全生产需要的设备、设施和材料；

（2）协助做好设备设施和材料的变更管理工作；

（3）严格按照国家有关要求，负责组织给企业销售的产品提供"安全技术说明书（国外缩写 MSDS、国内称 SDS）"；

（4）负责运输承包商的安全管理工作；

（5）组织制定分管业务的安全生产管理制度，对分管部门和单位安全工作负责。

6.3.1.4.6 财务副总（总会计师）安全生产职责

财务副总（总会计师）的安全生产职责至少应包含：按照国家有关规定足额提取安全费用，并保证专款专用；协助总经理保证安全投入的有效实施。

6.3.1.4.7 党委书记的安全生产职责

党的领导和思想政治工作是我国的体制优势。在企业的安全生产工作中，充分发挥党委的领导核心作用，监督、支持总经理认真落实党和国家关于安全生产工作的决策部署，发挥党委思想政治工作的优势，动员企业所有党员带头遵章守纪，在企业中开展"党员身边无违章""党员身边无事故"活动，为企业安全生产把关定向、增添动力和活力，使党的领导优势和我国的体制优势在企业安全生产工作中最大限度地得以发挥。因此党委书记的安全生产职责至少可以包括以下内容：

（1）领导企业认真落实党和国家关于安全生产的决策部署，监督、支持总经理贯彻落实国家安全生产有关法律法规标准和政策；

（2）围绕安全生产工作积极开展思想教育工作，引导广大党员和企业员工提高安全意识，自觉遵章守纪；

（3）在企业开展"党员身边无违章""党员身边无事故"活动；

（4）领导、支持工会、共青团和妇女组织，积极围绕企业安全生产工作开展各类保障安全生产的活动。

（5）积极推动企业安全文化建设。

6.3.1.4.8 工会主席的安全生产职责

工会组织代表工人阶级的根本利益。企业员工的最根本利益是生命安全和健康，因此企业工会主席的安全生产职责，应该是围绕监督支持企业落实国家安全生产有关法律法规标准和政策、不断完善企业安全生产各项规章制度、改善员工安全工作环境、教育引导员工自觉遵章守纪、协助企业加强员工技能培训等助力安全生产工作的方面，确定安全生产职责。

6.3.2 管理部门安全生产责任制

按照安全生产"一岗双责"和"管业务管安全"的原则，企业每个业务管理部门都要根据本部门的业务范围和安全生产的关系，确定各自部门的安全生产职责，坚决杜绝专业管理和安全管理"两张皮"的问题。部门之间、上下级相同业务部门之间要有比较清晰的责任界定，特别要注意安全生产管理部门与其他业务主管部门的责任界定。每个部门的职责要分配到有关的管理岗位。管理部门主要负责人、分管负责人、各科室及负责人、各科室业务岗位的安全生产责任要尽可能清晰界定。有的部门个别岗位，可能与企业安全生产没有直接关联，这类岗位也要明确自身安全的要求。

6.3.3 生产装置(车间)安全生产责任制

生产装置(车间)在化工企业承担直接的、繁重的安全生产任务，其安全责任既有内部的职责划分，又有与辅助装置(车间)的职责划分，还有与业务主管部门的职责界定，因此要逐一研究确定每个生产装置(车间)的安全生产责任。生产装置(车间)内部也要按照"一岗双责"和"管业务管安全"的原则科学划分好每个岗位的安全职责。注意是"一岗一责"，不是一人一责，例如，化工企业操作人员一般是"四班三倒"，因此四个班同一岗位的操作人员的安全生产职责是完全相同的。

6.3.4 辅助生产装置(车间)安全生产责任制

除与生产装置(车间)的安全生产职责划分区别于生产装置(车间)外，其安全生产责任制的制定可参照生产装置(车间)。

6.4 严格落实和不断完善安全生产责任制

一个化工企业制定完善的安全生产责任制不容易，各岗位严格落实安全生产责任制就更难。一是制定责任制时要充分讨论、沟通，让每个员工都准确理解自己承担的安全责任。二是要借助于化工企业常用的岗位责任制检查制度，推动安全生产责任制落地生根。要教育和考核并重，在充分做好教育引导的基础上，逐渐加大责任制落实情况的考核力度，推动企业全员责任制的切实落到实处。对重要岗位人员安全生产责任制屡屡出现落实不到位的情况，要及时界定、完善，以免出现安全生产责任制重大漏洞，造成事故。三是要不断完善安全生产责任。岗位责任制检查中发现问题，要首先倒查责任界定是否清晰。例如化工装置设备管道法兰缺螺栓的问题常见，出现此类问题要首先倒查责任制是如何规定的。这类问题在化工企业将其责任划分给生产装置(车间)和设备管理部门都可以，关键要有明确的界定。缺螺栓的管理责任明确后，以后企业就不应该再出现螺栓管理问题，这样就会推动安全管理工作越来越聚焦，越来越细化，越来越深入。四是要及时调整安全生产责任制。企业管理架构发生变化时，必须及时调整安全生产责任制；每年要根据责任制考核发现的问题，及时修正安全生产责任制；企业至少每三年应对安全生产责任制进行一次全面的修订。

第 7 章

安全生产合规性要求

7.1 概述

企业安全生产合规性要求是指：企业要把遵守国家安全生产有关法律法规、强制标准和国家部委以及地方人民政府政策性文件作为企业的最基本要求，在及时获取国家安全生产有关法律法规、强制标准和国家部委以及地方人民政府政策性文件的基础上，准确识别需要本企业执行的有关内容，并严格执行这些法律法规、强制标准和政策性文件。

对企业安全生产合规性要求需要特别强调两个方面：一是鉴于当前我国安全生产仍处于事故的高发、易发期，安全生产的法律法规标准体系尚需要进一步完善，因此现阶段国家有关部门和地方政府相当部分的安全生产要求，特别是吸取近期事故教训的要求，大都以行政文件的形式提出，企业千万不要忽视这些安全生产政策性要求，也应视同法规一样重视并严格执行。二是国家安全生产法律法规和强制标准是对安全生产基本的要求，而企业生产必须安全！因此企业安全生产规章制度首先必须满足法律法规和强制标准的要求，在此基础上，对国家和地方政府的推荐标准和政策要求也必须认真对待、认真研究、严格执行。企业为了达到安全生产的目的，还要借鉴国外化工发达国家的法律法规标准要求和国际同类大公司经验做法，制定更高标准、更严要求的企业安全生产规章制度，以尽最大可能保障企业的安全生产，为企业的经营发展提供基础和保障。

事实上，安全生产合规性管理工作部分是与安全生产信息管理重叠的，安全生产信息管理的工作要求完全适用于合规性管理要求，只不过合规性管理涉及的内容为法律法规、强制性标准和政策性要求。这些信息由于数量多、涉及政府部门、行业协会多，因此在完整获取、正确识别、充分应用方面工作要求更高、难度更大。

我国化工企业安全生产合规性管理起步较晚，真正有效实施并取得明显成效的国内化工企业数量不多，与发达国家相比差距较大，而这一差距的根源在于思想认识和国内安全生产的法治化水平。国内一些外资、合资企业在合规性管理方面做得比较好，他们通过聘请第三方机构对本企业的安全管理体系进行合规性审核，使之符合中国的安全生产法律法规、强制性标准和政策性要求。

需要指出的是，我国安全生产合规性管理在《安全生产法》中有原则的强制性要求，但没有具体的要求。2018 年 8 月 1 日实施的 GB/T 35770—2017《合规管理体系指南》是推荐标准，对我国各类企业合规性管理提出通用的建议要求，用于指导企业建立并运行合规管理体系，识别、分析和评价合规风险，进而改进合规管理流程，应对和管控合规风险。

我国危险化学品企业开展安全生产标准化工作的主要依据是 AQ 3013—2008《危险化学品从业单位安全标准化通用规范》，虽然该规范没有明确提出"合规性管理"的概念，但要素"5.3 法律法规与管理制度"与合规性管理的要求并无本质上的不同，包括了及时识别获取安全生产法律法规并定期进行符合性评价、跟踪安全法规变更以及时修订规章制度或操作规程等内容，如果企业认真执行，是可以起到有效降低合规风险作用的。

一家受人尊敬的化工企业，其安全生产还要遵循社会职业道德准则，积极履行社会责任。

7.2 安全生产合规性管理的重要性

企业安全生产管理的合规性要求是国家和当地政府对企业安全生产的基本要求。我国正在全面加强依法治国、推进治理能力和治理体系现代化，安全生产的法治化建设水平不断提高。在这样的大背景下，企业满足了合规性要求就意味着企业遵守了适用的法律法规及监管规定、遵守了相关技术标准规范，因此，发生安全生产事故的概率也就大大降低。如果企业的安全生产不依法合规管理，发生安全生产事故的可能性会大大增加，轻则被政府安全生产监管部门处以罚款，重则被要求停止生产。更为严重的是，一旦发生事故肯定是责任事故，将遭受法律的严厉惩处、重大财产损失和声誉损失。一些企业就是因为事故而失去了生存的基础。因此，企业要牢固树立法治意识，按照安全生产管理合规性要求，不断完善安全生产合规性管理工作。

7.3 安全生产合规性管理的一般要求

7.3.1 基本要求

（1）企业应明确一个部门为安全生产合规性管理的牵头部门，建议由企业的安全生产管理部门承担。企业各有关部门应收集本部门涉及的、与本企业生产经营活动有关的安全生产法律法规、标准和政策性文件，并对这些法律法规、标准和政策性文件的实施时间和适用条款进行针对性确认，然后单独记录保存。

（2）当有关安全生产法律法规、标准和政策性文件更新，或有新的法律法规、标准和政策性文件出台时，各有关部门应及时进行收集、识别和补充，以保证其时效性。

（3）企业的安全生产管理部门负责及时将最新适用的安全生产法律法规、标准和政策性文件的文本内容，以适当方式在本单位发布（例如发布在企业的局域网上），以便全体员工检索查阅。

7.3.2 合规性评估

（1）合规评估的触发条件

出现以下情况之一时，企业要及时对合规性状况进行评估。

① 国家有关安全生产法律、法规、标准、政策废止、修订时；

② 新的国家安全生产法律、法规、标准、政策颁布后；

③ 企业归属、体制、规模发生重大变化时；

④ 企业新建、扩建、改建生产设施时；

⑤ 工艺、技术路线和装置设备发生重大变更时；

⑥ 政府安全监管部门监督检查发现企业合规性存在问题时；

⑦ 企业内部安全检查、风险评价过程中，发现企业规章制度不能满足政府有关法律、法规、标准和政策要求时；

⑧ 分析安全生产事故、重复事故和安全生产事件，发现企业管理制度存在不满足国家法律法规标准和各级政府要求时；

⑨ 通过其他情况和渠道发现企业合规性存在问题时。

（2）合规性评估步骤

法律法规和标准合规性评估流程包括以下步骤，见图7-1。

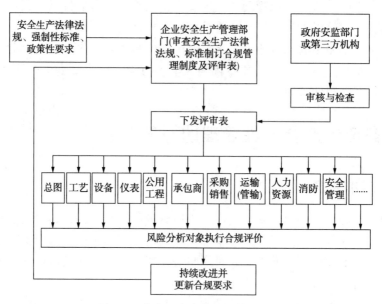

图7-1 安全生产合规性评估流程图

① 根据安全生产法律法规和标准清单，识别和更新需要企业执行的内容。值得注意的是，为了确保安全生产，对化工有关行业安全生产推荐标准也应纳入识别和更新范围。

② 依据已识别法律法规标准和政策内容，完善企业安全生产规章制度。

③ 视情况将作业许可文件和完善后的企业安全生产规章制度提交属地监管部门或第三方机构审核。

④ 对属地监管部门或第三方机构的审核结果做出响应。

⑤ 按照上述管理流程持续改进。

（3）验收关闭

对评估中发现的不符合项，各部门及时进行记录和整改，由安全生产管理部门负责对所有整改项进行验收关闭。

7.3.3 合规性工作审核、更新和培训

（1）审核。企业各部门都应将本部门合规性作为安全生产工作审核计划的一项重要内容，必要时可针对合规性组织专项审核。

（2）更新。管理部门应对合规性管理制度进行必要的评审和修订，间隔一般不要超过3年。

（3）培训。合规性管理制度应在企业范围内进行所有部门的全员培训，各部门均应建立培训档案。

7.3.4 持续改进

（1）安全生产管理部门

① 跟踪适用于企业安全生产经营活动的法律法规标准和政策的动态，及时掌握相关法律法规标准和政策的出台、修订及颁布情况，以及有关部门、单位对有关法律法规标准和政策变化的解读，并将最新情况通报本单位相关部门和员工，监督相关部门和员工尽快做出合规性响应。当前信息化时代，定期访问有关政府部门、行业协会网站是获取安全生产相关法律法规标准和政策的有效途径。

② 根据企业生产经营活动安全生产要采用最严格标准的原则，及时修改本企业的安全生产管理体系文件，并将受控文件副本分发给所有相关员工。

③ 建立与属地安监部门保持联系制度，及时掌握其监督检查的结果和提出的具体要求。

④ 至少每季度全面审查相关政府监管部门的监督检查报告，以确保所有发现的问题已得到解决或已采取适当的措施，对突出的问题必须监督企业有关部门制定整改计划及时整改。至少每季度将合规性问题的整改情况进行核查，以确保所有整改问题已得到关闭。

（2）其他有关部门

① 每年至少对分管的操作规程、作业许可和安全生产规章制度进行一次合规性评审，以确保承担的管理工作达到合规性要求。

② 确保在新设施的设计或现有设施的改造过程中，及时提供合规的操作规程、作业许可和安全生产规章制度。

③ 审查有关工程设计和施工文件，保证所有的设计、施工文件达到合规性要求，并与安全生产管理部门沟通交流、听取意见。

7.4 化工企业适用的主要法律、法规和政策

7.4.1 相关法律

（1）《中华人民共和国宪法》：1982 年 12 月 4 日第五届全国人民代表大会第五次会议通过，1982 年 12 月 4 日全国人民代表大会公告公布施行。2018 年 3 月 11 日第十三届全国人民代表大会第一次会议通过《中华人民共和国宪法修正案》修正。

（2）《中华人民共和国城乡规划法》：自 2008 年 1 月 1 日起施行，全国人大常委会 2019 年 4 月 23 日第二次修订，中华人民共和国主席令第 29 号公布，自公布之日起施行。

（3）《中华人民共和国劳动法》：自 1995 年 1 月 1 日起施行，全国人大常委会 2018 年 12 月 29 日第二次修订，中华人民共和国主席令第 24 号公布，自公布之日起施行。

（4）《中华人民共和国劳动合同法》：自 2008 年 1 月 1 日起施行，全国人大常委会 2012 年 12 月 28 日修订，中华人民共和国主席令第 73 号公布，自 2013 年 7 月 1 日起施行。

（5）《中华人民共和国行政许可法》：自 2004 年 7 月 1 日起施行，全国人大常委会 2019 年 4 月 23 日修订，中华人民共和国主席令第 29 号公布，自公布之日起施行。

（6）《中华人民共和国行政处罚法》：全国人大常委会 2021 年 1 月 22 日修订通过，中华人民共和国主席令第 7 号公布，自 2021 年 7 月 15 日起施行。

（7）《中华人民共和国行政复议法》：自 1999 年 10 月 1 日起施行，全国人大常委会 2017 年 9 月 1 日第二次修订，中华人民共和国主席令第 76 号公布，自 2018 年 1 月 1 日起施行。

（8）《中华人民共和国安全生产法》：自 2002 年 11 月 1 日起施行，全国人大常委会 2021 年 6 月 10 日第三次修订，中华人民共和国主席令 88 号公布，自 2021 年 9 月 1 日起施行。

（9）《中华人民共和国职业病防治法》：自 2002 年 5 月 1 日起施行，全国人大常委会 2018 年 12 月 29 日第四次修订，中华人民共和国主席令第 24 号公布，自公布之日起施行。

（10）《中华人民共和国消防法》：自 2009 年 5 月 1 日起施行，全国人大常委会 2019 年 4 月 23 日第三次修订，中华人民共和国主席令第 29 号公布，自公布之日起施行。

（11）《中华人民共和国特种设备安全法》：全国人大常委会 2013 年 6 月 29 日通过，中华人民共和国主席令第 4 号公布，自 2014 年 1 月 1 日起实施。

（12）《中华人民共和国石油天然气管道保护法》：全国人大常委会 2010 年 6 月 25 日通过，中华人民共和国主席令第 30 号公布，自 2010 年 10 月 1 日起施行。

（13）《中华人民共和国突发事件应对法》：全国人大常委会 2007 年 8 月 30 日通过，中华人民共和国主席令第 69 号公布，自 2007 年 11 月 1 日起施行。

（14）《中华人民共和国监察法》：全国人大常委会 2018 年 3 月 20 日通过，中华人民共和国主席令第 3 号公布，自公布之日起施行。

（15）《中华人民共和国刑法》：自 1980 年 1 月 1 日起施行，《中华人民共和国刑法（十一）》经全国人大常委会 2020 年 12 月 26 日修订，中华人民共和国主席令第 66 号公布，自 2021 年 3 月 1 日起施行。

7.4.2 相关法规

（1）《危险化学品安全管理条例》：国务院令〔2011〕第 591 号公告，2011 年 12 月 1 日实施。

（2）《安全生产许可证条例》：国务院令第 653 号公告，2004 年 1 月 13 日实施，2014 年 7 月 29 日修订。

（3）《中华人民共和国劳动合同法实施条例》：国务院令〔2008〕第 535 号公告，2008 年 9 月 18 日实施。

（4）《工伤保险条例》：国务院令第 586 号公告，2004 年 1 月 1 日实施，2010 年 12 月 20 日修订。

（5）《中华人民共和国行政复议法实施条例》：国务院令第 499 号公告，2007 年 8 月 1 日实施。

（6）《女职工劳动保护特别规定》：国务院令第 619 号公告，2012 年 4 月 28 日修订。

（7）《使用有毒物品作业场所劳动保护条例》：国务院令第 352 号公告，2002 年 5 月 12 日实施。

（8）《中华人民共和国尘肺病防治条例》：国发〔1987〕105 号文件公布，1987 年 12 月 3 日实施。

（9）《特种设备安全监察条例》：国务院令第 549 号公告，2003 年 6 月 1 日实施，2009 年 1 月 24 日修订。

（10）《中华人民共和国监控化学品管理条例》：国务院令第 588 号公告，1995 年 12 月 27 日实施，2011 年 1 月 8 日修订。

（11）《易制毒化学品管理条例》：国务院令第 703 号公告，2005 年 11 月 1 日实施，2018 年 9 月 28 日修订。

（12）《民用爆炸物品安全管理条例》：国务院令第 653 号公告，2006 年 9 月 1 日实施，2014 年 7 月 29 日修订。

（13）《危险废物经营许可证管理办法》：国务院令第 408 号公告，2004 年 7 月 1 日实施。

（14）《城镇燃气管理条例》：国务院令第 583 号公告，2011 年 3 月 1 日实施，2016 年 2 月 6 日修订。

（15）《农药管理条例》：国务院令第 677 号公告，1997 年 5 月 8 日实施，2017 年 3 月 16 日修订。

（16）《生产安全事故应急条例》：国务院令第 708 号公告，2019 年 4 月 10 日实施。

（17）《中华人民共和国道路运输条例》：国务院令第 666 号公告，2004 年 7 月 1 日实施，2016 年 2 月 6 日修订。

（18）《生产安全事故报告和调查处理条例》：国务院令第 493 号公告，2007 年 6 月 1 日实施。

（19）《国务院关于特大安全事故行政责任追究的规定》：国务院令第 302 号公告，2001 年 7 月 29 日实施。

7.4.3　国务院有关文件和原国家安监总局令

（1）《危险化学品重大危险源监督管理暂行规定》（原国家安全监管总局令第40号）。

（2）《危险化学品生产企业安全生产许可证实施办法》（原国家安全监管总局令第41号）。

（3）《危险化学品输送管道安全管理规定》（原国家安全监管总局令第43号）。

（4）《危险化学品建设项目安全监督管理办法》（原国家安全监管总局令第45号）。

（5）《危险化学品登记管理办法》（原国家安全生产监管总局令第53号）。

（6）《危险化学品经营许可证管理办法》（原国家安全生产监管总局令第55号）。

（7）《危险化学品安全使用许可证实施办法》（原国家安全生产监管总局令第57号）。

（8）《化学品物理危险性鉴定与分类管理办法》（原国家安全生产监管总局令第60号）。

（9）《生产经营单位安全培训规定》（原国家安全监管总局令第3号）。

（10）《注册安全工程师管理规定》（原国家安全监管总局令第11号）。

（11）《特种作业人员安全技术培训考核管理规定》（原国家安全监管总局令第30号）。

（12）《生产安全事故应急预案管理办法》（原国家安全监管总局令第88号）。

（13）国务院安全生产委员会关于深入开展油气输送管道隐患整治攻坚战的通知（安委〔2014〕7号）。

（14）国务院安全生产委员会关于印发《涉及危险化学品安全风险的行业品种目录》的通知（安委〔2016〕7号）。

（15）国务院办公厅关于印发危险化学品安全综合治理方案的通知（国办发〔2016〕88号）。

7.4.4　原国家安监总局、应急管理部涉及化工、危险化学品政策性文件

（1）《国务院安委会办公室关于进一步加强危险化学品安全生产工作的指导意见》（安委办〔2008〕26号）。

（2）《国家安全监管总局关于公布首批重点监管的危险化工工艺目录的通知》（安监总管三〔2009〕116号）、《国家安全监管总局关于公布第二批重点监管危险化工工艺目录和调整首批重点监管危险化工工艺中部分典型工艺的通知》（安监总管三〔2013〕3号）。

（3）《国家安全监管总局 工业和信息化部关于危险化学品企业贯彻落实〈国务院关于进一步加强企业安全生产工作的通知〉的实施意见》（安监总管三〔2010〕186号）。

（4）《国家安全监管总局关于公布首批重点监管的危险化学品名录的通知》（安监总管三〔2011〕95号）、《国家安全监管总局关于公布第二批重点监管危险化学品名录的通知》（安监总管三〔2013〕12号）。

（5）《关于开展提升危险化学品领域本质安全水平专项行动的通知》（安监总管三〔2012〕87号）。

（6）《国家安全监管总局关于印发危险化学品企业事故隐患排查治理实施导则的通知》（安监总管三〔2012〕103号）。

（7）《国务院安委会办公室关于进一步加强化工园区安全管理的指导意见》（安委办

〔2012〕37号)。

(8)《国家安全监管总局办公厅关于印发危险化学品建设项目安全设施设计专篇编制导则的通知》(安监总厅管三〔2013〕39号)。

(9)《国家安全监管总局 住房城乡建设部关于进一步加强危险化学品建设项目安全设计管理的通知》(安监总管三〔2013〕76号)。

(10)《国家安全监管总局关于加强化工过程安全管理的指导意见》(安监总管三〔2013〕88号)。

(11)《国家安全监管总局关于进一步严格危险化学品和化工企业安全生产监督管理的通知》(安监总管三〔2014〕46号)。

(12)《国家安全生产监督管理总局公告》(2014年第13号)(危险化学品生产、储存装置个人可接受风险标准和社会可接受风险标准(试行)。

(13)《教育部 国家安全监管总局关于加强化工安全人才培养工作的指导意见》(教高〔2014〕4号)。

(14)《国家安全监管总局关于加强化工企业泄漏管理的指导意见》(安监总管三〔2014〕94号)。

(15)《国家安全监管总局关于加强化工安全仪表系统管理的指导意见》(安监总管三〔2014〕116号)。

(16)《国家安全监管总局关于印发〈化工(危险化学品)企业安全检查重点指导目录〉的通知》(安监总管三〔2015〕113号)。

(17)《国家安全监管总局关于加强精细化工反应安全风险评估工作的指导意见》(安监总管三〔2017〕1号)。

(18)《国家安全监管总局办公厅关于印发化工(危险化学品)企业主要负责人安全生产管理知识重点考核内容等的通知(含危险化学品安全监管人员提升专业知识培训重点)》(安监总厅宣教〔2017〕15号)。

(19)《国家安全监管总局关于印发〈化工(危险化学品)企业保障生产安全十条规定〉〈烟花爆竹企业保障生产安全十条规定〉和〈油气罐区防火防爆十条规定〉的通知》(安监总政法〔2017〕15号)。

(20)《国家安全监管总局关于印发〈化工和危险化学品生产经营单位重大生产安全事故隐患判定标准(试行)〉和〈烟花爆竹生产经营单位重大生产安全事故隐患判定标准(试行)〉的通知》(安监总管三〔2017〕121号)。

(21)《应急管理部关于印发〈化工园区安全风险排查治理导则(试行)〉和〈危险化学品企业安全风险隐患排查治理导则〉的通知》(应急〔2019〕78号)。

第 8 章

安全生产信息管理

8.1 概述

　　安全生产信息的收集、识别和充分应用是企业安全生产重要的基础性工作，是工艺技术、设备等专业风险识别的基础。目前来看，绝大多数企业对安全生产信息管理重视不够，这一问题在一些中小型化工企业更为突出。近年来因对涉及的危险化学品安全特性和工艺技术路线安全特点不了解、不掌握，发生较大事故甚至重特大事故的企业不在少数。涉及危险化学品的事故往往都存在对危险化学品安全特性不掌握、不重视的问题。如某企业将主要成分为双氧水(过氧化氢)的强氧化剂作为原油脱硫剂，直接加到原油管线中发生强氧化反应引发爆炸，严重违反了双氧水"安全技术说明书"明文规定不得与可燃物、油类混合的要求，造成了输油管道爆炸泄漏特别重大事故。

　　化工生产装置(包括化学品设施，下同)安全生产信息的收集一般包括装置规划、设计、安装调试资料、涉及化学品的安全技术说明书、工艺安全信息、设备安全信息、电气安全信息、仪表安全信息、相关行业的事故信息、有关国家和地方政府的法律法规标准和政策等。

8.2 建立安全生产信息管理制度

　　为了确保能够及时、准确获取各类安全生产信息，正确识别与本企业有关的安全生产信息，及时将识别的安全生产信息转化为企业的内部规章制度，加强安全生产信息管理，企业首先应该建立安全生产信息管理制度。

　　企业安全生产信息管理制度至少要包括以下内容：

　　(1) 明确企业要获取安全生产信息的范围及其必要性。

　　(2) 明确获取安全生产信息的责任部门及分工。化工企业安全生产信息，从时间方面讲，要从生产装置的规划开始，直到装置报废拆除完毕才能结束，时间覆盖装置设施全生命周期；从专业方面讲，要涉及规划、工程、工艺、设备、电气、仪表、公用工程、化验、生产调度、安全(包括消防安全)和法律事务等，必须明确一个部门牵头负总责，有关部门参与，分工合作。从现实情况来看，企业的法律事务部门、技术管理部门和安全生产管理部门，都是可以承担安全生产信息管理的牵头部门。

（3）获取安全生产信息的途径。从专利提供商或工艺技术提供方、设计单位、工程施工和监理单位、专用设备设施供货商(包括电气、仪表，下同)和国家相关部门的公告获取安全生产信息，是最直接、最可靠、最有效的途径。随着互联网快速发展，通过互联网获取国家有关法律法规标准政策和化学品安全技术说明书以及有关事故情况就更加方便。要定期浏览国家有关部委、企业所在地省、市、县有关部门和行业协会的网站，以便及时获取有关安全生产和事故信息。有关行业杂志、报纸、微信等也是获取安全生产信息的重要途径。

（4）定期获取安全生产信息。企业要与专利提供商或工艺技术提供方、设计单位、专用设备设施供货商建立稳定的联系渠道，以便及时获取工艺技术、设备设施的最新安全生产信息。建议企业安排固定人员每周至少浏览一次国家有关部委、企业所在地省、市、县有关部门和行业协会的网站，以便及时获取有关信息。

（5）获取信息的识别、分类管理及更新。

（6）充分利用安全生产信息。

（7）安全生产信息管理的效果评估和持续改进。要从安全生产信息获取是否及时全面、分类是否合理科学、利用是否及时全面有效等方面，定期对安全生产信息管理工作进行评估，以便及时发现问题，不断改进提高。

8.3 化学品安全信息收集

化学品危害信息主要体现在化学品"安全技术说明书"（SDS）中，企业可以从化学品制造商、化学品供应商、专业服务机构或通过互联网获得。化工企业(同样适用于化学品储存、运输、使用和废弃处置企业、单位)对化学品的安全技术说明书中的内容要认真研究领会，结合本企业操作工况，充分发挥安全技术说明书给出化学品安全信息的作用，为安全生产提供依据和保障。

8.3.1 危险化学品分类

根据国家标准 GB 30000—2013《化学品分类和标签规范》系列规定，危险化学品可分为以下 3 类 28 项：

（1）物理化学危害

物理化学危害包括爆炸物、易燃气体、气溶胶、氧化性气体、加压气体、易燃液体、易燃固体、自反应物质和混合物、自燃液体、自燃固体、自热物质和混合物、遇水放出易燃气体的物质和混合物、氧化性液体、氧化性固体、有机过氧化物、金属腐蚀物。

（2）健康危害

健康危害包括急性毒性、皮肤腐蚀/刺激、严重眼损伤/眼刺激、呼吸道或皮肤致敏、生殖细胞致突变性、致癌性、生殖毒性、特异性靶器官毒性(一次接触)、特异性靶器官毒性(反复接触)、吸入危害。

（3）环境危害

环境危害包括对水生环境的危害和对臭氧层的危害。

8.3.2　化学品安全技术说明书

GB/T 16483—2008《化学品安全技术说明书 内容和项目顺序》规定，化学品安全技术说明书按照下面16部分提供各类化学品的信息：化学品及企业标识；危险性概述；成分/组成信息；急救措施；消防措施；泄漏应急处理；操作处置与储存；接触控制和个体防护；理化特性；稳定性和反应性；毒理学信息；生态学信息；废弃处置；运输信息；法规信息；其他信息。

化学品供应商应当向化学品用户提供完整的安全技术说明书，并有责任对安全技术说明书进行更新和提供最新版本。由于安全技术说明书仅与某种化学品有关，不可能考虑所有工作场所可能发生的情况，所以安全技术说明书仅包含了保证接触处理安全所必备的信息。

化工企业在使用安全技术说明书时，应充分考虑该化学品在具体工况条件下的风险评估结果。根据安全技术说明书提供的操作、储存、运输的安全要求，以及急救、消防、泄漏应急处理、个体防护等各项措施，确定在工作场所应采取的预防措施和防范设施。在化学品的使用过程中，必须通过安全标识、应急信息告示等多种有效途径，将化学品危险信息传递给所有的使用者和可能的接触者。化学品使用者、接触者应积极采纳安全技术说明书提出的综合性建议。

8.3.3　化学品理化特性指标的安全生产意义

（1）闪点

易燃、可燃液体（包括具有升华特性的可燃固体）表面挥发的蒸气与空气形成的混合气，接近火源时会产生瞬间燃烧的现象。温度较低时燃烧通常发生蓝色的微弱火焰，而且一闪即灭，这种现象称为闪燃。引起闪燃的最低温度称为闪点。这是因为可燃液体在闪点温度时蒸发速度缓慢，蒸发出来的蒸气仅能维持一刹那的燃烧，来不及补充新的蒸气，不能持续燃烧。闪点也正是物质的蒸气与空气形成可燃性混合气体的最低温度。可燃液体如果与空气接触，而且温度高于其闪点时则随时都有被火焰点燃的危险。化学物质的闪点越低，表示越易起火燃烧，燃爆危险性越大，越危险。闪点是判定液体化学品易燃危险性的重要参数。

当可燃液体或固体如果与空气接触、温度高于闪点（升华点）时，随时都有被外界明火点燃的危险；而当温度低于闪点时，由于蒸气压太小不足以在空气中形成可燃性气体混合物，因而不能被外加明火点燃。闪点是评价易燃液体（升华固体）燃爆危险性的重要指标，通常采用闭口杯法测定数据，闪点越低，则表示越易起火燃烧，燃爆危险性越大。例如，苯的闪点为−11℃，乙醇的闪点为13℃，苯的火灾危险性和燃爆性就比乙醇要大。

根据闪点不同，易燃、可燃液体分甲、乙、丙三类。甲类易燃液体：闪点在28℃以下，如汽油、酒精等。乙类易燃液体：闪点在28~60℃之间，如丁醇、煤油、柴油等。丙类可燃液体：闪点大于60℃。

消防安全管理中，按照闪点不同，将能燃烧的液体分为两类四级：

第一级：闪点在28℃以下，如汽油、酒精等。

第二级：闪点在28～45℃之间，如丁醇、煤油等。

第三级：闪点在46～120℃之间，如苯酚、柴油等。

第四级：闪点在121℃以上，如润滑油、桐油等。

属于第一、第二级的液体成为易燃液体；属于第三、第四级的液体成为可燃液体。

GB 50016—2014《建筑设计防火规范（2018 年版）》中按照液体的闪点将易燃液体划分为三类：

① 甲类：涉及闪点<28℃液体化学品的区域，如己烷、戊烷、石脑油、环戊烷、二硫化碳、苯、甲苯、甲醇、乙醇、乙醚、乙酸甲酯、醋酸甲酯、硝酸乙酯、汽油、丙酮、丙烯、乙醛；

② 乙类：涉及28℃≤闪点<60℃液体化学品的区域，如煤油、松节油、丁烯醇、异戊醇、丁醚、醋酸丁酯、硝酸戊酯、乙酰丙酮、环己胺、溶剂油、冰醋酸、樟脑油、甲酸等；

③ 丙类：涉及闪点≥60℃液体化学品的区域，如沥青、蜡、润滑油、机油、重油、糠醛等。

国家标准 GB 30000.7—2013《化学品分类和标签规范 第 7 部分：易燃液体》中按照闪点把易燃液体分为四类：

类别 1：闪点<23℃且沸点≤35℃，如环氧丙烷、乙醛丁炔、3-丁烯-2-酮、甲基肼、四甲基硅烷等；

类别 2：闪点<23℃且沸点>35℃，石脑油、丙烯腈、乙酸乙烯酯、甲基叔丁基醚、二硫化碳、丙腈、丙酸烯丙酯、丙酸异丙酯、环戊烯等；

类别 3：23℃≤闪点≤60℃，如环氧氯丙烷、氯苯、3-丁烯腈、1，3-二氯丙烯、二正戊胺、四甲基铅、4-乙烯基吡啶、三正丙胺；

类别 4：60℃<闪点≤93℃。

易燃液体场所要采取防火、防静电等措施，严格控制点火源。

（2）爆炸极限

爆炸极限是指可燃气体、可燃液体的蒸气或者固体粉尘与空气或其他氧化性气体混合后能发生爆炸的最低和最高浓度。低浓度侧的极限值为爆炸下限（lower explosive limit，LEL），高浓度侧的极限值为爆炸上限（upper explosive limit，UEL），通常用可燃气体在空气中的体积分数（%）表示，粉尘的爆炸极限用 mg/m³ 表示。低于爆炸下限，混合气中可燃气的含量不足，不能爆炸（但有可能引起燃烧）；当可燃气浓度超过爆炸下限、低于爆炸上限时，遇到明火即发生爆炸；高于爆炸上限，混合气中氧气的含量不足，只能发生燃烧，不能引起爆炸。

爆炸极限是可燃气体、易燃液体和固体粉尘的重要燃爆特性参数，爆炸极限范围越宽，下限越低，爆炸危险性也就越大。但该参数并不是定值，而是受到温度、压力、火焰传播方向、点火能量等因素影响。

储存可燃气体和易燃液体的场所，要安装可燃气体泄漏报警仪表，以便发生泄漏时能够及时发现。可燃气体泄漏报警仪表的显示值一般是爆炸下限的百分数即 LEL%，而不是可燃气体的体积分数。对粉尘要采取除尘措施，防止扬尘形成爆炸性环境。同时，要采取防火、防静电等措施，严格控制点火源。

混合爆炸物浓度在爆炸下限以下时含有过量空气，由于空气的冷却作用，阻止了火焰的蔓延，此时，活化中心的销毁数大于产生数。同样，浓度在爆炸上限以上，含有过量的可燃性物质，空气非常不足(主要是氧不足)，火焰也不能蔓延，不会发生爆炸但能燃烧。但此时若补充空气同样有火灾爆炸的危险，因此对爆炸上限以上的混合气不能认为是安全的。爆炸极限是评价可燃气体、易燃液体蒸气或粉尘能否发生爆炸的重要参数。例如乙炔爆炸极限是 2.5%~81%，乙烷爆炸极限是 3.22%~12.45%，两者相比，前者的爆炸极限范围比后者大得多，因此乙炔的爆炸危险性比乙烷要大得多。

对于爆炸下限低的气体，当其处于正压状态时，应谨防气体向空气中泄漏，即使泄漏量不大，也容易进入爆炸极限范围。而对于爆炸上限较高的气体，当使用负压系统时，如果空气进入盛装该气体的容器或管道设备内，即使不需要很大的量也能进入爆炸极限范围。

爆炸性混合物在不同浓度时发生爆炸所产生的压力和放出的热量不同，因而具有的危险程度也不相同。在接近爆炸浓度下限和上限时，爆炸的温度不高，压力不大，爆炸威力也小。当混合物中可燃气体的浓度达到或稍高于化学当量比浓度时，爆炸时放出的热量最多，产生的压力最大。如一氧化碳的爆炸极限是 12.5%~74%，当其在空气中含量达 29.5%(即它的化学当量浓度)时，遇火发生爆炸的威力最大。

GB 50016—2014《建筑设计防火规范(2018 年版)》中按照气体的爆炸下限将生产场所划分为以下类别：

① 甲类火灾危险场所：涉及爆炸下限小于 10% 气体的区域，如乙炔、氢、甲烷、乙烯、丙烯、丁二烯、环氧乙烷、水煤气、硫化氢、氯乙烯、液化石油气等；

② 乙类火灾危险场所：涉及爆炸下限大于 10% 的气体，如氨气。

(3) 饱和蒸气压

液体的饱和蒸气压是指在一定温度下，气、液两相平衡时液体表面蒸气的压力。饱和蒸气压的大小可表明液体蒸发能力的强弱、液体在管道运输系统中形成气阻的可能性以及储运时损失量的倾向。液体的饱和蒸气压大，蒸发性就强，形成气阻的可能性也大，在储运中蒸发损失也大。对于有吸入中毒风险的液体，饱和蒸气压越大，挥发性越高，越容易中毒。

液体的饱和蒸气压随温度变化而变化，温度升高时增大。当盛有挥发性液体的密闭容器受热时，容易造成容器变形或胀裂，这些容器要严禁超温使用。盛装可燃和易燃液体的容器应留有不少于 5% 的空隙，远离热源、火源，在夏季还要做好降温工作。

(4) 自燃温度(自燃点、引燃点、引燃温度)

自燃温度又叫自燃点、引燃点、引燃温度，可燃物质在没有火焰、电火花等明火源的作用下，由于本身受空气氧化而放出热量，或受外界温度、湿度影响使其温度升高而引起燃烧的最低温度称为自燃点(或引燃温度)。自燃温度越低，则该物质的燃烧危险性越大。当操作温度或环境温度大于自燃温度时，应采用惰性介质保护措施。

可燃物未与明火接触，但在外界热源的作用下，使温度达到自燃点而发生的自燃现象，叫作受热自燃。在石油化工生产中，由于可燃物质接近或接触高温设备管道，受到加热或烘烤,或者泄漏的可燃物料接触到高温设备管道,均可导致自燃。准确地说,自燃点应该是引起可燃物质燃烧的热壁的温度。

可燃固体的自燃温度一般低于易燃液体和气体,因为固体比液体和气体的分子密集,蓄热条件好。大部分易燃固体的自燃点一般是 130~350℃。自燃点低的固体物质,其火灾危险就大些。例如硫黄的自燃点为 248~266℃,木材的自燃点为 400~500℃,当他们同时处于火场时,硫黄的火势发展很快,故在扑救多种化学品火灾时,应先将自燃点低的化学品抢运转移出火场。

易燃气体的自燃温度不是固定不变的数值,而是受压力、密度、容器直径、催化剂等因素的影响。一般规律为受压越高,自燃点越低;密度越大,自燃点越低;容器直径越小,自燃点越高。易燃气体在压缩过程中(如在压缩机中)较容易发生爆炸,其原因之一就是自燃点降低的缘故。在氧气中测定时,所得自燃点数值一般较低,而在空气中测定则较高。

一般可燃、易燃液体的自燃点为 250~650℃。如汽油的自燃点是 415~530℃,松节油的自燃点是 244℃,苯的自燃点是 562℃,甲醇的自燃点为 470℃,乙醛的自燃点为 175℃,乙醚的自燃点为 160℃,二硫化碳的自燃点为 90℃。在不接触明火的条件下,二硫化碳容易受热自燃。

(5)燃点

燃点是评定物质火灾危险性的主要标志。燃点是指将物质在空气中加热时,开始并继续燃烧的最低温度。燃点越低,越容易着火,火灾危险性越大。可燃物质在达到了相应的燃点时,如果与火源相遇,就会发生燃烧。所以,控制可燃物的温度在燃点以下是防火的重要措施之一。

燃点低的物质在接触明火、高热或受外力作用时,往往引起剧烈连续地燃烧,如硫黄、樟脑、萘等,其分子组成简单,熔点和燃点都低,受热后迅速蒸发,其蒸气遇明火或高温即迅速燃烧。通常以燃点 300℃作为划分易燃固体和可燃固体的界线。

一切可燃液体的燃点都高于闪点。闪点<60℃的易燃液体的燃点一般比其闪点高 1~5℃,而且液体的闪点越低,这一差数就越小。例如,汽油、苯等闪点低于 0℃的液体,这一差数仅为 1℃。实际上,在敞开容器中很难将这类液体的闪点和燃点区别开来。因此,在评定这类液体的火灾危险性时,燃点没有多大实际意义。但是,燃点对高闪点的可燃性液体则有实际意义。如将这些可燃液体的温度控制在燃点以下,或不使超过这些可燃液体燃点的点火源与其接触,就可以防止火灾发生。在火场上用冷却法灭火,其原理就是将燃烧物质的温度降低到燃点以下,使燃烧停止。

操作温度大于物料介质的燃点时,要严防化工物料泄漏引发火灾事故,因为大于物料燃点的化工物料一旦泄漏就立即着火,非常危险。例如:炼油厂渣油系统泄漏引发的火灾。

(6)沸点

在 101.3kPa 大气压下,物质由液态转变为气态的温度称为液体的沸点。同时沸点也是液体的饱和蒸气压与外界压力相等时液体的温度。因此可见沸点越低,饱和蒸气压越高,液体越容易蒸发。对于有吸入中毒风险的液体,沸点越低,挥发性越高,越容易中毒。若不是在 101.3kPa 大气压下得到的沸点值或者该物质直接从固态变成气态(升华),或者在溶解(或沸腾)前就发生分解的,则在数据之后用括号"( )"标出技术条件。

（7）凝固点（冰点）、熔点、凝点

凝固点（又称冰点）、熔点：在一定外压下，液体逐渐冷却开始析出固体时的平衡温度称为液体的凝固点，固体逐渐加热开始析出液体时的温度称为固体的熔点。外压改变不大时，熔点变化极小，故在大气压力下可以不必考虑压力对物质熔点的影响。对于纯物质在同样的外压下，凝固点和熔点是相同的（如水、醋酸、环己烷、苯、樟脑等）。对于溶液及混合物，一般来说，凝固点和熔点并不同，凝固点高于熔点。

凝点：是指物质从气态变成液态的温度点，与凝固点不同。

在化工物料冷却过程中，有些凝固点较高的物料，遇冷易变得黏稠或凝固，在冷却时要注意控制温度，防止物料搅拌器电流升高跳闸、管道阻力增大导致输送泵电流升高跳闸以及管道和设备堵塞。凝固点高的化学品在装置停车特别是冬季停车时，例如苯（凝固点5.5℃）、对二甲苯（凝固点13.3℃），要对相关管线进行"扫线（用氮气吹扫管线中的物料）"以防管线冻凝。

一般情况下，凝固点、熔点、凝点是常温常压的数值。特殊条件下得到的数值，要单独标出技术条件。熔点≥300℃的固体通常称为高熔点固体，燃烧中不易熔化，晶体硅及大多数金属为高熔点固体；熔点<300℃的固体称为低熔点固体，燃烧中容易熔化或直接气化（升华），如白磷、硫黄、钠、钾等为低熔点固体。熔点越低，固体的燃烧速率越大。

（8）气体相对密度（空气＝1）

在给定的条件下（0℃时），某一物质的蒸气密度与参考物质（一般以空气为参考物质）密度的比值为该物质0℃时的蒸气与空气密度的比值。

以空气作为参考物质时，空气在0℃和101.325kPa的标准状态下，干燥空气的密度为1.293kg/m³。

对于气体的相对蒸气密度，需要从以下几个方面考虑安全问题：①与空气密度相近的易燃气体，容易互相均匀混合，形成爆炸性混合物。②密度比空气大的气体沿着地面低洼处扩散，并易串入地下沟渠、厂房死角处，长时间聚集不散，易燃气体遇火源则发生燃烧或爆炸，有毒气体则容易发生中毒。③密度比空气小的易燃气体容易扩散，而且能顺风飘动，会使燃烧火焰快速蔓延、扩散。密度比空气小的有毒气体泄漏后，扩散远，要扩大警戒范围。④应当根据气体相对密度的特点，正确选择通风排气口的位置及气体报警器的安装位置，确定防火间距值以及采取防止火势蔓延的措施。

（9）液体相对密度（水＝1）

在给定的条件下（20℃）时，某一物质的密度与参考物质（水）密度的比值为20℃时物质的密度与4℃时水的密度比值为液体相对密度。

对于相对密度<1且不溶于水的易燃液体，储罐底部发生泄漏时，可用下部注水的方式，将不溶于水的易燃液体泄漏转换为水的泄漏，降低处置风险。例如液态烃储罐一般要设置注水管线。要特别注意不溶于水的易燃液体发生火灾时，灭火时禁止使用直流水灭火。相对密度>1且不溶于水的易燃液体可使用水封储存，既安全防火又经济方便。

（10）燃烧热

在25℃、101.3kPa时，1mol可燃物完全燃烧生成稳定的化合物时所放出的热量，叫作该物质的燃烧热。一般地讲，可燃气体的燃烧热越大，发生爆炸时的威力越大。

（11）临界温度

物质处于临界状态时的温度。就是加压后使气体液化时所允许的最高温度，称之为临界温度，用摄氏温度（℃）表示。

（12）临界压力

物质处于临界状态的压力，就是在临界温度时使气体液化所需要的最小压力，也就是液体在临界温度时的饱和蒸气压，用 MPa 表示。压力降低，分子碰撞概率减少，危险性降低，爆炸极限范围变窄。压力对爆炸上限影响显著，对下限影响较小。压力降到一定值时，上限与下限重合，此时的压力称为临界压力，临界压力以下，系统不能爆炸。

超临界状态时的化学品表现出一些特有的理化性质，这在安全生产中要特别注意，例如高压聚乙烯生产过程中发生的乙烯分解反应。

（13）辛醇/水分配系数

当一种物质溶解在辛醇/水的混合物中时，该物质在辛醇和水中浓度的比值称为分配系数，通常以常用对数形式（lgK_{ow}）表示。辛醇/水分配系数是用来预计一种物质在土壤中的吸附性、生物吸收、亲脂性储存和生物富集的重要参数。辛醇/水分配系数越大，化学品在土壤中的吸附性、生物吸收量、亲脂性储存和生物富集的量越大。

（14）溶解性

溶解性是指在常温常压下物质在溶剂（以水为主）中的溶解性，分别用混溶、易溶、溶于、微溶表示其溶解程度。如果液体溶于水，在使用泡沫灭火剂时，应选择抗溶性泡沫。

（15）黏度

黏度是指流体对流动所表现的阻力。对于易燃液体，在黏度较小的情况下，不仅本身极易流动，还因渗透、浸润及毛细现象等作用，即使容器只有极细微裂纹，易燃液体也会渗出容器外。泄漏后很容易蒸发，形成的易燃蒸气如果密度比空气大，能在坑洼地带积聚，从而增加了燃烧爆炸的危险性。黏度除以密度可以得出运动黏度，运动黏度是判定物质吸入危害的一个关键参数，对于低黏度的有机溶剂，一旦呛入呼吸道可造成吸入性肺炎，因此患者口服化学品，在施救过程中禁止催吐。

8.3.4　化学品关键参数的安全生产意义

（1）起始放热温度 T_0

评价化学物质热稳定性一个重要的着眼点就是它对外界作用的反应，即发生分解以至燃爆的难易程度。可以用差式扫描量热法（differential scanning calorimetry，DSC）或 C80 微量热仪的起始放热温度 T_0 来表示。起始放热温度 T_0 通常与所使用仪器设备的测量精度相关，测量精度越高，T_0 则越低。一般地，化学物质的 T_0 越低，热稳定性越差。

（2）比热容（heat capacity）

比热容是用以衡量物质所包含热量的物理量，用符号 c 表示，单位是 J/（kg·℃）。比热容的定义是一定量的物质在一定条件下温度升高 1℃所需要的热量，是温度的函数。等压条件下的比热容称定压比热容，用符号 c_p 表示；等容条件下的比热容称定容比热容，用符号 c_V 表示。对于固体和液体来说，c_p 和 c_V 近似相等，但是在要求较高的计算中不能忽略。

在相同的反应体系中，比热容小的化学物质温度变化速率较比热熔大的化学物质要大。

（3）反应热（reaction heat）

反应热是指当一个化学反应在恒压以及不做非膨胀功的情况下发生后，若使生成物的温度回到反应物的起始温度，这时体系所放出或吸收的热量称为反应热。这种情况下反应热等于反应焓变。化学反应热有多种形式，如生成热、燃烧热、中和热等。

在相同反应条件下，化学反应热大的反应体系对温度控制要求更为严格。

（4）绝热温升（adiabatic temperature rise，ΔT_{ad}）

绝热温升是指处于绝热环境中的反应体系温度的上升幅度。它是衡量反应失控情况下最糟糕情况的指标。绝热温升可以通过反应热和反应体系的热容数据直接求取，也可以通过绝热量热仪测量。

绝热温升大的反应体系，反应失控的风险越大。

（5）到达最大反应速率的时间（time to maximum rate under adiabatic condition，TMR_{ad}）

到达最大反应速率时间 TMR_{ad} 是指反应体系在绝热环境下进行反应，从某时刻起到达最大反应速率时刻所需要的时间。通过动力学数据可以计算出 TMR_{ad}，通过绝热量热仪也可以直接测得该时间，该结果同样需要根据热惰性因子进行修正。

到达最大反应速率时间越小，反应越容易失去控制，安全生产控制措施要求越高。

（6）不归温度（temperature of no return，T_{NR}）

不归温度是指反应体系中，反应放热速率超过反应移热速率临界温度点。一旦超过此温度，反应体系的温度就完全失去控制。通过对反应体系的动力学数据求取，并计算反应器的移热曲线，可以找出反应体系的不归温度 T_{NR}。

反应体系的正常操作温度与不归温度的差值越小，反应越容易失去控制。

（7）最大放热速率 $\tan\theta$

最大放热速率是放热分解反应激烈性的体现，也是衡量危险性大小的一个重要参数。

最大放热速率越大，放热分解反应越不容易控制。

（8）自加速分解温度（self-accelerating decomposition temperature，SADT）

自加速分解温度 SADT 是对有机过氧化物类不稳定物质的储存稳定性进行评价的重要指标，联合国危险物品运输专家委员会定义 SADT 为有机过氧化物或自反应性物质在包装储存时，可能产生自加速分解的最低温度，实际上 SADT 为允许有机过氧化物或自反应性物质于短时间储存可避免热危害的最高温度；长时间储存时，建议的安全储存温度必须同时考虑化学品不至于失去其反应活性，另外通过 SADT 的评估量化，也可了解化学物品于运输过程是否须增设温度控制设备。

化学物质的自加速分解温度越低，储存温度要求的温度越低、条件越苛刻。

（9）主反应失控能达到的最大反应温度（MTSR）

MTSR 是表征反应过程安全的最重要参数之一，它既是主反应能够达到的最高温度，也有可能是二次反应的引发温度。MTSR 的大小与反应的热累积直接相关。在不同操作条件下，反应的热累积往往有很大的差别，间歇反应的热累积要大于半间歇反应，半间歇反应要大于连续反应。以间歇反应为例，在加料结束瞬间，体系的热累积率最大，体系若在刚到达反应温度时冷却完全失效，即体系处于绝热状态下，这种情况下所达到最高反应温度就是反应所能达到的最大 MTSR。

反应体系的安全控制设计，反应温度控制要充分考虑尽量远离最大反应温度的措施。

（10）达到最大反应速率的时间 T_{MR}

在化学反应过程中，当反应体系处于绝热反应状态时，T_{MR} 为从所需反应达到最大反应速率的感应期。在不同反应温度下的 T_{MR} 值是不同的，温度越高，越容易到达体系的最大反应速率，其 T_{MR} 值也越小，温度越低，越不容易到达体系最大反应速率，其 T_{MR} 值越大。

在确定反应初始条件时，既要考虑反应效率（达到最大反应速率的时间越短，反应效率越高，经济性越好）又要考虑反应的安全控制，达到最大反应速率的时间要以反应可控为前提。

（11）极限氧含量（limiting oxygen concentration，LOC）

在一定温度和压力下，可燃气体、惰性气体和助燃气体（通常惰性气体和助燃气体分别是空气中的氮气和氧气）三者组成的混合气体中，如果氧气含量低于某一极限值，则无论其余两种气体的组成如何变化，混合气体都不会发生燃烧或爆炸。这个氧气含量的极限值就是极限氧含量，又叫作最小氧含量（minimum oxygen concentration，MOC）。

研究混合气体的极限氧含量，对系统的惰化和保障本质安全具有重要的意义。涉及氧气（或空气）的氧化反应，反应体系的氧含量要尽量小于极限氧含量。

（12）爆炸压力（explosion pressure）

爆炸压力是指密闭容器内的爆炸性混合物爆炸之后产生的压力，爆炸压力的最大值称最大爆炸压力。

爆炸压力通常是测量出来的，但也可以根据燃烧反应方程式或气体的内能进行计算，物质不同，爆炸压力也不同，即使是同一种物质因周围环境、原始压力、温度等不同，其爆炸压力也不同。

最大爆炸压力越高，最大爆炸压力时间越短，最大爆炸压力上升速度越高，说明爆炸威力越大，该化学品越危险。

（13）最小点火能

最小点火能是指能引起可燃物与空气的混合物燃烧并传播时所需的最小能量。该能量是对混合物明火感度的表征。最小点火能数值越小，说明该物质越易被引燃。虽然可燃粉尘和可燃气体一样，都存在最小点火能，但由于粉尘的颗粒大小相对于气体分子要大很多，故其最小点火能也要比可燃气体的最小点火能大至少一个数量级。在相同的爆炸下限情况下，可燃物最小点火能越小，越容易发生安全事故。

8.3.5 危险化学品火灾危险性类别

根据国家建筑及石化行业相关防火标准规定，危险化学品场所的火灾危险性类别见表8-1~表8-3。

表8-1 可燃气体的火灾危险性分类

类 别	可燃气体与空气混合物的爆炸下限
甲	<10%（体积）
乙	≥10%（体积）

表 8-2　液化烃、可燃液体的火灾危险性分类

名　　称	类　　别		特　　征
液化烃	甲	A	15℃时的蒸气压力>0.1MPa的烃类液体及其他类似的液体
		B	甲A类以外，闪点<28℃
可燃液体	乙	A	闪点≥28℃至≤45℃
		B	闪点>45℃至<60℃
	丙	A	闪点≥60℃至≤120℃
		B	闪点>120℃

表 8-3　生产的火灾危险性分类

生产的火灾 危险性类别	使用或产生下列物质生产的火灾危险性特征
甲	（1）闪点小于28℃的液体； （2）爆炸下限小于10%的气体； （3）常温下能自行分解或在空气中氧化能导致迅速自燃或爆炸的物质； （4）常温下受到水或空气中水蒸气的作用，能产生可燃气体并引起燃烧或爆炸的物质； （5）遇酸、受热、撞击、摩擦、催化以及遇有机物或硫黄等易燃的无机物，极易引起燃烧或爆炸的强氧化剂； （6）受撞击、摩擦或与氧化剂、有机物接触时能引起燃烧或爆炸的物质； （7）在密闭设备内操作温度不小于物质本身自燃点的生产
乙	（1）闪点不小于28℃，但小于60℃的液体； （2）爆炸下限不小于10%的气体； （3）不属于甲类的氧化剂； （4）不属于甲类的易燃固体； （5）助燃气体； （6）能与空气形成爆炸性混合物的浮游状态的粉尘、纤维、闪点不小于60℃的液体雾滴
丙	（1）闪点不小于60℃的液体； （2）可燃固体
丁	（1）对不燃烧物质进行加工，并在高温或熔化状态下经常产生强辐射热、火花或火焰的生产； （2）利用气体、液体、固体作为燃料或将气体、液体进行燃烧作其他用的各种生产； （3）常温下使用或加工难燃烧物质的生产
戊	常温下使用或加工不燃烧物质的生产

8.3.6　化学固废、废液危险信息的收集

要深刻吸取江苏响水"3·21"特别重大爆炸事故教训，认真对待化工企业化学废料、废液的安全问题。例如硝化反应的固废、聚烯烃催化剂系统的废烷基铝、一些废催化剂等可能有爆炸、燃烧、毒性等危险，在储存、运输、处置等环节可能引发火灾爆炸、人员中毒事故，因此要高度重视此类物质的危险性，采取相应的安全措施进行储存和处置。对于没有危险特性数据的化学固废、废液，要送往有化学品危险性鉴定资质的单位进行危险性鉴定，以确定其危险特性。

8.4　工艺专业安全信息收集

化工企业常讲工艺专业是"龙头"，因此工艺专业的安全生产信息收集非常重要。

8.4.1　工艺技术安全信息

化工装置采用的工艺技术决定了化工生产过程安全生产的特点。与安全生产密切相关的工艺技术信息包括生产工艺的反应原理、工艺控制原则、安全操作范围、异常工况处置、安全泄放设施等。这些信息一般包含在工艺设计说明书、工艺设计图纸、危险与可操作性（HAZOP）分析报告、生产操作手册等相关文件中，现分述如下：

（1）工艺设计说明书

工艺设计说明书一般可以提供以下工艺安全信息：生产工艺的物理、化学原理、机理；工艺技术的设计基础（如装置所在地的气象条件）、安全操作范围（如温度、压力、流量、液位或组分等）；表明工艺过程中主要工艺控制要求，包括紧急停车的控制原则等。

（2）工艺物料流程图（PFD）

工艺物料流程图可以提供工艺设备、主要工艺管道流程，包括物流编号、操作条件（温度、压力、流量）、主要测量、控制方案等方面的安全信息。

（3）工艺管道及仪表流程图（P&ID）

工艺管道及仪表流程图可以提供工艺设备、详细的工艺管道流程（包括主要工艺管道、开停车管道、安全泄放系统、公用工程管道）、阀门、管路等级和特殊的安全要求、安全泄放设施、主要控制回路和联锁系统等方面的安全信息。

（4）紧急泄放系统设计说明

说明不同事故工况下（停水、停电、火灾、反应失控等）安全泄放数据，以及火炬系统的设计负荷等。安全泄放设施数据表可以表明各个安全阀、爆破片、呼吸阀的定压、泄放介质、物性参数、泄放量等。

（5）危险与可操作性（HAZOP）分析报告

历次开展的危险与可操作性分析报告，包括设计阶段、在役装置以及各种变更后开展的各版次危害和可操作性分析报告，这些资料可以说明偏离正常工况可能发生的后果及相应的风险评估结果等。

（6）装置操作手册

装置操作手册说明初始开车、正常操作、临时操作、异常工况处理、正常停车、紧急停车等各个操作阶段和各种情况下的操作步骤，正常工况控制范围、偏离正常工况的后果等。

8.4.2　装置总图安全信息

装置总图安全信息包括装置总平面图、设备布置图、地下管网布置图，标明防火间距、道路、出入口设置、地下管道走向等，以及装置爆炸危险区域划分图。

8.4.3　其他安全设施安全信息

其他安全设施安全信息包括如消防系统、事故通风、建筑物防火防爆要求等相关的信息。

8.5 设备专业安全信息收集

设备专业安全信息的收集内容包括主要设备计算数据、设备规格图或表、设备采购规格、设备出厂测试记录、压力容器出厂检验报告、设备投运前测试记录、设备安装图、盲板一览表、设备使用/保养说明、设备台账(包括设备材质、设计压力、设计温度、腐蚀余量、壁厚等设计参数)、管道布置图(配管图)、地下管网施工图、设备的安全分析报告、设备检修规程、维护检查报告、预防维护程序、安全阀和控制阀计算书和相关文件、安全设施台账(包括安全阀、消防栓、消防炮、安全防护器具、可燃有毒气体泄漏检测器、应急备用电源(EPS)、防雷防静电接地等)、设计应用程序和规范、通风系统设计、消防系统、关键设备清单等,以及专用设备商提供的专用设备安装调试要求、操作手册、维护保养说明书等。

8.6 仪表专业安全信息收集

仪表专业安全信息一般要收集以下内容:工艺管道及仪表流程图(P&ID)、电气防护等级划分、公用工程(电源、仪表风等动力源)方案、控制室布局、适用法规、设计规范与标准一览表、常用仪表设备失效数据、安全仪表系统安全要求规格书(功能和完整性要求,包括安全控制、报警和联锁)、气体检测器布置、仪表数据表、仪表回路图、系统接地图、认证设备安全手册、工厂验收测试及现场验收测试(FAT&SAT)报告、操作与维护规程、变更管理与记录、维护或维修记录、故障或失效记录。

8.7 同类企业事故、企业内部安全事件信息收集

同类事故教训是企业安全生产最好的导师。企业内部安全事件是企业安全生产倾向性、苗头性问题的反映,是本企业安全生产的重要预警信号。因此,企业一定要高度重视同类企业安全生产事故、企业内部安全生产事件的收集。

在当今互联网时代,同类企业事故信息的收集变得更加容易,即使是几十年前发生的事故,在互联网都可以搜寻到。企业要安排专人收集同类企业特别是同类装置发生的安全生产事故信息,不仅要收集事故发生的部位、伤亡情况和直接原因等事故的一般资料,更要了解事故的管理原因和暴露的深层次问题,结合本企业自身实际,举一反三,确保不在本企业重复发生类似事故。国内行业内发生有重大影响(不仅仅是重大以上)事故,政府及其有关部门一般都要下发事故通报,政府事故通报的信息准确、可靠,特别是通报事故中暴露出的问题,企业要认真研究,举一反三,深刻吸取同行业企业的事故教训。

海因里希法则说明了重视企业内部发生的安全生产事件信息收集重要性。海因里希法则是 1941 年美国海因里希统计分析大量事故灾害得出的。当时,海因里希统计了 55 万起机械事故,其中死亡(重伤)事故 1666 件,轻伤 48334 件,其余则为无伤害事故。从而得出一个结论,即在机械事故中,死亡(重伤)、轻伤和无伤害事故的比例为 1∶29∶300,国际

上把这一法则叫海因里希事故法则。这个法则说明，在机械生产过程中，每发生330起意外事件，有300起未造成人员伤害，29起导致人员轻伤，1起致人重伤或死亡。尽管海因里希法则是统计分析机械行业事故数据得出的结论，但对所有行业安全生产都有指导意义。因此，企业发生不太严重的安全生产事件往往是严重事故的预警，不能因为没有造成死亡和严重受伤就不认真对待、大而化之，要认真分析统计，严肃对待，建立安全生产事件数据库并长期坚持，积极探索安全生产规律。

8.8　企业安全生产经验的收集

安全生产工作理论指导和实践经验都非常重要。编者1989年到美国联合碳化物公司学习时，就遇到一位非常有经验、退休返聘的老工人。化工企业安全生产经验的收集与传承，是企业做好安全生产工作的重要措施。一是要建立"导师带徒"制度。新入职的操作人员要安排一名有经验的"老"工人，进行"传帮带"，在保障新入职员工工作安全的同时，加强安全操作经验的传授，加快新员工技术、业务成长。二是定期组织员工进行安全生产经验的分享交流，鼓励所有员工把安全操作的经验体会和个人安全生产的"绝招"贡献出来，发扬团队精神，共同提高。三是有经验员工退休或其他原因离职时，要制定有关政策，将他们的安全操作经验通过口头讲授和文字记录等方式，使他们良好的安全实践经验传承下去，发扬光大，使企业的安全生产工作少走弯路。

8.9　国家有关法律、法规、标准、规范和政策收集

我国安全生产法律法规体系分为法律(全国人大立法)、法规(国务院或省级人大制定)、部门规章(国务院有关部门令或省级政府令)、标准(强制或推荐、国家、地方或行业)、政策(国务院有关部门以及各级地方人民政府规范性文件)。这些方面信息的收集可以结合合规性管理一并进行。

8.10　安全生产信息收集的途径

企业所需的各类安全信息可以从专利提供商、工艺包提供商、设计承包商、工程承包商、政府有关监管部门及其门户网站、行业协会、同类装置企业和互联网等渠道获得。

8.11　获取安全生产信息的识别、分类管理及更新

8.11.1　获取信息的识别

从专利提供商、工艺包提供商、设计承包商、工程承包商获得的安全生产信息，都是针对特定企业提供的，有很强的针对性，一般不需要进行进一步的识别。

从政府有关监管部门及其门户网站、行业协会、同类装置企业和互联网获得的信息，由于是面向公众推送的安全生产信息，企业获得以后首先需要进行识别，特别是国家公布

的法律法规标准、国家部委及地方政府有关部门出台的政策和有关工作要求，是面向全国或一个地区有关企业做出的规定及提出的安全生产要求，具体到企业来讲，要识别出适用本企业的部分，加以贯彻执行。这样既增强了落实国家、政府有关部门要求的针对性，又节省了企业资源。需要特别强调的是，目前绝大多数的企业不重视从政府及其有关部门获得信息的识别，因此感到政府发文多，疲于应付，工作效率低，落实政府安全生产要求效果差。安全生产信息的识别工作可由获取部门承担。

8.11.2　信息的分类

企业获取的安全生产信息经过识别处理后，识别出的需要企业执行落实的内容要根据企业管理部门的设置和专业管理进行分类，为有关专业部门制定贯彻落实措施奠定基础。要特别注意有些信息可能多个专业部门都需要知晓或贯彻落实的，有些信息可能需要几个专业部门共同贯彻落实。

8.11.3　信息的更新

企业安全生产要及时获得最新的相关信息，因此必须要重视安全生产信息的更新。专利提供商、工艺包提供商、设计承包商、工程承包商等提供的安全生产信息，更新的内容相对较少，相比之下，政府有关监管部门及其门户网站、行业协会、同类装置企业和互联网获得的信息则更新频繁。

要与专利提供商、工艺包提供商、设计承包商、工程承包商等建立稳定的通信联系，相关合同中要有其及时提供新的安全生产信息的条款，确保能及时获取相关承包商最新的安全生产信息。

要安排专人负责政府有关监管部门及其门户网站、同类装置企业、行业协会和互联网信息的更新工作。建议企业有关人员每周至少访问一次有关政府部门和行业协会的网站，以便能够及时获取相关的安全生产信息。

8.12　安全生产信息的应用

获取安全生产信息的目的在于应用。获取的安全生产信息经过识别筛选后，适用于企业的信息必须尽快转换为企业的规章制度或操作规程等。对于同类企业事故教训信息，必须立即通报到相关生产岗位。对于政府新的安全生产要求，要结合企业实际，能尽快落实的必须尽快落实。一时不能落实的，要制定落实计划、措施和方案并报告当地有关部门，在具备条件后尽快落实。

8.13　安全生产信息管理的效果评估和持续改进

要定期对安全生产信息的获取、识别和应用的效果进行评估，以便及时发现、纠正安全生产信息管理工作中存在问题。建议至少每年要对企业安全生产信息管理效果评估一次，发现重大问题和漏洞时，要及时组织评估。通过定期评估，及时发现问题，持续改进安全生产信息管理工作。

第 9 章

安全教育、培训和能力建设

9.1 安全教育、培训和能力建设工作的重要性

安全生产问题根本上是人的问题，是所有参与安全生产工作人员的安全意识、安全管理能力和操作技能问题。化工行业是一个涉及专业多、知识面广、理论和经验都非常重要的高技术含量的行业，加之化工行业技术进步快、安全信息更新快，因此持续的安全生产教育、培训和能力建设工作至关重要。

正因为安全生产教育、培训和能力建设如此重要，《安全生产法》第二十七条、第二十八条、第二十九条对安全生产能力、教育和培训工作做出明确要求："生产经营单位的主要负责人和安全生产管理人员必须具备与本单位所从事的生产经营活动相应的安全生产知识和管理能力""生产经营单位应当对从业人员进行安全生产教育和培训，保证从业人员具备必要的安全生产知识，熟悉有关的安全生产规章制度和安全操作规程，掌握本岗位的安全操作技能，了解事故应急处理措施，知悉自身在安全生产方面的权利和义务。未经安全生产教育和培训合格的从业人员，不得上岗作业""生产经营单位采用新工艺、新技术、新材料或者使用新设备，必须了解、掌握其安全技术特性，采取有效的安全防护措施，并对从业人员进行专门的安全生产教育和培训"。

为贯彻落实《安全生产法》的要求，原国家安全监管总局先后颁布第 3 号总局令《生产经营单位安全培训规定》、第 30 号总局令《特种作业人员安全技术培训考核管理规定》和第 44 号总局令《安全生产培训管理办法》。

原国家安全监管总局令第 41 号《危险化学品生产企业安全生产许可证实施办法》和第 57 号《危险化学品安全使用许可证实施办法》规定，安全教育培训管理制度是企业必须建立的管理制度之一。2017 年 11 月，原国家安全监管总局印发《化工和危险化学品生产经营单位重大生产安全事故隐患判定标准（试行）》（安监总管三〔2017〕121 号），文件中把"危险化学品生产、经营单位主要负责人和安全生产管理人员未依法经考核合格"作为化工和危险化学品生产经营单位 20 条重大生产安全事故隐患之首，同时把"特种作业人员未持证上岗"列为化工和危险化学品生产经营单位重大生产安全事故隐患的第二条。落实这些规定，相关人员安全教育和培训到位是前提。

根据《国务院办公厅关于印发职业技能提升行动方案(2019—2021 年)的通知》(国办发〔2019〕24 号)要求,以及应急管理部关于实施高危行业领域安全技能提升行动计划的意见安排,化工等高危企业在岗和新招录从业人员必须 100%培训考核合格后上岗,特种作业人员必须 100%持证上岗。

所有化工企业适用的安全生产管理体系,无一例外地都把"安全教育和培训"作为重要的管理要素。例如化工企业常用的"健康、安全和环境管理体系(HSE)""ISO 45001 体系""安全生产标准化"等等。所有国际化工知名公司也都把安全教育、培训作为提升安全生产管理水平的重要途径。

9.2 企业安全教育、培训和能力建设方面存在的主要问题

尽管安全教育和培训如此重要,但是目前大部分化工企业特别是中小化工企业安全教育、培训工作,却存在许多突出的问题,主要表现在:

(1)缺乏对安全生产能力建设的重要性认识

世界知名企业家、日本"经营之圣"稻盛和夫,有一个著名的成功方程式:"成功(人生、工作的结果)= 创新×激情×能力。"管理学也强调做好工作需要三个要素:"认知、重视和能力。"可见,能力是做好工作的重要基础。就当前企业的安全生产工作而言,相当部分的企业对安全生产复杂性和长期性、艰巨性认知不够,尽管自己认为对安全生产工作比较重视,但是对安全生产能力建设重视不够,在人员招聘、专业技术人员和安全管理人员培养方面不舍得投入,企业的安全生产管理能力、企业员工的安全意识和操作技能,都无法满足安全生产的需要,安全生产水平的提升受到很大的制约。

(2)对教育、培训工作重视不够

一些企业没有把安全生产教育培训作为企业提升安全生产水平的内在需求,而是当作政府有关部门给企业提出的额外要求与负担,因此,企业领导不重视,有关部门也消极应付。为了应付政府有关部门监督检查,有的不认真吸取同行业的事故教训,事故通报"一念了之"。典型案例是:2019 年 4 月 24 日发生在内蒙古自治区乌兰察布市的某化工公司氯乙烯气柜泄漏爆炸事故,事故导致 4 人死亡、3 人重伤、32 人轻伤。此事故完全是五个月前河北张家口某化工公司"11·28"事故的翻版,事故原因完全一样。河北张家口某化工公司"11·28"重大泄漏爆燃事故发生后,应急管理部立即召开国内所有聚氯乙烯企业负责人参加的事故现场警示会,"4·24"事故公司也曾派人参加过会议,两家企业直线距离只有 230km,可以说是身边同类企业相同装置同一设备发生的事故,由于没有认真吸取同类企业的事故教训,更谈不上"举一反三",时隔不到五个月,"4·24"事故公司又重蹈覆辙,教训既典型又深刻。

(3)教育、培训的内容针对性差

安全学习时学习与安全生产无关的报纸,事故通报"讲故事"、听热闹,安全考试不针对员工所在岗位安全生产特点,有的企业操作工人安全考试题充满"安全生产方针是什么?""《安全生产法》什么时间修订?"等原本企业负责人、管理人员更应该掌握的问题,针对员工岗位的安全风险识别、隐患排查消除、安全操作应知应会内容少之又少,甚至根本就没

有涉及，反映出培训内容针对性不够。

（4）教育、培训的深度不够

安全教育、培训只讲要求员工如何做，不讲为什么这么做的原因，员工"知其然而不知其所以然"，导致情况稍有变化员工就无法应对，处理异常工况应变能力不足。同时简单、命令式的培训，由于员工没有深刻理解为什么这样规定，不这样做的严重后果是什么，严重影响了员工对遵章守纪重要性、必要性的认识，从而影响员工遵章守纪的主动性、自觉性。

（5）教育、培训工作敷衍应付

从检查存档的安全考试试卷发现，有些企业安全教育培训完全为了应付政府有关部门监督检查，工作极不严肃、认真。有的企业安全考试答案完全一致，连错误都是一样的，明显是照抄答案；有的企业十几张考试卷笔迹完全一致，明显是一人所为；有的试卷答案是对的被判为错误，有的答错的反而被判为正确，判卷极不认真。企业的安全教育培训工作种种不认真行为，导致员工认为安全教育、培训就是走过场、留痕迹、应付检查，也就对教育、培训和活动不认真、不重视。

9.3　安全教育和培训的内容

安全教育与安全培训不仅内容不同，其目的也不一样，因此不能把安全教育和安全培训混为一谈。安全教育是培养从业人员的法律意识、风险意识和良好的化工职业素养；安全培训是培养从业人员的管理和操作技能。

安全教育、培训以企业安全信息管理获取的各类信息为主要内容：

（1）党和国家安全生产的方针、政策。

（2）安全生产法律法规有关要求及对应的罚则。

（3）化工安全生产的特点及特殊的安全要求。

（4）企业存在的主要风险和失控后可能出现的严重后果。

（5）企业自身和同类企业曾发生过的事故、原因及采取的对策。

（6）政府有关的事故通报和调查报告。

（7）有关的安全生产标准。其中的强制标准必须不折不扣地在理解的基础上严格执行，对于相关的推荐标准也要组织有关部门认真研究，给从业人员讲清制定标准的初衷，按照安全生产执行最严标准的原则决定是否采用。

（8）企业涉及全部化学品的安全技术说明书。

（9）企业生产工艺、设备、电气、仪表、公用工程的相关技术资料，包括原理、操作规程、异常工况处理方法、岗位应急预案。

（10）岗位的安全生产责任。

（11）化工企业安全生产的一般规定。

（12）化工过程安全有关知识。

（13）全面排查、识别风险的方法和途径。

（14）化工企业特殊作业安全。

（15）国内外先进的安全生产管理经验、行业安全生产的最新技术和安全进展。

（16）企业安全生产管理人员的安全教育、培训要以 AQ/T 3030—2010《危险化学品生产单位安全生产管理人员安全生产培训大纲及考核标准》为指导。《危险化学品生产单位安全生产管理人员安全生产培训大纲及考核标准》规定的企业安全生产管理人员的培训内容包括：①国家安全生产方针、政策和有关安全生产的法律、法规、规章及标准；②安全生产管理、安全生产技术、职业卫生等知识；③伤亡事故统计、报告及职业危害的调查处理方法；④应急管理、应急预案编制以及应急处置的内容和要求；⑤国内外先进的安全生产管理经验；⑥典型事故和应急救援案例分析；⑦其他需要培训的内容。

（17）企业其他认为需要培训的内容。

9.3.1 企业主要负责人的安全教育和培训

企业主要负责人安全教育培训的主要目的，是通过教育和培训，增强企业主要负责人的法律意识、风险意识和责任意识，增强企业主要负责人做好安全生产工作的使命感、责任感和紧迫感，领导企业积极、主动地履行好安全生产主体责任。

原国家安全监管总局办公厅安监总厅宣教〔2017〕15号文件的附件规定了化工（危险化学品）企业主要负责人安全生产管理知识重点考核内容，这些内容都是企业主要负责人安全教育培训的重点内容：

（1）掌握国家安全生产方针政策，了解危险化学品安全生产相关法律法规标准体系的框架。

（2）掌握《安全生产法》《危险化学品安全管理条例》对化工（危险化学品）企业安全生产的要求及罚则，了解其他法律法规对化工（危险化学品）企业安全生产的基本要求及罚则，熟悉国家有关化工行业安全准入（限制）条件及危险化学品建设项目安全设施"三同时"的要求及罚则，熟悉地方政府对化工（危险化学品）企业的安全生产要求。

（3）掌握企业主要负责人安全生产责任和义务及对应罚则，掌握本企业安全生产责任制、主要安全生产管理制度，掌握安全生产管理机构设置及人员配备要求，掌握安全费用提取和使用的管理要求，熟悉组织企业安全检查的主要方式。

（4）了解国家对危险化学品特种作业人员的要求，了解政府有关部门对企业安全教育和培训的基本要求。

（5）掌握化工过程安全管理（PSM）的主要要素，熟悉危险化学品安全生产标准化主要内容，了解构建企业安全文化的基本路径、方式方法。

（6）熟悉本企业涉及危险化学品（原料、中间产品、最终产品和主要的辅助材料）的危险特性和防护要求，熟悉本企业工艺技术路线的安全特点，掌握关键装置、要害部位的主要风险及管控措施，掌握本企业重大危险源及其管理要求，了解风险分级管控和隐患排查治理双重预防机制的基本要求。

（7）了解特殊作业的管理要求，熟悉动火作业的分级管理，以及动火、进入受限空间作业的主要风险和管控措施。

（8）了解本企业主要安全设施、特种设备及安全仪表（包括可燃有毒气体泄漏检测报警系统）的基本管理要求。

（9）了解本企业职业病危害及其预防措施。

（10）熟悉本企业应急救援职责和应急处置程序，了解外部应急联动的部门、方式、主要资源。

（11）掌握事故信息上报的时限、程序、内容等要求，熟悉事故事件调查处理"四不放过"原则。

（12）了解本行业重特大及典型事故教训。

当前许多企业负责人对安全生产工作内在规律性认识不深，走向两个极端。一是对安全生产的科学属性缺乏认识，认为化工是一个高危行业不可能避免出事故，陷入"事故不可避免论"泥潭不能自拔，表现在安全生产工作"靠运气"，不积极、不主动、无所作为。另一些企业负责人则对安全生产艰巨性和复杂性认识不足，有的认为安全生产工作只要建立了管理体系就万事大吉，出了事故狠抓一阵子，生产一旦恢复平稳，安全工作就放在脑后，安全生产工作"一阵风"；有的企业把安全生产工作寄希望于中介组织，特别是一些著名化工公司的安全咨询公司，花费大量资金引入其"管理体系"但没有结合本企业实际，没有在体系要素落实方面下功夫，钱花了事故照样出。

安全生产有一定的周期规律性：企业（或同类企业）发生安全事故或事件发生后，企业从领导层到操作人员都空前重视安全生产工作，各项安全工作大都阶段性地得到很好的落实，安全生产会出现一段平稳期。事故教训总是随着时间的延长而逐渐淡化，企业的安全意识特别是基层个别人员的安全意识逐渐淡化，就有可能再次发生事故。美国化工行业和国内部分化工大公司近一个时期的安全生产状况，充分证明了这一周期性的存在。我国近年来化工、危险化学品事故的发生特点也证明了这一点。化工安全生产工作涉及全员、全过程和多个专业，是一个十分复杂的系统工程。有些企业没有认识到化工安全生产工作的极其复杂性和任务的艰巨性，缺乏对安全生产工作必须持之以恒重视的认知，缺乏安全生产工作长期坚持的韧劲，工作时冷时热，力度时紧时松，安全生产工作效果提升不明显。鉴于上述原因，企业主要负责人的安全教育、培训要增加安全生产工作科学性、复杂性和艰巨性的内容。

企业主要负责人的教育培训，重在效果，重在使他们了解其承担法律风险、经济风险和担负的社会责任。如果不严格遵守国家有关法律法规，不掌握自己企业存在的主要风险及管控情况，不掌握自己安全生产的责任并认真落实，一旦发生严重事故，受人尊敬的企业家就有可能变为"阶下囚"，成为社会的罪人。个人原来的财富也会因为事故经济处罚而遭受重大损失，甚至倾家荡产。这是每一个企业家都不愿意看到的。通过安全教育培训，要引导企业主要负责人想清这些道理，认真对待、持之以恒重视和领导企业做好安全生产各项工作，为企业持续发展创造条件，从而使企业受益、企业主要负责人个人受益、企业员工受益、社会受益。

9.3.2 企业分管负责人、安全管理人员、工程技术人员的安全教育和培训

企业分管负责人、安全管理人员、工程技术人员在企业安全生产工作中的作用至关重要。企业的安全生产的决策和工作部署需要他们去贯彻落实，操作人员、其他员工的教育培训需要他们去组织实施，安全生产工作检查监督由他们承担。他们的安全意识、安全生

产工作的能力直接影响企业的安全生产工作的水平。

原国家安全监管总局办公厅安监总厅宣教〔2017〕15 号文件的附件二规定了化工（危险化学品）企业安全管理人员安全生产管理知识重点考核内容。这些内容都是安全管理人员安全教育培训的重点内容。同时企业分管负责人、工程技术人员和其他管理人员根据各自的岗位职责，可以参考选择相关内容进行安全教育和培训。

（1）掌握国家安全生产方针政策，熟悉危险化学品安全生产相关法律法规标准体系框架，掌握有关法律法规、标准和规范性文件的获取渠道。

（2）掌握《安全生产法》《危险化学品安全管理条例》对化工（危险化学品）企业安全生产的要求，熟悉其他有关法律法规对化工（危险化学品）企业安全生产的要求，熟悉国家危险化学品安全生产的部门规章、标准（包括设计标准）和安全监管部门有关规范性文件的要求，熟悉地方政府对化工（危险化学品）企业安全生产的要求。

（3）掌握安全生产管理人员、工程技术人员、相关企业管理人员的安全生产责任和义务。

（4）掌握政府有关部门对企业安全教育和培训的基本要求。

（5）熟悉化工过程安全管理（PSM）要素，掌握全面加强化工企业安全生产的基本途径，掌握危险化学品安全生产标准化的主要内容和要求。

（6）熟悉本企业安全生产责任体系、安全生产管理制度体系和应急预案体系。

（7）掌握燃烧、爆炸、中毒条件，熟悉防火、防爆、防中毒主要措施，熟悉闪点、燃点、沸点、凝固点、爆炸极限等概念及本企业危险化学品的数据，了解静电、雷电的危害及其预防措施。

（8）掌握本企业涉及危险化学品和其他化学品安全技术说明书（SDS）的主要内容。

（9）掌握本企业工艺过程的主要风险及管控措施，掌握关键装置、要害部位的主要风险及管控措施，掌握本企业主要安全设施、特种设备、自动化控制系统及安全仪表（包括可燃有毒气体泄漏检测报警系统）的基本管理要求。

（10）掌握工作危害分析（JHA）、安全检查表（SCL）等风险分析方法，涉及"两重点一重大"企业的安全生产管理人员还要熟悉危险与可操作性（HAZOP）分析、保护层分析（LOPA）等风险分析方法，了解安全仪表完好性管理的有关要求，了解原国家安全监管总局制定的《危险化学品生产、储存装置个人可接受风险标准和社会可接受风险标准》。

（11）熟悉本企业的主要风险及分级管控情况，熟悉隐患排查的范围、方法及要求，掌握本企业的隐患排查治理现状。

（12）熟悉危险化学品重大危险源定义、辨识、分级及管理要求，掌握本企业重大危险源的现状和管控措施。

（13）熟悉变更管理的内容、程序和要求，熟悉承包商安全管理的主要程序及要求。

（14）熟悉试生产和开停车安全管理要求，掌握特殊作业的管理要求，以及特殊作业的主要风险、管控措施。

（15）掌握本企业职业病危害因素及危害特性，熟悉职业病危害因素申报、检测、危害告知与标识、防控措施等要求，熟悉健康体检、职业禁忌证及健康档案等管理要求。

（16）掌握本企业个体防护装备的分类、选用和管理要求。

（17）熟悉本企业应急组织机构与职责、应急响应原则与程序、应急物资配备情况。

（18）掌握应急预案的编制、演练和管理要求，以及本企业应急预案及应急处置措施，了解典型事故应急管理的经验与教训。

（19）熟悉本行业重特大及典型事故案例，熟悉本行业近期事故情况。

（20）掌握事故分析的基本知识，熟悉事故、事件的分级及管理要求，掌握事故上报的程序、时限及内容等要求，掌握事故事件调查处理"四不放过"及事故事件档案等管理要求。

（21）企业其他认为需要培训的内容。

对企业的安全管理人员，培训要提出更高的要求。因为化工安全生产管理除涉及安全工程、工艺、设备、仪表自动化控制和安全仪表专业及公用工程专业外，还涉及企业法律事务、人力资源管理和企业管理。企业的安全管理人员在大学时大都只完整修完 1~2 个专业，进入企业后大多从事一个技术专业。要想做好化工安全生产工作，必须要成为复合型人才，因此必须加强上述专业综合知识的培训。

化工企业的工程技术人员同样需要掌握多个专业的知识。特别是化工生产高度自动化的今天，工艺和自动化控制两个专业越来越相互融合，因此他们的跨专业培训尤为重要。一是工艺技术人员要掌握提供给仪表设计专业每个自动化控制回路的工艺条件和控制要求；理解仪表设计人员设计每个回路的特殊考虑；了解仪表控制回路故障的主要现象等。二是仪表技术人员要了解化工装置的工艺特点；每个控制回路的工艺要求；导致控制参数波动可能的原因等。三是随着化工安全仪表系统应用越来越广泛，懂安全仪表系统的工艺和仪表技术人员非常匮乏，严重制约化工企业安全仪表系统充分发挥作用，要特别加强工艺和仪表技术人员安全仪表技术知识的培训。

9.3.3 企业员工的安全教育和培训

化工企业的安全教育培训工作中，企业员工的教育培训任务最艰巨，其中尤以化工操作人员培训最为重要。企业员工教育培训本着干什么、学什么，缺什么、补什么的原则开展。下面重点介绍化工操作人员的教育和培训工作的重点内容。

化工操作人员要有一定的准入门槛。化工是一个技术密集型产业，不仅反应系统复杂，而且有的分离系统也十分复杂，例如对二甲苯生产过程中的吸附分离技术。操作人员如果没有一定学历教育，很难从原理上理解操作。就个人观点，基于我国目前产业工人情况，化工操作人员至少应具备高中毕业学历，随着我国产业工人培养工作力度的加大，不久的将来化工操作工应具有化工职业技术学院的学历，以适应化工日益大型化、高度自动化的要求。

要对化工操作人员进行法治意识、安全意识和职业素养教育。要增强操作人员的法治意识。《安全生产法》第六条规定："生产经营单位的从业人员有依法获得安全生产保障的权利，并应当依法履行安全生产方面的义务。"第五十七条规定："从业人员在作业过程中，应当严格落实岗位安全责任，遵守本单位的安全生产规章制度和操作规程，服从管理，正确佩戴和使用劳动防护用品。"从这两条规定来看，化工企业屡见不鲜的"违反操作规程、违反劳动纪律"行为，也是一种违法行为，由此导致安全生产事故，有关操作人员是要负法律责任的！在事故调查过程中，每每看到有的操作工人被追究刑事责任，编者都感到十分痛心。要通过教育培训增强操作人员的法治意识和安全意识。化工是高危行业，除了一般企业火灾、触电、机械损伤等常见风险外，还涉及危险化学品易燃易爆易中毒的固有风险、高温高压真空低温的工艺风险、进入受限空间和动火等特殊作业风险等等，如果不严格遵守企业操作规程和安全生产规章制度，非常容易导致安全生产事故，不仅自己会受到伤害，还会被追究刑事责任。在害了自己和家庭的同时，也害了企业和同事。要对化工操作人员进行职业素养的教育。化工是技术含量很高的行业，是国民经济重要的基础产业，化工操作劳动强度不大，在国外是职业荣誉感很高的工作。同时化工生产风险类别多、风险复杂性强、大部分风险失控后果往往十分严重，因此对操作人员的思想素质和技术素质要求都很高。要发挥政治思想工作的优势，对化工从业人员特别是化工操作人员进行职业素养教育。一方面宣传化工行业只要建立良好的安全意识、具备良好技术素质、严格执行行业和企业有关操作规程和安全管理规定，化工操作是安全、高技术含量、较高工资待遇和受社会尊敬的职业。同时又要充分认识到化工高危行业的特点，这要求从业人员必须自觉认同企业的各项管理要求，工作必须严谨、认真、一丝不苟。要认识到行业和企业各项规章制度都是用鲜血和生命换来的，是从业者的安全"护身符"，要自觉严格遵守。化工行业经验积累很重要，化工从业人员要坚持学习，不断提高。

本着干什么、学什么，缺什么、补什么的原则，化工操作人员的技术培训关键是全面，核心是理解。要结合化工装置的具体流程，对化学工程基本原理进行有针对性的培训；要针对特定的化学反应讲明反应机理；对工艺流程要讲细讲透，要逐条管线、逐个管件（导淋、放空等）讲明设计意图；对于操作规程，关键是要讲清为什么这样规定；同行业的典型事故要收集齐全，认真开展吸取事故教训的教育培训。近年来，化工行业特别是煤化工行业发展迅猛，因为培训不到位已有企业发生过严重事故。例如2018年2月某煤制烯烃公司乙烯球罐排净少量液体乙烯时，因为流程设计用途培训不到位，采用了错误流程，本应使用带有压力控制的流程排放，以便控制排放速度、防止因为节流产生低温。操作人员却使用了安全阀副线流程（图9-1粗线流程），液态乙烯排放过快，乙烯球罐底部管线因乙烯蒸发造成低温冷脆破裂，乙烯泄漏导致火灾。由于事故发生在乙烯罐区，险些造成严重后果。

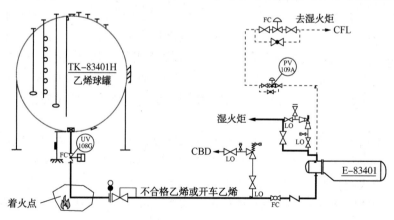

图9-1　某煤化工企业乙烯罐区火灾事故流程

化工装置开展危险与可操作性(HAZOP)分析,不仅能够比较系统地排查工艺操作危害,而且是工艺、操作人员很好的培训工具。通过开展危险与可操作性分析,对逐个工艺参数偏离正常值的前因后果进行分析,由工艺、设备、仪表、安全各专业管理人员和操作人员一起集思广益,一方面查找工艺参数偏离正常值可能导致的全部后果,同时查找造成工艺参数偏离正常值可能的原因。危险与可操作性分析可以使操作人员直观地掌握工艺参数偏离正常范围的原因和可能导致的后果,增强操作人员自觉遵守工艺纪律的主动性。持续深入地开展危险与可操作性分析,可以不断加深操作人员对工艺过程控制的理解,提升对装置安全的控制能力。

9.4 创新安全教育培训的途径和方法

在传统培训方式的基础上,要不断创新教育培训的途径和方法,以持续提升培训效果。

(1) 内容创新

将化工过程安全管理内容纳入化工从业人员培训内容。化工过程安全管理要素涵盖了化工装置安全生产目前已认知的全部因素,是化工安全生产经验的全面总结和凝练。对化工从业人员进行化工过程安全管理知识的系统培训,可以提高他们对化工安全生产的全面理解,进一步提高化工行业从业人员的安全素养。中小企业可以使用《国家安全监管总局关于加强化工过程安全管理的指导意见》(安监总管三〔2013〕88号)作为培训提纲;大中型化工公司可以把《基于风险的过程安全》和《化工过程安全管理导则》作为参考教材。

(2) 方法创新

开展化工安全复合型高级人才研修班是培养化工安全高级管理人才的好方法。化工安全生产涉及专业多,需要的知识面广,而一个人的教育背景和实际经验终究有限,要提高企业安全生产领导和管理能力,组织举办化工安全复合型高级人才研修班是一种好方法,这方面中国石油大学(华东)进行了很好的探索,至2021年底已举办五期,而且招生报名越来越踊跃,培养的人才深受企业欢迎,取得了明显的成效。从化工企业选择有实践经验的工程技术人员(从事化工工艺、设备、仪表和安全管理岗位的工程技术人员),集中较长一段时间对其进行工艺本质安全、设备完好性、自动化控制、安全仪表、化工过程安全管理、化工安全工程方面培训,培养化工安全复合型高级管理人才,是提升化工企业安全生产管理水平的重要举措。建立企业网络培训平台,可以大大方便员工利用业余时间学习培训,也是一种很好的持续培训的方式。

9.5 持续开展企业安全生产能力建设

如前所述,做好安全生产工作需要以认识、重视和能力三个方面为条件。认识、理解安全生产问题是重视的基础,重视安全生产是舍得在能力建设方面投入的前提。客观地讲,在我国历来高度重视安全生产工作的今天,大部分企业对安全生产问题已经有相当程度的认识和重视,但安全生产能力建设方面,由于工作周期更长、任务更繁重、需要的投入更大,安全生产能力不足的问题仍然非常突出。换句话说,当前安全生产能力不足问题已经严重制约了部分企业安全管理水平的提高。

安全生产能力建设是一项长期的工作，需要企业要从发展战略方面加以谋划和推进。建议企业认真贯彻落实《教育部 国家安全监管总局〈关于加强化工安全人才培养工作的指导意见〉》（教高〔2014〕4号）文件要求，从长远目标规划着眼，从当前人才培养工作入手，制定安全生产能力提升（人才培养）战略，分步实施、持续开展企业安全生产人才培养工作，着力提升企业的安全生产能力，为企业安全生产长治久安奠定基础。

化工企业要在加强企业安全领导力建设的同时，高度重视知识复合型安全管理人员的培养，造就一批既懂生产技术、又懂安全工程的复合型安全管理专业人才，提高企业安全生产管理的科学化水平。

要加强技术管理人员相关专业知识的培训工作，增强工艺、设备、仪表、安全等化工过程各专业知识的融合，培养"一专多能"技术管理人才。

要持续开展员工岗位培训工作，从理论基础、实际操作和经验分享方面，培养岗位操作的"多面手"和工人大师。

人才培养、安全生产能力提升工作是一项长期的任务，企业必须高度重视、战略谋划、舍得投入、长期坚持。经过一段时间的长期努力，彻底解决企业安全生产能力不足的问题，为企业安全生产工作提供足够的人才支持。

第 10 章

风险管理

安全生产领域秉持风险管理原则是安全生产管理工作的一场革命。基于风险的安全管理为企业管理者提供了一种科学、系统方法，以应对和处理安全生产中存在和遇到的问题。化工生产的特点决定了只要化工企业存在就会有安全风险存在。

安全风险对于企业来说会使其投资收益减少、亏损甚至不能生存；对于企业员工（包括周边社区）会带来人身生命安全和健康问题。目前国内由于尚未开展系统科学的风险管理，化工企业对于风险存在两种错误的认识：一些企业没有建立可接受风险的概念，企业对于安全风险过于谨慎，企业的发展受到严格的限制。另外一些企业则对风险管理知识尚不掌握，对化工生产存在的风险认知不足，不考虑企业自身的风险管理能力而盲目扩张，导致发生严重事故，一些企业为此丧失生存资格。开展基于风险的安全管理，增强安全生产管理工作的针对性、有效性，可以减少企业安全生产工作中的形式主义，克服安全管理的盲目性，使安全生产的投入更精准、科学，在风险与回报以及危险与机会之间寻找到企业发展的最佳平衡点，为企业的生存和发展提供保障。

安全生产风险管理是现代安全生产管理工作的核心。企业所有的安全生产工作都应围绕危害和风险识别、风险管控和风险万一失控后的应急处置三个方面的工作展开。风险管理起始于保险行业，安全生产领域的风险管理工作起步较晚，安全生产风险管理方法的科学性和系统性都还在不断地完善中。特别是化工安全生产风险种类多、分布广，全面识别、管控的难度大，尚缺乏科学、管用的系统管理方法。现阶段我国绝大多数企业的安全生产风险管理还都处在经验管理阶段。因此化工企业的风险管理工作更复杂、更具挑战性，更需要高度重视、积极探索。

化工行业是世界公认的高危行业，风险管理在化工过程安全管理工作中是如此的重要，但目前尚未看到一部化工风险管理的专著，能够系统地将风险管理的策略、危害识别的路径、风险分析、评估和分级的方法做科学、系统、完整的介绍。当前中小微化工企业的风险管理绝大多数依靠经验，大中型化工企业风险管理系统性不够、重点不够突出、准确性和科学性有待提高。鉴于此，编者经过认真思考，并组织有关学者和专家多次讨论，形成了本章的内容。

10.1 风险的概念

10.1.1 "风险"一词的由来

"风险"一词的由来，最为普遍的一种说法是，在远古时期以打鱼捕捞为生的渔民们，每次出海前都要祈求神灵保佑自己能够平安归来，其中主要的祈祷内容就是让神灵保佑自己在出海时能够风平浪静、满载而归；他们在长期的捕捞实践中，深深地体会到"风"给他们带来的无法预测、无法确定的危险，在出海捕捞打鱼的生活中，"风"即意味着"险"，因此有了"风险"一词的由来。

另一种说法据说经过多位学者论证，风险（risk）一词是舶来品，有人认为来自阿拉伯语、有人认为来源于西班牙语或拉丁语，但比较权威的说法是来源于意大利语的"risque"一词。在早期的运用中，"risque"也是被理解为客观的危险，体现为自然现象或者航海遇到礁石、风暴等事件。大约到了 19 世纪，在英文的使用中，风险一词常常用法文拼写，主要是用于与保险有关的事情上。

现代意义上的风险一词，已经大大超越了"遇到危险"的狭义含义，而是"遇到破坏、损失或危险的机会"，可以说，经过 200 多年的演绎，风险一词越来越被概念化，并随着人类活动的复杂性和广泛性而逐步深化，并被赋予了从哲学、经济学、社会学、统计学甚至文化艺术领域更广泛、更深层次的含义，且与人类的决策和行为后果联系越来越紧密，风险一词也成为人们现代生活中出现频率很高的词汇。

不论如何定义风险一词的由来，但其基本的核心含义是"未来结果或损失的不确定性"，也有人进一步定义为"个人和群体在未来遇到伤害的可能性以及对这种可能性的判断与认知"。

10.1.2 危险、危害和风险的定义

（1）危险

危险是警告词，在安全生产领域是指某一系统、产品、设备或操作的内部和外部的一种潜在的状态，其发生可能造成人员伤害、职业病、财产损失、作业环境破坏的状态。

（2）危害

是指一切可能带来人员伤害、财产损失和环境污染等危害的潜在因素。面临的现实危险称之为危害。或者说危险与被影响对象之间的空间距离小到一定程度，危险就称之为危害。

（3）风险

是指发生特定危害事件的可能性以及发生事件后果严重性的综合。或者说风险是综合考虑了可能性和后果严重性的危害。一种危害遇到的可能性极小或是即使遇到其后果不严重（可以接受）就可以不确定其为风险。风险是概率事件，具有客观性、普遍性、必然性、损失性、不确定性、社会性和可识别性、可控性。

社会各行各业都会存在这样那样的风险，只不过有多少和大小之分。一个自然人一生会遇到各类风险。表 10-1 是澳大利亚某州个人风险的统计数据。

表 10-1 澳大利亚某州个人风险统计数据

事故类型	个人死亡风险/(10^{-6}/a)	事故类型	个人死亡风险/(10^{-6}/a)
吸烟(20 支/天)	5000	家中事故	100
饮酒	380	行人被汽车撞	35
游泳	50	自杀	20
打橄榄球	30	火灾	10
拥有枪支	30	触电(非工业)	3
乘汽车	145	使用药品	2
乘火车	30	灾难性暴雨洪水	0.2
乘飞机	10	雷击	0.1
癌症	1800	陨石击中	0.001

10.1.3 安全风险与事故隐患

(1) 安全风险与事故隐患的概念

安全生产风险简称安全风险,是生产过程中发生安全事故(事件)的可能性与其后果严重性的组合。

隐患一词出自《明史·徐文华传》,本意是潜藏或不易发现的危险(危害)。在安全生产领域事故隐患又称安全隐患,简称隐患,是指在日常的生产过程或社会活动中,由于人的因素、物的变化以及环境的影响等会产生各种各样的问题、缺陷、故障、苗头、隐患等不安全因素。其含义是作业场所、设备及设施的不安全状态,人的不安全行为和管理上的缺陷,是引发安全事故的直接原因。

事故隐患是客观存在的,存在于企业的生产全过程,而且对职工的人身安全、国家的财产安全和企业的生存、发展都直接构成威胁。正确认识隐患的特征,对熟悉和掌握隐患产生的原因,及时研究并落实防范对策是十分重要的。

(2) 隐患的九大特征

① 危险性。从隐患的定义来看,隐患是人的不安全行为、物的不安全状态和不安全的周边环境。不安全就是危险。因此在安全生产领域,危险性是隐患的本质特征。隐患是不易发现的危害,危害的根源是危险。

② 隐蔽性。隐患是潜藏的危险,它具有隐蔽、藏匿、潜伏的特点,是不可明见的灾祸,是埋藏在生产过程中的隐形炸弹。它在一定的时间、一定的范围、一定的条件下,显现出好似静止、不变的状态,往往使人一时看不清楚,意识不到,感觉不出它的存在。正由于"祸患常积于疏忽",才使隐患逐步形成、发展成事故。在企业生产过程中,常常遇到认为不该发生事故的区域、地点、设备、工具,却发生了事故。这都与当事者不能正确认识隐患的隐蔽、藏匿、潜伏特点有关。事故带来的血的教训告诫我们:隐患就是祸患,隐患不及时认识和发现,迟早要演变成事故。

③ 突变性。隐患由量变到质变或外部条件发生变化时就会突变为事故。任何事物都存在量变到质变、渐变到突变的过程,或者事物的变化内因是根据、外因是条件,隐患演变

成事故也不例外。集小变而为大变，集小患而为大患，或外部条件作为诱因触发隐患成为事故，是安全生产的一条基本规律。如在化工企业生产中，常常要与易燃易爆化学品打交道，有些化学品原辅燃材料本身的燃点、闪点很低，爆炸极限低且范围很宽，稍不留意，随时都有可能造成事故的突然发生。

④ 因果性。事故的突然发生是会有先兆的，隐患就是事故发生的先兆，而事故则是隐患存在和发展的必然结果。俗话说："有因必有果，有果必有因。"隐患是导致事故的直接原因，在安全生产工作中尽早地发现和找出隐患，就消除了事故的"因"，也就不会产生"果"（事故）。

⑤ 重复性。事故隐患治理过一次或若干次后，并不等于隐患从此销声匿迹，永不发生了，也不会因为发生一两次事故，就不再重复发生类似隐患和重演历史的悲剧。只要企业的生产方式、生产条件、生产工具、生产环境等因素未改变，同一隐患就会重复发生。甚至在同一区域、同一地点发生与历史惊人相似的隐患、事故，这种重复性也是事故隐患的重要特征之一。

⑥ 意外性。这里所指隐患的意外性不是不可抗力的天灾人祸，而是指未超出现有安全标准的要求和规定以外的事故隐患。这些隐患潜伏于人-机系统中，有些隐患超出人们认识范围，或在短期内很难为劳动者所辨认，但由于它具有很大的巧合性，因而容易导致一些意想不到的事故的发生。例如：2m 以上高度会造成坠落伤亡事故，1.5m 高度有时同样也会坠落死亡；36V 是安全电压，然而夏季在作业者身体有汗的情况下，也可能会发生触电伤亡事故。这些隐患引发的事故，带有很大的偶然性、意外性，往往是我们在日常安全管理中始料不及的。

⑦ 时效性。尽管隐患具有偶然性、意外性一面，但如果从发现到消除过程中，讲求时效，是可以避免隐患演变成事故的；反之，时至而疑，知患而处，不能及时有效地治理消除隐患，就有可能导致事故，甚至导致严重后果。

⑧ 特殊性。隐患具有普遍性，同时又具有特殊性。由于人、机、料、法、环的本质安全水平不同，其隐患属性、特征是不尽相同的。在不同的行业、不同的企业、不同的岗位，其表现形式和变化过程，更是千差万别的。即使同一种隐患，在使用相同的设备、相同的工具从事相同性质的作业时，其隐患存在也会有差异。例如，烫伤事故在金属冶炼、纺织和化工企业，其表现形式完全不一样。

⑨ 季节性。某些隐患带有明显的季节性特点，它随着季节的变化而变化。一年四季，夏天由于天气炎热、气温高、雷雨多，化工企业泄漏、爆炸事故多发；冬季又会由于天寒地冻、风干物燥，而极易产生火灾、冻伤、中毒等事故隐患……充分认识各个季节的隐患特点，适时地、有针对性地做好隐患季节性防治工作，对于企业的安全生产也是十分重要的。

（3）隐患与风险的关系

在我国安全生产工作中，大家普遍使用"隐患"一词，但"隐患"在安全生产领域尚未有统一、规范和权威的定义，而英文中没有一个单词或词组与汉语意境的"隐患"一词完全相对应。这给安全生产中风险管理、隐患排查治理工作、双重预防机制建设和中外交流带来一定的不便，同时也给规范安全生产工作，提升安全生产的科学化水平带来一定的困难。

从事故隐患"是引发安全事故的直接原因"的角度，同时考虑到"隐患"一词的原意，编者认为：风险未能识别和管控措施失效或不到位是"事故隐患"，简要地讲："不受控的风险(未能识别或管控不到位)是隐患。"从这一认识出发，隐患排查就能够聚焦在全面识别新的风险和排查已识别风险的管控措施是否到位方面，这样就会大大提升隐患排查治理工作的可操作性和针对性。

10.1.4 "Hazards"和"危害"

"Hazards"一词是英语国家风险管理工作中出现频率很高的一个英文词，正确地理解"Hazards"对于开展风险管理工作至关重要。"Hazards"一词在国内往往译成"危害"或"危险源"，编者在查阅英文资料和与一些长期从事化工过程安全管理的专家讨论时发现，简单地将"Hazards"译成"危害"或"危险源"与外文资料中"Hazards"定义并不完全一致。

加拿大职业健康中心(CCOHS)、美国化学学会(ACS)、职业健康安全管理体系(OHSAS)以及美国化学工程师协会化工过程安全中心(CCPS)对"Hazards"定义，都强调"Hazards"是潜在的、导致危险或引起伤害的源头的一种状态、环境或行为。美国化学工程师协会化工过程安全中心特别强调，这种潜在的危险或伤害的源头直接能导致危险或伤害。

经与一些专家讨论研究认为："Hazards"准确的翻译应为"潜在的直接危害"，是事故的根源因素。可以简称"危害"。但风险管理人员一定要清楚，风险管理讲到的"危害"内涵与一般汉语意义"危害"是有差别的。例如："高处作业因为护栏缺少导致作业者坠落受伤"这一事故，识别其"Hazards"——也就是"危害"识别只能是"高处作业"，而不是"缺少护栏"。

10.2 风险识别

风险识别是风险管理工作的基础。风险识别一般要从识别可能存在或遇到的危险有害因素、危害事件(以下简称危害)开始，在此基础上，对识别出的危害逐一进行可能导致后果和发生的概率(可能性)的分析，综合两个方面的因素，从而确定是否需要纳入风险管控的范围。鉴于化工安全生产的经验积累和事故教训已经达到了相当程度，大多数危害识别和风险识别可以同步进行，简化风险识别的过程。人们对有一些危害的认识，可能需要一段时间，有的需要借助于发生安全事件甚至是发生安全事故才能认识。做好风险识别工作，既需要科学的方法，又要有丰富的安全生产管理实践经验。因此，风险识别工作本身的经验积累和样本数据库的建设十分重要。

10.2.1 化工企业危害和风险识别策略

化工企业的风险管理要求全面、准确、科学。既要防止遗漏风险，又要避免扩大风险，更要突出重大风险；既要管控职业安全的风险，又要管控过程安全风险；既要管控到位、防止事故，又要尽量避免因过度防控造成人力、物力和财力的浪费。

危害识别是风险识别的基础。编者根据多年的工作经验，建议化工企业风险管理采取以下策略：

(1)从识别危害做起。风险综合考虑了危害事件的后果和可能性，因此全面识别风险要从全面识别危害做起。化工安全生产发展到今天，已经积累了大量的经验教训，绝大多数的危害不必再做可能性和后果的分析，就可以根据已有的经验和事故教训，直接判断其是否是需要管控的风险。例如危险化学品的泄漏、动火作业等等。

（2）全面识别危害、风险。既要识别职业危害、风险，更要识别化工过程危害、风险，化工过程危害主要是涉及化学品（包括粉尘）危害，包括化工生产过程（危险反应、化工单元操作）可能存在的危害、化工生产重要安全设备设施失效导致的危害、重大危险源失控的危害等。识别和管控化工过程风险是化工企业防范重特大事故的关键。

（3）分级识别危害、风险。工作岗位应用 HAZID（危险源识别）分析方法，以危险源引导词为线索，重点识别职业（人身）安全风险，装置（车间）组织识别过程风险，企业（生产厂）组织识别重点部位、重大危险源等化工过程中的重大风险。重大风险往往需要定量评估。

（4）尽量选用简单的危害、风险识别方法。美国 Daniel 等编写的《化工过程安全基本原理与应用》一书指出，美国化工行业有四个共识：一是事故发生的原因总是可以预见的；二是人们并没有发现事故发生的新方式；三是应该从事故中吸取教训，否则就会重蹈覆辙；四是防范事故仅仅靠尽最大努力是不够的，还必须做好所有要做的工作。因此，绝大多数的危害都可以通过经验列表识别，小微化工企业更是如此。

（5）采用危险与可操作性（HAZOP）分析识别化工生产过程的操作危害，不仅全面、科学，而且可以通过危险与可操作性分析的过程很好地培训操作工人。在化工装置危险与可操作性分析的基础上，通过保护层分析（LOPA）核验操作风险控制措施是否满足安全生产的要求，根据需要确定安全仪表的选用。

（6）识别设备设施失效风险。据统计，化工生产过程中，由于设备设施失效导致的事故约占 40%。化工设备设施失效风险要采用失效模式和后果分析（FMEA）方法。

（7）危险化学品一级、二级重大危险源可能会对企业外部公众带来伤害时，要进行定量风险分析（QRA）。涉及可燃性（包括大部分的金属）粉尘风险的要进行基于现有技术的粉尘风险分析（DHA）。

（8）装置区人员数量较多的重要建筑物（例如生产装置的中央控制室）要进行构筑物的抗爆和中毒风险分析。

（9）充分利用已有的化工安全生产经验教训，持续动态做好危害、风险识别工作，增强风险管理的科学性和准确性。危害、风险识别一定要识别"现实风险"，避免陷入"想象风险"困境。安全风险的特性决定了企业在识别风险时往往容易扩大化，有的企业的风险清单中，多达 40%左右的风险是"想象风险"和人员故意违章导致的风险。为了避免这一现象，建议企业初始风险识别时要以法规标准、事故教训和安全事件为依据，同时要建立动态的风险识别（管理）机制，及时获取有关法规标准的更新、同类企业事故教训，对本企业的安全事件采用"蝴蝶结"方法分析事件的原因及可能的后果，及时有效持续开展风险识别，不断提升企业风险管理时效性、准确性和科学性。

10.2.2 化工厂危害和风险识别路径

在风险管理的教科书中，鲜有对风险识别路径进行系统阐述的。不解决风险识别的路径问题，风险识别的全面性就很难保证，风险的识别就谈不上系统性、科学性。一些国际著名的风险管理公司往往靠积累的丰富经验，通过建立风险识别数据库支持风险识别工作。

在当前这种情况下，由于缺乏风险识别路径的指导，化工企业风险识别水平的提升遇到了瓶颈。为了突破这一瓶颈，编者借助多年实践经验，经过广泛讨论和深入研究，试图提出化工企业全面识别危害、风险的基本路径，以提升化工行业全面识别危害、风险的科学化水平。

10.2.2.1　化工企业风险分类

就化工企业而言，导致事故的既有各类工业企业常见职业伤害带来的风险，又有更为严重的化工生产过程的特殊危害导致的风险。

企业常见的职业危害、风险包括物体打击、车辆伤害、机械伤害、起重伤害、触电、淹溺、灼烫(冻伤)、辐射、非化工火灾、高处坠落、坍塌、摔伤等。考虑到化工企业特殊情况，起重伤害和高处坠落伤害纳入作业风险。

化工生产过程的特殊危害和风险如下：

（1）选址不科学和总图布置不合理可能导致的危害和风险；

（2）工艺技术路线的危险特性带来的危害和风险；

（3）接触危险化学品和相互反应的化学品混储带来的危害和风险；

（4）工艺参数偏离带来的危害和风险；

（5）设备设施失效带来的危害和风险；

（6）公用工程系统失效带来的危害和风险；

（7）变更管理带来的危害和风险；

（8）非常规作业带来的危害和风险；

（9）自然灾害、外部不利因素带来的危害和风险；

（10）管理漏洞带来的风险。

10.2.2.2　化工企业危害、风险识别的基本路径

（1）从事故教训中直接识别风险。从化工行业发生的事故教训中识别风险是最直接、最简单、最有效、最经济的风险识别路径。从事故教训中识别风险，不需要再考虑危害的可能性问题，且危害的后果已有教训参考，一般不需要再做风险分析，直接定为需要管控的风险。使用成熟化工工艺技术路线的企业，只要认真收集同类企业发生的所有事故教训，企业绝大多数风险就可以识别。

（2）从企业常见的职业伤害因素识别危害、风险。可对照以下常见的伤害排查化工企业人员和场所存在的危害和风险，如物体打击、车辆伤害、机械伤害、起重伤害、触电、淹溺、灼烫(冻伤)、非化工火灾、高处坠落、坍塌、摔伤等。

（3）从企业选址和工厂总图布置方面识别风险。这类风险点最好由工厂、装置设计人员和企业有关工程技术人员一起识别。

（4）从工艺技术路线的特点识别风险。这类风险主要在设计阶段靠设计人员识别。涉及新开发的生产工艺由工艺开发者和工艺设计人员共同参与识别。工厂投产后由企业工艺

技术人员和操作人员进行补充识别。

（5）从接触到的危险化学品的危险特性入手识别危害、风险。根据每一种危险化学品的危险特性和可能接触到的人员进行危害、风险的识别。

（6）化工过程操作风险。从工艺参数偏离入手识别风险。这类风险主要靠对装置进行危险与可操作性（HAZOP）分析来识别。对特别重要的人工操作，要考虑对操作失误造成的危害、风险进行识别。操作失误一般从操作人员的意识和能力、操作的重要性、操作反应确认时间、操作环境条件、失误概率等方面识别危害、风险。

（7）从设备设施失效方面识别风险点。纳入设备设施失效风险点识别的设备设施可以与纳入设备完好性管理设备设施同一清单。主要包括：易燃、易爆、有毒、腐蚀介质的压力容器和管道；易燃、易爆、有毒、腐蚀介质机泵的密封，特别是高温油泵和液态烃泵；一般介质高温、高压的压力容器和管道；危险化学品常压储罐；各类设备的安全泄放装置；大型机组、加热炉、重要的单向设施、安全分解或吸收系统、有毒气体厂房负压系统、反应终止系统、反应紧急泄放系统、火炬系统、部分工艺的冷却水系统、消防喷淋系统、供电系统、事故电源和事故照明系统、罐区装置围堰等二次容纳设施失效带来的风险。

（8）从关键控制仪表和安全仪表系统失效方面识别风险点。就安全生产（相对于质量控制）而言，所谓关键控制仪表是指控制仪表失效会直接导致装置停车、事故或触发安全仪表系统动作的控制仪表。

（9）从公用工程中断方面识别风险点。包括电力中断、仪表风中断、冷却水中断、氮气中断、制冷系统故障、蒸汽停供等可能带来的安全风险。

（10）从化工操作和危险作业方面识别风险点。主要包括化工装置开停车及相关作业（例如加热炉点炉、催化剂装填等）、动火作业、进入受限空间作业、高处作业、吊装、盲板抽堵、临时用电、动土（包括断路）、危险化学品装卸、仪表"强制"和检维修等作业风险。

（11）从变更管理方面识别风险。从工艺技术路线、装置扩能改造、设备设施更新、化学品和备品备件供应商、工厂机构改革、重要岗位人员调整等方面识别变更带来的风险。

（12）从管理缺陷方面识别风险点。从管理制度不健全、管理责任不清晰、管理责任不落实等方面识别风险。这一方面许多化工企业重视不够，近年来因为管理缺陷造成的事故不在少数。发生的绝大多数化工事故，包括重特大事故都与管理存在明显漏洞有关。

（13）从外部因素可能导致安全事故方面识别外部风险。充分考虑外部因素导致的事故，包括雷电、台风、洪水、泥石流、滑坡、地震等自然灾害带来的风险点；工厂周边企业或设施爆炸、火灾、有毒气体泄漏给工厂带来的风险点；人员故意破坏的风险点等。

10.2.2.3 从化工事故教训中直接识别风险

由于此前的事故已有惨痛的教训，这类风险点不需要再分析其可能性和后果，直接确定为需要管控的风险进行管控。

（1）从同行业事故教训中识别风险。对照安全生产信息管理要素中收集的同行业事故教训，核查企业是否采取有效措施防止类似事故发生。这一方面千万不要轻视，化工行业重复发生的事故有很多。化工企业通过这一方法可以识别大多数的风险。

要特别注意从以下几类事故教训中识别重大风险：

① 爆炸性化学品爆炸事故。硝基化合物等爆炸性化学品一旦发生事故，后果往往十分严重。如：2015 年天津港"8·12"特别重大事故(173 人遇难失踪)、2019 年江苏"3·21"特别重大事故(78 人遇难)、1921 年德国路德维希港的奥堡"9·21"爆炸事故(死亡 561 人)、1947 年美国得克萨斯港"4·6"硝酸铵爆炸事故(死亡 560 人)、1947 年美国得克萨斯西基海湾"4·16"硝酸铵货船爆炸事故(468 人死亡)、1947 年法国布勒斯特港"7·28"硝酸铵货船爆炸事故(死亡 100 人)、2020 年 8 月 4 日黎巴嫩首都贝鲁特港口硝酸铵爆炸事故(至少 190 人死亡、6500 多人受伤，3 人失踪)，这些事故的教训警示我们，对于爆炸性化学品的风险必须高度重视。

② 可燃、有毒化学品泄漏风险。可燃气体、低闪点可燃液体一旦泄漏，会形成爆炸性气体引发蒸气云爆炸(VCE，又称空间爆炸)。这类爆炸影响范围大、后果严重，必须高度警惕。要注意工况温度高于沸点的高沸点可燃化学品泄漏问题，例如炼油厂重油加工装置重油泄漏火灾事故。有毒气体(包括低沸点有毒液体)泄漏后往往比可燃气体更难处理，要深刻吸取印度博帕尔事故教训，严防有毒气体泄漏。要特别重视相对密度大于空气的可燃、有毒气体泄漏风险。密度比空气大的可燃、有毒气体泄漏后，沿地面向低洼处、地下管沟和下水管网等相对密闭空间扩散且不易消散，容易导致严重的事故后果。例如 2019 年河北张家口某公司"11·28"事故教训。

③ 可燃粉尘爆炸风险。粉尘爆炸的威力一般要比可燃气体大得多，粉尘爆炸的扬尘往往会引发二次、三次爆炸，后果十分严重。要深刻吸取 1987 年黑龙江"3·25"特别重大粉尘爆炸事故(58 人遇难)、2010 年秦皇岛淀粉厂"2·24"重大爆炸事故(19 人遇难)、2014 年江苏昆山"8·2"特别重大爆炸事故(97 人遇难、事故报告期后又有 47 人治疗无效死亡)教训，全面识别作业场所可燃粉尘爆炸的风险。随着我国职业健康工作的加强，作业场所可燃粉尘爆炸的风险一定程度上得到控制，但可燃粉尘集尘系统爆炸的风险仍然比较普遍和严重。

④ 可燃气体进入地下密闭空间的风险。可燃气体(包括较低沸点可燃液体)进入化工企业或城镇地下管网(包括下水系统)后，会沿地下空间迅速扩散到很大的范围，一旦引发爆炸往往造成严重后果。如：1984 年 11 月 19 日，墨西哥国家石油公司在圣胡安尼克的液化石油气储存设施发生泄漏，液化石油气漏入城市地下管网并发生爆炸，事故摧毁了当地的小镇，造成 500~600 人死亡，5000~7000 人严重烧伤。2021 年 6 月 13 日，湖北省某集贸市场天然气管道严重锈蚀破裂，泄漏的天然气在建筑物下方河道密闭空间聚集，遇点火源发生爆炸，事故造成 26 人死亡、138 人受伤，其中 37 人重伤，重伤人员中 7 人危重伤。我国城镇大量使用天然气、石油液化气，可燃气体进入地下密闭空间带来的巨大风险要高度重视。

⑤ 液化气体储罐周边火灾风险。液化气体储罐如果被外部火焰持续烘烤，在导致罐体金属强度下降的同时罐内压力也会随温度升高急剧上升，很容易发生罐体破裂，罐内高温液化气体泄漏后，沸腾液体同时膨胀、汽化和扩散，此刻发生爆炸(沸腾液体蒸气云爆炸，国外称 boiled liquid evaporate vapor explosion，BLEVE)，威力相当可怕。2015 年 7 月 16 日，

图 10-1 沸腾可燃液体蒸气云爆炸事故现场

山东日照某石化公司液化烃球罐切水时操作人员离开现场，水切完后液化石油气泄漏发生火灾，导致液化气球罐破裂爆炸，是典型的沸腾液体蒸气云爆炸事故，见图 10-1。化工企业必须严格控制液化气体储罐区火灾风险。

⑥ 易燃液体输送过程静电风险。易燃液体大多电阻率高、导电率很小，容易在流动中产生静电积累导致事故。实验证明：易燃液体的体积电阻率(长、宽、高各 1m 的立方体电阻)$\rho > 10^{10} \Omega \cdot m$ 时，会有显著的静电危害，必须采取有效的防静电措施。石油产品的体积电阻率一般都大于 $10^{11} \Omega \cdot m$，如果石油产品输送时防静电措施不到位，就存在静电放电导致事故的风险。

⑦ 动火、进入受限空间作业风险。事故统计数据表明，化工企业事故死亡人数 50% ~ 60% 是动火、进入受限空间违规作业导致的。因此必须对动火、进入受限空间作业的风险进行有效的管控。

⑧ 边施工、边试车(生产)存在的风险。化工装置在生产时随时都有发生事故的风险，新装置试生产过程中发生事故的概率就更大。如果边施工、边试车(生产)，一旦发生事故，装置区操作人员、施工人员叠加，伤亡会大大增加。如：2006 年 7 月 28 日，江苏盐城某化工公司发生的爆炸事故(22 人死亡、29 人受伤)；2013 年 8 月 31 日，山东东营某公司发生爆炸事故(13 人死亡)，都是边试车边施工造成伤亡扩大的典型案例。

(2) 运用底线思维的方式识别重大风险。以可能发生的重特大爆炸、中毒、火灾等事故为线索，用故障树的方法倒查、识别重大风险。特别是要以大量储存的危险化学品为线索识别重大风险。危险化学品重大危险源一旦发生泄漏、火灾、爆炸，事故后果往往十分严重。因此，对构成重大危险源的危险化学品储存场所特别是爆炸品、易燃易爆有毒的危险化学品罐区、储存仓库(包括危险固废仓库)要进行特别的风险识别。要深刻吸取天津港"8·12"、江苏响水"3·21"特别重大事故和国外涉及硝酸铵爆炸的事故教训，对涉及爆炸品场所的风险识别要保持十分的警觉，决不可存在丝毫的侥幸心理。

(3) 以人员密集区域为线索识别风险点。安全生产首要的任务是防范人员伤亡。要对操作人员工作岗位尤其是多人岗位的安全环境进行深入细致风险点识别。特别是中央控制室，要从本体安全和周边环境两个方面深入进行风险点识别，严防安全事故威胁控制室人员安全。对于化学制药等精细化工企业来讲，反应釜、干燥工序所在厂房要进行严格的风险点识别，严防可能遗漏重大风险点，造成群死群伤。

(4) 以重大变更为线索识别风险。要深刻吸取 1974 年英国 Flixborough 泄漏爆炸事故以及我国因变更缺失导致的多起重特大化工、危险化学品事故的惨痛教训，借助变更线索，对新工艺、新技术、新装备、新产品进行风险识别；通过反应安全性评估对新开发化工反应生产工艺进行风险识别。

(5) 从发生事故对周边企业和公共安全影响方面识别风险。我国各地都在建设一批化工园区(化工集中区)、工业园区。化工企业集中布局,有利于土地集约使用、减少化学品运输和政府集中统一监管。但也要注意化工企业集中在一起,存在安全生产相互影响和重大事故多米诺效应的风险。化工企业一方面要识别周边企业发生事故给本企业带来的风险,也要识别企业自身发生事故后,事故外溢影响公共安全的风险,严防类似江苏响水"3·21"事故和河北张家口"11·28"事故发生。

10.2.2.4　持续深化风险识别工作

我国化工安全生产风险管理工作起步较晚,又加之风险识别工作是实践经验和科学方法的统一,到目前为止,不仅在我国即使在世界上,也还没有一部有关化工风险管理方面的书籍,能够指导企业进行毫无遗漏的风险识别。因此风险识别是一项持续开展、积累经验、不断深化的专业性基础工作。新建化工装置投产稳定以后,要结合投料试车过程中暴露出的问题,尽快组织开展一次全面的风险识别;已建成投产的生产装置要尽早组织全面的初始风险识别。在此基础上,要通过培养全体员工的风险意识和识别风险的能力入手,将风险识别工作贯穿于生产经营的全方位、全过程。对同类企业发生事故、企业自身发生安全事件、生产中遇到异常现象和重大变更,要及时组织开展风险辨识。岁末年初要针对上一年企业安全生产情况,组织各专业集中开展一次风险年度识别工作。企业每三年要开展一次全面的风险评估。确保新的风险一经产生就能够及时被识别。

10.2.3　化工装置风险识别常用方法

有关风险管理的书籍中介绍了许多风险识别的方法,每一种方法都有其优缺点和适用范围,要针对不同的风险识别路径和识别对象选用不同的风险识别方法。下面简要介绍部分化工企业风险识别、分析和评估的方法。

(1)经验法

组织有经验的人员对一项作业、一个化工单元或一套化工装置进行风险排查、识别,这是风险识别最原始的方法。原始的经验法简单、易行,对参与人员专业风险识别能力要求相对较低,参与者主要依靠工作经验识别风险,因而很难保证风险识别的全面性。参与人员的经验直接影响风险识别的效果。这一方法目前已很少单独采用。

经验法还有另一种形式,就是查阅有关资料获取相关风险信息,例如可以通过查阅化学品安全技术说明书(SDS)获取接触化学品的风险。

(2)检查表(check list)法

这是基于原始经验法产生的一种具有一定科学性的风险识别方法。检查表法首先根据有关法规标准、行业经验、企业经验和检查人员的经验针对风险识别的对象,将可能存在的风险列成表格,参加风险识别人员按照列表逐项识别,避免盲目和遗漏。这种方法目前仍被广泛采用。该方法缺点是对风险分级不够准确。

化工企业如果对检查表内容持续完善,检查表法不失为小、微化工企业风险识别或简单项目识别风险的一种有效方法。

(3)初步危害分析(PHA)

初步危害分析(preliminary hazard analysis,PHA)也有人翻译为预危害分析、初始危害分析。是在每项生产活动之前,特别是在项目设计的开始阶段,对系统存在危险类别、出

现条件、事故后果等进行概略的分析，尽可能评价出潜在的危险性

要注意初步危害分析与过程危害分析(process hazard analysis, PHA)的区别。过程危害分析是指采用危险与可操作性(HAZOP)分析、故障树、失效形式和后果分析(FMEA)等方法分析生产过程危害的工作。

(4)放热反应的安全性评估

大部分化工生产工艺涉及化学反应。生产过程中反应放热失控，导致温度快速上升，温度升高又加速了反应的放热，这种放热反应的"热失控"往往会导致严重后果。因此对于新开发的生产工艺涉及放热反应的，必须进行反应安全性评估。反应安全风险评估要关注化学品的稳定性和化学反应的安全性。化学品安全性测试需要从毫克级到克级，确定产业化操作的限值和安全范围，并依据其分解热评判其燃爆性。化学反应安全性采用反应量热、差示量热、连续量热和绝热量热等方式进行研究测定，同时关注反应体系产物的二次反应特性，开展工艺技术路线的风险评估，并提出控制措施要求。研究获取的所有表观热力学和表观动力学参数，作为设计和过程安全管理的依据。如果放热反应失控后缺乏有效控制手段会导致事故，该放热反应不能应用于工业生产。

(5)故障假设分析(what-if)

这是一种头脑风暴式的风险识别方法。该方法是对某一特定的风险识别对象，组织有丰富经验的团队，对其可能出现异常做出各种假设，根据这些假设，分析可能出现的危害。风险识别采用"如果-就怎样"的问答形式展开，识别的效果取决于工作团队的经验和掌握的信息。编者认为故障假设分析法比较适用于变更管理的风险识别和化工装置异常工况的危害分析。

将故障假设分析法(what-if)和基于经验的列表法结合，形成的结构化假设分析(SWIFT)法，增强了危害、风险识别的全面性、科学性和系统性。

(6)危险与可操作性(HAZOP)分析

危险与可操作性分析是英国帝国化学工业公司(ICI)蒙德分部于20世纪60年代发展起来的以引导词(guide words)为核心的系统识别流程工业危害的方法，经过40年的发展，该方法越来越被化工企业所接受。危险与可操作性分析是流程工业风险识别方法中应用最广的一种方法。该方法全面、系统地分析系统中每一个重要的操作参数偏离了设计条件，所导致的危害。危险与可操作性(HAZOP)分析法既适用于设计阶段，又适用于正在运行的生产装置；既可以应用于连续的化工过程，也可以应用于间歇的化工过程；既可以全面识别化工生产过程与操作有关的危害、风险，也是非常好的培训操作人员的工具。

运用危险与可操作性(HAZOP)分析法，要成立有工艺、设备、仪表、公用工程、安全管理等有关专业技术人员和有经验的操作人员组成的工作小组，其中工作组组长的经验直接影响分析结果的质量。

(7)失效模式与影响分析(FEMA)

失效模式与影响分析(potential failure mode and effects analysis, FMEA)是用于设备设施失效风险分析非常有用的方法，在风险分析方法中占有重要的位置。原欧共体在质量管理标准中把它作为保证产品设计和制造质量的有效工具。它如果与失效后果严重程度分析联合应用，则在风险管理方面的用途更加广泛。

在化工过程风险管理中，失效模式与影响分析（FMEA）主要用于各类设备设施失效的风险识别。

（8）后果影响分析（CEA）

通过危害识别，识别可能的危险物料或能量的释放，并通过相关模型评估危险物料泄漏或失控后引发的毒性气体扩散、火灾和爆炸的影响，从而为采用基于后果的安全设计、过程安全管理和应急管理等提供依据。后果影响分析时可采用最坏事故场景和可信事故场景进行评估。危险物料可能引发的各类事故关系见图 10-2。

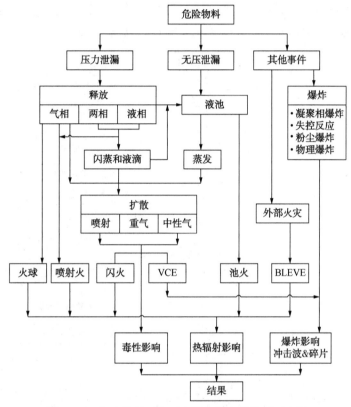

图 10-2　危险物料可能引发的各类事故关系示意图

注：VCE（vapor cloud explosion）为蒸气云爆炸；

BLEVE（boiling liquid expanding vapor explosions）为沸腾液体蒸气云爆炸。

蒸气云扩散模拟需要考虑主动喷射、膨胀、重力沉降、空气气流影响、云团受热、被动扩散等不同阶段。根据气体的密度、温度、地形及建筑物条件、周边环境和评估目的选择不同的模型及相似模型、浅层模型、计算流体力学模型（CFD）或风洞试验等。

火灾分析主要评估物料泄漏后可能形成的喷射火、池火、火球和闪火的热辐射强度、热辐射量、火焰强度、可燃气体进入建筑内部引发的气体爆炸等影响。火灾分析时可根据评估目的和模型的适用范围，选择点源经验模型、固体火焰经验模型、计算流体力学模型（CFD）等。

爆炸分析主要考虑可能发生的蒸气云爆炸、爆炸品爆炸、粉尘爆炸、非反应性介质的压力容器爆裂、沸腾液体蒸气云爆炸（BLEVE）、反应失控和内部爆炸等。其中蒸气云爆炸计算应考虑气云的受约束和受阻碍状况，可采用 TNO（the netherlands organization）多能法、BST（baker-strehlow-tang）方法或者计算流体动力学方法等，不应采用 TNT 当量法进行气体爆炸分析。当需要详细评估气体爆炸燃烧的过程、燃烧场的压力分布、点火源位置的影响、不同设备布局的影响、爆炸的泄放、爆炸减缓措施的作用等情况时宜采用计算流体力学模型（CFD）或实验进行分析。

（9）定量风险评估（QRA）

定量风险评估（quantitative risk assessment，QRA）是指通过对具体事件风险发生概率和风险后果严重程度进行量化分析，并与风险可接受标准比较的系统方法，用于对某一设施、单元或工厂整体的安全风险水平进行精确衡量描述。见图 10-3。

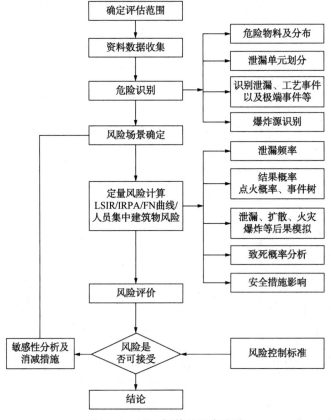

图 10-3　QRA 评估的基本流程

定量风险评估在分析过程中，不仅要求对事故的原因、过程、后果等进行定性分析，而且要求对事故发生的频率和后果进行定量计算，并将计算出的风险与风险标准相比较，判断风险的可接受性，提出降低风险的建议措施。

定量风险评估方法自 1974 年拉姆逊（Rasmussen）教授评价美国民用核电站的安全性开始，在国外逐步应用，英国、美国、澳大利亚、新加坡和马来西亚等国家以及许多知名国际公司，在危险化学品企业选址、装置平面布局优化和装置的危险性分析均要求采用该技术。在石油化工过程的不同生命周期阶段，定量风险评估技术可用于以下情形：

① 在可行性研究阶段，进行区域选址、平面布局设计和工艺方案安全评估等；

② 在基础设计或详细设计阶段，通过定量风险评估技术进行平面布局的安全优化、多米诺效应的控制、人员集中建筑物火灾、爆炸和毒性风险确定、外部安全距离与社会风险验证等；

③ 在生产运行阶段，当外部环境、总图布置、人员集中建筑物或工艺装置等发生重大变更时，可采用定量风险评估技术量化安全风险；

④ 重大泄漏扩散、火灾与爆炸的物理影响评估；

⑤ 重大危险源安全评估；

⑥ 应急预案的制定；

⑦ 其他需要进行定量风险评估的方面。

（10）基于风险的检验检测（RBI）技术

基于风险的检验检测（risk based inspection，RBI）技术以风险分析为基础，通过对重要设备系统中固有的或潜在的危险及后果进行定性或定量的分析、评估，发现主要问题和薄弱环节，确定设备风险等级，从安全性和经济性相统一的角度对检测检验的频率、程序进行优化，制定科学合理的检测检验策略，使检测检验和管理行为更加安全、经济、有效。该项技术在国外石油、化工等生产企业正在广泛推广应用。

基于风险的检验检测技术包括两部分内容：分析研究设备失效可能性和失效后果。失效可能性指的是设备每年可能泄漏次数，风险矩阵失效可能性一般分为5个等级；失效后果的量化是按照失效后造成影响区域面积的最大值来确定的，将设备或管道失效可能性和失效后的分类结果，分别列入矩阵的纵轴和横轴上，形成风险矩阵。对高风险的设备、管道，运行中需加强检验检测或进行相关技术处理，以降低或控制其风险。

基于风险的检验检测技术可用于承压设备系统中下列设备及其相关零部件的检验检测：

① 压力容器及其全部承压零部件；

② 装置界区内压力管道及其全部承压管件；

③ 常压储罐；

④ 动设备中承受内压的壳体；

⑤ 锅炉与加热炉中的承压零部件；

⑥ 安全阀等安全泄放装置。

应用基于风险的检验检测技术有以下意义：

① 掌握各装置的总体风险状况及各装置、单元、工段之间风险水平比较；

② 找出装置中的相对危险的区域（损伤机理复杂、风险水平较高或失效可能性相对较高），分析原因，制定合理降低风险的措施；

③ 找出下次检验应优先或重点安排的设备和管道；

④ 确定可延长检验周期的设备；

⑤ 为对传统的检验方案进行优化提供科学的依据。

基于风险的检验检测技术实施过程包括以下步骤：

① 检验检测计划的制定；

② 设备管道基础数据的收集；

③ 识别损伤机理和失效模式；

④ 失效可能性分析；

⑤ 失效后果计算；

⑥ 设备、管道风险的识别、评价和管理；

⑦ 通过持续检验检测进行风险管控；

⑧ 研究制定其他减缓风险的措施；

⑨ 评估实施效果和基于风险的检验检测技术分析结果的更新。

基于风险的检验检测技术分析工作流程如图10-4所示。

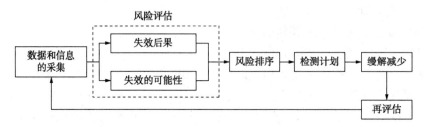

10-4 基于风险的检验检测技术分析工作流程

（11）以可靠性为中心的维护管理技术（RCM）

以可靠性为中心的维护管理技术（reliability centered maintenance，RCM）是目前国际上通用的、用以确定设备设施预防性维护需求、优化维护管理的一种系统工程技术管理方法。

以可靠性为中心的维护管理技术的理论研究，20世纪60年代末起源于美国航空界，首次应用以可靠性为中心的维护管理技术制定维护大纲的是波音747飞机维护。美国航空界应用以可靠性为中心的维护管理技术制订飞机维护大纲的指导性文件，1968～1993年，经过多次修订先后共有5个版本。20世纪70年代后期以可靠性为中心的维护管理技术引起美国军方的重视，并进行了大量的理论与应用研究。到20世纪80年代中期，美国陆、海、空三军分别颁布了其应用以可靠性为中心的维护管理技术标准。美国国防部指令和后勤保障分析标准中，也明确把以可靠性为中心的维护管理技术，作为制定计划预防性维护大纲的方法。目前美军几乎所有重要的军事装备（包括现役与新研装备）的预防性维护大纲都是应用以可靠性为中心的维护管理技术方法制订的。

1991年英国Aladon维护咨询有限公司的创始人John Moubray在多年实践RCM的基础上出版了系统阐述RCM的专著《以可靠性为中心的维护》，由于这本专著与以往的RCM标准、文件有较大区别，John Moubray又把这本书称为《RCMⅡ》。1997年《RCMⅡ（第二版）》出版发行。

以可靠性为中心的维护管理技术（RCM）经过持续发展，已在航空、核电、火电、石化等领域得到了广泛应用。RCM是一种方法或过程，用来确定必须完成哪些作业才能确保某种有形设备设施或系统能够继续完成所需的各种功能。RCM是建立在风险和可靠性方法基础上的一种系统的分析方法，用于建立一个准确的、适于目标的和优化的维护任务工作包，目的在于保持和提高装置的可用性和可信性。

RCM过程分析以下问题：

① 功能：在目前的使用状况和条件下，该设备（设施）的功能和相关的性能标准有哪些？

② 故障模式：不能满足其功能的表现形式有哪些？

③ 故障原因：每一种功能失效有哪些原因？

④ 故障影响：当每一种失效发生时会出现什么现象？

⑤ 故障后果：每一种失效（故障）所产生的后果以什么形式表现？

⑥ 主动故障预防：为了预测或预防每一种失效的发生应该做什么工作？

⑦ 非主动性故障预防：如果不能找到合适的预防性有效作业应该做什么？

要开展 RCM，必须对设备的功能、功能故障、故障原因及影响有明确的定义，通过"故障模式及影响分析（FMEA）"对设备故障审核，列出其所有的功能及其故障模式和影响，并对故障后果进行分类评估，然后根据故障后果的严重程度，对每一故障做出"是采取预防性措施，还是不采取预防性措施待其发生故障后再进行修复的"决策，采取预防性措施的，还应明确应选择哪种方法。

RCM 分析有以下结果：

① 供维护部门执行的维护计划；

② 供操作人员使用的改进的设备设施使用程序；

③ 对不能实现预期性能的资产，指出哪些地方需改进设计或改变操作程序。

RCM 分析记录文件为资产维护制度的改进提供可追踪的历史信息和数据，也为企业内维修人员的配备、备品备件的订购与储备、生产时间与维护时间的预计提供基础数据。

RCM 分析流程如图 10-5 所示。

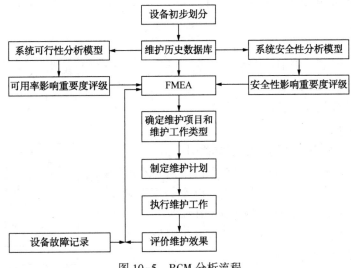

图 10-5　RCM 分析流程

（12）作业安全分析（JSA）

作业安全分析（job safety analysis，JSA）是指事先或定期对某项作业活动进行危害识别，并根据识别结果制定和实施相应的安全控制措施，以最大限度消除或控制作业风险、达到确保作业人员安全的目的。

JSA 按照"谁安排谁负责、谁作业谁负责"的原则，组织作业人员和相关人员进行作业安全分析。

JSA 方法的适用范围：

① 原则上没有规定操作规程的所有作业都应该在作业前进行 JSA；

② 特级用火作业、Ⅲ级及以上高处作业、无作业方案的起重作业以及进入有毒、可燃介质或情况不明受限空间作业等高度危险的特殊作业，作业前必须进行 JSA；

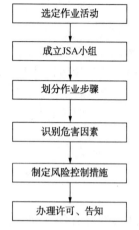

图 10-6　JSA 分析的主要流程

③ 交叉作业、临边（靠近危险边界）作业、临水作业、临近高压带电体的作业、设备（管线）试压、非常规采样、抢维修时的设备封盖（封头）拆卸以及高温、高压、易燃易爆、毒性介质临时接管等高风险的非常规作业，作业前也要进行 JSA；

④ 企业第一次进行其他特殊作业、不能确定风险的非常规作业，作业前也应进行 JSA。

JSA 分析的主要流程见图 10-6。

（13）化学品暴露指数法（CEI）

针对 20 世纪 80 年代中期发生在石油化工企业的事故，道（Dow）化学公司于 1986 年开发研究制定化学暴露指数指南（the chemical exposure index guide，CEI），作为企业应急防护的最低要求。化学品暴露指数（CEI）作为一种简化工具，用来估算毒性化学品泄漏事故对临近企业或社区的人员所造成的严重健康危害的程度。由于精确的计算非常困难，因此 CEI 指数作为简化工具，只是提供了危险的相对排序，它不用来作为一个精确的确定安全或不安全的工具。

CEI 可用于：

① 初始的过程危害分析（PHA）；

② 进一步研究风险的描述工具；

③ 应急响应计划的制定。

CEI 方法的计算程序为：

① 基础资料准备：

• 精确的工厂和周围环境的区域位置图；

• 标明主要设备、管道和化学品存量的简化工艺流程图；

• 所研究物质的物理和化学性质，以及美国工业卫生协会（AIHA）确定的紧急响应计划阈值（ERPGs）。

② 从工艺流程图中，分析确定可能发生泄漏严重急性毒性化学品的工艺管道及设备。

③ 确定 CEI 指数和危险距离。

④ 完成 CEI 结果清单。

⑤ CEI 计算流程见图 10-7。

（14）火气探测覆盖率评估

火灾/气体探测系统（FGS）是用于监测火灾、可燃气体及有毒气体泄漏，并具备报警及减灾功能的安全仪表系统，广泛应用于天然气开采、油气传输、石油炼制与化工等领

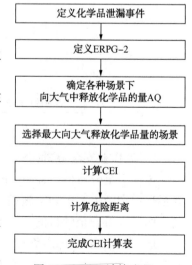

图 10-7　CEI 计算流程

域。但 FGS 系统有效检测覆盖率不高，降低事故后果严重程度的效果差。英国健康与安全执行局对 8 年烃释放数据的分析表明，FGS 系统有效检测覆盖率约为 60%。为提高化工装置过程安全，需要开展火灾/气体探测器布置研究，评估探测器覆盖率，证实其有效性。

火灾/气体探测系统探测器覆盖率有效性评估技术有空间分析法、场景分析法两种方法。空间分析法根据探测器参数或设计要求，采用计算机辅助方法确定探测器在装置区的空间覆盖率。场景分析法根据探测器参数，结合设备及建构筑物布置、释放源的理化特性、泄漏频率和空气流动等特点，采用数值模拟及计算机辅助分析方法确定探测器在工厂下的场景覆盖率。

火灾/气体探测系统探测器覆盖率有效性评估流程为：

① 数据收集：

- 工艺及仪表控制流程图；
- 介质参数及工艺参数表；
- 物料平衡及组分数据；
- 装置总平面图；
- 设备、设施平面布置图；
- 可燃有毒泄漏探测器布置资料；
- 风险量化报告、风险量化表、事件树图；
- 已运行装置历史安全事件(事故)信息采集；
- 可燃有毒泄漏探测器性能参数材料；
- 大气环境历史数据材料等。

② 模型构建。

③ 预分析：

- 危险类型辨识；
- 选择探测目标；
- 确定探测技术；
- 选择空间类型。

④ 有效性评估分析：

- 分析区域定义；
- 探测器评估方法选择；
- 定义风险区域；
- 配置探测器；
- 覆盖率计算；
- 优化布局。

(15) 装置安全泄放与火炬能力评估

泄放和火炬系统是工厂的最后一道工艺安全保障，以应对非正常工况下的超压事故。从全厂来说这仅是生产装置一个很小的安全设施，却是一个巨大的潜在危险源，泄放系统能力不足可能导致装置背压过高无法及时泄放，造成装置超压泄漏从而引发火灾爆炸事故。

美国等发达国家对泄放有十分严格的规定，美国职业安全健康监察局（OSHA）规定炼油厂需委托专门机构，定期对安全阀泄放量和火炬系统容量进行评估和审查，以避免可能的安全风险，其中泄放分析主要包括单设备泄放量的确定、装置及全厂性事故工况下泄放量的叠加分析等。

我国部分化工企业的装置已运行了数十年，而且设计和建设在不同历史时期，一些装置经过多次的技术改造，缺乏泄放数据，难以判定现有火炬系统是否存在余量；与此同时有的紧急泄放系统也经过多次改造、扩容，可能会造成当前的泄放能力不能满足要求的情况。目前我国尚无统一和强制性的泄放分析规范，缺乏装置泄放量准确评估及火炬气消减分析的有效手段。通过安全泄放系统能力评估可系统地排查装置的安全泄压设备和火炬系统的潜在风险，优化火炬负荷、满足泄放能力。

安全泄放与火炬能力评估程序：

① 基础资料收集

排入火炬系统的各装置物料平衡流程图（PFD）、管道仪表流程图（PID）、DCS系统组态截图、各装置工艺操作规程、各装置设备、仪表信息、安全阀台账、各装置联锁逻辑一览表、各装置高可靠性压力保护系统（high integrity pressure protection system，HIPPS）汇总表。

② 静态泄放量核算与压力泄放装置——安全阀（PRD）校核

结合工艺运行分析各类单台设备的超压泄放工况，基于美国石油学会API 521《安全阀计算规定》计算方法，获取单台设备不同超压工况下的泄放量，取最大泄放量作为计算依据。

根据最大泄放量及原设计时的静背压，进行压力泄放装置——安全阀（PRD）尺寸计算，所得的结果与现有PRD校核。找出现有PRD不合理的设计或尺寸，并标注为问题点。

③ 火炬管网流体力学分析

依据现有火炬管网进行流体力学计算，涵盖的范围包含火炬系统中排放支管、总管的所有管道管件、分液罐、水封罐、火炬头等设备所构成的管网系统。

重新标定每个排放点的背压（最高排放能力满载时，通常为全厂停电或者全厂停水工况），并与原设计静背压对比，找出不合理设计点并标注为问题点。

④ 动态泄放消减分析

针对上述②、③过程排查出的不合理设计及问题点，进行动态模拟。利用动态模拟方法严格计算泄放量，所得的结果通常可以消除部分泄放量（静态计算方法较为保守），同时也可得到较合理的排放量。

进行动态模拟消减后的泄放量作为PRD重新校核的有效依据，进行PRD的重新校核及背压计算，针对仍然存在的不合理设计点提出改进措施。

通过安全泄放与火炬系统评估可以有效解决以下问题：

① 通过分析找出现有装置可能发生事故或险情（如装置憋压）的原因（如安全阀偏小、背压过高等），并根据规范和实际情况，提出有针对性的解决方法和措施［如更换安全阀、增加高可靠性压力保护系统（HIPPS）、提高报警级别等］。

② 通过细致的泄放分析，对全厂的安全阀和火炬系统进行彻底的隐患排查，及时发现安全阀和火炬系统的潜在风险和问题，并采取有效的措施和解决办法，确保装置、安全阀和火炬系统安全。

③ 根据核算结果建立起完整的安全阀和火炬系统文档。包括每个安全阀的详细信息和计算书(每个工况的假设条件、计算方法、泄放量结果)、火炬系统的计算基础和计算结果。

(16) 建筑物安全性评估与危害管理

化工装置建筑物安全性评估与危害管理主要基于 API RP 752—2009《工艺装置永久性建筑物布置危害管理》及 API RP 753—2007《工艺装置可移动性构筑物布置危害管理》标准，评估和管理企业内部人员集中的建筑物，防止在事故时人员集中的建筑物因火灾爆炸或毒物造成大量人员伤亡。建筑物安全性评估可以采用基于后果的方法或基于风险的方法进行，根据评估结果，采取优化选址，增加安全防护措施或提高建筑物的防火抗爆防毒等级来实现内部人员的安全防护问题。以建筑物抗爆设计为例，通常当人员集中建筑物受到的爆炸冲击波超压≥6.9kPa 或者爆炸冲量≥207kPa·ms 时，该建筑物需要采用抗爆设计或进行抗爆治理改造。相关的推荐作法可参照管理标准 API RP 752—2009 和 API RP 753—2007 等。

还有一些方法，例如事件树分析法、故障树分析法、保护层分析法、暴露指数法等，下面结合具体的应用实例介绍。

10.2.4 风险评估(识别、分析和评价)方法的选用

根据 ISO 31000 和 IEC 60300-3-9 的相关定义，风险评估(risk assessment)是指对分析对象开展风险(危害)识别(risk identification)、风险分析(risk analysis)和风险评价(risk evaluation)的全过程。对于化工项目或化工装置的安全生产，需要考虑各个专业的影响，根据专业的特点选择适用的方法开展风险评估。相关示例如下：

(1) 选址风险评估

可根据相关的法规、标准规范要求，采用检查表进行风险评估。重大危险源或特定危险的区域风险评估可采用后果影响分析(CEA)对火灾爆炸或毒性影响进行量化评估；涉及爆炸品的危险化学生产装置和储存设施应采用后果影响分析确定安全距离；对于有毒气体或易燃气体并构成重大危险源的生产装置和储存设施还应进行定量风险评估(QRA)，量化后果严重性和发生频率，确定个体风险和社会风险等。对于毒性化学品，可选用化学品暴露指数(CEI)进行快速的毒性影响评估。

(2) 装置内部总图布置风险评估

可采用检查表、火灾爆炸指数(FEI)、后果影响分析(CEA)和定量风险评估(QRA)等方法评估装置内部平面布局的安全性、多米诺效应影响和火灾爆炸消减措施评估与优化等。

(3) 化工过程的风险评估

反应单元风险评估采用反应安全评估；工艺技术路线的风险采用本质安全评估；工艺及操作风险采用危险与可操作性(HAZOP)分析进行定性风险识别；对于高后果或高频率的风险场景可在 HAZOP 分析的基础上进行保护层分析(LOPA)，确保安全保护层的充足性和完整性。当风险场景涉及安全仪表功能(SIF)时，可采用风险图、LOPA 等方法进行 SIF 安全完整性等级分析(SIL)。对于安全泄放系统的风险，可采用泄放系统动态模拟方法评估泄放系统的排放能力。采用成熟工艺的小微企业也可以使用检查表法识别风险。

(4) 设备管道设施失效风险

简单设备设施失效风险识别可采用检查表+定期检测方法；关键设备、重要管道、安全

设施采用失效模式与影响分析(FMEA)、基于风险的检验检测(RBI)或以可靠性为中心的维修管理技术(RCM)进行风险评估。

(5) 电气与安全仪表失效风险

对于安全仪表功能SIF,采用安全完好性(完整性)等级评估(SIL)方法。对于可燃气体和有毒气体检测仪表可采用基于标准的方法进行检查评估,也可采用基于绩效的方法进行探测覆盖率的定量评估。

(6) 作业风险

作业风险均可采用作业安全分析(JSA)。动火作业、进入受限空间作业、高处作业、吊装、盲板抽堵、临时用电、动土(包括断路)、危险化学品装卸、仪表"强制"等化工企业常见的特殊作业,其风险识别和管控已有丰富的经验,大部分作业安全管理规定已有相应的国家标准。企业可将每次作业的特殊风险采用列表法对作业风险进行识别。

(7) 变更管理风险

对于生产工艺、设备设施的变更,可根据变更的级别采取不同的方法,一般变更、较大变更可采用专家审查的方式进行风险评估;生产工艺与设备设施的重大变更应当组织有关人员采用HAZOP、FMEA、假设法(what-if)等方法进行评估。其他方面的变更可采用假设法(what-if)等进行评估。

(8) 公用工程中断和企业外部风险

公用工程中断和企业外部风险可以采用假设法(what-if)或检查表法识别。

(9) 人员集中建筑物的火灾风险、爆炸冲击风险和中毒风险

对于企业内部人员集中建筑物和功能性重要的建筑物可选用后果影响分析法(CEA)和定量风险评估(QRA)评估人员集中建筑物的火灾风险、爆炸冲击风险和中毒风险,从而为建筑物的防火、抗爆和防毒设计提供依据。

(10) 长输管道高后果区风险评估

长输管道高后果区风险评估采用管道定量风险评估法(pipeline-QRA)。

对于每种风险,都可采用风险管控行动模型蝴蝶结(bow-tie)法进行分析,识别风险控制措施,明确关键行动和任务。

表10-2为风险管理工具选用建议表。

表10-2 风险管理工具选用建议表(参考 GB/T 27921—2011)

序号	风险识别和分析工具	风险辨识	风险分析(对于后果、发生概率、风险等级是否适用指的是该项分析方法对于得到三种结果的效果,与其本身期望得到的效果有关)			风险分级(评价)
			后果	发生概率	风险等级	
1	头脑风暴法	适用	不适用	不适用	不适用	不适用
2	结构化、半结构化访谈法	适用	不适用	不适用	不适用	不适用
3	德尔菲(delphi)法(专家调查法)	适用	不适用	不适用	不适用	不适用
4	检查表法	适用	不适用	不适用	不适用	不适用

续表

序号	风险识别和分析工具	风险辨识	风险分析 （对于后果、发生概率、风险等级是否适用 指的是该项分析方法对于得到三种结果的 效果，与其本身期望得到的效果有关）			风险分级 （评价）
			后果	发生概率	风险等级	
5	预危险性分析（此 PHA，不同于 process hazard analysis）	适用	不适用	不适用	不适用	不适用
6	危险与可操作性（HAZOP）分析	适用	适用	可以选用	可以选用	可以选用
7	环境风险评估	适用	适用	适用	适用	适用
8	故障假设分析法（what-if）	适用	适用	适用	适用	适用
9	情景分析法	适用	适用	可以选用	可以选用	可以选用
10	根原因分析	适用	适用	可以选用	可以选用	可以选用
11	失效模式与效应分析（FMEA）	不适用	适用	适用	适用	适用
12	故障树分析（FTA）	适用	适用	适用	适用	适用
13	事件树分析（ETA）	可以选用	不适用	适用	可以选用	可以选用
14	因果分析法	可以选用	适用	可以选用	可以选用	可以选用
15	因果影响分析法	可以选用	适用	非常适用	可以选用	可以选用
16	保护层分析（LOPA）	适用	适用	不适用	不适用	不适用
17	决策树	可以选用	适用	可以选用	可以选用	不适用
18	人因可靠性分析	不适用	适用	适用	可以选用	可以选用
19	蝴蝶结法（bow-tie）	适用	适用	适用	可以选用	可以选用
20	以可靠性为中心的维修（SRCM）	不适用	可以选用	适用	可以选用	可以选用
21	FN 曲线（类似 GB 36894—2018《危险化学品生产装置和储存设施风险基准》中的可接受风险曲线）	可以选用	不适用	不适用	不适用	不适用
22	风险指数评价法	可以选用	适用	不适用	不适用	不适用
23	结果/概率矩阵（类似 AQ/T 3054—2015《保护层分析（LOPA）方法应用导则》的风险矩阵）	不适用	不适用	不适用	不适用	适用

10.3 风险分级

风险分析是风险分级的基础，而风险分级的方法又决定了风险分析方法的选用。

风险分级是指企业选择适用的评价方法进行风险分析评价（估），根据企业的可接受风险标准，确定需要管控的风险项目和管控的级别。化工企业风险的分级针对不同的风险类型，一般可采用经验法、风险矩阵法、定量法。

10.3.1 经验法

风险经验分级指的是不需要进行风险分析评价,依据经验或法规要求直接对危害事件判定风险等级。经验法的特点是简单实用,但不够精细,政府和中小微企业常采用经验法对风险进行分级。

例如山东省安全生产地方标准《化工企业安全生产风险分级管控体系细则》规定,属于以下情况之一的,直接判定为重大风险:

(1)违反法律、法规及国家标准中强制性条款的;

(2)发生过死亡、重伤、重大财产损失的事故,且现在发生事故的条件依然存在的;

(3)根据 GB 18218—2018《危险化学品重大危险源辨识》评估为重大危险源的储存场所;

(4)运行装置界区内涉及抢修作业等作业现场 10 人及以上的。

10.3.2 风险矩阵法

风险矩阵法是风险分析评估所常用的一种比较便捷的方法。它是基于危害发生的可能性和后果的严重程度综合评估风险大小的方法,采用可能性和严重性组成的二维表格实现风险等级的评估。

图 10-8 就是一个简单的"3×3"的风险矩阵示例,首先将可能性和严重性分别划分为 3 个不同的级别,再基于不同的可能性级别和严重性级别,综合得出风险的级别(分为 4 个级别)。

可能性级别 严重性级别	低	中	高
低	1	2	3
中	2	4	6
高	3	6	9

图 10-8 简单风险矩阵示例图

风险矩阵分级结果的准确与否取决于风险矩阵大小的设定以及可能性分级、后果严重程度分级的精细程度和分级的方法。风险矩阵具有以下两个特点:

(1)风险矩阵设定时,可能性分级和后果严重程度分级越细,其可操作性就越强,风险定级结果也就越准确;

(2)可能性分级和后果严重程度分级时采用的方法越定量,风险定级结果也就越准确。

很多教材和书籍中都把风险矩阵归为一种定性分析方法,这是不准确的。风险矩阵的定性或者定量的属性是基于其如何确定可能性和后果严重程度。如果两者均是定性分析去确定级别,那此时的风险矩阵使用的就是定性方法;如果两者中有某一项分级采用的是量化数据,那此时的风险矩阵可称为半定量的分析;此外,即使两者均是采用量化数据分级,但由于最后得到的结果只是风险的等级，也属于概念性的数据，并不是具体的风险数值，所以此时的风险矩阵仍然是半定量分析。

10.3.3 定量法

定量法风险评价(估)是可以计算出具体风险数值的方法。早在 1964 年，美国道(Dow)化学公司开始对化工生产的危险性(风险等级)进行度量。道化学公司根据化工生产使用化学品的物理、化学危险特性，统筹考虑具体的生产工艺技术特点、操作条件和使用的化学品的数量，以火灾、爆炸指数形式定量评价化工生产装置的危险性(风险等级)，开创了化工生产风险定量评价的先河。目前风险定量评估多采用定量风险评估(QRA)法，但需要注意的是，定量风险评估依据的风险准则与具体风险准则有所区别，其必须依据GB 36894—2018《危险化学品生产装置和储存设施风险基准》所规定的个人风险基准和社会风险基准。定量法评估专业性强，评估结果比较精准，需要依靠专业人员开展，因此定量法风险评估适用于专业安全生产服务机构和大型化工企业。

化工企业危险化学品重大危险源，特别是一级、二级重大危险源应该进行定量风险评估(QRA)。化工企业特定危险区，如存在失控风险的反应单元、存在粉尘爆炸危险区、作业人员集中区域等要进行定量风险评估(QRA)。

10.4 风险分析与定级

化工企业在对各类危害进行风险评价时，应考虑人员安全、财产损失和环境影响三个方面存在的可能性和后果严重程度的影响，并结合生产特点和自身实际，明确事故(事件)发生的可能性、严重性和风险度取值标准，确定适用的风险判定准则，进行风险分析。

风险分析通常有两种方法：一种是用定量风险评估(QRA)的方法直接得出风险值；另一种是分别对危害事件进行可能性和后果的半定量分析，然后通过矩阵法确定风险的等级。下面通过风险矩阵法简要介绍确定危害事件可能性和后果的方法。

10.4.1 矩阵法风险分析与定级

矩阵法风险分析与分级方法相对比较精细，复杂程度又不是太高，经济适用，因此大中型化工企业一般多采用矩阵法进行风险分级。

10.4.1.1 矩阵法危害可能性(发生频率)分析

风险矩阵将事故发生可能性共分为若干个级别。可以依据类似事故历史上发生的频率对可能性进行定性分级，也可以经过定量计算确定事故发生的频率并进行分级。

定量法计算事故发生的可能性可采用的方法也比较多，例如可以利用保护层分析(LOPA)计算事故发生频率：初始事件频率×使能条件概率×各保护层的失效概率＝事故发生频率；也可利用事故树的方法，根据逻辑关系，采用各个基本事件发生的频率计算顶上事件的频率。

表 10-3 是某中央石化企业的危害事件七级可能性分级方法。

表 10-3　危害事件可能性分级表

可能性分级	定性描述	定量描述 发生的频率 F/(次/年)
1	类似的事件没有在石油石化行业发生过，且发生的可能性极低	$\leq 10^{-6}$
2	类似的事件没有在石油石化行业发生过	$10^{-5} \geq F > 10^{-6}$
3	类似事件在石油石化行业发生过	$10^{-4} \geq F > 10^{-5}$
4	类似的事件在集团内部曾经发生过	$10^{-3} \geq F > 10^{-4}$
5	类似的事件在本企业相似设备(使用周期)或相同作业活动中发生过	$10^{-2} \geq F > 10^{-3}$
6	在设备设施(使用寿命)或相同作业活动中发生 1 次或 2 次	$10^{-1} \geq F > 10^{-2}$
7	在设备设施(使用寿命)或相同作业活动中发生多次	$> 10^{-1}$

10.4.1.2　矩阵法危害的后果分析

下面以调整后的国内某大型化工公司的风险矩阵为例，对危害后果分析做简要说明。

该企业危害后果考虑了人员伤害、财产损失、非财务性影响与社会影响三种类型，且均划分为 7 个等级。人员伤害依据伤害级别以及伤亡人数划分不同级别；财产损失依据事故造成经济损失额度以及停工范围划分不同级别；非财务性影响与社会影响是依据媒体报道、政府采取的监管措施等划分不同级别。

对于人员伤害和财产损失除定性分析之外，还可以采用事故模型进行定量计算，根据模型计算结果，衡量人员伤亡数量和财产损失额度；对于环境与社会影响只能采用定性的分析。后果严重性分级如表 10-4 所示。

表 10-4　危害后果严重性分级表

后果等级	人员伤害	财产损失	环境与社会影响
A	轻微影响的安全事故： (1) 急救处理或医疗处理，但不需住院，不会因事故伤害损失工作日； (2) 短时间暴露超标，引起身体不适，但不会造成长期健康影响	事故直接经济损失在 10 万元以下	能引起周围社区少数居民短期内不满、抱怨或投诉(如抱怨设施噪声超标)
B	中等影响的安全事故： (1) 因事故伤害损失工作日； (2) 1~2 人轻伤	直接经济损失 10 万元以上，50 万元以下；局部停车	(1) 引发当地媒体的短期报道； (2) 对当地公共设施的日常运行造成干扰(如导致某道路在 24h 内无法正常通行)
C	较大影响的安全事故： (1) 3 人以上轻伤或 1~2 人重伤(包括急性工业中毒，下同)； (2) 暴露超标，带来长期健康影响或造成职业相关的严重疾病	直接经济损失 50 万元及以上，200 万元以下；1~2 套装置停车	(1) 存在合规性问题，不会造成严重的安全后果或不会导致地方政府相关监管部门采取强制性措施； (2) 引发当地媒体的较长时间报道； (3) 在当地造成不利的社会影响，对当地公共设施的日常运行造成严重干扰

后果等级	人员伤害	财产损失	环境与社会影响
D	较大的安全事故，导致人员死亡或重伤： (1) 界区内 1~2 人死亡或 3~9 人重伤； (2) 界区外 1~2 人重伤	直接经济损失 200 万元以上，1000 万元以下；3 套及以上装置停车；发生局部区域的火灾爆炸	(1) 引起地方政府相关监管部门采取强制性措施； (2) 引起国内或国际媒体的短期负面报道
E	严重的较大安全事故： (1) 界区内 3~9 人死亡或 10 人及以上，50 人以下重伤； (2) 界区外 1~2 人死亡或 3~9 人重伤	事故直接经济损失 1000 万元以上，5000 万元以下；发生失控的火灾或爆炸	(1) 引起国内或国际媒体持续负面关注； (2) 造成省级范围内的不利社会影响；对省级公共设施的日常运行造成严重干扰； (3) 引起省级政府相关部门采取强制性措施； (4) 导致失去当地政府的生产、经营许可证
F	重大的安全事故，将导致工厂界区内或界区外多人伤亡： (1) 界区内 10 人及以上，30 人以下死亡或 50 人及以上，100 人以下重伤； (2) 界区外 3~9 人死亡或 10 人及以上，50 人以下重伤	事故直接经济损失 5000 万元以上，1 亿元以下	(1) 引起国家相关部门采取强制性措施； (2) 在全国范围内造成严重的社会影响； (3) 引起国内国际媒体重点跟踪报道或系列报道
G	特别重大的灾难性安全事故，将导致工厂界区内或界区外大量人员伤亡： (1) 界区内 30 人及以上死亡或 100 人及以上重伤； (2) 界区外 10 人及以上死亡或 50 人及以上重伤	事故直接经济损失 1 亿元以上	(1) 引起党和国家领导人关注、批示，引起相关部委领导作出批示； (2) 导致吊销国际国内主要市场的生产或经营许可证； (3) 引起国际国内主要市场上公众或投资人的强烈愤慨或谴责

10.4.1.3 矩阵法风险等级的确定

在分别确定事故后果等级和发生可能性等级后，依据图 10-9 可以确定风险级别。

风险矩阵		危害发生的可能性等级						
	后果等级	1	2	3	4	5	6	7
危害严重性等级	A	A1	A2	A3	A4	A5	A6	A7
	B	B1	B2	B3	B4	B5	B6	B7
	C	C1	C2	C3	C4	C5	C6	C7
	D	D1	D2	D3	D4	D5	D6	D7
	E	E1	E2	E3	E4	E5	E6	E7
	F	F1	F2	F3	F4	F5	F6	F7

图 10-9 风险矩阵图

10.4.1.4　风险管控责任分工

依据不同的风险级别按表 10-5 中的管理要求增加相应的管控措施，并分配管控级别。

表 10-5　各级风险的最低管控要求

风险级别	风险水平	最低管控要求	管控级别
低风险	广泛可接受的风险	执行现有管理程序，保持现有安全措施完好有效，防止风险进一步升级	基层车间或装置
一般风险	容忍的风险（ALARP 区）	（1）可进一步降低风险，对于可造成财产损失后果的风险设置可靠的监测报警设施或严格的管理程序。 （2）对于可能造成各级风险的最低管控要求人员伤亡后果的风险设置风险降低倍数等同于 SIL1 的保护层	运行单位(工厂)
较大风险	高风险，不可容忍的风险	（1）应进一步降低风险。设置风险降低倍数等同于 SIL2 或 SIL3 的保护层。 （2）新建装置应在设计阶段降低风险；在役装置应采取工程技术措施降低风险	(分公司)主管部门
重大风险	非常高的风险，不可容忍风险	（1）必须降低风险。设置风险降低倍数等同于 SIL3 的保护层。 （2）新建装置应在设计阶段降低风险；在役装置应立即采取工程技术措施降低风险	分公司领导层（不可容忍的风险）（集团公司）

在此特别要注意的是，管控级别的划分并不是根据剩余风险确定，因为按照风险管理的思路，是应该将所有风险都降低至可接受的程度，采用残余风险确定管控级别容易忽略很多重要风险的管控，因此管控级别的划分应该是按照初始风险的级别进行确定。

初始风险的可能性确定与剩余风险的不同之处是初始风险是在不考虑任何控制措施的基础上进行确定，其可能性按 LOPA 方法的思路计算如下：

初始事件频率×使能条件概率＝初始风险的事故可能性

10.4.2　风险的定量评估

随着风险管理技术的发展，人们在基于经验法的风险分级方法的基础上，逐步发展出了基于定量分析的风险分级方法。与经验法单纯依靠经验分析，判断出分析对象风险水平"高"或者"低"的过程不同，定量分析法往往依托一定的分析计算模型对风险进行一定的"数字化"衡量，进一步根据所分析得到的数值大小对风险大小进行判别。一般说来，风险大小受到后果严重度与发生可能性的共同影响，严格意义上来讲，在进行风险分级时应该综合考虑可能性和后果严重度的大小来进行分级，但实际进行量化风险分级时，有时仅根据可能性或后果中的一个影响因素进行量化分析，并以此作为依据进行风险分级。因此，化工过程定量分析的方法通常可以分为三类。

10.4.2.1　对分析对象某种特定事故情景确定后果发生概率（或频率）进行量化分析

常用于进行此类风险分析的方法包括事故树分析法、事件树分析法、保护层分析法等。

（1）事故树分析法（fault analysis tree）

事故树分析法从关注的事故情景出发，通过逆向演绎的分析方法，逐层向下追溯事件发生原因，进而构建事故发生基本原因与顶上事故之间的逻辑关联树的过程。通过代入基本事件的发生频率，可以分析得到顶上事件的发生频率。

以加热炉炉膛爆炸风险为例，见图 10-10、表 10-6。

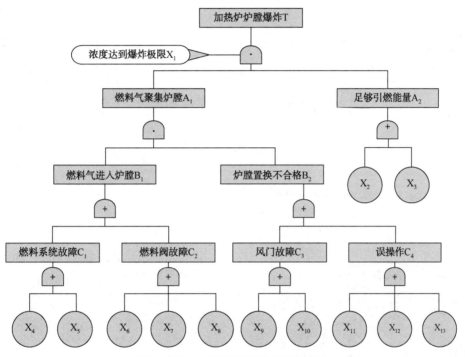

图 10-10 "加热炉炉膛爆炸"事故树

表 10-6 "加热炉炉膛爆炸"事故树符号意义对应表

符　号	意　义	符　号	意　义
X1	浓度达到爆炸极限	X8	阀门未关
X2	点火	X9	风量小
X3	炉膛余热	X10	风门误关
X4	压力高熄火	X11	置换时间短
X5	压力低熄火	X12	未置换
X6	阀门内漏	X13	未分析
X7	阀门关不严		

（2）事件树分析（event tree analysis）

与事故树从顶上事件逆向演绎推理基本事件不同，事件树分析是一种正向归纳，由初始事件逐步分析归纳演算最终结果的一种事故分析方法。其实质是利用逻辑思维的初步规律和逻辑思维的形式，分析事故形成过程。通过该方法能够演算得到某初始事件诱发的各种潜在场景的发生频率。图 10-11 为事件物分析法实例。

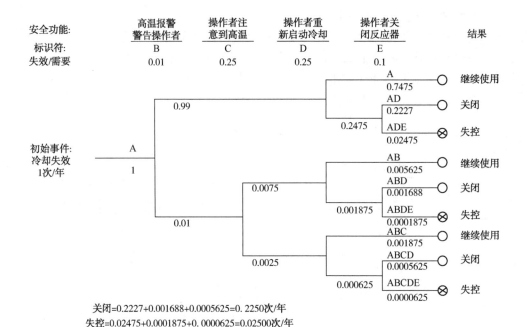

图 10-11 "反应器冷却失效"事件树

（3）保护层分析（LOPA）

典型的化工过程往往包含各种保护层，如过程设计（包含本质安全理念）、基本过程控制系统、安全仪表系统、被动防护设施（如防火堤、防爆墙等）、主动防护设施以及人员干预等，发生不期望后果或灾难性事故通常是由于预防、防止事故发生的层层保护措施相继失效所造成的。通过对这些保护层进行有效控制能够降低事故发生的概率。典型的保护层内容如图 10-12 所示。保护层分析（LOPA）是建立保护层理论基础上的风险分析方法，其通过分析初始事件发生频率、已有保护层的保护能力及失效频率，可以推算得到分析对象发生特定危险场景发生频率。

图 10-13 为 LOPA 与事件树分析的对比。

图 10-12 典型保护层示意图

10.4.2.2 对分析对象的整体风险（综合后果和可能性）进行量化

定量风险分析（QRA）是指对某一设施或作业活动中发生危害（事故）情景的频率和后果进行定量分析，并与风险可接受标准相比较的系统方法。其核心是基于事故后果计算模型和概率分析计算模型，并结合系统或装置的布局、人员及设备分布等信息，对系统内的显著危害场景进行全面分析，计算得到关注区域范围内各地点人员伤害的概率（个人风险）及区域内群死群伤的整体风险（社会风险），见图 10-14 和图 10-15。

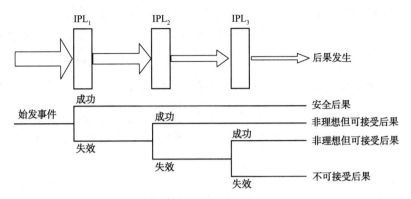

图 10-13 降低特定事故场景发生概率保护层

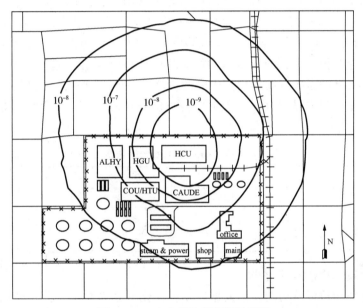

图 10-14 个人风险等值线示意图

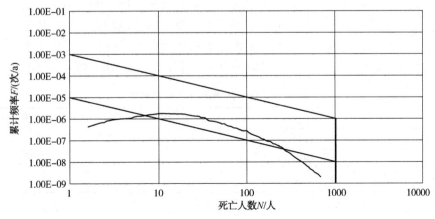

图 10-15 社会风险曲线图

在国内，目前 QRA 工作主要用于企业外部安全防护距离的综合确定，从而指导新建项目的选址、总平面布置以及相应的安全控制措施的设计。所依据的风险基准是由国家颁布的 GB 36894—2018《危险化学品生产装置和储存设施风险基准》所规定。

10.4.2.3 指数赋值以衡量风险大小的定量评价方法

此类方法往往对后果的严重度和可能性同时进行指数量化，再合并计算得到表征风险大小的数值，配合分级的标准得到风险等级。典型的方法包括 LEC 评价法、Dow 指数法、蒙德法等。

（1）LEC 评价法

此方法用于评价操作人员在具有潜在危险性环境中作业时的危险、危害程度。该方法用与系统风险有关的三种因素指标值的乘积来评价操作人员伤亡风险大小，这三种因素分别是：L(likelihood，事故发生的可能性)、E(exposure，人员暴露于危险环境中的频繁程度)和 C(criticality，一旦发生事故可能造成的后果)。给三种因素的不同等级分别确定不同的分值，再以三个分值的乘积 D(danger，危险性)来评价作业条件危险性的大小。其中 L 和 E 的乘积表征了人员暴露在事故影响范围内的可能性，而 C 表征了一旦发生事故可能造成的后果，三者相乘结果 D 表征了该作业的风险。根据 D 的大小，可以将作业风险分为五个等级，如表 10-7 所示。

表 10-7　LEC 法风险分级表格

D 值	危险程度	D 值	危险程度
>320	极其危险，不能继续作业	20~70	一般危险，需要注意
160~320	高度危险，要立即整改	<20	稍有危险，可以接受
70~160	显著危险，需要整改		

（2）Dow 火灾爆炸指数评价法

Dow 火灾爆炸指数评价法的评估依据主要包括化学品系数和工艺系数两个主要评估角度，化学品系数的选取与化学品的种类、形态以及所处的环境有关，工艺系数的确定则与操作工艺参数、化学品的数量、操作的过程、设备的状况、周边的环境等因素有关，这些参数有的对事故的后果大小有影响，有的对事故发生的可能性有影响。化学品系数和工艺参数两者相乘得到火灾爆炸指数，该火灾爆炸指数的大小同时综合了后果严重度和可能性的大小。根据该值的大小，可以将风险分为 5 个等级，如表 10-8 所示。

表 10-8　Dow 火灾爆炸指数分级表

F&EI	危险等级	F&EI	危险等级
1~60	最轻	128~158	很大
61~96	较轻	>159	非常大
97~127	中等		

（3）蒙德法

蒙德法相对于 Dow 火灾爆炸指数法更多考虑了毒害危险性，其风险评估的过程和步骤与 Dow 火灾爆炸指数法存在一定的差异，但其思路与 Dow 方法基本一致，这里不再赘述。

10.5 风险管控

风险识别、分析、评估分级目的是管控风险。大部分的风险很难通过控制措施把风险降低为零，或者如果将风险降低到零代价很高、企业难以承受。因此在研究制定风险管控措施前，每个企业必须首先根据企业自身特点，确定企业自身的可接受风险标准。

可容许风险(tolerable risk)：也称可接受风险，按当今社会价值取向在一定范围内可以接受的风险。

剩余风险(residual risk)：在实施防护措施后还存在的风险。

风险降低(risk reduction)：通过采取措施，减少风险的消极后果或降低其发生概率，也可两者兼有。

以上三个术语的关系见图 10-16。

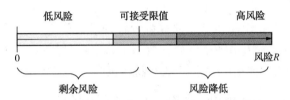

图 10-16 可接受风险、风险降低和剩余风险关系示意图

10.5.1 可接受风险标准

可接受风险(tolerable risk)：也叫可容许风险。

可接受风险的概率值成为可接受风险标准。

就外部防护距离而言，可接受标准分为个人风险可接受标准和社会可接受风险标准。

不同的国家、地区、行业、企业一般可能有不同的可接受风险标准。

不同国家和地区所制定工业企业的个人可接受的风险标准见表 10-9。

表 10-9 不同国家和地区工业企业个人可接受风险基准

国家或地区设施	最大容许风险(每年)	可忽视风险(每年)
荷兰(新建设施)	1×10^{-6}	1×10^{-8}
荷兰(已建设施或增建设施)	1×10^{-5}	1×10^{-8}
英国(已建危险工业)	1×10^{-4}	1×10^{-6}
英国(新建核能发电厂)	1×10^{-5}	1×10^{-6}
英国(新建危险性物品运输)	1×10^{-4}	1×10^{-6}
英国(靠近已建设施的新民宅)	3×10^{-6}	3×10^{-7}
中国香港(新建和已建设施)	1×10^{-5}	—
新加坡(新建和已建设施)	5×10^{-5}	1×10^{-6}
马来西亚(新建和已建设施)	1×10^{-5}	1×10^{-6}

续表

国家或地区设施	最大容许风险(每年)	可忽视风险(每年)
文莱(已建设施)	$1×10^{-4}$	$1×10^{-6}$
文莱(新建设施)	$1×10^{-5}$	$1×10^{-7}$
澳大利亚西部(新建设施)	$1×10^{-6}$	—
加利福尼亚,美国(新建设施)	$1×10^{-5}$	$1×10^{-7}$

10.5.2 我国危险化学品生产、储存设施风险可接受风险标准

依据 GB 36894—2018《危险化学品生产装置和储存设施风险基准》,化工生产装置从工艺路线设定、选址、设计、施工、试车、运行操作、检修作业、危险化学品包装运输,到企业搬迁远离城市进入化工园区等等都是风险削减到剩余风险可接受的风险管控过程。

10.5.2.1 个人可接受风险标准

个人风险是指因危险化学品生产、储存装置各种潜在的火灾、爆炸、有毒气体泄漏事故造成区域内某一固定位置人员的个体死亡概率,即单位时间内(通常为一年)的个体死亡率。通常用个人风险等值线表示。我国个人可接受风险标准见表 10-10。

表 10-10 我国个人可接受风险标准值表

防护目标	个人可接受风险标准(概率值)	
	新建装置(每年) ≤	在役装置(每年) ≤
低密度人员场所(人数<30 人):单个或少量暴露人员	$1×10^{-5}$	$3×10^{-5}$
居住类高密度场所(30 人 ≤ 人数<100 人):居民区、宾馆、度假村等。 公众聚集类高密度场所(30 人 ≤ 人数<100 人):办公场所、商场、饭店、娱乐场所等	$3×10^{-6}$	$1×10^{-5}$
高敏感场所:学校、医院、幼儿园、养老院、监狱等。 重要目标:军事禁区、军事管理区、文物保护单位等。 特殊高密度场所(人数≥100 人):大型体育场、交通枢纽、露天市场、居住区、宾馆、度假村、办公场所、商场、饭店、娱乐场所等	$3×10^{-7}$	$3×10^{-6}$

10.5.2.2 社会可接受风险标准

社会风险是对个人风险的补充,指在个人风险确定的基础上,考虑到危险源周边区域的人口密度,以免发生群死群伤事故的概率超过社会公众的可接受范围。通常用累积频率和死亡人数之间的关系曲线(F-N 曲线)表示。社会风险是指能够引起大于等于 N 人死亡的事故累积频率(F),也即单位时间内(通常为年)的死亡人数。通常用社会风险曲线(F-N曲线)表示,见图 10-17。

防护目标:是指在发生危险化学品事故时,易造成群死群伤的危险化学品单位周边的人员密集场所或敏感场所,包括居民区、村镇、商业中心、公园、学校、医院、影剧院、体育场(馆)、养老院、车站等。

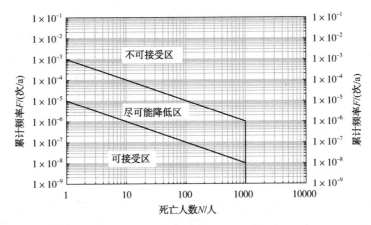

图 10-17 我国社会可接受风险标准

不可接受区：是指风险不能被接受。

可接受区：是指风险可以被接受，无需采取安全改进措施。

尽可能降低区：是指需要尽可能采取安全措施，降低风险。

外部安全防护距离：是指危险化学品生产、储存装置危险源在发生火灾、爆炸、有毒气体泄漏时，为避免事故造成防护目标处人员伤亡而设定的安全防护距离。

危险化学品生产、储存装置外部安全防护距离推荐方法请参照《危险化学品生产、储存装置个人可接受风险标准和社会可接受风险标准（试行）》（原国家安监总局公告第 13 号）执行。

10.5.3 建立企业可接受风险标准

企业风险识别、分析、评估分级后，为了逐一落实防控措施，就要先确定需要管控的风险范围。要确定需要管控的风险范围，就要首先确定企业可接受的风险标准。因此每个企业都要根据国家有关法律法规和地方政府的要求，结合企业自身实际，研究确定企业可接受风险标准。对于做 LOPA 分析时的剩余可接受风险可以参考表 10-11，其中表中的严重性等级参照表 10-4。

表 10-11　剩余风险可接受风险标准表

事故严重性等级	安全影响 TMEL	社会影响 TMEL	财产损失 TMEL
A	$\leqslant 1 \times 10^{-1}$	$\leqslant 1 \times 10^{-1}$	$\leqslant 1 \times 10^{-1}$
B	$\leqslant 1 \times 10^{-2}$	$\leqslant 1 \times 10^{-1}$	$\leqslant 1 \times 10^{-1}$
C	$\leqslant 1 \times 10^{-3}$	$\leqslant 1 \times 10^{-2}$	$\leqslant 1 \times 10^{-2}$
D	$\leqslant 1 \times 10^{-5}$	$\leqslant 1 \times 10^{-4}$	$\leqslant 1 \times 10^{-4}$
E	$\leqslant 1 \times 10^{-6}$	$\leqslant 1 \times 10^{-5}$	$\leqslant 1 \times 10^{-5}$
F	$\leqslant 1 \times 10^{-7}$	$\leqslant 1 \times 10^{-6}$	$\leqslant 1 \times 10^{-6}$
G	$\leqslant 1 \times 10^{-7}$	$\leqslant 1 \times 10^{-6}$	$\leqslant 1 \times 10^{-7}$

每个企业的规模不同、企业属性不同（中央企业、地方国有企业、外商独资企业、中外合资企业、股份制企业、个人私有企业）、地域不同（不同地区对安全生产要求不同），可

接受的风险标准也应不同。中央企业的可接受风险标准要严于民营企业；外商独资企业一般严于内资企业；大企业要严于小企业；经济发达地区企业要严于经济欠发达地区企业等。

所有企业都要把人员死亡事故、多人负伤事故、严重的环境污染事故和重大社会影响的事故作为不可接受的风险。从企业自身利益出发，企业还要考虑把经济损失达到一定数额的事故作为不可接受的风险。

10.5.4 风险管控

10.5.4.1 风险管理中的能量意外释放理论

任何工业生产过程都是能量的转化或做功的过程。能量意外释放理论认为：工业事故及其造成的伤害或损坏，通常都是生产过程中失去控制的能量转化和(或)能量做功的过程中发生的。

能量以多种不同的形式存在，如机械能、化学能(危害最大是危险物质)、热能、电能、动能、势能、声能、辐射能、核能、光能、潮汐能等。人类在生产、生活中不可缺少的各种能量，如因某种原因失去控制，就会发生能量违背人的意愿而意外释放或逸出，使进行中的活动中止和发生事故，导致人员伤害或财产损失。

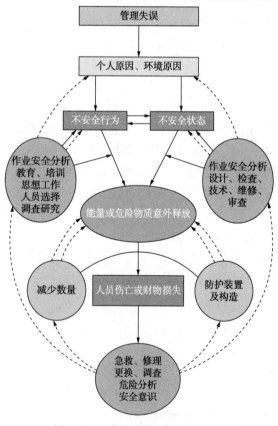

图 10-18 能量意外释放理论描述的
事故连锁示意图

能量意外释放理论从事故发生的物理本质出发，阐述了事故的连锁过程：由于管理失误引发的人的不安全行为和物的不安全状态及其相互作用，使不正常的或不希望的能量释放，并转移于人体、设施、环境，造成人员伤亡、财产损失和环境污染。

能量意外释放理论中预防事故的理论根据是可以通过减少能量和加强屏蔽来预防事故(图 10-18)。

把系统中存在的、可能发生意外释放的能量称作危险源。危险源的危险性主要体现在事故后果的严重程度上，可以从能量的种类和危险物质的危险特性、能量或危险物质的量、能量或危险物质意外释放的强度、意外释放的能量或危险物质的影响范围等四个方面反映危险源危险性的大小。

依据上述理念，产生了危险化学品重大危险源的概念。GB 18218—2018《危险化学品重大危险源辨识》，根据危险化学品危险特性和数量判定重大危险源；依据《危险化学品重大危险源监督管理暂行规定》(原国家安全监管总局第 40 号令)，重大危险源根据其危险程度，分为一级、二级、三级和四级，一级为最高级别。

根据危险源在事故发生、发展中的作用，可以分为两类：第一类危险源是系统中可能发生意外释放的各种能量或危险物质；第二类危险源是导致约束、限制能量措施失效或破坏的各种不安全因素。第一类危险源的存在是事故发生的前提；第二类危险源是第一类危险源导致事故的必要条件。两类危险源共同决定危险源的危险性。第一类危险源释放出的能量，是导致人员伤害或财物损坏的能量主体，决定事故后果的严重程度；第二类危险源出现的难易，决定事故发生可能性的大小(图10-19)。

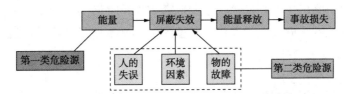

图 10-19　两类危险源在事故中的作用示意图

两类危险源的分类，使事故预防和风险控制的对象更加清晰。

在化工安全工程中，第一类危险源客观上已经存在并且在设计、建设时已经采取了必要的控制措施，其数量和状态通常难以改变，因此事故预防工作的重点是第二类危险源。

10.5.4.2　管控风险的策略

分析风险的目的是管控风险。风险的大小取决于危害事件发生的可能性和后果严重程度。根据风险的这一属性，可以从降低危害事件发生的可能性，或者削减危害事件后果的严重程度两个方面入手管控风险。管控化工风险一般有以下四种策略。

(1) 本质安全化设计

本质安全化设计的理念是著名的过程安全专家特雷弗·克莱兹(Trevor Kletz)博士，在英国弗利克斯堡(Flixborough)事故后首先提出的。化工装置的本质安全化设计是指：遵循尽量减少(如有可能，尽量避免)涉及危险化学品的数量、种类和使用比较缓和的工艺条件的原则设计化工装置，从而达到建成的化工装置相对更安全的目的。本质安全化设计可以通过下列原则实现：

① 减量原则。就是危险化学品在线量最小化原则。通过优化设计，使整个化工过程中存在的危险化学品数量(包括原材料、中间产品、最终产品、危险废物)尽可能地减少，这样即使发生危险物质的泄漏，事故的危害也会大大降低。例如在装备 DCS 系统的基础上，采用优化控制技术使生产更加平稳，生产过程中间储罐的危险化学品量就可以大幅度减少，中间产品储罐的风险就可以明显降低。

② 替代原则。就是使用危险性较低的化学品替代危险性较高的化学品，以降低化学品泄漏的危害后果。例如：氯碱工业中先后采用隔膜法、离子膜法替代汞法；聚乙烯生产中采用气相法替代溶剂法；需要光气的生产工艺中使用"三光气"替代"光气"；等等。

③ 缓和原则。就是采用更缓和的压力、温度等工艺条件实现化工生产，使危险化学品泄漏的可能性降低。例如采用低压法生产聚乙烯比高压法更安全。

④ 隔离原则。就是采用一定的措施将危险状态的化学品与人员和其他设备设施隔离开

来，这样即使发生事故也能够避免人员伤亡和更大的财产损失。例如高压法生产的聚乙烯，其某些性能是溶剂法、气相法所无法替代的，因此近年来仍在新建高压聚乙烯装置。高压聚乙烯管式反应器的压力达 300MPa，反应器在高压条件下容易发生泄漏，一旦泄漏后果将非常严重。因此，高压聚乙烯的反应器被设计在 50cm 厚的钢筋混凝土防爆墙内。在某种意义上来讲，设置一定的安全距离也是一种隔离。

⑤ 简化原则。在化工装置设计时就考虑尽量简化流程和简化操作，简化缩短工艺流程就可以减少泄漏的风险点，例如采用气相法生产聚乙烯要比溶剂法风险小得多；减少操作人员的操作，就可以降低了人为操作失误的风险，而根据"墨菲定律"，化工生产人为操作失误是很难完全杜绝的。简化人为操作最典型的例子就是化工装置设计装备 DCS 系统和安全仪表系统。

（2）预防性控制策略

采用预防性控制措施主动控制风险是指化工生产过程中，在风险尚未达到不能接受的标准时，通过仪器仪表测量工艺参数的偏离，靠自动控制系统或通过报警系统提醒、操作人员干预，以及通过联锁、安全仪表系统等手段，使工艺参数回归设定值，或者使生产单元、化工装置自动导向安全状态。这些都是预防性控制策略。

（3）减缓性控制策略

在主动控制措施失效或失败时，化工装置还设计考虑一些措施减少或减缓风险失控的危害程度，这就是减缓性控制策略。例如化工装置超压泄放、规定安全距离等。

（4）管理控制策略

化工企业中一些涉及人的行为的风险，很难通过上述 3 种控制策略控制，例如动火、进入受限空间作业等。这类风险可以通过管理控制进行管控。常见的管理控制方法有上锁、作业许可证、操作程序、警示等。法国道达尔公司(Total)采用安全关键措施(safety critical measures，SCM)防范重大风险也是管理控制策略。管理控制措施要具有针对性、独立性、可靠性、有效性、可操作性和可评估性，要有适当的容错功能。

10.5.4.3 管控风险的方法

（1）从能量意外释放理论角度管控风险

人类既要安全地利用能量，又要避免利用能量带来的风险，就必须采取措施管控能量。如果由于某种原因能量失去了控制，超越了人们设置的约束或限制而意外地逸出或释放，就会发生事故。

在正常作业的过程中，能量受到了减缓、约束和限制，按照利用者的意志进行有效管控，就不会发生事故；但如果能量超越了人们设置的约束而意外释放，就可能造成事故。

对于化工企业，如果处于高处的作业人员具有的势能意外释放，就会发生坠落事故；当处于高处的物体具有的势能意外释放，就会发生物体打击等事故（包括起重作业）；动土作业挖掘机械的动能失去控制，有可能发生地下管道、电缆断裂事故；当作业人员意外地接近或接触带电体时，可能发生触电事故；当易燃易爆化学品泄漏、化学能意外释放时，如果发生火灾、爆炸，就转化为大量的热能、动能，周边人员和财产可能遭受危害和损失（包括动火作业）；有毒有害的化学物质意外释放，化学能使周边人员受到毒性伤害（包括进入受限空间作业、盲板抽堵作业)等。

化工生产中化学品的数量决定化学能的大小，也就决定发生事故时危害后果的大小。危险化学品储罐越大风险越高，所以要纳入重大危险源进行特殊管控；剧毒品毒性大风险大，所以需要实行双人双锁登记管理等。

控制风险主要对能量状态和大小(数量多少)进行有效控制。对可能意外释放的机械能、热能、电能、化学能等采取隔离、减少能量等措施，使之低于引发事故的阈值。通过报警、联锁、承压设备、切断、隔爆、安全释放等手段来警示或降低能量泄漏、积聚或扩散的风险。

在化工生产中经常采用的防止能量意外释放的措施主要有以下几种：

① 能量替代。被利用能源的危险性较高时可考虑用相对安全的能源取代。例如，在容易发生触电的作业场所，用压缩空气作动力代替电力驱动，可以防止发生触电事故。但应该注意，这种替代的安全是相对的，以压缩空气做动力虽然避免了触电事故，但压缩空气管路破裂、脱落的软管"甩尾"打击等也会带来新的危害。

② 限制能量。在作业过程中尽量采用低能量的方法，这样即使发生了意外的能量释放，也不致发生严重伤害。例如，化工装置通过平稳操作降低化学品中间罐区储量；通过良好的供销管理，降低危险化学品的原料和产品储量；利用电压为24V的安全照明设备防止作业人员触电；限制露天爆破装药量以控制爆破伤亡半径等。

③ 防止能量蓄积。能量的逐渐蓄积后导致突然释放有可能引发事故，因此要及时泄放多余的能量防止能量蓄积。例如，夏天易挥发化学品储罐增加喷淋，防止罐内热量积累导致罐内温度升高；通过良好的接地消除静电蓄积；利用避雷针放电保护重要设施免遭雷击等。

④ 缓慢释放能量。缓慢地释放能量可以降低单位时间内释放能量的强度，减轻能量对人体的作用。例如，液化气体控制排放速度，以降低液化气体气化造成的低温；低闪点化学品浮顶罐投用时，通过限流设施降低进料流速，以控制产生的静电量等。

⑤ 屏蔽能量。采用屏蔽设施防止人员与能量接触即狭义的屏蔽。屏蔽设施可以被设置在能源载体上，例如安装在机械转动部分外面的防护罩；也可以被设置在人员与能源之间，例如安全围栏等。人员佩戴的个体防护用品，可被看作是设置在人员身上的屏蔽设施。一些化工企业的能量上锁管理也是屏蔽能量的措施。

⑥ 信息警示。各种警告信息可以阻止人员的不安全行为或避免发生行为失误，防止人员意外接触能量。

上述措施的采取，一定程度降低了能量带来的风险，各种措施的组合可以将能量风险削减到可接受的程度。

(2) 从化工过程系统安全管理的角度管控风险

从化工过程系统安全管理的角度管控化工装置的风险，就是借助化工装置安全保护层的概念综合考量，逐层研究化工生产的风险管控措施。

① 选择本质更安全的工艺技术路线。结合化工装置的技术进步，从工艺技术路线的选择开始管控化工装置的风险具有根本性。采用更安全的工艺技术路线，不仅节省化工装置设备、仪表投资，而且日常的管控风险工作要求也可以明显减低，是化工装置最经济的风

险管控措施。例如：合成氨工艺由于催化剂性能的提高，氨合成的压力由 35MPa 降低到 10～15MPa，合成压缩机、合成塔及相关的换热设备、管道的投资明显降低，合成系统泄漏的风险也大大减少。

②提高安全设计水平。通过安全设计，全面系统地识别化工装置的固有风险，采取系统的管控风险措施，并通过安全设计和按施工质量要求建设装置，实现化工装置的"优生"，为装置投产后有效管控风险(优育)奠定基础。化工企业要选择高水平的化工设计部门进行装置(工厂)设计，即使多支付一些设计费用，但无论是从安全生产的角度，还是从整个装置建设节约投资的角度，都是非常划算的。良好的工程设计为装置的安全顺利开车奠定基础，可以缩短装置从试车投料到稳定运行的时间，及早产生效益。同时，有设计人员做过估算：设计阶段能解决的问题，如果设计考虑不周，等投料阶段发现再整改成本要增加到 10 倍；等装置开车后才发现整改，成本要增加到 100 倍。因此安全设计对于装置风险的有效管控和经济运行都十分重要。

③装备自动化控制系统。国家如此重视安全生产工作，自动化控制技术发展到今天，化工装置没有任何理由不全流程装备自动化控制系统。

化工装置装备自动化控制系统一举多得。首先化工装置装备自动化控制系统，对整个装置的风险控制来讲，增加了双重保护。按照化工装置保护层理论，化工装置的基本过程控制、关键报警和联锁可以由 DCS 系统承担。二是装备自动化控制系统后，装置运行更加平稳，可以有效降低非计划停车，提高产量和质量，减少原材料消耗、降低"三废"，装置更加安全、节能、环保，增加效益。三是随着近年来人工成本的快速增长，装备自动化控制系统，可以大量减少操作人员，有效降低企业人工成本，增强企业市场竞争力。四是化工装置全流程装备自动化控制系统后，装置内人员数量明显减少，即使发生事故，事故的等级会大大降低。

④装备安全仪表系统。在化工过程安全的保护层概念中，安全仪表系统(SIS)是作为一层独立的保护，在管控过程风险中起着重要的作用。原国家安监总局曾发文要求"两重点一重大"化工装置、危险化学品设施必要时要装备安全仪表系统(SIS)或紧急切断装置。现阶段化工装置由于自动化控制系统的广泛应用以及装置操作人员数量的大大降低，化工厂大面积停车的风险相当程度上需要靠安全仪表系统化解；化工装置大型化趋势加快，$2000×10^4t/a$ 炼油装置、$150×10^4t/a$ 乙烯装置、$150000m^3$ 原油储罐、$50000m^3$ 汽油(石脑油)储罐大量建成投用，这些大型化工装置、危险化学品储存设施一旦发生事故后果不堪设想，必须通过安全仪表系统或紧急切断装置防止发生事故或在事故初期阻断事故扩大。

化工装置、危险化学品储存设施是否需要装备安全仪表系统或紧急切断系统，需要设计阶段在危险与可操作性(HAZOP)分析和保护层分析(LOPA)的基础上确定。

⑤周密设计超压泄放设施。化工生产的特点决定了设备、管道超压风险，很难靠设计一定的强度余量(选择合适钢材和适当增加承压设备、管道的壁厚)和主动控制措施彻底消除。因此在承压设备、管道上设计必要的泄放系统，在设备、管道万一出现超压时能有控制地将压力泄放到火炬、放空罐或安全区域，防止设备、管道因超压泄漏引发事故。

典型的超压泄放设施包括各种类型的安全阀、爆破片(膜)、超压控制阀、常压化学品的储罐呼吸阀等。要强调的是易燃易爆、有毒有害(特别是液氨、液氯等)化学品设备设施的安全阀不允许直接排向大气；高温蒸汽、压力气体的安全阀排放口要注意远离人员经常出现的地方，排放口的高度也要充分考虑安全问题；这类问题在危险化学品使用环节要特别注意。

⑥ 防爆设计。化学品的爆炸需要三个基本条件：易燃易爆化学品、氧和点火源。防爆设计只能是从阻断爆炸的基本条件出发，设计防止爆炸的措施。

防泄漏设计。如果危险品化学品物料不发生泄漏，也就不会发生危险化学品的爆炸、火灾和中毒事故。因此为了防止爆炸事故的发生，化工过程设备管道的防爆设计十分重要，体现在设备管道的材质选择、壁厚的确定、防止腐蚀的措施、管道尽量焊接以减少泄漏点、法兰垫片的选择、动设备密封形式的确定等方面。

内浮顶罐储存和氮气保护设计。一些易挥发化学品易燃易爆，为了防止这类化学品挥发达到爆炸极限，原来常把这些化学品储存设施设计为带有氮气保护的常压储罐，近年来为了确保安全改为内浮顶罐设计，有的为了防止浮顶密封损坏时发生事故，在浮顶罐上也增设氮气保护。

设计氮气置换设施。化工装置开车时，为了防止易燃易爆化学品与空气混合，在装置引进化学品时，首先用氮气将设备管道内部的氧含量置换到化学品爆炸下限的 25% 以下。同样，装置停车倒空后也要用氮气将系统置换到化学品爆炸下限的 25% 以下。

电气防爆设计。在化工厂防爆区内，为了防止存在可燃气体爆炸的点火源，根据区域涉及化学品的危险特性不同，所有的电气、仪表设备和检修电源都分别设计为隔爆型、增安型或本安型。化工厂禁止穿钉子鞋、易产生静电的化纤衣物，防爆区内禁止使用铁制工具等都是基于防爆要求。

静电防护设计。一些易燃化学品、高分子树脂的电导率较低，在输送过程中容易产生静电并积累，如果不及时导出容易发生事故。因此易燃化学品、高分子树脂粉末输送管线及储存设施必须设计良好的法兰静电跨接和导地系统。特别强调的是，易燃液体内浮顶罐要设置投用限流措施。

易燃化学品罐区围堰和隔堤设计。易燃化学品储罐区设计围堰是为了万一发生储罐泄漏，将泄漏的危险化学品围挡在围堰内防止四处蔓延，且有利于回收保护环境，在发生火灾时防止产生流淌火使事故扩大。我国的有关设计标准规定 4 个或 6 个储罐设置一围堰，根据近年来化学品罐区事故教训，原国家安监总局发文要求，在原有围堰中增设隔堤，做到一罐一隔堤，隔堤高度适当低于围堰高度，这样既没有降低围堰的安全功能，又在罐发生泄漏、火灾时，第一时间将事故罐与围堰内的其他罐有效隔离。

（3）从加强管理的角度控制风险

在保护层分析时管理措施不能单独作为一层保护。但是有一些风险很难靠设计一些设备设施来管控，例如动火、进入受限空间作业以及承包商、变更等方面的风险。同时，独立保护层的作用发挥也必须靠管理制度、程序来保障。因此对于个人风险、作业风险、管理风险等还必须靠管理制度来管控。要通过不断完善制度、标准、程序，加强有关人员的安全教育和培训，加强对制度执行的监督和考核，确保管理控制在风险管控中发挥应有的作用。

（4）剩余风险管理

剩余风险是指考虑装置现有的预防性措施和减缓性措施后，对初始风险削减后的风险。

对于经过初始风险评价后，需要进行剩余风险评价的风险，一般采用保护层分析（LOPA）方法开展剩余风险评价。

10.5.5 风险监控和隐患排查

根据风险管控清单，逐一制定风险管控措施后，管控措施是否有效实施就成了管控风险、预防事故的关键。

DNV GL公司国际安全评级系统（ISRS）把风险管理分为风险评价、风险控制、风险监控三个管理要素考评，三个要素在整个评估体系15个要素中考核占比28%，其中"风险监控"要素主要考察企业风险管控措施的落实情况，在评估体系中占比7%。

根据"风险未能识别或管控措施不到位是隐患"的定义，隐患排查的工作目标有两个：一是排查未识别的风险，二是排查已识别风险的管控措施是否到位。因此风险监控的管理功能与隐患排查中的"排查风险管控措施是否到位"是基本一致的。

组织开展"隐患排查治理"是我国安全生产工作的重要特点，在防范遏制事故工作中发挥巨大作用。隐患治理的前提是排查发现。因此，化工企业要高度重视隐患排查工作，把隐患排查作为风险管理的重要一环认真做实做细。

10.5.5.1 排查未发现的风险

未发现的风险是更大的隐患！一段时间以来，大部分企业的隐患排查工作浮于表面，仅排查出一些管理不到位的问题，隐患排查深入不下去的问题十分突出。坦率地讲，在企业完成初始风险识别后，能够通过隐患排查及时发现未被识别的风险，确实对企业安全生产管理能力是一种考验。

如何在完成原始风险识别的基础上，排查未被识别的风险，目前尚没有教科书或资料可以借鉴，编者根据多年工作经验和研究思考，提出以下建议：

（1）从事故教训中排查未识别的风险。事故是风险最好的镜子！发生事故就意味着存在未识别的风险或已识别风险管控措施存在不到位的问题。本企业发生安全事故，证明企业自身肯定存在未识别的风险或管控风险的措施有没到位的问题。在制定整改措施时，一定要分析有没有未识别的风险。对同行业、同类企业发生安全事故，企业一定要高度重视，认真分析、研究事故中暴露出的突出问题，排查企业自身有没有未识别的类似风险？管控风险的措施是否有不到位的地方？同时要举一反三，认真排查事故暴露出的同类问题和深层次问题。

（2）从分析企业的安全事件中排查未识别的风险。安全事件一般是指出现了安全生产的险情但尚未造成伤害后果的未遂安全事故。安全生产的实践证明，连续发生安全事件往往是企业发生事故的征兆。近年来一些企业发生重大事故前，往往多次发生安全事件而没有重视，因此必须高度重视安全事件的调查和处理。企业发生安全事件，在尚未造成严重后果的情况下，企业要鼓励涉事员工把事件的真相讲出来，这种情况下当事人讲明事实真相的顾虑也比较小。通过了解安全事件真相，排查有没有未识别的风险，检查已有风险防控措施是否到位，将事故消灭在萌芽状态。

（3）从持续开展危险与可操作性（HAZOP）分析中排查未识别的风险。企业对化工装置安全的风险认识是一个不断深化的过程，因此国外知名化工公司一般要求，化工装置每三年必须全面进行一次危险与可操作性分析，发生变更、安全事件和事故后要及时组织开展危险与可操作性分析。我国化工企业开展危险与可操作性分析起步较晚，分析的深度和质量还有待于进一步提高，吸收有经验的操作人员参加，适当多组织开展危险与可操作性分析，既可以帮助操作人员更好地理解操作原理，增强操作人员遵守操作规程的自觉性、主动性，也可以发现平时管理人员不能遇见（例如中班、夜班）的异常工况，排查有没有未识别的风险。

（4）从变更管理中排查未识别的风险。变更给化工生产带来风险大家已形成共识。化工企业的工艺、设备、仪表、原辅材料、生产组织、重大人员等各种变更，在变更管理时都要做变更风险识别，及时发现变更带来的风险。

（5）从有关法规、标准和政府部门的新要求中排查未识别的风险。国家有关法规标准中对安全生产的内容进行修订，意味着发生了与相关内容有关的安全事故。政府有关部门特别是负有安全生产监管职责部门的事故通报、有关文件，大都基于发生事故的问题导向，都是对有关事故的整改措施的要求。企业要认真对待国家有关法规标准的修订内容和政府部门的有关文件。要设法搞清楚法规标准安全生产内容修订的背景，认真识别政府部门有关文件中涉及自身企业的内容，及时识别未能识别的风险。

（6）从开展全员安全生产合理化建议中排查未识别的风险。开展全员安全生产合理化建议活动，是中外化工企业做好安全生产工作的一种有效做法。动员企业所有员工特别是操作人员，把自己发现的涉及安全的异常情况、自己的思考和工作建议积极主动地讲出来，从企业员工安全生产合理化建议中，识别有没有未识别的风险。

及时发现、识别未识别的风险，是对企业安全生产管理能力的一种考验，需要高度重视、持续开展、不断提高能力水平。识别新风险的路径也需要不断探索、完善。安全生产是伴随企业一生的工作，只要找准目标、不断完善工作措施，持之以恒，就一定会探索出一条及时发现新风险的有效途径。

10.5.5.2　排查已识别风险的管控措施是否到位

隐患排查治理是我国安全生产独有的工作措施，在推动我国安全生产形势持续稳定好转方面发挥了重要作用。但在各地安全生产监督检查中发现，一些企业隐患排查治理不认真、敷衍应付的问题还比较突出，一方面隐患排查聚焦风险管控措施不够，另一方面工作方法不够科学。如何将风险监控和隐患排查工作有机结合，编者认为可以从以下几个方面入手，做实做细隐患排查工作，促进风险监控工作切实落到实处。

（1）制定和完善管控风险的措施清单

既然隐患排查工作的两大任务之一，是核查已识别风险的管控措施是否落实到位，就必须首先将风险管控措施汇总整理成检查清单。隐患排查时照单核查，防止项目遗漏和检查的随意性，把安全生产存在的一般管理问题与安全生产的隐患（风险管控措施不到位）区别开来，使排查更好地聚焦发现风险管控方面存在的问题。

（2）明确排查责任和周期

明确了排查内容后，就要进一步明确排查责任和排查周期。

① 明确排查责任。工作落实，明确责任是关键。要根据风险分级管控的要求，明确企业内各级管理职能单位(集团级、公司级、厂级、装置及班组)所负责的风险管控措施，并将其责任明确到岗位。

② 明确排查周期。要根据风险管控措施的特点，结合岗位巡检、装置工程技术人员和负责人每日巡查、装置周检(每周的岗位责任制检查)、厂级月检、公司季检和工艺、设备、仪表、循环水等专业检查，以及春、夏、秋、冬季节性检查，确定每个风险管控措施的排查周期。连续变化的管控措施，例如对于运行装置的工艺、设备参数，必须由控制室内操作人员会同现场操作人员连续不断地监控；相对稳定的风险管控措施可以适当增大排查周期，例如安全阀的失效问题，按照国家有关规定，每年排查一次即可。

（3）抓好排查出问题的整改

对排查出的隐患要根据"五定原则"尽快整改。传统的"五定"即：

① "定人员"：定整改和验收人员，即要明确谁负责整改、谁负责验收，值得注意的是，整改负责人和验收负责人不能是同一人。

② "定时间"：定整改和验收时间，即整改需要多长时间，何时验收。

③ "定责任"：定整改责任人，即谁整改谁负责，谁验收谁负责。

④ "定标准"：定整改标准，即整改要达到什么样的标准要求。

⑤ "定措施"：定整改措施，即怎样整改，经验收达不到要求对责任人(单位)如何进行处罚。

编者认为：在传统的"五定"基础上，还要增加"第六定"，即不能立即整改的隐患，要定监护措施和责任人。

（4）对排查出的隐患要"举一反三"

这些年来，隐患排查治理工作一直强调要"举一反三"，但真正做到不容易，一些企业发生同类事故就是典型例证。企业对排查出的隐患，要认真分析管理方面存在的责任不清、缺乏工作标准、检查频次不够、监督考核没有跟上等问题，从管理方面找原因，查找是否存在类似的隐患，对发现的重大隐患，要组织有关人员开展"头脑风暴"，发挥群策群力的作用，切实做到举一反三。

10.5.6 构建双重预防机制，持续提升风险管理水平

化工生产是动态的，所以化工生产的风险也是动态的。因此要持续加强风险管理工作。一方面要持续强化对风险的认识，不断完善管控措施。另一方面要及时识别新的风险。风险管理工作，经验积累非常重要，一些设备设施失效风险的识别也需要数据的积累。化工装置原始风险识别固然重要，风险的管控和监控以及新的风险及时发现、识别同样重要。化工企业要牢固树立风险意识，认真贯彻落实《中共中央国务院关于推进安全生产领域改革发展的意见》和2021年修订的《安全生产法》，构建并不断完善风险分级管理和隐患排查治理双重预防机制，不断积累风险识别、管控和监控的经验，全面持续提升企业风险管理水平。

第 11 章
安全规划与设计

11.1 概述

化工装置(包括危险化学品设施,下同)的科学、合理选址和安全设计,是化工装置实现本质安全最重要的阶段和途径。因此,化工装置的安全生产工作必须从规划和设计开始。

化工装置安全规划与设计,最基本的要求是符合有关法律法规和相关的规划和设计标准。标准是安全生产经验和事故教训的升华,具有相对的稳定性,因而是相对滞后的。化工安全规划与设计的目的是要保证装置的安全、平稳运行,设计必须体现化工安全生产最新的经验、吸取最近发生事故的教训,因此规划与设计工作仅仅满足规划与设计标准是不够的。同时化工生产既需要基本原理的指导,也需要丰富的实践经验支撑。一个科学、合理、安全的化工装置设计,往往需要设计人员和有经验的生产人员的紧密配合才能实现。

我国原来化工设计标准是相关部委管理。1998 年国家机关改革、行业部委撤并后,目前是由行业协会组织、相关企业和单位承担标准维护和参加制(修)订工作,国家有关部委(住房和城乡建设部)负责审批。因此从"大化工"概念上来讲,化工安全设计涉及化工(HG)、石化(SH)、石油(SY)、化纤、医药、轻工等多个行业标准,冶金行业硫酸装置设计涉及冶金行业的设计标准。因此化工装置安全设计存在着标准的选用问题。标准的选用原则一看标准的适用范围,二要本着安全从严的原则。例如,许多企业化工厂设计防火间距确定时,在为是选用 GB 50016—2014《建筑设计防火规范(2018 年版)》还是要选用 GB 50160—2008《石油化工企业设计防火标准(2018 年版)》纠结,其实只要本着上述两条原则,不难作出选择。因为 GB 50016—2014《建筑设计防火规范(2018 年版)》中的防火间距,只考虑热辐射和消防救援便利(消防通道)的因素,而 GB 50160—2008《石油化工企业设计防火标准(2018 年版)》中的防火间距是部分考虑了可燃气体爆炸的影响,因此在只有火灾风险的场所可以根据 GB 50016—2014《建筑设计防火规范(2018 年版)》标准确定防火间距,而在存在可燃气体爆炸风险的场所,则应该根据 GB 50160—2008《石油化工企业设计防火标准(2018 年版)》设计防火间距。

11.2 化工装置(厂)规划、设计的特点

化工生产处理的物料性质、工艺条件、技术要求都有其特殊性,因此化工装置(厂)的安全规划、设计工作也有其特点。

(1) 安全要求高。化工生产的操作条件多在高温、高压或低温、真空下连续进行,处理的物料多具有易燃易爆、有毒和腐蚀性,且化学反应中副产物较多。生产过程设计对工艺条件的选择、设备设施材料、自动化控制和安全仪表系统的选用、设备防腐和分离方法都提出了更高的安全技术要求。

(2) 政策性强。由于涉及企业员工安全和社会安全问题,化工规划、设计工作的整个过程都必须遵循国家的有关法规、标准和方针政策。化工装置规划设计时,要从我国国情出发,综合考虑确保安全生产、充分利用人力和物力资源、保护环境不被污染、保障良好的操作条件、减轻工人的劳动强度等因素。

(3) 经济性要求。化工生产过程大都较为复杂,所需原材料种类多,能量消耗大,因而基建费用高。对此,化工规划、设计要有经济观点,在工厂选址、确定生产方法、设备选型、装置布置、管道布置时都要认真进行技术经济分析,重视经济效果,在保证安全的前提下,达到技术上先进、经济上合理。

(4) 综合性强。化工规划、设计内容涉及面广,尤其对大型化工企业的生产过程更显示出化工规划、设计综合性强的特点。一般情况,一个化工工程项目的设计包括总图、工艺、设备、机械、自控、电气、运输、土建、采暖、给排水、"三废"处理及技术经济等多种专业。为了完成此项设计,要求各专业之间紧密合作,协同配合,其中化工工艺设计贯穿全过程,并组织协调各专业设计工作,发挥主导作用。

作为化工规划、设计工作者,要想使规划、设计体现上述特点,必须具有扎实的理论基础,丰富的实践经验,熟练的专业技能和运用电子计算机、模型设计等先进设计手段的能力,只有这样才有可能做出高质量的化工设计。

11.3 化工行业布局和化工厂选址

11.3.1 化工行业布局

化工行业是重要的基础工业和国民经济的支柱产业,具有投资大、规模大、产值高、产业链长的特点,对地区经济的带动效应明显。但一个地区是否适合发展化工产业,要受到一些制约因素的限制。

(1) 靠近原料产地或产品目标市场,交通便利。化工生产原料、产品数量"大进大出"、运输量大。化工厂建在原料产地或靠近产品目标市场的地方,可以大大减少运输成本,增强企业的市场竞争力。过去许多化工企业都选址在靠近大江大河地方和海岸线附近,就是因为水路运输在各类运输方式中成本是最低的。当前我国对环境保护的要求越来越高,在大江大河附近建设化工企业要充分考虑国家有关环境保护的特殊要求。

（2）有充足的电力供应和较低的能源成本。化工是耗电耗能大户，同时对连续安全供电要求高。因此化工企业选址要充分考虑大量电能的可靠供给。化工生产除大量消耗电能外，一部分化工装置同时需要消耗大量的煤炭、天然气等其他能源，这在选址时也要考虑周全。

（3）靠近充足的水源供给地。部分化工生产工艺反复加热冷却，冷却水需要量大，确保充足的冷却水量，也是化工安全生产的特殊要求，有些放热反应体系一旦失去冷却，会发生严重的安全事故。因此化工厂一般建在靠近有充足水资源的地方。

（4）应基于 GB 36894—2018《危险化学品生产装置和储存设施风险标准》和 GB/T 37243—2019《危险化学品生产装置和储存设施外部安全防护距离确定方法》确定企业外部安全防护距离，保证企业与外部敏感目标的间距符合标准要求。

（5）有良好的管理人才和产业人力资源保障。化工生产技术含量高、专业性强，涉及工艺、设备、电气、仪表及公用工程多个专业，其安全、平稳生产对企业管理水平和员工操作水平要求高。如果一个地方不是化工传统产区、没有化工生产管理人才和充足产业工人支撑，要做到安全生产是十分困难的。近年来江苏苏北地区连续发生化工重特大事故就具有典型的代表性。当然这并不是说非化工传统产区不能发展化工产业，只是要求新建化工产业地区在发展化工产业一开始，就要高度重视化工管理特别是化工安全管理人才的引进和培养，同时做好化工产业工人的引进和培养工作。

11.3.2 化工厂选址

11.3.2.1 有关法规标准规定

对化工厂（通常是危险化学品生产装置）的选址，可参照《危险化学品安全管理条例》第十九条规定，与下列场所、设施、区域的距离应当符合国家有关规定：

（1）居住区以及商业中心、公园等人员密集场所；

（2）学校、医院、影剧院、体育场（馆）等公共设施；

（3）饮用水源、水厂以及水源保护区；

（4）车站、码头、机场以及通信干线、通信枢纽、铁路线路、道路交通干线、水路交通干线、地铁风亭以及地铁站出入口；

（5）基本农田保护区、基本草原、畜禽遗传资源保护区、畜禽规模化养殖场（养殖小区）、渔业水域以及种子、种畜禽、水产苗种生产基地；

（6）河流、湖泊、风景名胜区、自然保护区；

（7）军事禁区、军事管理区；

（8）法律、行政法规规定的其他场所、设施、区域。

11.3.2.2 考虑安全生产的其他方面要求

（1）化工厂的选址应当避开地震活动断层和容易发生洪灾、地质灾害的区域。

（2）散发有害物质的化工厂址，应位于城镇、相邻工业企业和居住区全年最小频率风向的上风侧，不应位于窝风地段，并应满足有关防护距离的要求。

（3）化工厂址应位于不受潮水或内涝威胁的地带，当厂址选在不可避免受潮水或内涝威胁的地带时，必须采取防洪、排涝措施。

（4）化工厂的选址应当避开矿区的坍陷区和爆破危险区。

11.4　化工厂的安全布局

化工厂布置设计是装置设计的重要组成部分，涉及土地利用的合理性、投资和运行费用的经济性、生产的可操作性、检维修和救援作业的方便性、与环境及相邻设施的协调性以及保证安全。因此，化工厂布置设计向来都是装置安全评审检查的重点。

化工厂布置设计的任务是确保工艺过程顺利实施，确保国家安全技术方面的法律、法规和标准得到贯彻，协调好与当地自然条件、周边设施、相关专业的关系，以实现合理、安全、经济的确定界区内设备、设施的坐标和标高。对于老厂改扩建项目，还要搞清界区内地上、地下情况。

11.4.1　化工厂安全布置的一般要求

工艺装置通常是由多个相互关联的工艺单元组合而成，各工艺单元又由一个或若干操作单元组成。同一操作单元的设备应靠近布置，同一工艺单元的设备则应集中布置；工艺单元间应做到流程顺畅、布局紧凑、物流距离短，而后根据安全要求、工艺要求、控制要求、检修和操作要求，调整、确定设备相互之间的位置和距离。

化工厂布置常采用以管桥(管廊)为中心的长方形或多个长方形组合的方式，利用管桥两侧按流程顺序布置设备和设施。这不仅使流程顺、管路短、用地少、投资省、运行费用低，还可以利用环厂区道路和厂内贯穿式道路进行设备的安装和检修，事故时方便消防等救援车辆抵近作业，提高效率。若管桥上布置设备，应考虑其吊装检修场地。

安全技术法规和标准都是基于对潜在危险、事故频率、灾害影响和救援方法综合分析、吸取以往经验教训、按照"安全第一，预防为主"原则制订。政府有关法规、强制性标准的规定和要求具有强制性、针对性和严肃性，任何违反其规定和降低要求都会增加风险、增大发生事故的可能性。

11.4.2　满足工艺对设备布置的要求

化工厂布置设计是为工艺目的服务、为装置生产平稳安全运行服务。化工厂布置设计要满足工艺设计的下列要求：

（1）泵的净灌注高度要求，这是泵平稳安全运行的重要条件；

（2）相关设备间的位差要求，设备间的重力流靠位差提供动力；

（3）严格控制温度降和压力降，避免副反应的设备应靠近布置；

（4）易凝易堵的设备要靠近布置，如硫回收装置中的很多设备，硫冷凝器还要求有坡度；

（5）为实现控制目的，塔顶压力调节的热旁路控制中，塔顶冷凝器低于回流罐安装。调节冷凝油管方案中，冷凝器应布置在回流罐上方。

当工艺要求与其他专业要求不同或抵触时，必须二者兼顾，不可顾此失彼。

11.4.3　露天和半敞开式布置

化工生产过程中有害气体和蒸气泄漏是火灾、爆炸、中毒事故的主要原因，设备的露天和半敞开式布置可利用大气自然对流，使其迅速扩散，减少在装置局部的集聚和滞留时间，有利于防止装置区形成爆炸性混合气体和有毒气体浓度的超标。

由于工艺特殊要求、化工物料的危险特性或环境条件的限制，也可将可能散发有害物质的设备布置在封闭式厂房内，并设置机械通风、回收设施（例如氯气要求相对密闭储存），机械通风外排时其空气流量应使有害气体、蒸气或可燃悬浮物很快稀释到爆炸下限的 25% 以下，或有毒气体（蒸气）降到最高允许浓度的 30% 以下。值得强调的是，封闭式厂房即使设有机械通风，其扩散效果也不如敞开式结构。

11.4.4　考虑地区风向和场地条件

控制室、机柜间、变配电室、办公室、化验室等可能有明火、电气火花或有其他点火源，应布置在可燃气体、液态烃、易燃液体和有毒气体设备的全年最小频率风向的下风侧，以避免和减少这些建筑因风向而引发的火灾、爆炸和中毒事件。

当地形受到限制、工厂分阶梯布置时，应将控制室、机柜间、变配电室、化验室等布置在较高的位置。重型、振动设备应选择土质均匀、承载力较好的地段布置。

11.4.5　同类危险性设备分区集中布置

化工装置的主要危险是火灾、爆炸、中毒、污染和腐蚀，采取缩小危险区范围、危险区集中布置有利于加强管理，方便采取针对性的警示、报警防护和救援措施，以减少或防止事故，控制事故影响程度和范围，降低事故等级、减轻人员伤害。

11.4.6　联合装置和联合布置

联合装置是指由两个或两个以上独立装置集中紧凑布置，且装置间直接进料，无供大修设置的中间原料储罐，其开工或停工检修等均同步进行，视为一套装置。联合装置的提出对推动工厂设计模式改革、节约投资、减少占地、降低人工成本、提高企业管理水平和经济效益起了积极作用。

联合装置视同一个装置，设备、建筑物的防火间距按相邻设备、建筑物的防火间距确定，生产时相互干扰大，发生火灾爆炸事故时损失大。

联合布置则是指装置和（或）联合装置和（或）辅助生产设施各自按独立单元布置在一个大区内，彼此间按装置（单元）确定安全间距，其特点是生产时彼此干扰少，发生火灾爆炸事故时损失和影响相对小。

11.4.7　道路和通道

化工装置道路主要有两个方面的功能，一是供检修机动车辆和紧急救援车辆行驶作业，二是作为事故情况和分区检修的隔离带。因此，除路面宽度和净空高度有要求外，还要求装置内道路贯通，且至少应有两个出入口与环装置道路连通，以方便车辆进出。用道路分割的设备、建筑物区块面积一般不要超过10000m²，以避免出现消防死区。

装置通道日常供巡检、操作和维修人员通行，事故时是人员安全撤离的疏散口。为此，可燃气体、液化烃、可燃液体塔区平台、框架平台应设置通往地面的梯子作为安全疏散通道。相邻的框架平台尽量用过桥连通，平台的死胡同段不应超过6m，通到地面的梯子应能直接通向安全场所。

11.4.8 竖向和铺砌

装置界区内地坪竖向和雨排系统的设计应有利于泄漏的可燃液体和事故时消防水顺利排出装置区，减少其在装置内的滞留时间，避免扩大扩散范围，以防止可燃液体、污染的消防水四处流淌，甚至引发次生灾害。

装置竖向最好以主管桥为中心向两侧面坡，这样泄漏物流往排水沟行程最短，横流可能性也小。装置阶梯式布置时，各阶梯间应设截流沟，以防止泄漏的可燃液体向低处阶梯漫流。

装置地面铺砌分为人行铺砌和车行铺砌。装置界区内只要机动车可能抵达的地方都做成车行铺砌，这样机动车辆行动时就不必担心压塌路面问题，而且泄漏物污染土地的程度也会得到减轻。

11.4.9 控制室、办公室及化验室的布置

GB 50160—2008《石油化工企业设计防火标准(2018年版)》提倡将控制室、办公室及化验室布置在装置外，并宜全厂性或区域性统一设置。其主要优点是土地好利用、管理集中、安全、工作环境好。当控制室、办公室、化验室在装置内布置时，应布置在装置一侧、爆炸危险区之外，且位于可燃气体液化烃和易燃液体设备的全年最小频率风向的下风侧。布置在附加二区［GB 50058—2014《爆炸危险环境电力装置设计规范》第3.3.1条的第3款规定：当高挥发性液体(是指在37.8℃的条件下，蒸气绝压超过276kPa的液体，这些液体包括丁烷、乙烷、乙烯、丙烷、丙烯等液体，液化天然气，天然气凝液及它们的混合物)可能大量释放并扩散到15m以外时，应划分为附加二区］时，控制室、机柜室、办公室及化验室的室内地坪应高出所在室外地坪不小于0.6m；控制室、机柜室间朝向火灾危险侧的外墙应是无门窗洞口、耐火极限不小于3h的实体墙。

控制室、机柜间、化验室及办公室不得与可燃气体、液化烃、易燃液体设备布置在同一建筑物内。

11.4.10 安全补偿措施

工程建设必须遵守安全技术法规和强制性标准，降低这些要求，就可能增加发生事故的风险。新厂建设无疑都应该按现行法规和标准执行。老厂改扩建，若装置内设备、设施间安全间距不足，或是装置与相邻装置设施之间安全间距不够，应调整布置或采取补偿措施，进行风险分析和评估，并应得到政府主管部门的认可。

装置布置是一项政策性、技术性、经济性和协调性较强的综合设计工作，往往要随着

设计进程而不断完善，经过几个版本的反复优化，以实现装置布置设计实用、安全、经济的目的。

化工厂的布局要满足行业有关标准的要求，同时要特别注意以下安全问题：

（1）具有爆炸、中毒风险的化工厂内不得建有职工宿舍（包括倒班宿舍）。

（2）不得在四面环有化工装置的中间位置布置中央控制室，具有爆炸风险化工装置的控制室必须采用防爆设计。

（3）考虑到职业健康问题，装置化验室不要与办公楼分楼层设在同一座楼内，尤其不能出现下层是化验室、上层是装置办公室的情况。

（4）化工装置区内尽量不设外操室。

（5）化工装置的罐区尽量不要布置在装置的高处，否则要充分考虑罐区发生事故时产生流淌火的防范措施；比空气重的可燃液化气体或有毒气体球罐不得布置在高处，防止发生泄漏时，泄漏气体向低处扩散，造成低处设施或区域内的人员受到损害。

（6）深刻吸取河北张家口某公司"11·28"重大事故教训，充分考虑氯乙烯等有毒、密度比空气大的气体泄漏后的安全防护问题。

（7）深刻吸取福建漳州某公司"4·6"爆炸事故教训，具有爆炸风险的生产装置区应避免与易燃易爆有毒的化学品储罐区平行布置。

（8）泵区、特别是轻烃和高温油泵不要布置在化工物料管廊和空冷器下方。

（9）空冷器不要布置在化工物料管廊上方。

（10）运输物料、产品车辆不得穿越化工生产装置区。

（11）罐区管廊的布置要充分考虑罐区消防的需要。

（12）易燃易爆化学品储罐区电缆设计要充分考虑火灾情况下的安全问题，罐区围堰内部分应埋地敷设，避免火灾时仪表控制及动力电缆损坏，导致储罐操作参数无法检测、用电设备设施失去动力。

（13）严格设计爆炸品（硝化物、过氧化物等，例如硝酸铵）储存场所安全防护措施，充分考虑爆炸品储存场所周边人员可能集聚的情况，设计足够的安全距离。

（14）涉及重点工艺和易燃易爆有毒化学品的精细化工、化工制药单栋生产装置厂房内要尽量减少人员。

11.5　化工装置安全设计的一般原则

化工装置生产的安全性取决于装置的工艺技术、装备技术、自动控制技术、应急处置能力和科学管理水平。化工生产装置安全的核心是过程安全控制，过程安全的关键和基础是工艺设计的内在安全性和设备设施的基础安全性，二者共同构成化工生产装置的本质安全性。内在安全性是指当系统出现不能接受的偏离时，仍能维持在一种安全的状况。基础安全性是指设备设施在可预见的苛刻工况下，设备设施是安全可靠的。

化工装置由于原材料、中间产品、产品大部分为危险化学品，其生产过程存在潜在的危险性和过程条件的苛刻性，要实现真正意义上的内在安全性是困难的，但尽量追求较高的内在安全性则是安全设计可以和必须实现的。相对较高的内在安全性工艺设计要求主要反映在以下方面：①物料潜在的危险性较低；②过程危险物料的用量和存储量最小化；③操作条件较为缓和；④过程产生的有害废料较少。

工艺安全设计贯穿装置设计的全过程，但最重要的莫过于初始阶段工艺技术方案选择。虽说在以后的工程设计和生产实践中可以改造和进一步完善，但必然受到成本因素的制约。

（1）采用危险性较低的原材料

化工原材料（大部分是危险化学品）是装置加工的主要对象，工艺技术本质上是通过化工过程对原材料进行加工转换，以获取目的产品。这种转换过程，无论是物理危险性还是化学危险性，过程的危险性都直接与物料（危险化学品）的危险特性有关。

采用低危险性物料降低生产过程的风险程度主要体现在以下几个方面：①采用低可燃性、低毒性、低活性原材料；②采用溶液代替溶剂；③用低浓度酸代替高浓度酸（如硫酸代替发烟硫酸）；④用低浓度、湿基原材料代替高浓度、干原材料等。

（2）危险物料的用量和存储量最小化

化工厂事故的后果严重性和影响范围，往往与事故现场危险物料的储存量直接相关。减少危险物料在线量可以有效降低事故的后果和等级。

工艺设计应该考虑在保证装置平稳运行的前提下，将装置内危险性物料的存储量最小化，过程设备尺寸裕量合理和积液量最小化，生产过程中间储罐数量最小化和中间产品数量最小化等。

尽量采用连续反应操作。连续反应系统除了具有产品质量稳定、易于采用先进控制技术的优点外，最重要的优势是在同样的生产能力前提下，设备内物料的存量更少。

工艺设计中采用高效设备。如可以考虑采用以下技术：①用管式反应器代替釜式反应器；②用膜式蒸馏代替连续蒸馏；③用热虹吸重沸器代替釜式重沸器；④用填料塔代替板式塔；⑤用在线混合代替罐式混合。

（3）缓和生产条件

化工生产条件越苛刻，过程物料积蓄的能量和风险（热能、势能、化学能）越大。一旦设备、管道防护失效或过程失控，巨大的能量释放将引发严重安全事故。因此，降低生产过程条件的苛刻度，将有利于提高化工装置的本质安全性。

化工工艺技术的改进和发展，以及各种新型高效催化剂的研发和应用，不仅使反应过程提高选择性，减少副反应，抑制和减少有害的反应，而且可以降低反应温度、压力，使生产条件变得相对缓和。

缓和反应过程条件可以有很多方法，诸如：①选择新型高效催化剂；②增设反应控制剂注入设施；③改进反应器取热或注入冷剂系统；④优化反应进料方式；⑤加入稀释剂或注入惰性气体；⑥加入易挥发性物料等。

（4）减少有害废料的排放

化工企业有害废料的排放属于环境保护的工作范畴，但与安全生产密切相关，造成78人死亡的江苏响水"3·21"特别重大爆炸事故就是典型案例。尽最大可能减少有害废料的排放，不断提升化工清洁生产水平，必须从工艺技术源头抓起，做到既能安全生产又尽可能保护环境。

首先，工艺路线选择上应优先采用低毒低污染等环境友好型原材料、不产生或少产生有害废料的工艺技术路线，以便从根本上减少"三废"的排放。

其次，对生产化学反应过程机理深入进行分析，优化反应条件和原辅料的配比和纯度，促进主反应、抑制副反应，用控制过程条件减少"三废"物质。

对不可避免要产生的有害废料，实行综合利用或无害化处理。如含硫污水汽提氨精制，把污水中的硫化氢固定在脱硫剂上，得到工业用氨；烟气脱硫除尘减轻微尘、硫化物对大气的污染；氧化沥青生产的尾气焚烧，将极度危害的致癌物质苯并芘烧掉等。

加强化工装置现场管理，严格控制生产装置"跑冒滴漏"一举多得，既降低了装置消耗、提升装置效益，又减少了"三废"排放量，同时又有利于安全生产和职业健康。

新修订的 AQ/T 3033—2022《化工建设项目安全设计管理导则》，对设计安全要点进行列表示例，见表 11-1。

表 11-1　安全设计要点（示例）

序号	安全设计要点
1	选用工艺先进的技术路线，少用或不用高危险化学品，减少现场危化品储量，降低操作压力、温度等工艺操作条件，最大化实现工艺过程本质安全性
2	尽可能减少设备密封、法兰连接及管道连接等易泄漏点。在设备和管线的排放口、采样口等排放阀设计时，可采取加装盲板、双阀等措施，降低泄漏的可能性
3	重点监控工艺及部位的设备选型应严格按照标准规范要求选择，并考虑必要的操作裕度和弹性
4	存在极度危害及高度危害物质的工艺环节应采用密闭取样系统设计，有毒、可燃气体的泄压排放应采用密闭措施
5	合理选择密封配件及介质。动设备选择密封介质和密封件时，应综合考虑工艺要求、输送介质特性、密封面润滑和冷却等方面。对密封介质质量、流量、压力、温度等加以检测，对有害泄漏物应收集并送至安全场所处理。当输送极毒及高毒以上毒性介质、易燃介质、强腐蚀介质时，应优先选用零泄漏密封结构。对于易汽化介质可采用双端面或串联干气密封
6	根据规范要求设置储罐高低液位报警，采用超高液位自动联锁关闭储罐进料和超低液位自动联锁停止物料输送措施。联锁切断进出口物料时应考虑对上下游装置的影响
7	根据工艺过程和风险评价结果，确定安全仪表功能（SIF）和安全仪表系统（SIS）设计。通过仪表设备合理选择、结构约束（冗余容错）、检验测试周期以及诊断技术等手段，优化安全仪表功能设计，确保实现风险降低要求。合理确定安全仪表功能（或子系统）检验测试周期。当需要在线测试时，应设计在线测试手段与相关措施
8	重点监管的危险化工工艺应确定重点监控的工艺参数，装备和完善自动化控制系统，大型和高危化工装置要按照推荐的控制方案装备安全仪表系统
9	加强泄漏报警系统设计。在生产装置、储运、公用工程和其他可能发生有毒有害、易燃易爆物料泄漏的场所应安装气体监测报警系统，重点场所安装视频监控设备。现场应在高处或醒目位置设置独立的声光报警设施，并确保报警系统的准确可靠
10	对属于重大危险源的毒性气体、剧毒液体和易燃气体等重点设施，设置紧急切断装置。毒性气体设施设置泄漏物紧急处置装置。涉及毒性气体、液化气体、剧毒液体的一级或者二级重大危险源，配备独立的安全仪表系统（SIS）
11	对存在吸入性有毒、有害气体的重大危险源场所，应当按照国家有关标准配备便携式有毒气体浓度检测设备、空气呼吸器、化学防护服、堵漏器材等应急器材和设备
12	重大危险源罐区应实时监测风速、风向、环境温度等参数

序号	安全设计要点
13	办公楼、中央控制室、化验室等人员集中的建筑物应尽量布置在远离火灾、爆炸和毒气泄漏的安全场所，除了满足现行标准要求以外，可根据风险评价结果采取必要的加强安全防护措施
14	危险化学品长输管道应设置防泄漏、实时检测监控与数据采集系统(SCADA)及紧急切断设施
15	使用放射性同位素和射线装置的单位，应当严格按照国家关于个人剂量监测仪和健康管理的规定，对直接从事使用活动的工作人员进行个人剂量监测和职业健康检查，建立个人剂量档案和职业健康监护档案
16	使用、储存放射性同位素和射线装置的场所，应当按照国家有关规定设置明显的放射性标志，其入口处应当按照国家有关安全和防护标准的要求，设置安全和防护设施以及必要的防护安全联锁、报警装置或者工作信号
17	放射性同位素应当单独存放，不得与易燃、易爆、腐蚀性物品等一起存放，并指定专人负责保管
18	涉及爆炸性危险化学品(1.1类爆炸物)的生产装置控制室、交接班室不得布置在装置区内
19	涉及硝化、氯化、氟化、重氮化、过氧化工艺装置的上下游配套装置必须实现自动化控制
20	应针对精细化工不同的反应危险度等级，开展工艺设计及安全设施设计，危险度4级、5级的工艺过程，应开展工艺优化设计

11.6 化工装置工艺安全设计

在工艺路线和原辅材料的种类、数量确定后，装置运行的可靠性和安全性，主要取决于装置硬件设施的可靠性和工艺条件下由介质特性、操作参数、控制技术、操作和管理水平等构成的动态平衡系统。

化工装置生产在原料预处理、化学反应、精制分离过程中，物料性质和状态的变化和转换，无不受到操作参数和系统能量平衡的影响，操作参数的偏离和能量的失衡都可能导致危险状态，甚至发生安全事故。除仪表系统(一般是DCS)自动监测调控、工况异常报警和操作人员干预外，还可采取以下措施将系统恢复稳定到安全状态，如设置压力释放装置、设置反应抑制剂注入系统、注入急冷液系统等措施。若仍不能有效控制局面，还可以通过装备安全仪表系统(SIS)实施安全联锁和紧急停车措施(包括切断动力、切断进料或通过三通阀旁通、排放物料、通入惰性气体、加入反应控制剂、急冷等)，避免恶性事故发生。

对操作程序错误可能导致事故发生的情况，要有严格的程序控制措施，如为防止加热炉点火时炉膛意外出现燃气积聚而发生爆炸，长明灯与主燃料管线之间要设置联锁，长明灯点火前，通过控制系统限制主燃料切断阀打开，设置长明灯燃气压力过低报警，且通过控制系统限制主燃料切断阀打开。

危险物料容器液位以下主要出口管道在靠近设备处设切断阀，以备下游发生事故时切断危险源。高危险物料(如毒性程度为极度危害液体、工作温度高于标准沸点的高度危害液体、液化烃和操作温度等于或大于自燃点的可燃液体)设备液位以下主要出口管道上的紧急切断阀，应是带手动功能的遥控阀，并应按要求设置就地操作按钮。

需要不停工检修的设备，工艺流程上应配置接管切断阀，危险物料还应配置"8"字盲板、放空和排净、吹扫接管及检修后所需试压、充氮气等设施。

化工装置必须设置合理的氮气吹扫系统，一是作为活性物料的设备、储罐密封用，避免其变质或进入空气以至于发生危险；二是作为设备、管道开停工吹扫置换用。要特别注意防止其他气体倒窜入氮气系统。

化工装置工艺专业设计要满足行业有关标准的要求、体现化工安全操作的经验，根据近年来安全监管工作中发现的突出风险，还要特别重视以下问题：

（1）对于首次工业化的化工生产技术、引进人才带来的工艺技术，必须组织专家进行本质安全性评估或论证。

（2）开始设计前应当收集同类装置的事故情况，在设计过程中采取有效措施加以避免。

（3）初步设计完成后，要组织由设计负责人、设计人员、有实际生产管理和操作经验的人员，对初步设计进行 HAZOP 分析。

（4）有毒有害气体安全阀(爆破片、膜)排放口不得直接排入大气。

（5）吸取湖北当阳"8·11"高压蒸汽管道裂爆重大事故教训，高温高压、有毒有害物料管道不得穿越人员密集场所。

（6）吸取大连某石化公司"8·29"事故教训，对于内浮顶罐，要设计带有限流孔板的投用副线，以便新罐或旧罐检修后投用时，在浮盘未浮起前，能够实现进料流速限定在 1m/s 以下的要求。

（7）吸取大连某公司"7·16"输油管道爆炸泄漏特别重大事故教训，加强设计变更的风险管理。

（8）设计单位要将重要的设计意图向业主单位工程技术人员进行详细交底。

11.7 化工装置设备安全设计

设备是化工装置生产的基础，是安全生产的重要保障，化工设备的安全性对装置安全生产的意义重大。因此设备专业的安全设计非常重要。设备专业安全设计要在充分理解、满足工艺要求的前提下，通过科学、准确的设计，保证化工设备受压元件有足够的强度、刚度、稳定性、耐蚀性。设备外形尺寸和结构形式不仅取决于生产工艺要求，而且要考虑设备自身的安全稳定性，还要考虑设备制造工艺。设备结构材料的选择，除遵循规范强制性要求和特殊禁用规定外，还应考虑材料与过程介质的相容性、与工艺条件的适用性以及材料的可加工性。

设备寿命期内安全性的关键是设计的安全可靠性。化工设备设计(选型)的安全性关键在于：①设计条件的正确与充分；②结构设计的合理和实用；③结构材料的适用性和可加工性；④采购设备的质量和安全。

化工过程设备种类繁多，通常分为静设备、转动设备和明火加热设备三大类。

11.7.1 静设备的安全设计

GB/T 150—2011《压力容器》及相关规程、规范涵盖了压力容器的通用要求、材料选择、结构设计、制造和检验、安装维修和使用管理等方面的要求，这对压力容器全生命周期的安全都有影响。压力容器的设计准则与预期的失效模式相对应，综合考虑了失效模式、强度理论、设计方法、安全裕量设置和选材原则等，以防止压力容器在运行过程中失效。因此，正确理解并严格执行有关设计规范和规程是实现压力容器设计安全的可靠基础。

11.7.1.1　设计条件

（1）生产过程设备设计条件的确定，来自对反应操作、单元操作、物料特性及其潜在危险性的认识；对操作条件苛刻度的了解和预计；对必须的和需要考虑的负荷充分了解；对设备安装地区的地理和自然条件的掌握。

（2）在可预见的情况下，由于原料的改变、产品方案的调整、催化剂活性的衰减乃至自然灾害的考验，设备在设计寿命期内都应按最苛刻的条件考虑。

（3）对于盛装液化气体的固定式压力容器和固定式液化石油气常温储罐的最高工作压力，应按 TSG 21—2016《固定式压力容器安全技术监察规程》的相关规定执行。

（4）一般钢制压力容器的设计压力和设计温度可根据工艺提供资料参考 SH/T 3074—2018《石油化工钢制压力容器》确定。

11.7.1.2　结构设计

压力容器的结构设计包括设备本体结构和设备功能结构两部分。

（1）设备自身结构设计是设备本体安全的保障，设计要保证过程设备受压元件有足够的强度、刚度、稳定性、耐蚀性；焊接结构的合理性和可靠性，并根据焊接接头的形式和无损检测的数量确定其对强度的影响；选择合理的密封结构，确保设备操作运行中的严密性；保证设备支承结构与设备主体焊接接头的强度；此外，还包括采取措施以减少和消除设备加工、组装和焊接残余应力。

（2）过程设备无论是反应操作设备还是单元操作设备，都是为完成工艺过程某种规定的功能设置的。过程设备应能承受足够的工艺负荷，反应设备和单元操作设备都无一例外，这是装置平稳安全运行的条件。设备工艺负荷不仅决定于工艺参数的确定，而且涉及设备所具有的外形尺寸和结构形式。如蒸馏塔，其传质传热功能结构是塔板，根据系统物性和操作条件选择塔板类型和塔板间距，而后试算塔径并经流体力学计算检验确定。

11.7.1.3　材料选择

材料安全是设备安全的基础。设备结构材料的选择，除遵循强制性规范要求和特殊禁用规定外，还应考虑物料介质对材料的特殊要求与工艺条件的适用性以及材料的可加工性。

（1）受压金属元件的设计温度不应超过材料最高容许温度的上限值；当设备温度在0℃以下时，受压金属元件设计温度不应低于材料最低容许温度的下限值。

（2）金属材料与过程环境的相容性主要表现为材料的耐蚀性，除工艺系统采取措施外，选用耐蚀材料和设置腐蚀裕量是解决均匀腐蚀的一般途径。

（3）金属材料的可加工性主要指材料的可焊接性。焊接连接具有强度高、密封性好的特点。压力容器制作过程，焊接不仅工作量大，技术要求高，而且焊接质量好坏直接影响压力容器的安全运行和使用寿命。

11.7.2　转动设备的安全设计

化工机泵等转动设备设计（选型）的可靠性是装置安全生产的重要条件之一。流体输送机械和静设备相比，流体机械密封要求高、结构复杂、易损零部件多、设备故障率高、维修工作量大。为此，行业规范对机泵主机、驱动机、辅助设备等在设计、选型、选材和制造、检验试验、安装等做出了规定，还要特别强调，机泵性能必须满足并能在规定操作条件下连续安全运行，其使用寿命最少 20 年，且预期的不间断连续操作时间最少为 3 年。正确理解和执行标准规范是流体机械设计（选型）安全的保障。

（1）机泵工作点

机泵运行在最佳效率工作范围时，故障较少，可靠性最高，越是接近最佳效率点，运行越稳定，对保护轴承和机械密封及泵体、延长机泵使用寿命、提高效率都是有利的。

（2）机泵结构

泵和压缩机不同于一般静止的设备，其滑动和转动部件的摩擦是机泵使用寿命降低和发生故障的主要原因，机泵不平衡力和周期性变化则是机泵产生振动或脉动导致机器设备和管道疲劳失效的主要原因。往复压缩机适用中小气量，一般不调速，功率损失大，适用高压和超高压，性能曲线陡峭，气量不随压力变化而变化，排气不均匀，气流有脉动，绝热效率高，机组结构复杂，外形尺寸和质量大，易损件多，维修量大。而离心压缩机适用大中气量，气量调节通过调速实现，功率损失小，适用高、中、低压，性能曲线平坦，操作范围较宽，排气均匀，气流无脉动，体积小，质量小，连续运转周期长，运转可靠，易损件少，维修量小。

（3）机泵轴封

为避免和减少机泵输送的有害物质从机泵轴封处泄漏，造成对安全、健康和环境的影响，泵和压缩机都应采用适当的轴封措施。机泵轴封泄漏是化工厂泄漏的重点，输送有毒有害、液化轻烃、高温油品机泵的密封发生泄漏，往往引发严重事故，要高度重视。

① 离心泵机械密封

SH/T 3156—2019《石油化工离心泵和转子泵用轴封系统工程技术规范》中提出，在规定的工况下，不更换不维修易损件，密封及其系统连续运转周期应不小于 25000h；对密封配置方式按 API 682—2004《用于离心泵和回转泵的泵-轴封系统》可分为单面密封、无压双面密封和有压双面密封三种。当密封腔压力小于（或等于）密封泄漏压力设定值时，密封及其系统预期的连续运转周期不小于 25000h，当密封腔压力大于密封泄漏压力设定值时，应至少仍能连续运转 8h；在连续运行时，按 EPA 方法 21（determination of volatile organic compound leaks）测量时，每段密封泄漏物的体积分数应不超过 1000mL/m³，对机械密封失效监测，API 682—2002《用于离心泵和回转泵的泵-轴封系统》中有依据各种冲洗方案的双面密封通过监测缓冲罐的液位、压力来监测密封工作状况，判断是否失效的标准。

针对高温油泵密封泄漏导致着火事故，轴端密封应采用符合 SH/T 3156—2019《石油化工离心泵和转子泵用轴封系统工程技术规范》规定的串级或双端面波纹管机械密封，其背冷要采用脱盐水或压力不大于 0.3MPa 的蒸汽，严禁使用循环水或新鲜水对机械密封进行冷却。机械密封摩擦侧要求采用优质碳化钨和浸锑的石墨材料；波纹管材质要求选用 INCONEL718。

② 压缩机轴封

为防止易燃、有毒气体从压缩机轴封处泄漏，应严格其结构选用。工艺气体压缩机轴封采用液膜式结构最多，其原理是在密封环和轴间隙形成油膜防止气体泄漏。密封油系统包括密封油循环、冷却和高位油罐，密封油压力控制系统也较复杂。

11.7.3 明火加热设备的安全设计

化工装置用明火加热设备主要指在内衬耐火材料的钢制燃烧室内配置工艺管道系统的各式管式加热炉。特殊的工况决定着管式加热炉容易发生安全事故、甚至是恶性事故。为实现管式加热炉平稳安全运行，防止和减少火灾爆炸事故发生，管式加热炉的安全设计可从以下方面着手。

11.7.3.1 工艺系统

（1）管式加热炉工艺设计原则是应使传热量分布均匀，多管程加热炉应使各管程流体力学均匀进料管线和炉管应对称布置，使各管程物流量均匀（对气液两相流进料，因为仪表不能计量，阀门不能调节，这点尤其重要）。对非两相流进料，可在各程管路上设控制阀和计量设施。为检验各程物流受热状况，在各路炉管出口设温度检测仪表。并设置低流量报警和联锁装置，在流量低到某个值时紧急切断主燃料（非长明灯用燃料）的供应。

（2）加热炉辐射段和对流段炉管的任何部位最高内膜温度不应超过允许值。工艺设计根据被加热介质性质和经验确定炉管平均热强度，等于控制了炉管内膜温度。若平均热强度过高，炉管内膜温度上升，超过允许值会导致介质裂解，并在管内壁结焦。结焦的炉管传热不良，导致局部过热、过烧乃至炉管烧穿。

11.7.3.2 燃料供给系统

燃料的可靠平稳供给是加热炉安全运行的重要条件。加热炉用燃料主要是燃料油和燃料气，油气联合燃烧器的应用为油气合烧提供了条件。

（1）燃料油

燃料油中的硫、钒和碱土金属对炉管及支架的腐蚀有较大影响。硫燃烧转化为 SO_2，其中有部分 SO_2 进一步氧化成 SO_3，燃油中硫含量高，过剩空气越多，SO_3 转化率越大，在加热炉低温部位结露，发生激烈的硫酸腐蚀，称之为露点（低温）腐蚀。燃料油燃烧产生的油灰高温时成熔融状，附着在金属表面，再捕集烟气中的灰粉成熔渣，其主要成分是钒和碱金属的氧化物及其硫酸盐。从 600~650℃ 开始随着温度的升高，腐蚀加剧，即高温钒腐蚀。因此，控制燃料油中硫、钒、钠等的含量对减轻炉内金属腐蚀非常重要。

为保证燃料油供给的可靠性，有条件的装置可从工艺物料中找到一种合适的物料作为第二个燃料油源。当燃料油压力降低供给不足时可自动补充到燃料油中。

为保证加热炉各烧嘴燃料油供给量均匀，燃料油系统必须设回油管，回油量一般按正常用燃料油量的 25%~30%。回油管应设在最后一个烧嘴的燃料支管之后，并可用压力控制调节阀控制回油量以保证各烧嘴供油压力。

重质燃料油黏度大，必须经过加热以控制其黏度为 15~20mm²/s（最大 40mm²/s），以方便雾化和燃烧。雾化蒸汽应是干蒸汽或过热蒸汽。

（2）燃料气

一般炼油厂和大中型化工厂都设有燃料气管网，为各装置或单元提供燃料。为保证燃料气供应平稳，装置可视情况将天然气或经汽化后的液化石油气作为燃料气补充气源。

燃料气有可能经常带液，设计时在从燃料气管网引至加热炉前应设分液罐，并配备液位计。当凝液量达到一定罐容时，能自动报警，并及时排入密闭回收系统。在过去的燃料气分液罐设计中，在凝液积聚部分还设有伴热和保温。而国外某公司的做法是燃料气分液罐既不保温也不伴热，凝液全排入密闭回收系统，这就避免了凝液再次汽化通过分液罐出口进入燃气管道和烧嘴，影响烧嘴平稳燃烧。加热炉燃料气压力的平稳对烧嘴平稳操作非常重要。加热炉燃料气调节阀前的管道压力不大于0.4MPa且无低压自保仪表时，应在每个燃料气调节阀与炉子之间设阻火器，防止回火爆炸。

（3）长明灯

加热炉燃料系统的设计，应包括长明灯系统，每台燃烧器都应有气体长明灯。在主燃烧器整个燃烧过程中，即使在主燃烧器的燃料减少，炉膛负压降低，燃烧空气量不稳等情况下长明灯也应保持稳定燃烧。长明灯放热量应确保能点燃任何一种主燃烧器燃料，并能在加热炉运行期间，在燃料的流量范围内能再次点燃主燃烧器。长明灯和燃烧器合用一个燃料气源时，燃料气调节阀可设一个旁路作为长明灯燃料气专线，并在专线上设铅封常开阀，一旦燃料气调节阀失效，长明灯用燃料气仍可通过此旁路得到保障。

11.7.3.3 燃烧设计

燃烧设计的好坏，不仅关系到加热炉的效率，还影响着加热炉的安全和平稳运行。

（1）过剩空气系数

按照燃料的化学成分计算出的理论空气用量并不能使燃料完全燃烧，必须有一定的过剩空气量才能使燃料完全燃烧。过剩空气系数过大不仅影响加热炉效率，还会导致点火困难，带来安全隐患，而且燃烧室氧含量浓度高，增加了高温钒腐蚀的可能性。规范规定：对于自然通风加热炉，以烧气为主时，过剩空气量应为20%；烧油为主时，过剩空气量应为25%。对于强制通风加热炉，以烧气为主时，过剩空气量应为15%；烧油为主时，过剩空气量应为20%。

（2）燃烧室体积

加热炉燃烧室（辐射室）体积的大小是加热炉设计的重要参数，燃烧过程必须在燃烧室内完成，火焰不能从燃烧室内窜出，且不能接触炉管和炉管架。规范推荐设计负荷下的体积热强度：烧油时应不超过$125kW/m^2$，烧气时应不超过$165kW/m^3$。据此，按低发热量计算的给定燃料燃烧释放的总热量除以体积热强度，就可以得到不包括盘管和耐火隔墙在内的燃烧室净体积。为确定燃烧室的尺寸，规范还有立式圆筒炉最大高径比、立管立烧最大直管长度、水平管端烧最大直管长度等的限制。此外，燃烧器的布置也是燃料室设计的重要因素，如燃烧器应确保可见火焰长度应不超过辐射段高度的2/3，水平对烧时，直接对烧的可见火焰长度尖端至少应间隔1.2m。

（3）燃烧控制

燃料油、燃料气、长明灯和雾化蒸汽均应设流量记录和累积计量装置，燃料气分液罐设液位报警。燃料气、长明灯燃料气和燃料油系统均设遥控切断阀，当长明灯燃料气压力过低时，先报警，而后联锁自动切断燃料气、燃料油和长明灯燃料气总阀。雾化蒸汽设压力指示和低压报警。

11. 7. 3. 4 机械设计和结构设计

管式加热炉的机械设计和结构设计关系着加热炉的自身安全和可操作性。

（1）机械设计

应根据操作条件（包括用蒸汽、空气清焦时的短期条件）来考虑热膨胀问题，否则未预计的热膨胀增量会导致加热炉结构的破坏。

立式圆筒炉最大的高径比（H/D）为 2.75（其中 H 为辐射段净高，m；D 为炉管节圆直径，m），否则，将影响加热炉结构的稳定性。底烧加热炉从地面到燃烧器风箱或调风器（下沿）的最小净空为 2m，计算钢结构时，要考虑风箱高度。立管立烧加热炉，辐射管直管段最大长度为 18m；水平管端烧加热炉辐射管直管段最大长度为 12m，这是为了控制炉膛内热气流的挠动引发炉管振动和炉管挠度变形超标，避免带来安全隐患。

（2）结构设计

加热炉从基础板到炉底板，主要的结构立柱和底部主梁应设耐火保护层，其耐火极限不低于 1.5h，防止烧嘴漏油和炉管破裂引起炉底火灾对钢结构的破坏。

管式加热炉燃烧室应设蒸汽吹扫（也可当作灭火蒸汽用），吹扫蒸汽量应能在 15min 内至少可充满 3 倍炉膛体积，对流室两端回弯头处应设蒸汽灭火以扑灭因回弯头泄漏引起的火灾。加热炉筒体直径大于 3m 的立式圆筒炉应设一整圈平台，长度大于 6m 的操作平台应至少设 2 个出入口，以方便紧急情况下的撤离。

11.8 化工装置压力管道安全设计

压力管道分为四类：长输管道（GA）、公用管道（GB）、工业管道（GC）、动力管道（GD）。化工装置管道属工业管道类。

和化工设备一样，工艺介质管道一旦失效，危险物料外泄，同样可能引发事故。国务院颁发的《特种设备安全监察条例》将压力管道与锅炉、压力容器等一并列入涉及生命安全、危险性较大的特种设备。

管道设计分为管道布置、管道器材选用和管道机械设计三个专业，其共同目的是实现装置管道设计安全、实用、经济。装置管道设计应做到满足工艺需要、材料选用适当、密封安全可靠、支撑稳固牢靠。

11.8.1 管道布置设计

管道布置设计以装置总图布置为基础，以工艺管道及仪表流程图（P&ID）为依据，以标准规范、项目特殊规定为原则。考虑设备、阀门、仪表的可操作性和项目建设的经济性；考虑管道位移应力和脉冲振动对设备和管道安全的影响；考虑设备、机泵检维修空间的要求；考虑操作和事故处理人员进出撤离的顺畅及工艺、设备、仪表、土建等各专业对管道布置的要求；规划装置管道走向及其支撑方式，并经审核调整后，向管道机械分析专业提出管道位移应力和脉冲振动分析校验要求。进一步调整通过后，依照程序向各有关专业提供二级委托资料等，最终完善和完成管道布置设计。

11.8.2 管道器材选用

管道器材选用涉及器材标准体系、材料选用、压力等级确定及管道元件型式等内容，通常根据工艺专业提供的管道明细资料和业主的要求，由管道材料工程师完成。

管道材料的选用，除根据 TSG D0001—2009《压力管道安全技术监察规程——工业管道》和相关国家规范、行业标准的强制性要求和特殊禁用规定外，还应考虑材料与管内介质的相容性、与管道设计条件的适用性及管道材料的可加工性。

（1）材料与介质的相容性

管道材料与管内介质的相容性表现为材料耐腐蚀性和洁净度要求。

腐蚀是造成过程物料失去保护的主要因素。均匀腐蚀可以依据腐蚀速率对管道使用寿命进行预计；局部腐蚀则不容易检测，难以预计，极大缩短管道的使用寿命；应力腐蚀是腐蚀和拉应力共同作用的结果，没有先兆，往往会突然导致金属构件断裂失效。

解决均匀腐蚀的途径：选用耐蚀材料并设置一定的腐蚀裕量，选用复合材料（与介质直接接触的复合层为耐蚀金属或非金属材料），复合界面剪切强度和结合率应符合规范要求，负压工况还应有抗真空性能指标，当温度、压力等条件不苛刻时，也可采用非金属材料。

一些化工生产产品洁净度对管道的选材提出特殊要求。

① 氢损伤

氢损伤主要有以下形态：氢脆，氢原子渗入金属晶格内使金属变脆；氢鼓泡，氢原子渗入金属内部，汇聚并结合成分子产生高压，导致原有微观缺陷的扩大；表面脱碳和内部脱碳，高温高压下，氢与钢中不稳定碳化物反应，若发生在材料表面称为表面脱碳，若发生在钢材内部称为内部脱碳（氢腐蚀）。

防止氢损伤选材依据是 API RP 941—2016《炼油厂和石油化工厂高温高压临氢作业用钢》（《steels for hydrogen service at elevated temperatures and pressures in petroleum refineries and petrochemical plants》）的纳尔逊（nelson）曲线，高温氢与硫化氢共存时，应根据操作温度与硫化氢的浓度参考 couper 曲线选材。

② 应力腐蚀开裂

应力腐蚀开裂（SCC）事先没有任何征兆，是完全脆性的一种危害性较大的腐蚀失效模式，据杜邦公司调查资料，应力腐蚀开裂在腐蚀失效统计中占 24%。

常见应力腐蚀有：碳钢、不锈钢在强碱溶液中的碱脆，碳钢、奥氏体不锈钢在盐酸溶液中的氯脆，碳钢、低合金钢在硝酸溶液中的硝脆，以及湿硫化氢环境下的应力腐蚀等。

（2）材料与过程条件的适用性

管道材料的使用温度不应超过材料允许使用温度的上限，因为超限的高温金属原子间的自由电子获得外界能量，原子间亲和力减小，晶格错位，使材料强度下降，塑性和韧性上升，许用应力降低，从而导致材料物理的、化学的或冶金型破坏。管道材料的使用温度不得低于材料最低使用温度的下限，低温状态下材料低温脆性断裂是材料破坏的重要模式。

① 蠕变失效

一般金属材料在其熔点的 0.25~0.35 倍范围内，在恒应力作用下发生应变，随着时间的推移应变增加，继而出现不可恢复的塑性变形现象称为蠕变。蠕变常以断裂而结束，称为蠕变失效。

② 石墨化

碳钢和某些低合金钢在高温工况下，材料组织中的过饱和碳原子发生迁移和聚积转化为石墨，使金属材料强度降低的现象叫石墨化。由于石墨强度极低，导致金属材料强度降低、脆性增加。

鉴于某些材料长期在高温作用下有石墨化倾向，GB/T 150—2011《压力容器》规定：碳钢、碳锰钢、低温用镍钢不宜在 425℃ 以上长期使用，碳铝钢不宜在 470℃ 以上长期使用。

③ 高温疲劳破坏

交变的温度变化会引起金属材料的热疲劳破坏。热疲劳和机械疲劳相似，当管道承受交变温度时，会在管道内产生应力和应变，在外力作用下其合成应力足以使金属疲劳破坏。因此，当管道在交变高温环境下使用时，应控制其应力水平，避免严重的应力集中。如延迟焦化装置焦炭塔进出口管道就属于交变温度变化工况的典型例子。

④ 回火脆化

钢材长期在某高温范围内操作，出现冲击韧性下降或脆性韧性转变温度升高的现象称为回火脆化。

Cr-Mo 钢回火脆化温度范围 325~575℃。在首次投用后的重新开停工时，应特别注意材料回火脆化问题。

2.25Cr1Mo 钢脆性韧性转变温度为 93℃。加氢装置重新开工时，不得在低温下对设备及管道加满压，温度在 93℃ 以上时才能再升压，以控制加压所产生的应力不超过材料屈服极限值的 20%。紧急泄压时，在泄压到材料屈服极限值 20% 之前，避免温度突然降到 93℃ 以下，以防止设备及管道材料回火脆化而引起损坏。此外，加氢装置开停工时，应避免设备及管道升降温速度过快造成热应力过大。当设备及管道壁温小于 150℃ 时，升降温速度不宜超过 25℃/h。

⑤ 低熔点金属的物理腐蚀

高温下材料与低熔点金属接触，低熔点金属被吸附在基材上并沿基材晶界向金属内部扩散在外力作用下，导致金属材料沿晶界开裂，称为低熔点金属的物理腐蚀。

⑥ 低温金属材料脆性失效

金属材料在环境温度降到某值时，材料的冲击韧性、延伸率急剧降低、脆性增加，该温度值称为材料的脆性转变温度。材料的脆性断裂是一种危险的失效模式。在确定最低设计温度时，不得低于材料最低使用温度下限，特别要注意液化气体或低沸点物料节流可能形成的低温和环境温度的影响(当金属管道外壁受大气环境条件影响低于 0℃ 时，可按该地区历年月平均最低气温确定)。

(3) 管道材料的可加工性

管道材料的可加工性主要指材料的可焊性。焊接连接强度高，密封好，现场工作量大，技术要求高，焊接质量好坏直接关系管道能否安全运行。

11.8.3　管道机械设计

管道机械设计也称作管道力学设计，内容包括管道及其元件强度计算、管系静应力和动应力分析、管道支吊架计算三部分。

（1）管道应力分析的内容和目的

① 静力分析

一次应力计算以防止塑性变形破坏；位移荷载作用下的二次应力计算以防止疲劳破坏；管道对转动设备管口作用力和力矩的计算以保证设备正常运行；法兰受力计算以防止法兰泄漏；非标支吊架计算为支吊架设计提供依据。

② 动力分析

管道自振频率分析以防止管系共振；强迫振动响应分析以控制管道振动及应力；往复机(泵)气(液)柱频率分析以防止气(液)柱共振；往复机(泵)压力脉动分析以控制压力脉动值。

管道承受载荷的安全性是管道安全的保证。

（2）管道柔性设计

管道柔性设计是解决静应力超载的基本方法，所谓管道柔性是指管道通过自身变形吸收位移变形的能力。

增加管道柔性，有下列方法：

① 增设管道 U 形弯。增加两固定点间管线展开长度和两固定点连线距离的比值，一般在远离两端点连线的方向增加管道长度，并使图形接近正方体。

② 若管道布置空间受到限制，可采用 T 形补偿器或波纹管补偿器，以增加管道柔性，对有毒、可燃介质管道严禁采用填料函式补偿器。

③ 管道操作工况对固定点或连接静设备推力和力矩超标时，可采用对管道冷紧的方式以降低管道热应力水平，但连接转动设备的管道不应采用冷紧方式。

管道系统中支吊架的设置(数量、位置和性质)对管系应力分布有直接影响，应特别注意。支座或端点反力不应使管系中的支吊架或管系连接的设备失效。

管道柔性设计时，不仅要考虑正常工况条件，还应考虑开停工、除焦、再生和蒸汽吹扫等操作可能出现的更严苛工况，并按相关规范要求校核。互为备用设备的连接管道，应对各种投用情况分别进行管道柔性分析。管道柔性设计应使管系中任何一处由位移引起的应力范围不得超过管道的许用应力范围值。若压力重力等持久载荷同时作用时，管道元件的轴向应力 S_L 小于材料在最高工作温度下的许用应力 S_h。

GB/T 20801.3—2010《压力管道规范 工业管道 第 3 部分：设计和计算》及 SH/T 3041—2016《石油化工管道柔性设计规范》对非埋地钢质管道柔性设计方法、计算参数和评定标准都有规定。只要管道布置和管道机械设计者之间相互沟通配合得当，确保分析结果与措施的一致性，管道机械安全就能保证。

（3）脉冲振动的控制

往复式压缩机或机泵因间歇吸入和排出流体引起的脉冲振动，是正常工况下出现的不可避免的强迫振动原因。若不能对脉冲振动进行有效控制，将会对机器的使用寿命和管道的安全造成不利影响。

压力不均匀度是反映介质压力上下波动程度的参数之一，其值越大，对机器、管系的不利影响越严重。解决办法取决于制造商对机器声学振动的分析结果，其缓解措施有：增加压缩机缓冲罐容积，局部加大管径，适当位置增设减振孔板。

当脉动频率与管道机械固有频率重合或接近时将发生共振，共振使振幅增大和动应力增加，可能导致非常严重的后果。为避免发生共振，工程上要求固有频率应在激振频率0.8~1.2倍之外。往复式压缩机管道规划时，在满足静应力分析要求的前提下，尽量少拐弯，尽量用长半径弯管或45°弯头，避免使用变径管件；切断装置选用流通能力（CV值）较高不产生涡流的阀门，以减少激振源，也就是减少了激振力。

加强管道支承，增加管系刚度，以减少管系振幅和动应力。增加支承相当于增加管道振动的阻尼。采用防振管卡，减缓管道振动传到支架上，起减振作用，防振管卡不应限制管道轴向自由度，以避免管道热胀受限引起管道静应力超标。降低管道支架的高度以增加支架的刚度，等于增加管系的刚度。

机器和管道作为一个系统，管道规划最后还应交制造商进行声学振动分析，并根据结果进行调整。

11.9　化工装置自动控制和安全仪表系统安全设计

11.9.1　概述

装备自动化控制系统是化工装置安全生产的重要手段。一是装置运行参数、技术指标和装置运行更平稳，从而产品质量、产量提升，减少事故率；二是装置现场操作人员大大减少，万一发生事故伤亡减少；三是降低了人工成本，使企业更具市场竞争力。现代化工生产的平稳操作、安全运行和高效率、高效益，离不开化工自动控制系统。化工装置物料的危险性、生产条件的苛刻性、多个运行单元关联的复杂性，对仪表自动控制的可靠性提出了很高要求，而化工自动化控制系统的高可靠性，源自科学的安全设计。

随着化工过程的日趋复杂和化工自动化控制技术的发展，使得工艺和自控专业越来越密不可分。工艺和自控专业深度融合，对化工控制系统本质安全的设计十分重要。充分理解工艺要求，是化工装置自动化控制系统安全设计的前提和基础。自动化控制系统设计人员要深入了解化工装置（单元）生产原理和过程，掌握测控参数的动态特征及其可能受到的干扰，在确保安全生产的前提下统筹兼顾经济效益，正确选择测量仪表和测量方法，合理选择测量变送单元、控制系统和执行机构；确保测量、控制回路的准确性和可靠性，设计可靠、合理的控制系统。

装置（单元）各控制系统之间，应注意相互间的影响与关联，使彼此干扰减到最小。

11.9.2　关键组件应冗余配置

分散控制系统（DCS）、可编程序控制器（PLC）和可编程序电子系统（PES）由于采用了基于计算机的控制技术，大大提高了自动控制水平，减少了操作人员误操作的可能性。但同时控制系统组件故障风险也必然显现。

当系统中的一块仪表或一个控制部件出现故障时，系统其他部件仍能安全继续运行，这就需要对某些重要控制系统的关键组件进行冗余配置，这不同于化工装置中备用设备的一备一用，而是并行使用，提供错误检测和错误校正能力。如现场控制单元(FCU)每个处理器卡上的两个中央处理器同时执行相同的控制计算任务，比较器在每个扫描周期内比较一次计算结果，一致时就作为正确的结果送到主存贮器和总线接口上。如果瞬间计算错误导致结果不一致，系统会立即将原后备处理器卡切换为起主控作用，该卡的计算结果立即输到总线接口上，这就是所谓的冗余技术。如控制器的中央处理器、通信、电源等重要部件必须有1∶1冗余配置，用于控制的多通道I/O卡应有冗余配量。

11.9.3 设置安全仪表系统(SIS)

为避免安全事故发生，应基于过程风险分析科学合理设置安全仪表系统，以保证在生产系统严重偏离正常状态、极有可能发生事故时，及时将生产设备和生产系统自动导向安全状态，以阻止事故的发生，确保安全生产。要通过过程危害分析，充分辨识危害事件，科学确定必要的安全仪表功能并根据风险评估确定相应的安全完好(整)性要求。安全仪表系统设计，必须注意以下事项：

(1) 安全仪表系统应独立于过程控制系统，使之不依附于过程控制系统就能独立完成所具有的安全功能，以避免和降低控制功能和安全功能同时失效的风险。

(2) 安全仪表系统为保证其可靠性，应依据过程要求，在硬件和软件的配置上采取相应的冗余结构；对存在共模故障的情况，宜采用不同技术的冗余结构。

(3) 安全仪表系统可采用电气、电子或可编程电子技术或它们的组合。

(4) 安全仪表系统应避免不必要的软件和硬件升级，尤其不得对基本过程控制系统和安全仪表系统同时进行升级。安全仪表系统若要升级，应在基本过程控制系统升级之后，因为这类升级难免出现新的问题或缺陷。

(5) 安全仪表系统应是故障导向安全的，即控制回路中出现故障时，系统能回到预定安全状态。

(6) 对紧急停车可能对生产造成重大影响的情况，应考虑误动率尽可能小的表决结构。

(7) 安全仪表功能应具有一定的安全完整性等级(SIL)。

11.9.4 遵循故障安全原则

化工装置的仪表自动控制设计是为了装置(单元)的平稳安全生产，但仪表、控制器故障时可能引发事故。故障安全原则要求仪表、控制器或输出元件或电路出现故障时应使系统导向预定的安全状态。

调节阀风开/风关方式的选择是个典型的例子，当调节阀上的信号或气源中断后，调节阀是处于开位还是关位要根据工艺安全的要求来考虑。如加热炉燃料调节阀在加热炉系统出现故障时应停止燃料供给，必须选用风开(FC 故障关)调节阀；而容器压力控制是通过排出物料来实现时，物料出口调节阀应当选用风关(FO 故障开)调节阀，以便物料顺畅排出，系统不超压。

11.9.5 避免误操作措施

为防止操作人员误操作，控制仪表和安全仪表应分开独立设置。

11.9.6 动力保障

仪表和自动化控制系统的动力主要是电力和仪表风。

仪表电源按照负荷类别和供电要求，分工作电源和保安电源。由于仪表自控系统的用电量与装置电力负荷相比，所占比例很小，通常采用装置中可靠性类别较高的电源作为仪表自动控制系统的工作电源。

对保证安全停车的自动控制装置、联锁系统、关键仪表设备设施、可燃气体(蒸气)和有毒气体检测报警装置以及 DCS、SIS、PLC 等必须采用保安电源(一般采用 UPS)，以确保生产装置突然停电时，这些系统仍能够工作一段时间，以便操作人员进行安全处置。

保安电源可以由不间断供电装置(UPS)、能快速启动的柴油发电机组或外引符合保安电源要求的独立电源提供。保安电源的容量应是所需保安电源仪表耗电量的 1.2~1.5 倍，工作时间一般按最少 30min 考虑。

化工自动化控制系统的执行机构以气动执行器居多。连续可靠的气源供给是气动仪表正常运行的保证，备用气源固然可以解决供气中断的用气问题，但成本太高。通常在装置内设置足够容量(15~30min 用量)的仪表风罐，当供气中断时，在一定时间内仍可保证气动仪表的动力供应。

化工装置的氮气可以作为仪表风的临时备用风源，但要注意防止发生氮气窒息事故。

11.9.7 仪表接地

接地是仪表工程安全设计的一个重要部分。接地系统用于保护设备和人身安全，以及抑制外部和内部的各种干扰。仪表系统的抗干扰能力是关系整个系统运行可靠性的重要方面。电气设备、电动仪表和自控设备正常不带电的金属部分应良好接地，防止设备损坏和人身伤害。仪表、DCS、SIS、PLC、计算机系统的信号回路降低电磁干扰的部件，以及必须接地的本安关联设备，都应该进行工作接地，以抑制干扰，保证仪表可靠运行。多雷击或强雷击区，为保护现场仪表、DCS、PLC 的 I/O 卡件免遭雷击损坏，现场变送器和控制室现场电缆引入处，应加装大电流浪涌保护器，以防止突变电磁场冲击所造成的干扰和破坏。

11.10 电气安全设计

电力是装置运行的主要动力源，连续稳定、安全可靠的电力供给是装置安全、平稳、长周期生产的必备条件。化工装置的电力设计主要包括装置供配电系统设计和爆炸危险环境电力装置及电气线路设计。两者都是以保障人身和财产安全为目的，前者强调的是实现可靠供电；后者则是防止电气设备和线路成为装置区内爆炸性混气体点火源，从控制装置区内点火源的角度，有效减少装置可燃气体泄漏时发生爆炸的可能性。

11.10.1 装置供配电系统设计

GB 50052—2009《供配电系统设计规范》对电力负荷分级及供电要求等供配电系统设计做出了规定，并就供配电设计可能遇到的问题提出了针对性的解决方法，对供配电系统设计安全有重要指导意义。化工装置供配电系统设计中,首要问题是电力负荷的分级;其次是装置大功率电动设备的选用,以及其冲击性负荷对供电系统安全的影响。

(1)装置电力负荷的分级

GB 50052—2009《供配电系统设计规范》根据对供电可靠性的要求和中断供电在政治、经济上所造成的损失和影响程度,将电力负荷分为三级:①中断供电将造成政治、经济上重大损失或将影响有重大政治、经济意义的用电单位正常工作的为一级负荷。一级负荷中,中断供电将发生中毒、爆炸和火灾等情况,以及特别重要场所的不允许中断供电的负荷应视为特别重要负荷。一级负荷应双电源供电,当其中一个电源发生故障时,另一电源不应同时受到损坏。特别重要负荷除双电源供电外,还应增设应急电源,以备大面积停电时提供安全停车电源和应急设备供电,降低事故损失。②中断供电将在政治、经济上造成较大损失,或影响重要用电单位正常工作的为二级负荷。二级负荷的供电系统宜由双回线路供电。③不属于一级负荷和二级负荷的为三级负荷。

化工装置潜在火灾、爆炸、中毒危险性的大小,操作条件的苛刻程度、相互关联的复杂程度及资产的密集程度不尽相同。如何确定装置电力负荷级别,以往多是按照上级指定和设计累积的经验。随着工艺技术的发展和化工新领域的开发,新工艺化工生产装置不断出现,除依据规范确定的原则外,还可综合以下几方面分析判断:①装置发生最严重的事故后果;②装置规模;③生产过程物料的主要危险特性;④过程条件的苛刻度;⑤直接关联装置(单元)的数量;⑥产品在社会经济中的重要性。

(2)防止冲击性功率负荷对供电安全的影响

装置规模大型化后,大功率电动设备的应用越来越多。众所周知,电动设备启动电流约为额定电流的 5~7 倍,大功率电机启动还会引起变压器端子电压下降,这种冲击性负荷引起的电压波动和闪变电压不仅对装置用电系统安全影响很大,而且还会波及上一级电网。为避免和减轻这种影响,GB 50052—2009《供配电系统设计规范》建议可视具体情况采取相应措施:①采用专线供电;②与其他负荷共用配电线路时,降低配电线路阻抗;③对电压波动和闪变电压敏感的负荷分别由不同的变压器供电;④大功率电动设备用变压器由短路容量较大的电网(一般指更高电压等级电网)供电。

11.10.2 爆炸性危险环境的电力装置设计

化工装置生产、储存场所大都会出现可燃气体、可燃液体蒸气、可燃粉尘释放和积聚情况,会形成爆炸性危险环境。GB 50058—2014《爆炸危险环境电力装置设计规范》规定爆炸危险环境的电力装置,应根据爆炸危险区域的分区、爆炸性混合物的分级和其引燃温度的组别进行选择。

(1)爆炸危险区划分与电气设备保护级别

爆炸危险区按释放源释放的频繁程度和持续时间的长短分为 3 个区。0 区是指连续或长期出现爆炸性混合物环境的区域;1 区是指正常运行时可能出现爆炸性混合物环境的区域;2 区是指正常运行不太可能出现爆炸性混合物环境的区域(即使出现也只是短时间存在)。显然 0 区危险性最大,1 区次之,2 区再次之。GB 50058—2014《爆炸危险环境电力装置设计规范》引进了爆炸危险环境电气设备保护级别 EPL(equipment protection levels)的概念,爆炸危险区越危险，保护级别越高，如爆炸性气体环境，电气设备保护级别分 Ga、Gb 和 Gc 三级，其中"EPL Ga"爆炸性气体环境用的电气设备具有很高的保护等级，在正常运行过程中、预期或罕见的故障条件下不会成为点火(燃)源。

(2) 爆炸性气体混合物的分级

国内防爆电气设备制造检验按爆炸性气体混合物最大试验安全间隙或最小点燃电流比分级，见表 11-2。从表 11-2 中可看出，实验安全间隙越小，最小点燃电流比就越小，通过间隙传递的能量就越小，引燃外部爆炸性气体混合物的可能性也就越小、越安全。

表 11-2　爆炸性气体混合物分级

级别	最大试验安全间隙(MESG)/mm	最小点燃电流比(MICR)	传递能量/μJ
ⅡA	≥ 0.9	> 0.80	200
ⅡB	$0.5 < MESG < 0.9$	$0.45 \leq MICR \leq 0.80$	60
ⅡC	≤ 0.5	< 0.45	20

(3) 爆炸性混合物引燃温度组别

引燃温度是指爆炸性混合物在规定条件下被引燃的温度。引燃温度的组别随引燃温度的降低而升高，即组别越高引燃温度越低、越危险。

(4) 爆炸性环境电气设备的分类

我国爆炸性环境电气设备分为 3 类：Ⅰ类用于煤矿瓦斯气体环境；Ⅱ类用于除煤矿甲烷气体之外其他爆炸性气体环境，并按其使用爆炸性气体的种类进一步分为ⅡA(代表性气体是丙烷)、ⅡB(代表性气体是乙烯)和ⅡC(代表性气体是氢气)；Ⅲ类用于除煤矿外的爆炸性粉尘环境，并按其使用粉尘环境特性进一步分为ⅢA(可燃性飞絮)、ⅢB(非导电性粉尘)和ⅢC(导电性粉尘)。《爆炸危险环境电力装置设计规范》中规定："对于标有适用于特定的气体、蒸气的环境的防爆设备，没有经过鉴定，不得使用于其他气体环境内。"化工企业一般按Ⅱ类爆炸性环境作为设计基础，具体可查阅《化工工艺设计手册》。

(5) 爆炸性环境电气设备安装和线路设计

化工装置中除工艺、设备、管道、装置布置设计采取措施防止和减少可燃物质的释放和积聚，并控制明火及炽热表面外，电气设备线路设计应确保电气设备在规定运行条件下不降低防爆性能，并采取消除或控制电气设备线路产生火花、电弧或高温措施。

除本质安全电路外，爆炸性环境的电气线路和设备应装设过载、短路和接地保护。电动机除按国家现行标准要求装设必要的保护外，均应装设断相保护。若电气设备自动断电可能引起比引燃危险更大的危险时，应采用报警代替自动断电装置。

铝线连接的接触电阻比铜线大 10~30 倍，其引起火灾的概率是铜线的 55 倍。因此，规范对铝线的采用和接头的设置有严格要求：在 1 区内应采用铜芯电缆，除本质安全电路外；在 2 区内宜采用铜芯电缆，当采用铝芯电缆时，其截面积不得小于 $16mm^2$，且与电气设备的连接应采用铜铝过渡接头；在 1 区内严禁电缆线路有中间接头，在 2 区内不应有中间接头。甲、乙类化工装置不应选用铝芯电缆。

(6) 爆炸危险环境电气装置的接地

为保护人身和电气设备的安全，爆炸危险环境的电气设备应进行接地。

1000V 交流/1500V 直流以下电源系统的接地应符合《爆炸危险环境电力装置设计规范》中的规定；按照 GB/T 50065—2011《交流电气装置的接地设计规范》规定不需要接地部分，在爆炸危险环境内仍应进行接地，如安装在已接地金属结构上的设备；爆炸危险环境内，设备外露可导电部分应可靠接地；爆炸危险区不同方向，接地干线应不少于两处与接地体连接。

（7）信号报警装置

装置中电气信号报警装置的防爆结构应依据爆炸危险的区别选用相应防爆结构。电气设备故障常产生"冷烟"，可能需要在电气箱或电气室下部安装额外的报警器。报警控制器应设在区域控制室内，无控制室时，应设在 24h 有人值班的场所。

（8）正压室设置

在爆炸危险环境内，设置正压室以防止室内形成爆炸危险环境。目前的发展趋势要求更高：装置变配电室、控制室和机柜间要求布置在爆炸危险区外。控制室等建筑物有条件时应布置在装置界区外，全厂性(区域性)控制室尽可能统一设置，这样做更安全、工作环境更好、更有利于集中管理。

11.11 化工装置消防安全设计

化工装置是化工厂火灾事故的高发区，有的火灾事故最终导致严重后果。例如 1997 年 6 月 27 日，北京东方化工厂发生泄漏爆炸火灾事故，大火持续燃烧 40 多个小时，最终造成 9 人死亡、39 人受伤，直接经济损失 1.17 亿元。事故发生在香港回归前夕，造成重大社会影响。因此化工装置的消防安全设计非常重要。

科学、合理的化工装置消防设计是化工装置消防工作的重要基础。化工装置消防设计的任务是：在系统分析化工装置可能存在的火灾风险基础上，根据国家有关消防设计规范，从"防"和"救"两个方面科学布局、合理预置消防设施，达到有效地防火控火、方便灭火的目的。防火是指尽可能减少火灾事故的发生；控火是指努力做到火情早期发现、早期扑灭、有效控制，不使火情扩大并保护附近的设备设施，灭火就是将发生的火灾尽快彻底扑灭。

11.11.1 消防设施的设置形式

装置消防设计应依据装置类型、装置规模、火灾类别、火灾场所，有针对性地设置灭火设施。

（1）固定式系统

永久性安装并与灭火剂系统相连，靠人工或自动启动投用。如由工厂消防水管网直接供水的消防水炮、固定式蒸汽灭火筛孔管。

（2）半固定式系统

永久性安装但不与灭火剂系统相连，使用时需人工与灭火剂系统连接，如消防给水竖管。

（3）便携式灭火器

在预计可能出现火情的地点，有针对性地设置手提式或推车式灭火器。如生产区配置干粉或泡沫灭火器，控制室配置气体灭火器。

（4）移动式设备

移动式设备是指由消防站统一管理和调度的泡沫消防车、干粉或干粉泡沫联用车、泡沫液（粉）运输车、高喷车等机动消防设备。消防站接警后 5min 内抵达火场。

11.11.2 装置用灭火剂

（1）消防水

消防水是一种应用广泛、性能稳定、经济易得的灭火剂。水蒸发相变焓值大，能够对暴露在火中或强热辐射下的设备或建筑物进行冷却，对防止热破坏有积极效果。水喷射成水雾，既可起到冷却又可起到隔绝空气的作用，有利于阻止燃烧。高速大水滴直射水流有冷却和驱散可燃液体聚积的功能，将水适当喷射在高闪点可燃液体表面形成一层水沫，可使火焰闷熄。需要特别指出的是石油化工企业大多是油类物料，在油类、遇水反应化学品等物料发生火灾时，消防水不能直接用于灭火，可用于周边设备设施的冷却保护。

液化烃、液体烃与水不相溶且密度比水小，当这类设备出现泄漏时，很容易引发火灾和爆炸事故。若能从设备下部注水至水位高出泄漏点，就可将可燃液体泄漏变为水泄漏，降低抢修、紧急处置的难度。值得注意的是：水压应高于设备内介质的压力（含液柱净压），但设备内介质温度低于0℃或高于93℃时，不能注水。

（2）泡沫

消防泡沫是水和一定比例的泡沫液（粉）充分混合而成的泡沫聚结体，水是灭火泡沫的主要成分。泡沫的倍数是指泡沫液（粉）与10℃的水按1∶10质量比在1L量筒中混合，产生泡沫的体积对泡沫液（粉）和水质量之和的比值。低倍数泡沫密度大，抗风干扰能力强，喷射距离远，故化工厂多用低倍数泡沫。

泡沫在燃烧液体表面形成黏性漂浮层，隔绝空气，冷却液体表面，实现灭火的目的。典型的泡沫有蛋白泡沫、氟蛋白泡沫、水成膜和抗溶性泡沫等。对非水溶性液体火灾，采用液上喷射时，可采用前三种泡沫；采用液下喷射时，必须采用氟蛋白泡沫或水成膜泡沫；水溶性液体火灾，必须采用抗溶性泡沫。泡沫的实际用量须超过需用量60%，这是由于风和热气流要带走部分泡沫。

（3）干粉

干粉对控制和扑灭易燃液体和固体火灾有效，其原理是它可以产生自由基拦截物，从而终止火焰继续燃烧。

常用干粉灭火剂有碳酸氢钠、碳酸氢钾和磷酸铵盐以及以尿素、碳酸氢钠（钾）的反应物为基料的灭火剂。干粉是不导电灭火剂，适用于带电设备火灾，但其残留粒子有腐蚀性，事后需要清除。

（4）水蒸气

水蒸气是装置内方便易得的灭火剂，对初期火情和小的封闭空间火灾有良好效果，原理是置换和稀释空气，降低氧浓度。

灭火蒸汽宜与生产用蒸汽分开独立设置，一般采用1.0MPa饱和蒸汽，此蒸汽温度较高（约180℃），操作时谨防烫伤。

（5）二氧化碳

二氧化碳可扑灭液体和可熔化固体（石蜡、沥青）火灾、固体表面火灾和电气火灾。化工装置不采用 GB 50193—1993《二氧化碳灭火系统设计规范（2010 年版）》中的全淹没灭火，而是用气体灭火器直接向保护对象喷射二氧化碳，以达到扑灭局部着火的目的，如电气、仪表、化验设备灭火。

二氧化碳在空气中浓度达 8% 时会引起呼吸困难、颜面潮红、头痛；达到灭火浓度时（34%），则难以维持人的生命。虽然二氧化碳便携式灭火器装剂量有限（手提式 7kg，推车式 30kg），但灭火时要特别注意安全。

11.11.3　消防车道

装置区有环装置消防车道，装置内有贯通式消防车道，为机动消防车辆行驶和作业提供方便条件。

随着装置规模大型化和联合装置组合工艺单元的增加，设备个体体量越来越大，设备数量越来越多，资产密度越来越高，装置占地面积越来越大，同时消防车辆大型化趋势越来越显著，因此环装置道路和装置内消防道路宽度应做出相应调整。

11.11.4　消防水管网及消火栓

（1）化工装置区一般都设有独立的稳高压（0.7~1.2MPa）消防给水系统。管道呈环状布置，进水管不少于 2 条，环状管道用阀门分成若干独立管段，某环段出现故障时，其余环段仍能满足 100% 消防用水量的要求。消防水管道保持充水状态，进水干管管径按装置消防用水量和给水管道流速小于 3.5m/s 计算确定。环装置道路边和装置内道路边均设置消火栓为装置灭火提供水源。

（2）可燃气体、可燃液体设备的高大框架和设备群应设水炮保护，地面水炮和消防车无法保护的设备，应设高架水炮保护。甲、乙类设备的高大构架平台宜沿梯子设半固定消防竖管，为构架上被遮挡的设备提供消防保护。

（3）固定水炮不能有效保护的无隔热层的可燃气体设备、无安全泄放设施的设备，宜设水喷淋或水喷雾系统。液化烃泵、介质温度高于（或等于）自燃点的泵，应尽量避免布置在管廊、可燃液体设备、空冷器下方，无法避免时应设置水喷淋或水喷雾系统，或用水炮保护。

11.11.5　蒸汽灭火系统

装置灭火蒸汽主管应与生产用蒸汽管道分开独立设置，各区用灭火蒸汽支管应从灭火蒸汽的主管上接出，各区具体用户则从各区支管上接出。灭火蒸汽宜用 1.0MPa 饱和蒸汽。

11.11.5.1　固定式蒸汽灭火

（1）加热炉炉膛和带堵头的回弯头箱内应设固定式蒸汽灭火管。加热炉灭火蒸汽点多，可从分区支管上引出分配管，再从分配管接到各用汽点，分配管应设在安全地点。

（2）室内空间较小的封闭式可燃液体泵房、甲类气体压缩机房内，应在主机端沿墙高出地面约 200mm 处设固定式蒸汽筛孔管灭火，蒸汽供给强度不小于 3g/(s·m³)；动力端一侧设半固定式蒸汽接头作为扑灭初期火情用。

（3）操作温度高于（或等于）自燃点的可燃液体设备附近宜设固定式蒸汽筛孔管灭火。

（4）温度高于（或等于）250℃的高压临氢设备或管道法兰外沿，应设固定式蒸汽筛孔环管灭火。

11.11.5.2　半固定式消防蒸汽接头

（1）可燃介质设备区附近宜设半固定式消防蒸汽接头。

（2）可燃介质设备多层构架、塔类联合平台各层或隔一层宜设半固定式消防蒸汽接头。

（3）管桥或大型框架设置的软管站可起半固定消防蒸汽作用。

11.11.6　灭火器的配置

装置生产区宜设置干粉型或泡沫型灭火器，控制室、机柜间、变配电室、计算机室和化验室宜设置气体灭火器。

（1）扑救可燃气体、可燃液体火灾宜选用钠盐干粉；扑救可燃固体表面火灾应采用磷酸铵盐干粉；扑救烷基金属化物火灾宜采用 D 类干粉。

（2）每个配置点配置的灭火器类型应与可能的火灾类别相对应；多层构架应分层配置。

（3）灭火器布置应方便灭火取得又不妨碍人员通行，室外配置时，宜位于阴凉处，不能置于超过（或低于）其使用温度范围的环境。

11.11.7　建筑物内的消防

装置建筑物内消防，应依据火灾危险性、操作条件、建筑特点和外部消防设施情况确定。

（1）消火栓配置的水枪应为直流-水雾两用枪，若消火栓出口水压大于 0.5MPa，应设置降压孔板。

（2）甲、乙、丙类厂房（仓库）及高层厂房应在各层设置室内消火栓。

（3）多层甲、乙类厂房和高层厂房应在楼梯间设半固定式消防竖管，各层设消防水带接口。

（4）烷基铝类催化剂配制区，储罐应设在有钢筋混凝土隔墙的独立半敞开式建筑物内，并有泄漏的烷基铝类催化剂收集设施；配制区宜设置局部喷射式 D 类干粉灭火系统。

除建筑物的耐火等级、防火分区、内部装修、空调系统应符合国家相关规范外，应设置火灾自动报警系统，其信号盘应设在 24h 有人值班的场所。

11.11.8　火灾报警系统

火灾危险场所设置火灾报警系统可及时发现和报警初期火情，防止火灾蔓延和重大火灾事故的发生。火灾自动报警系统、火灾电话报警、可燃气体和有毒气体检测报警系统、电视监视系统，构成了装置安全防范和消防监测网。通过系统设置、功能配置、联动控制等的有机结合，增加了安全防范和消防监测的效果。设置无线通信设备，其可移动性对火灾受警、确认和扑救指挥，体现移动通信的优势。装置火灾需要从全厂角度采取切断物料、转移物料和排空物料等紧急措施，要配备直通专用电话为操作消防人员及时联系、配合创造条件。

装置区及其他重要设施设置的区域性火灾自动报警系统通过光纤通信网络，连接到全厂消防指挥中心，构成一个全厂性火灾自动报警系统。其网络集成功能与高度集成的化工流程作业匹配，有利于相关单位及部门间的协调、人员调度、统一指挥、有效扑救。装置采用集散型控制系统，现场巡检人员少，发现火情时能及时报警，甲、乙类装置环装置道路边设置手动火灾报警按钮。

区域性火灾报警控制应设在该区域控制室内，无控制室者，应设置在 24h 有人值守的场所，其全部信息应通过网络传输到中央控制室。当生产区有扩音对讲系统时，可兼作警报装置；当无扩音对讲系统时，应设置声光警报器。

第 12 章

生产装置首次开车安全

　　化工装置建成后的首次开车，由于装置的管理人员、工程技术人员、操作人员对装置情况掌握熟练程度不够、设备设施和仪表控制系统可靠性尚未得到长时间可靠性检验、各专业协调工作有待磨合，因此化工生产装置首次投料试车的风险要比正常生产风险大得多，化工装置首次开车发生安全生产事故的问题在国内屡屡发生。以下是国内近年来化工装置首次开车发生的部分典型事故。

　　(1) 2006 年 7 月 28 日，江苏省某化工公司在首次向氯化反应塔釜投料进行试生产过程中，氯化反应塔发生爆炸，死亡 22 人，受伤 29 人，其中 3 人重伤。

　　(2) 2007 年 7 月 11 日，山东省某化工公司 16 万吨/年氨醇、25 万吨/年尿素改扩建项目试车过程中发生爆炸事故，造成 9 人死亡、1 人受伤。

　　(3) 2007 年 9 月 9 日，甘肃省某公司建设项目试生产调试期间，发生一起喷炉灼烫事故，10 余吨温度高达 1150℃的炉渣将炉顶盖掀开，直接喷向控制室方向，摧毁了控制室及其设施，造成 8 人死亡、10 人受伤(其中重伤 3 人)。

　　(4) 2007 年 11 月 22 日，潍坊某精细化工有限公司在试制三苯氯甲烷时，发生爆炸事故，造成 2 人死亡。

　　(5) 2008 年 2 月 23 日，河南省某公司新建年产 30 万吨甲醇项目，在生产准备过程中进行设备清扫时发生一起氮气窒息事故，开始 1 人窒息晕倒，因盲目施救使事故进一步扩大，最终造成 3 人死亡、1 人受伤。

　　(6) 2008 年 6 月 12 日，云南省某化肥公司在精制磷酸试生产过程中发生硫化氢中毒事故，造成 6 人死亡、29 人中毒。

　　(7) 2008 年 7 月 16 日，浙江省某公司空分装置氮气冷箱管道进行吹扫时，发生中毒和窒息事故，导致 2 人死亡。

　　(8) 2008 年 9 月 5 日，山东某化工公司在试生产过程中，氯化氢塔法兰垫片处发生跑冒事故。跑冒事故没有造成厂内人员伤亡，但是引起周边村庄少数居民因感觉不适到医院就诊。

　　(9) 2009 年 1 月 1 日，某化工公司新建乙腈装置熔盐系统试车过程中，固定床反应器发生爆炸，爆炸喷出的高温熔盐致使现场的 20 名工人受到伤害。此次事故共造成 5 人死亡、1 人重伤、8 人轻伤。

12.1 装置施工安装质量的控制

化工装置使用的机械设备大都属于承压设备，而且大多数化工机械设备工作环境为高温高压(低温真空)，工作条件相当苛刻，介质易燃易爆，非常容易发生安全事故。因此化工装置机械设备安装工程质量的好坏，直接决定了装置投用后能否安全、稳定和长周期平稳运行。所以，做好化工装置机械设备安装工程的质量控制工作是化工企业安全生产的重要保障。保证施工安装质量，首先是选择的施工单位必须具有相应的资质和良好的业绩；聘请的监理单位专业和认真负责；同时业主单位(或称建设单位、生产单位)对关键问题、特别是涉及安全方面的重大问题要亲自严格把关。鉴于近年来的典型事故，对以下几个方面进行重点阐述。

(1) 严格控制化工装置建设材料、设备设施的采购质量

化工装置处理的物料大多易燃易爆、有毒有害，如果工程采购的设备设施和管材管件存在质量问题，特别是压力容器、压力管道和输送易燃易爆、有毒有害和强腐蚀性介质管道，一旦在化工投料和装置正常运行中出现泄漏，不仅会损失生产工时、影响装置经济效益，导致装置的维修费用增加，还会造成严重的安全生产事故。例如：2013 年 7 月 30 日，福建漳州某公司对二甲苯项目加氢裂化装置在调试过程中，一条空冷入口 DN600(直径600mm)的管线(管线设计压力为 15.37MPa，设计温度为 200℃)弯头发生开裂，导致氢气泄漏引发爆燃。事故虽然未造成人员伤亡，但却因直接损失达 1817.92 万元而定性为较大事故。这次事故严重影响开车进度，究其原因是企业采购了的质量不合格的弯头管件。

(2) 严格控制管道、设备焊接质量

化工物料管道的焊接质量十分重要，必须按照有关施工标准严格控制，近年来因为管道、设备焊接质量问题导致发生多起化工、危险化学品安全生产事故。

① 2015 年 4 月 6 日，福建漳州某公司芳烃联合装置二甲苯装置开车引物料时，因操作不当引发二甲苯塔底至邻二甲苯塔的 DN200 物料管线产生"液击"振动，导致该管线一处有焊接缺陷的焊口断开，约 295℃混合二甲苯喷出，形成的爆炸性混合气体通过空气鼓风机进入加热炉后爆炸，爆炸冲击波造成与此一路之隔、距离加热炉 67.5m 的中间罐区 607 号重石脑油储罐损坏起火，先后引发 608 号重石脑油储罐和 609 号、610 号轻重整液储罐(四个储罐均为 10000m³)相继爆裂燃烧，大火两次扑灭两次复燃，持续燃烧 56h，事故直接经济损失 9457 万元、调查定级为重大事故。事故现场设备损毁情况见图 12-1~图 12-4。

② 涉及天然气长输管道事故 3 起。一是 2017 年 7 月 2 日，某天然气输气管道贵州晴隆沙子段泄漏发生爆炸，事故造成 8 人死亡、35 人受伤，直接经济损失 2361 万元。事故原因是管道使用 X80 高强度钢材，焊接工艺不过关，焊缝存在缺陷，又加之受持续强降雨影响，输气管线上方的边坡松散土体含水量增大，边坡土体下陷滑移产生推力，导致管道对接焊缝断裂引发事故。二是 2018 年 6 月 10 日，还是上述同一条天然气输气管道，在距离上次事故 1.2km 处，再次发生泄漏燃爆事故，造成 1 人死亡、23 人受伤，直接经济损失 2145 万元。事故原因仍然是管道焊接质量不合格、环焊缝脆性断裂导致管道内天然气大量泄漏爆燃。三是 2019 年 3 月 20 日凌晨，泰安-青岛-威海天然气管道潍坊市境内，发生环焊缝断裂天然气泄漏爆燃，事故没有造成人员伤亡，直接经济损失 903 万元。事故原因仍然是因为焊接质量问题导致天然气环焊缝脆性断裂。

图 12-1　事故爆炸后的加热炉

图 12-2　事故损坏的轻质油罐

图 12-3　事故导致断裂的管道

图 12-4　事故管道焊缝

③ 2013 年 3 月 1 日辽宁省朝阳市某商贸公司 2 号硫酸储罐发生爆裂，并将 1 号储罐下部连接管法兰砸断，导致两罐约 2.6×10⁴ t 硫酸全部溢（流）出，造成 7 人死亡、2 人受伤，溢出的硫酸流入附近农田、河床及高速公路涵洞，造成直接经济损失 1210 万元。事故原因是：项目在没有任何设计的情况下施工，硫酸储罐使用的钢材强度不能满足要求，而且焊缝焊接质量不合格，投用后储满硫酸罐体发生变形、渗漏，在维修时违规动火，由于储罐内的浓硫酸被（雨水）局部稀释使罐内产生氢气，遇焊接明火引发爆炸，气体的爆炸力与罐内浓硫酸液体的静压力叠加导致 2 号罐体瞬间爆裂，爆裂罐体碎片飞出，将 1 号储罐下部连接管法兰砸断，1 号罐内硫酸也全部泄漏。

（3）严格低温管材和垫片的选用

化工生产中一些装置涉及深冷工艺，例如乙烯深冷分离技术温度可以低达-160℃，空气分离装置的冷箱温度也要低达-193℃，这样的低温工作环境由于普通钢材存在低温脆性，因此必须使用特殊的低温钢材和低温垫片，一旦错用会导致严重的后果。某大型乙烯项目建设时曾因乙烯冷区部分垫片用错而花费大量的人力物力查找补救。河南义马空分装置"7·19"爆炸事故，也是因为空分冷箱液态氧大量泄漏，造成冷箱钢结构脆性断裂倒塌造成。因此，凡是涉及深冷工艺，施工建设时必须制定专门的措施确保管材和垫片不会用错。

（4）加强地下等隐蔽工程的质量监督

化工装置地下等隐蔽工程比较多，这些隐蔽工程往往最先施工，而且一旦施工完成很快就会被后续施工项目掩盖，隐蔽工程施工质量问题无法通过工程管理"三查四定"发现，必须在施工过程监理和单项工程验收时就及时发现和解决。重要的隐蔽工程施工、工程监理和业主质量监督部门要采取"旁站"（施工期间质量监督人员一直在现场监督）管理，确保隐蔽工程不留任何质量、安全隐患。

12.2　生产准备工作

生产准备是指在化工工程建设过程中为试车和初期生产所做的准备工作，主要包括组织、人员、技术、安全、物资及外部条件、营销和产品储运以及后勤服务保障和其他方面的准备工作，为试车创造必要的条件，为安全稳定生产奠定基础。

12.2.1 组织准备

成立生产准备与调试(试车)领导组织机构和生产准备与调试(试车)工作指挥组织机构。

12.2.2 人员准备

(1) 人员配置。包括装置负责人、各专业工程技术人员、操作人员、其他管理人员和后勤保障人员等。

(2) 人员培训。编制各装置人员培训计划。编制工艺、设备、仪表控制、电气、安全、公用工程等方面的培训教材，包括：基础知识、基本原理教材；物料平衡图、管道仪表流程图、操作规程、异常工况处理方法、同行业事故教训；主要设备结构图，设备操作手册；安全、环保、职业卫生及消防、气防知识教材；计算机仿真培训资料。新建装置主要管理人员、专业技术人员、操作、分析、维修等技能操作人员以及其他人员到岗后，按培训计划开展理论培训。有条件的，理论培训结束后安排有关人员到同类装置进行实习培训。装置工程安装基本完工后，要及时组织现场培训。

12.2.3 技术准备

(1) 编写总体试车方案。建设(生产)单位应在化工装置试车前，组织生产准备部门，聘请设计、施工、监理等单位的相关技术人员参与，根据工程建设竣工目标要求和施工进度，尽早编制《化工装置投产总体试车方案》，经过反复优化，不断完善，对化工装置投产试车进行统筹和指导。

(2) 编制专项调试、试车方案。根据调试、试车进度要求尽早编制给排水系统、循环水、工业风、仪表风、蒸汽、氮气等公用工程投用方案；单机试车、大机组试车方案；工艺管道吹扫、清洗(包括化学清洗)、气密方案；工业炉化学清洗(煮炉)、烘炉方案；三剂装填方案；仪表单校、联校调试方案等专项试车方案。各类专项调试、试车方案编制完成后，要组织有经验的工程技术人员和专家进行审查并报试车领导机构批准。

(3) 编制联动试车方案。

(4) 编制化工投料方案。

(5) 编写生产技术文件。

编制操作规程、岗位操作法，以及异常工况处理方法、工艺卡片、主要设备操作规程等生产技术文件。

12.2.4 安全生产工作准备

(1) 安全生产管理机构的建立和人员配备、培训、考核。

(2) 编制安全生产责任制、安全管理制度和安全操作技术规程。

(3) 全员安全教育和培训。

(4) 同类装置安全事故案例搜集、汇编以及教育培训。

（5）装置试车涉及的每种化学品安全技术说明书的培训，特别是防火防爆防中毒的注意事项和应急处理措施的培训。

（6）安全、消防、救护等应急设施使用维护管理规程和消防设施分布及使用资料准备和培训。

（7）化工装置试车阶段的风险识别和制定管控措施。

（8）应急救援预案、组织、队伍和装备准备。

（9）周边环境安全条件及控制措施。

（10）试车过程中的区域管控及人员准入制度。

（11）其他试车应具备的安全条件。

12.2.5　物资准备、资金准备和营销准备

（1）根据调试、试车需求编写原（辅）料、燃料、三剂、化学药品、标准样气、润滑油（脂）、备品、配件、工器具等的需求计划、到货时间节点要求。

（2）根据生产准备与调试（试车）进度需求，编制生产准备费用与调试（试车）费使用计划。

（3）做好试生产产品的预销售，落实产品流向，与用户签订销售意向、协议或合同；组织编印产品说明书、安全技术说明书和安全标签，并办理危险化学品安全生产、运输和经营等许可证。

12.2.6　化工装置外部条件准备

（1）制定循环冷却水、新鲜水、脱盐水、氮气（氧气）、工业风、仪表风、外部通信等投用方案，按照调试（试车）需求落实开通时间、使用数量等。

（2）按照调试（试车）需求，及时与相关单位衔接区域外物料进厂。

（3）落实办理防雷、消防批文工作。

（4）办理特种设备取证工作。

（5）属于危险化学品生产、使用的化工装置，要提前做好试生产备案工作。

12.3　操作人员的同类装置生产实习

为满足装置首次安全开车的需要，装置的操作人员在完成理论培训后，还必须到相同或相近工艺的生产装置进行生产实习。生产实习以实际操作和异常工况处理为重点，将理论培训和实际操作联系起来，是化工操作培训一个重要的特点和环节，是化工生产理论和实践同样重要的具体体现。在生产实习时要专门安排有经验人员带队，并严格规定实习人员不得单独进行操作和从事其他生产性工作，以保障实习装置安全平稳运行和实习人员的人身安全。

12.4　组织开展"三查四定"

化工装置施工建设后期、中间交接前，建设单位（业主）要组织设计、施工、监理和建

设单位的工程技术人员进行"三查四定"，即查设计漏项、查工程质量、查工程隐患；定任务、定人员、定时间、定整改措施。化工装置施工过程"三查四定"工作是消除设计不足、工程质量隐患和施工漏项的重要关口，作为建设单位要高度重视，积极认真组织，确保工程存在的设计、施工问题及时发现和解决，消除化工投料和装置开车后的安全隐患。

（1）"三查四定"工作要尽早组织。在工程施工安全条件允许的情况下，建设方工程技术人员应尽早进入施工现场发现设计和施工存在的问题。集中的"三查四定"一般在工程"中间交接"前组织。尽可能早组织设计、施工、监理、建设方相关专业工程技术人员和有经验的专家，集中开展"三查四定"工作，尽早全面暴露问题，及时弥补设计缺陷和不足，消除施工质量隐患和施工漏项，及早查清施工尾项，对于保证工程设计施工质量、加快工程完工进度十分重要。

（2）"三查四定"工作要全面细致。要按专业和装置区域明确责任，认真仔细开展工作。编者在参加齐鲁 $30×10^4$t 乙烯工程芳烃装置建设工程时，曾发现了很难发现的从日本东洋公司进口的芳烃抽提单元汽提塔，其塔底去再沸器管口挡板方位错焊 $180°$ 的隐患。这一错误如不能及时发现，汽提塔封闭后开车，产品质量将无法合格，且原因很难查找。

（3）化工装置设计除了严格遵守相关设计规范外，化工装置、特别是同类化工装置实际经验十分重要。"三查四定"工作期间，工程设计人员、业主单位工程技术人员和操作人员以及行业专家一起工作，深入查找设计不合理的问题。不完善的地方，及早消除装置试车和正常运行后隐患和操作不便，可以减少引入化工物料后动火作业的风险。编者在一些新建化工企业监督检查过程中，发现很多设计不合理的地方，这固然有设计水平问题，"三查四定"工作不重视、不认真、不细致也是重要原因。

12.5　单机试车

单机试车是指现场安装的驱动装置空负荷运转，以及单台机器、机组以水、空气等为介质进行的负荷试车。通用机泵、搅拌机械、驱动装置、大机组及与其相关的电气、仪表、计算机等的检测、控制、联锁、报警系统等，安装结束都要进行单机试车，以检验其除受工艺介质影响外的机械性能和制造、安装质量。

化工工程管理中有一句名言"单机试车要早"，主要是考虑转动设备安装和基本调试完成后，要通过单机运行试验对转动设备的制造、安装质量和设备性能进行试验验证，尽早暴露问题，为工程下一步工作扫清障碍。

单机试车前，试车方案已经制订完毕并获得批准；试车组织已经建立，试车操作人员已经过培训并考核合格，熟悉试车方案和操作法，能正确操作；试车所需燃料、动力、仪表空气、冷却水、脱盐水等确有保证；测试仪表、工具、记录表格齐备，保修人员就位。

大机组等关键设备的单机试车，应由建设（生产）单位组织成立试车小组，由施工单位编制试车方案并经过施工、生产、设计、制造等单位联合确认。试车操作应由生产单位熟悉试车方案、操作方法、考试合格取得上岗证的人员进行。引进设备的试车方案，严格按供货合同规定执行。

除大机组等关键设备外的转动设备的单机试车，应由建设（生产）单位组织，建立试车小组；由施工单位编制试车方案和实施，建设(生产)单位配合，设计、供应等单位的有关人员参加。

单机试车必须划定试车区，无关人员不得进入；试车必须包括保护性联锁和报警等自动控制装置；指挥和操作必须按照机械设备说明书、试车方案和操作法进行；严禁多头领导、违章指挥和操作，以防事故发生。

12.5.1　一般电动设备单机试车

12.5.1.1　一般电动设备单机试车应具备的条件

(1) 与试车设备相关的工程施工已全部完毕并验收合格。

(2) 试车有关人员包括设备、技术、操作、电气仪表人员等均已到齐，合同中规定制造商参加试车时，制造商有关人员必须到场或已授权业主单位。

(3) 与设备试车有关的管道及设备已吹扫或清洗合格。

(4) 设备入口处按规定设置了滤网(器)。

(5) 压力润滑密封油管道及设备经油洗合格，并经过试运转。

(6) 电机及机器的保护性联锁、预警、指示、自控装置已调试合格。

(7) 设备本体和试车流程相关安全阀调试合格。

(8) 电机转动方向已核对、电机接地合格、设备保护罩已安装。

12.5.1.2　电动设备单机试车应遵守的规定

(1) 试车介质应执行设计文件的规定，若无特殊规定，泵、搅拌器宜以水为介质，压缩机、风机宜以空气或氮气为介质。氮气作为试车介质时，要有防范氮气窒息的措施。

(2) 低温泵不宜以水作为试车介质，否则必须在试车后将水排净，彻底吹干、干燥并经检查确认合格。

(3) 当试车介质的密度大于设计介质的密度时，试车时应注意防止电机超过额定电流。

(4) 试车前必须单试电机，电机试车前必须"点试"单机，确认正常后再单试，单试电机一般不少于 2h。

(5) 电机单试合格后，设备方可试车，设备试车前必须盘车。

(6) 机械设备一般应先进行无负荷试车，然后带负荷试车。

(7) 试车时应注意检查轴承(瓦)和填料的温度、机器振动情况、电流大小、出口压力及滤网是否堵塞。

(8) 仪表指示、报警、自控、联锁是否准确、可靠。

12.5.2　透平机组、透平泵的试车

12.5.2.1　透平机组、透平泵试车应具备的条件

(1) 试车有关人员包括设备、技术、操作、电气仪表人员等均已到齐，合同中规定制造商参加试车时，制造商有关人员必须到场。

（2）透平的进汽管道和试车工艺管道已吹扫合格。

（3）压缩机段间管道已进行压力试验并清洗或吹扫合格。

（4）凝汽系统真空试验合格。

（5）水冷却系统已能稳定运行并预膜合格。

（6）润滑油、密封油系统已正常运行。

（7）蒸汽管网已能正常运行，管网上安全阀、减压阀、放空阀等安全设施皆已调试合格。

（8）弹簧支吊架已调试到位。

（9）机组的全部电气、仪表系统已调试完毕投用。

（10）冷凝系统已能正常运行。

12.5.2.2 透平机组试车应遵守的规定

（1）辅助装置提前试车(油泵、冷凝系统等)，然后进行透平试车，最后进行机组试车。

（2）透平试车前应首先进行暖管。

（3）暖管工作完成后，按操作规程或者设备厂家提供的使用手册进行透平冲转。

（4）经检查如无异常，可按升速曲线升速，同时进行暖机。

（5）升速时应尽快通过临界转速。

（6）当达到最低控制转速后，调速器应投入运行。

（7）当透平运行正常后，进行超速跳车实验，如不能自动脱扣应立即手动停车，超速跳车实验应进行 3 次。

（8）透平试车的全过程，应密切监视油温、油压、轴承温度、振动值、轴位移、转速、进排气温度、压力以及排气侧真空度等。

（9）透平试车合格后与压缩机(泵)进行联动。

（10）机组首先应进行空负荷试车，升速时应尽快通过临界转速，待达到正常转速后即应按升压曲线逐步升压。在每次升压前都必须对机组进行全面检查，当确信机组运行正常后方可继续升压，直至达到设计压力。

12.5.3 往复式压缩机的试车

12.5.3.1 往复式压缩机试车应具备的条件

（1）试车有关人员包括设备、技术、操作、电气仪表人员等均已到齐，合同中规定制造商参加试车时，制造商有关人员必须到场。

（2）循环冷却水系统已运行正常。

（3）润滑油系统及注油系统已试车合格。

（4）段间管道经压力试验合格，段间管道、水冷器、分离器及缓冲器已清洗或吹扫合格。

（5）安全联锁及报警已调试合格投用。

（6）试车系统相关安全阀已调校完毕。

（7）重要安装数据如各级气缸余隙、十字头与滑道间隙、同步电机转子与定子间隙等已核查。

（8）励磁机、盘车器已试车合格，防护罩已安装。

12.5.3.2 往复式压缩机试车应遵守的规定

（1）试车所用介质宜为空气，负荷试车时其压力不得超过工作压力。

（2）试车前应先盘车并按同步电机单试、无负荷、负荷试车顺序进行。

（3）同步电机试车时间应为 2~4h，无负荷试车时间应为 4~8h，负荷试车时间应为 24~48h。

（4）同步电机试车应先开动通风装置并确认电机转动方向。

（5）同步电机试车时应检查轴承温度、振动值、电机温升及电刷、集电环接触情况。

（6）无负荷试车前应拆除各级缸气阀。

（7）各缸气阀复位后进行负荷试车半小时，然后分 3~5 次加压至规定的试车压力，在加压前应在该压力下稳定 1h。

（8）试车时应检查轴承、滑道、填料函、电机进出口气体及冷却水温度、供油、振动及各处密封情况。

（9）试车时应注意排油、排水并注意检查各级汽缸有无撞击和其他杂音。

（10）停车前应逐步降压，除紧急情况外，不得带压停车。

（11）按照操作规程或者设备厂家提供的使用手册停油、停水。

（12）在试车中应进行安全阀最终调校。

12.6 系统管道清洗、吹扫和气密工作

各系统清洗、吹扫是保证化工装置顺利投产的重要环节。通过对各系统管道的吹扫、清洗，可以保障设备、仪表安全运行，保证产品质量，减少或避免因机泵保护过滤网堵塞而频繁停车。系统清洗、吹扫由建设（业主生产）单位编制方案，施工、建设单位联合实施。系统清洗、吹扫要严把质量关，使用的介质、流量、流速、压力等参数及检验方法，必须符合设计和规范的要求；引进装置应达到外商提供的标准。系统进行吹扫时，严禁吹扫介质进入机泵、换热器、冷箱、塔、反应器等设备，管道上的孔板、流量计、调节阀、测温元件等在吹扫、清洗（包括化学清洗）时应予临时拆除，焊接的阀门要拆掉阀芯或全开。氧气管道、高压蒸汽管道、机泵润滑油和密封油管道及其他有特殊要求的管道、设备的吹扫、清洗应按有关规范进行特殊处理。吹扫、清洗结束后，应交生产单位进行充氮或其他介质保护。系统吹扫应尽量使用空气进行；必须用氮气时，应制定防止氮气窒息措施；如用蒸汽、燃料气，也要有相应的安全措施。

12.6.1 管道的水冲洗

（1）压力试验合格，系统中的机械设备、仪表、阀门等已采取了保护措施，临时管道安装完毕，冲洗泵正常运行，冲洗泵的入口安装了滤网后，才能进行水冲洗。

（2）北方地区水冲洗工作不宜在严寒季节进行，如进行必须有防冻凝、防滑等措施。

（3）充水及排水时，管道系统应和大气保持联通，防止管道系统超压或形成真空。

（4）在上道工序的管道和机械冲洗合格前，冲洗水不得进入下道工序的机械设备。

（5）排水时管道系统高点要通大气，防止因排水系统造成真空。

（6）在冲洗后应确保冲洗水完全排放干净。冲洗水应排入指定地点。

（7）冬季一般不进行水冲洗。冬季水冲洗后要彻底排空管道、设备的冲洗水，以防冻裂管道、设备。

12.6.2 化学清洗

部分管道对洁净度提出特殊要求，例如大型机组的润滑油管道系统等，这类管道一般吹扫清洗难以达到标准要求，必须进行化学药剂清洗。化学清洗要注意以下方面：

（1）管道系统内部无杂物。

（2）化学清洗药液经质检部门分析符合标准要求，确认可用于待洗系统。

（3）严格按清洗方案流程配置化学清洗流程和盲板位置。

（4）一些化学清洗剂具有腐蚀性和毒性，化学清洗人员要按防护规定着装，佩戴防护用品。

（5）化学清洗后的管道系统如暂时不能投用，应以惰性气进行保护。

（6）化学清洗污水必须经过处理，达到环保要求才能排放。

12.6.3 蒸汽吹扫

12.6.3.1 蒸汽吹扫应具备的条件

（1）管道系统压力试验合格。

（2）按吹扫方案要求，预留管道接口和短节的位置，安装临时管道；管道安全标准应符合有关规范的要求。

（3）阀门、仪表、设备机械已采取有效的保护措施。

（4）确认管道系统上及其附近无可燃物，对邻近输送可燃物料的管道已做了有效的隔离，确保当可燃物泄漏时不致因吹扫管道表面高温引起火灾。

（5）供汽系统已能正常运行，汽量可以保证吹扫使用的需要。

（6）蒸汽吹扫排放口周围禁区已安设了围栏，并具有醒目的警示标志。

（7）试车人员佩戴防烫、防噪声护品。

12.6.3.2 蒸汽吹扫应遵守的安全规定

（1）未考虑管道热膨胀的系统严禁用蒸汽吹扫。

（2）蒸汽吹扫前先进行暖管，打开全部导淋管，排净冷凝水，防止水锤（击）。

（3）导淋要逐个进行吹扫。

（4）对复位工作严格检查，确认管道系统已全部复原，管道和机械连接处必须按规定的标准自由对中。

（5）蒸汽吹扫噪声大，吹扫排放口要有降噪声防护措施。

（6）使用过热蒸汽吹扫时，因排放口看不到蒸汽白雾和噪声非常大，要特别注意排放口附近人员安全，设置醒目的禁区标志，必要时安排专人监护，严防人员靠近发生严重烫伤。

(7) 冬季蒸汽吹扫完成后，彻底排空冷凝水，以防管道冻裂。

12.6.4 管道的空气吹扫

管道空气吹扫应具备的条件：

(1) 管道系统压力试验合格，对系统中的机械设备、仪表、阀门等已采取了有效的保护措施。

(2) 盲板位置已确认，气源有保证；吹扫忌油管道时，空气中不得含油。

(3) 吹扫排放口要有遮挡、警示、防止停留、防噪等措施，爆破吹扫时，爆破口附近要设专人监护确保安全。

(4) 吹扫后要严格按照要求对吹扫管道进行复位，工程技术人员要进行确认检查。

(5) 直径大于 600mm 的管道宜以人工进行清扫。

12.6.5 管道设备的气密性试验

管道设备的气密性试验是防止化工装置投用时发生化学品泄漏的重要屏障，是化工装置试生产一项重要的安全生产工作，必须严格按有关标准规范进行。气密性试验应在管道清洗或吹扫合格后进行。

气密性试验要注意以下几个方面：

(1) 试验介质一般为空气，使用氮气做气密介质时要明确防氮气窒息的安全管理要求。

(2) 气密性试验压力一般为操作压力的 1.1 倍，但不得高于管道设计压力。

(3) 真空系统泄漏性试验压力按设计文件要求进行，设计文件无要求时则按 0.1MPa (表压)试验。

(4) 气密试验部分加盲板隔离，盲板要编号登记，拆除时逐个销号，严防漏拆。

(5) 要用中性发泡剂逐个密封点检查泄漏情况，微量泄漏可随时消除，较大漏点完全泄压后消除。

(6) 全部漏点消除后进行 24h 保压试验，泄漏率小于 0.4%，气密性试验合格。泄漏率计算公式：

$$泄漏率 = \left(1 - \frac{p_2 T_1}{p_1 T_2}\right) \times 100\%$$

式中　p_1、T_1——保压开始时管道、设备的压力和温度(K)；

　　　p_2、T_2——保压结束时管道、设备的压力和温度(K)。

12.7　工程中间交接

工程中间交接指单项工程或部分装置按设计文件所规定的范围全部施工安装完成，管道系统和设备的内部处理、电气和仪表调试及单机试车合格后，由单机试车转入联动试车阶段，建设(生产)单位和施工单位相互间办理的工作交接。工程中间交接一般按单项或系统工程进行，与生产交叉的技术改造项目，也可办理单项以下工程的中间交接。工程中间交接后，工程由施工阶段转入试车阶段，工程进度控制由工程管理为主转入以生产准备为主，安全工作由施工安全为主转为试车安全和施工安全交织。中间交接后施工单位应继续尽快完成个别工程收尾、工程质量整改，并积极配合业主单位开展生产准备工作和试车保运工作，直至竣工验收。

12.7.1 工程中间交接的作用

化工装置建设工程中间交接是根据化工装置建设和生产准备深度交叉由我国化工工程管理前辈们创造发明的，是加快化工装置建设和投用进程、尽快发挥新建化工装置经济效益有效做法。同时中间交接后，施工和装置吹扫、清洗、气密、试车和仪表电气调试深度交叉，安全管理十分复杂。中间交接前仅是施工安全，中间交接后施工安全和试车安全交织，现场作业单位多、作业人员多，各项工作交叉进行，如果安全管理不到位，非常容易发生事故。因此中间交接后业主单位要承担起全面安全管理的责任，制定必要的安全管理规定，每天召开各施工方、试车方参加的调度例会，除了调度好施工、试车各项工作外，重点要协调好各个单位安全作业问题。

现场准备引入氮气或有毒有害气体时，要制定《进入受限空间作业安全管理规定》。现场引入氮气或有毒有害气体后，进入设备、容器、储罐等设备内部作业时，必须严格执行《进入受限空间作业安全管理规定》，办理进入受限空间作业许可证。

现场准备引入可燃气体或易燃液体时，要制定《动火作业安全管理规定》，现场引入可燃气体或易燃液体后，现场动火作业时，必须严格执行《动火作业安全管理规定》，办理动火作业许可证。

工程中间交接以后，生产准备和施工收尾工作深度交叉，要加强生产准备作业与施工作业的沟通协调，严防因沟通不及时造成事故。一个大型化工工程曾发生一边工程技术人员进储罐检查确认，一边向储罐内送入蒸汽，造成进罐人员死亡的事故。生产准备一方向设备引入氮气，没有及时通知施工方，造成施工人员进入设备窒息的事故也屡屡发生。

12.7.2 工程中间交接应具备的条件

（1）工程按设计内容基本施工完毕。

（2）工程质量初评合格。

（3）管道耐压试验完毕，系统清洗、吹扫、气密完毕，保温基本完成，工业炉煮炉完成。

（4）静设备强度试验、无损检验、负压试验、气密试验等完毕，清扫完成，安全附件（安全阀、防爆门等）已调试合格。

（5）动设备单机试车合格（需实物料或特殊介质而未试车者除外）。

（6）大机组用空气、氮气或其他介质负荷试车完毕，机组保护性联锁和报警等自控系统调试联校合格。

（7）装置电气、仪表、计算机、防毒防火防爆等系统调试联校合格。

（8）装置区施工临时设施已拆除，工完、料净、场地清，竖向工程施工完毕。

（9）对联动试车有影响的"三查四定"项目及设计变更处理完毕，其他与联动试车无关的未完施工尾项责任及完成时间已明确。

12.7.3 工程中间交接的内容

（1）按设计内容对工程实物量的核实交接。
（2）工程质量的初评资料及有关调试记录的审核验证与交接。
（3）安装专用工具和剩余随机备件、材料的交接。
（4）工程尾项清理实施方案及完成时间的确认。
（5）随机技术资料的交接。

工程中间交接应先由建设(生产)单位组织总承包、生产、施工、监理、设计等单位按单元工程、分专业进行中间验收，最后组织总承包、设计、施工、监理、工程管理等单位参加的中间交接会议，并分别在工程中间交接证明书及附件上签字。引进装置或设备的工程中间交接按合同执行。

12.8 仪表联校工作

仪表系统联校是新建工程建设项目重要节点，多专业参与的联校是投料试车前的最后联合确认，一般由工艺、仪表、设备、电气等专业共同参与。联校是生产装置生命周期最重要的一个阶段，是确保工程建设和操作维护顺利交接以及安全投料试车的重要保证。国际标准与国际工程项目中的"确认(validation)""现场验收测试(SAT)""开车前的安全审查(PSSR)"都包括这一重要内容。

为保证顺利完成仪表系统联校工作，在项目工程设计阶段，就要制定好联校计划与规程。仪表系统联校需要全面测试每一个仪表回路、每一个功能和每一个系统连接，并应涵盖回路、功能和系统的每一个设备、组件等组成部分及其软件。所用的联校仪器与设施也要严格进行管理控制。

联校要保证工程建设阶段的相关建议已经落实或关闭；所有仪表和控制系统工作正常并保证相关设备设施完好；各类设备设施标记清晰完整；所需环境条件符合要求；公用工程正常；所有仪表回路或功能完全满足设计(或规格书)要求，适应所设计的所有操作模式；联校完毕后，仪表设备恢复至正常操作运行状态。

记录所有联校过程产生的结果并须各方签字确认及主管部门批准。对不满足设计要求的项目要做好记录并提出限期整改要求，整改完成再行联校。若认为不符合项目要求或有更可行方案，需要特殊批准并须修改设计基础。

12.9 联动试车

联动试车是指对整套化工装置范围内的设备设施、管道、电气、自动控制及公用工程系统等，在各自达到试车标准后，以水、空气为介质或与生产物料相类似的其他介质代替生产物料所进行的模拟试运行，以检验其除受工艺介质影响外的全部性能和制造、安装质量。"联动试车要全"是说联动试车要尽可能把所有系统、流程全部带上一起试车，以便全面验证化工装置的安全性、完好性和可靠性，并借此机会对化工投料的指挥协调和操作人员进行实战练兵。

不受工艺条件影响的显示仪表和报警装置皆应参加联动调试(试车),自控和联锁装置可在试车过程中逐步投用,在联锁装置投用前,应采取措施保证安全,试车中应检查并确认各自动控制阀的阀位与控制室的显示是否一致。

联动试车应做到:装置内的各单元有机衔接、稳定运行;参加试车的人员分批次开展开车、停车、事故处理和调整工艺条件的操作训练;通过联动试车,及时发现和消除化工装置存在的缺陷和隐患,为化工投料试车安全顺利奠定基础。

12.9.1 联动试车方案的编制

联动试车方案由建设单位负责编制并组织实施,施工、有关供应商、设计单位等参与。其主要包括以下内容:

(1) 试车目的。

(2) 试车组织指挥。

(3) 试车应具备的条件。

(4) 试车程序、进度网络图。

(5) 主要工艺指标、分析指标、联锁值、报警值。

(6) 开停车及正常操作要点。

(7) 已落实的安全措施和演练过的事故应急预案。

(8) 试车物料数量与质量要求。

(9) 试车保障运行体系。

12.9.2 联动试车应具备的条件

(1) 装置内的设备设施单机试车全部合格,单项工程或装置机械竣工及中间交接完毕。

(2) 生产管理机构、安全管理网络已建立,包括安全责任的岗位责任制已建立并落实执行。

(3) 工艺、设备、仪表及电气技术人员、班组长、岗位操作人员已经确定,操作人员经考试合格并取得上岗证。

(4) 设备位号、管道介质名称和流向按规范标志标识完毕。

(5) 循环水、仪表风、工业风、氮气系统及供电系统等公用工程已平稳运行。

(6) 联动试车方案和有关操作规程已经批准并印发到岗位及个人,并在现场以适当形式公布。

(7) 联动试车的工艺指标、报警值、联锁值经生产技术部门批准并公布。

(8) 生产记录报表齐全并已印发到岗位。

(9) 机、电、仪、修和化验室已交付使用。

(10) 在线分析仪器、仪表经调校具备使用条件。

(11) 内外通信系统已畅通。

(12) 安全卫生、消防设施、气防器材和温感、烟感、防雷防静电、电视监控等安全防护设施已处于完好备用状态。

（13）重大危险源、危险区域、职业卫生监测点已确定，按照规范、标准应设置的标识牌和警示标志已到位。

（14）保障运行队伍已组建并到位。

（15）试车现场有碍安全的机械、设备、场地、通道处的杂物等已经清理干净。

（16）应急物资和人员已经就位待命。

12.10　化工投料试车

化工投料试车指按设计目的，使用化工原辅材料等工艺介质打通全部化工装置的生产流程，进行装置的全面运行，以检验其除经济指标外的全部性能，并生产出合格产品。

"化工投料要稳。"化工投料试车阶段，由于设备设施、管道仪表、公用工程第一次全面在设计条件下运行，又加之管理人员和操作人员对装置熟悉程度不够，不确定因素多、安全情况复杂，是安全生产压力最大的时期，必须高度重视，十分谨慎。做到"四不"：条件不具备不开车，程序不清楚不开车，指挥不在场不开车，出现问题不解决不开车。稳打稳扎，确保安全。

12.10.1　化工投料试车方案编制

化工投料试车方案应由建设（生产）单位负责编制并组织实施，设计、供应商、施工等单位参与，引进装置按合同执行。主要包括下列基本内容：

（1）装置概况及试车目标。

（2）试车组织与指挥系统。

（3）试车应具备的条件。

（4）试车程序、进度及控制点。

（5）试车负荷与原料、燃料平衡。

（6）试车的水、电、汽、气等平衡。

（7）工艺技术指标、联锁值、报警值。

（8）开、停车与正常操作要点及事故应急措施。

（9）环保措施。

（10）防火、防爆、防中毒、防窒息等安全措施及注意事项。

（11）试车保运体系。

（12）试车难点及对策。

（13）试车可能遇到的问题及解决办法。

（14）试车成本预算。

12.10.2　化工投料试车应遵守的规定

（1）试车必须统一指挥，严禁多头领导、越级指挥。

（2）严格控制试车现场人员数量，参加试车人员必须在明显部位佩戴有效证件，无证人员不得进入试车区域。

（3）严格按试车方案和操作法进行，试车期间必须实行一人操作一人监护的监护操作制度。

（4）试车首要目的是安全运行、打通生产流程、产出合格产品，不强求达到最佳工艺条件和产量。

（5）试车必须循序渐进，上一道工序不稳定或下一道工序不具备条件，不得进行下一道工序的试车。

（6）仪表、电气、机械人员必须和操作人员密切配合，在维修设备、调整仪表、电气时，应严格执行安全管理规程，需要时事先办理安全作业票（证）。

（7）发生事故时，必须按照现场应急处置方案的有关规定果断处理，并依据预案及时上报。

（8）化工投料试车北方地区应尽可能避开严冬季节，否则必须制定冬季试车方案，落实防冻防凝措施。

（9）化工投料试车合格后，应及时消除试车中暴露的缺陷和隐患，逐步达到满负荷试车，为生产考核创造条件。

12.10.3　化工投料试车应达到的目的

（1）试车主要控制点正点到达，连续运行产出合格产品。

（2）不发生重大设备、操作、火灾、爆炸、人身伤害、环保等事故。

（3）安全、环保、消防和职业卫生做到"三同时"，监测指标符合标准。

（4）生产出合格产品后连续运行72h以上。

12.10.4　化工投料试车"倒开车"

"倒开车"是指在主装置或主要工序投料之前，用外供物料先期把下游装置或后工序的流程打通，待主装置或主要工序投料时即可连续生产。通过"倒开车"，提前暴露下游装置或后工序在工艺、设备和操作等方面的问题，及时加以整改，以保证主装置投料后顺利打通全流程，做到化工投料试车一次成功，缩短试车时间，降低试车成本。

建设（生产）单位在编制调试（试车）方案时，应根据装置工艺特点、原料供应的可能，尽量采用"倒开车"的方法。

12.10.5　组织"开车队"和"保运队"

新建化工企业或新建化工装置，由于缺乏实际操作和管理经验，为了安全、稳妥进行化工投料试车，应根据化工装置、建设（生产）单位的实际，聘请专家和具有相同装置管理、操作经验的厂家工程技术人员和操作人员组成"开车队"协助、指导化工投料试车，以确保投料试车安全、顺利。

要组织工程总承包、设计、施工、监理、供应商等单位，组成开车服务队，及时解决和处理化工投料试车过程中遇到的困难和问题。

建设（生产）单位在试车期间，可根据装置技术复杂程度，聘请专家，组成试车技术顾问组，分析试车的技术难点并提出相应的对策措施。

化工投料期间要本着"谁安装、谁保运"的原则，与施工单位签订保运合同。保运人员应 24h 现场值班，做到全程保运。

12.10.6　试车总结

建设(生产)单位应做好各种试车原始数据的记录和积累工作。原则上应在化工投料试车结束后半年内(中、小型化工装置三个月内)，对原始记录整理、归纳、分析的基础上，写出化工装置的试车总结，留存备案。

试车总结应重点包括下列内容：

(1) 各项生产准备工作。

(2) 试车实际步骤与进度。

(3) 试车实际网络与计划网络的对比图。

(4) 试车过程中遇到的难点与对策。

(5) 开停车事故统计分析。

(6) 安全设施的稳定性、有效性和存在问题及其对策措施。

(7) 应急预案的实用性和有效性分析。

(8) 安全管理规程草案的修订。

(9) 试车成本分析。

(10) 试车的经验与教训。

(11) 装置安全稳定运行的意见及建议。

12.11　严格生产考核

生产考核是指在化工投料试车完成后，生产装置达到安全稳定运行的条件下，为考核设计文件及合同规定的内容而进行的一定时限的满负荷运行测试。

生产考核的主要任务是，对化工装置的生产能力、安全性能、工艺指标、环保指标、产品质量、设备性能、自控水平、消耗定额等是否达到设计要求进行全面考核，包括对配套的公用工程和辅助设施的能力进行全面鉴定。引进装置的生产考核按合同执行。

12.11.1　生产考核准备

建设(生产)单位应会同建设项目的科研、设计、施工、监理等单位做好以下生产考核前的准备工作：

(1) 组成以建设(生产)单位为主，科研、设计、施工、监理等单位参加的生产考核工作组，编制考核方案，制定考核工作计划。

(2) 研究和熟悉考核资料，确定考核指标的计算方法、基础数据。

(3) 分析查找可能影响考核正常进行的因素。

(4) 会同设计部门和设备、仪表提供商等单位，校正考核所需的计量仪表和分析仪器。

(5) 准备好考核记录表格。

12.11.2 生产考核应具备的条件

(1) 满负荷试车条件下暴露出的问题已解决，各项工艺指标调整后处于稳定状态，影响生产考核的问题已经解决。

(2) 化工投料试车已完成，化工装置满负荷持续稳定运行。

(3) 生产运行安全、稳定，备用设备处于良好待用状态。

(4) 全部自动控制仪表、在线分析仪表和联锁已全部投入使用。

(5) 分析化验的采样点、分析频次及方法已经确认。

(6) 原料、燃料、化学药品、润滑油(脂)、备品配件等质量符合设计要求，储备量能满足考核需要。

(7) 公用工程及辅助设施运行稳定并能满足生产考核的要求。

(8) 上、下游装置的物料衔接已落实，产品、副产品等包装合格，运输渠道已畅通。

12.11.3 生产考核的主要内容

(1) 装置生产能力。

(2) 原料、燃料及动力指标。

(3) 主要工艺指标。

(4) 产品质量和成本。

(5) 自控仪表、在线分析仪表和工艺联锁、安全联锁投用情况。

(6) 机电设备的运行状况。

(7) 安全设施的稳定性、有效性以及装置的安全、稳定运行情况。

(8) "三废"排放达标情况。

(9) 设计合同规定要考核的其他项目。

12.11.4 生产考核注意事项

生产考核时间一般规定为满负荷连续生产72h，特殊情况下可适当延长。生产考核结束后，由建设(生产)单位提出考核评价报告，参加生产考核的各单位签字确认。

生产考核结果达不到设计要求时，应由建设(生产)单位与总承包、设计、科研等单位共同分析原因，提出处理意见，协商解决，一般不再组织重新考核；确需重新考核的，不宜超过三次。

引进装置考核达不到合同保证值时，应按合同有关条款执行，并载入考核协议书附件，明确解决办法和期限。

生产考核结束后，建设(生产)单位应对生产考核的原始记录进行整理、归纳、分析，编写生产考核总结报告，留存备案，作为项目竣工验收的重要依据。化工建设项目未经生产考核不得进行竣工验收。

12.11.5 考核后的长周期安全运行

化工投料试车结束后，化工装置进入提高生产负荷和产品质量、考验长周期安全稳定运行性能的阶段。建设(生产)单位应在确保安全的前提下，逐步加大系统负荷、提高装置产能、降低原料消耗、优化工艺操作指标，对各类安全设施进行长周期运行考验，发现和整改存在的问题，以实现装置安全平稳运行、产品优质高产、工艺指标最佳、操作调节定量、现场环境舒适、经济效益最大的目标。

12.11.5.1 化工装置长周期运行应采取的主要措施

(1) 对化工装置工艺指标做进一步测试、核实、修正与定值，使之符合化工装置实际运行工况要求。

(2) 根据化工装置运行情况，编制化工装置消缺、检修、改造方案，进行设备优化，消除安全隐患。

(3) 自动控制系统全部投用，考察其适用性、灵敏性和安全性。

(4) 保证公用工程的总体平衡，满足化工装置在不同生产负荷下长周期安全稳定运行的需要。

12.11.5.2 化工装置长周期运行应注意的事项

(1) 装置的生产负荷应按照低负荷、中负荷、高负荷三个阶段进入稳定运行，每个阶段达不到稳定运行要求，不得进入下一个阶段。

(2) 每一个负荷阶段均要做好进入下一个负荷阶段的设备、工艺和公用工程分析，采取措施，提前消除影响化工装置稳定运行的瓶颈，做好负荷调整准备。

(3) 每一个负荷阶段的安全运行条件均要进行严格细致的检查、分析，查找存在的不安全因素，采取措施彻底消除，并做好记录。

(4) 化工装置运行期间调节幅度不宜过大，应逐渐找到系统稳定的最佳工况，同时探求系统增加负荷的瓶颈，为系统优化提供依据。

第 13 章
安全操作

安全操作对化工安全生产的重要性不言而喻。尽管随着计算机技术的迅速发展，化工装置自动化程度越来越高，但是操作人员（包括室内控制仪表系统操作人员和现场操作人员）的安全操作始终是化工安全生产最重要的因素。

化工安全操作的影响因素主要有：操作人员的风险意识、思想素质、操作技能和操作经验；操作规程的科学严谨和及时修订；室内操作人员的有效监控和室外操作人员认真负责的现场巡回检查；严格的交接班程序和交接内容；科学的报警管理、特别是对可燃有毒气体泄漏报警的及时应对；劳动纪律、特别是夜间劳动纪律的严格遵守；生产装置现场管理；操作人员思想情绪等。

13.1 操作人员的风险意识和职业操守

化工是世界公认的高危行业，化工操作人员一旦选择了化工生产这一职业，为了自己和所在团队人员的安全，必须牢固树立强烈的风险意识和服从意识。企业在招聘员工时就要讲清化工操作的职业特点，化工操作人员的入厂教育首先要讲明化工企业的风险特点，这些特点要求化工操作人员从事每一项工作前，都要想一想工作中可能存在的风险，时刻绷紧安全这根弦；同时讲清楚化工厂的所有安全规定和操作规程，都是化工界前辈长期经验积累和用鲜血、生命换来的，必须无条件执行，否则既害了个人和家庭，又害了单位和企业，选择了化工，就要热爱企业、热爱职业、敬畏化工操作的有关规定；还要讲清楚，化工生产具有很高的技术含量，在全世界都是非常体面的职业，尽管存在一定的风险，只要具有严肃认真工作态度，严格遵守各项安全管理规定和操作规程，这些风险是完全可控的，化工安全生产是有保障的。世界职业健康数据表明，西方发达国家化工行业比农业还要安全。

13.2 操作人员的操作技能和经验积累

化工行业毕竟是高科技行业，从事化工操作要做到安全无事故，仅有风险意识（或称之为安全意识）和服从意识是远远不够的，还必须认真学习钻研业务知识。化工安全生产涉及化学、物理化学、分析化学、反应工程、化学工程、化工设备与机械、化工仪表自动化、安全仪表、化学品物理化学性质和安全特性、安全工程等基础知识，同时特定的反应机理、特殊工艺的特点、专用设备原理和操作、异常工况的处理，需要学习掌握的知识量大面广。

化工安全生产经验积累非常重要，一些异常工况处理和具体应急事件的处置是很难从书本上学到的。化工操作人员一定要善于观察、善于思考、善于总结，从而不断提高业务素质。化工企业要鼓励化工操作人员安心岗位、积累经验、发挥才干。编者1989年在美国联合碳化物公司聚乙烯厂实习时，曾遇到一位近70岁的化工老操作工，陪同人员告诉我们，这位操作工人的收入几乎与工厂厂长的收入相当。可见美国大型化工企业是多么重视有经验的操作工人！当前我国有丰富操作经验的化工操作人员十分短缺，企业要研究制定留住有经验操作人员的措施。

13.3　操作规程的科学细致严谨和及时修订

操作规程是操作的根本大法，因此操作规程的科学细致严谨对于安全操作十分重要。在企业检查中发现，相当部分中小企业的操作规程存在问题；有的过于简单，许多操作步骤要求不够明确；有的内容不全面，没有涵盖所有的操作；有的没有定期修订；有的工艺流程或工艺参数改变后不及时修订；有的权威性不够，不按操作规程规定的要求操作问题屡屡发生；等等。

操作规程必须科学、细致、严谨。操作规程的编制由工艺技术人员会同有经验的操作人员承担。编制操作规程首先要吃透工艺原理和安全要求，所有的操作规定不能违背工艺原理和安全要求。例如水和浓硫酸混合操作，由于浓硫酸密度大且与水混合放出大量的混合热，必须要求只能将浓硫酸缓慢地（规定最大流速）加入水中；加热操作必须先建立被加热介质流程后方可投入加热介质，反之停冷却系统时，必须先停被冷却介质后停冷却介质。某化工企业2005年发生的"11·13"事故就是先通入塔底再沸器蒸汽，后建立再沸器循环流程引发。以气体或轻质油为加热炉燃料时，加热炉点火前必须先吹扫，检测可燃气体含量低于爆炸下限25%，点火时必须先送入点火源，然后再开燃料气（油）阀门。环保设施RTO炉（蓄热式热力焚化炉）点火时发生的爆炸事故，就都是与操作规程上述规定不明确有关。

操作规程必须定期和及时修订。操作规程是否安全、科学、合理，必须经过实际操作的检验，实际操作中发现操作规程规定不合理的地方，必须及时修订；装置运行过程中，更改工艺参数和工艺流程后，必须及时修订；在安全事件和安全事故调查中，发现操作规程相关规定错误或存在问题时，也必须及时修订。有关要求规定，操作规程每年必须核定一次，三年必须修订一次。操作规程修订时，必须有经验丰富的操作人员参加，以及时修正操作人员实际操作中发现的问题。

13.4　操作人员严谨的工作态度

化工生产过程，特别是化工反应过程操作参数影响因素多、变化快，在化工生产高度自动化的今天，首先要求控制室内操作人员必须聚精会神，及时发现工艺参数偏离正常范围的情况，及时人工干预，保持装置平稳运行。室内操作人员要及时发现仪表工作不正常的问题，自动控制下的工艺参数，一般是始终在较小的固定范围内波动，如果某一工艺参数较长时间显示固定值，操作人员要及时甄别是不是仪表控制回路出现故障；装置现场的重大操作，室内操作人员要跟踪监视，例如切换储罐操作，室内操作人员一定要监视有关储罐液位的升降情况，确认现场操作是否正确、是否正常。2012 年 12 月 31 日，山西某煤化工公司发生苯胺泄漏事故，现场操作人员将苯胺产品切换罐后，室内操作人员 18h 没有发现进料储罐液位没有上升的异常状况，致使苯胺产品因管道软管破裂泄漏近 320t，造成严重的环境污染事故。要对所有的工艺报警及时回应和处理，防止因没有及时发现、处理不及时引发工艺波动、装置停车或发生事故；在对工艺参数仪表指示有疑问时，首先要通过相关工艺数据确认工艺参数是否正常，室内操作人员不要轻言"仪表指示不准"；要加强仪表知识的学习和操作经验积累，增强判断仪表故障的能力；要增强化工过程物料、能量平衡意识，通过细致观察和长期实践，善于捕捉装置的早期波动，增强对装置波动见微知著、明察秋毫的能力。

化工室外操作一般承担物料添加、流程改动等重大操作，许多操作事故是由外操引发或与外操有直接关系。1997 年北京东方化工厂特大火灾爆炸事故就是由于乙烯原料卸料流程改错引发。前述 2012 年 12 月 31 日山西某煤化工公司发生的苯胺泄漏事故，外操 18h 没有到苯胺产品罐区巡检是重要原因。因此对化工装置安全运行来讲，外操人员同室内操作人员一样重要。外操人员严格按照规定的时间、路线做好巡回检查是基本的要求，在此基础上外操人员要在"看、听、闻"方面下功夫。"看"就是在现场巡检时要善于发现异常现象；"听"就是在现场嘈杂的声中发现异常的声音，例如气体泄漏的声音；"闻"就是利用大部分化学品有特殊味道的特点，通过异常味道或通过便携式化学品泄漏检测装置发现化学物料的泄漏，充分发挥外操的作用。对于现场重大操作或夜间作业条件差时，为确保安全，要实行操作监护制度，一人操作一人监护。要尽量实现现场不间断巡检，以便更加及时在第一时间现场发现生产的异常现象，及时处理，消除隐患。

13.5 交接班程序和内容

化工生产连续作业，交接班时操作人员交替，装置运行状态信息的准确传递对安全生产来讲至关重要。

1988 年 7 月 6 日，造成 167 人遇难的英国北海 piper alpha 海上平台事故，其原因是：平台天然气压缩机厂房内的一台凝析油注入泵上的安全阀被拆下检修，其端口用不符合标准的盲法兰临时封闭，但螺栓并未把紧，这一情况在交接班时并没有向下一班交接清楚。下一班工人操作时，另一台凝析油注入泵跳闸，操作工人在没有认真检查拆掉安全阀的凝析油注入泵的状态情况下启动凝析油注入泵，造成大量凝析油冲出安全阀盲法兰外泄，遇火花引发爆炸。

前述山西某煤化工公司发生的苯胺泄漏事故，从 30 日 13 时 45 分开始泄漏，到 31 日 8 时 15 分发现泄漏处理，历时 18 个多小时，经过中班和夜班两次交接班，由于交接班不认真，泄漏没有及时发现，导致严重污染事故。

2005 年 3 月 23 日，英国石油公司（bp）在美国的得克萨斯炼油厂正在开工的异构化装置发生了一系列猛烈的爆炸，事故造成 15 人死亡、180 人受伤。事故调查发现也存在接班人员未到，交班人员就离开岗位，在马路上交接班的问题。

一些典型事故表明，化工企业严格交接班程序和内容对于安全生产工作非常重要。化工企业必须制定严格的交接班制度，严格交接班程序。

（1）接班人员接班前必须到装置重点部位进行预检查。

（2）交班班长要对装置运行状况、正在进行的工作、存在的异常状况，逐一向接班人员交代清楚，接班人员有疑问的问题要当面问清。

（3）重要的事项要岗位对岗位现场交接。

（4）交班完毕，交接班双方要当面签字，以示责任转移完毕。

（5）室外操作人员接班后，要立即开展现场巡检；内操接班后要对所有监控画面浏览一遍。

（6）可以借鉴国际知名化工公司的做法，在 DCS 系统制定程序，使确认后但尚未消除的报警在交接班时自动激活，以确保每一个班次都能全面、准确地掌握装置当前的工况、状态。

13.6　加强报警管理

化工自动化控制系统的报警功能，在操作参数超出正常范围时发出警报或对重要事件及时提醒，一定程度上减轻内操人员的工作强度，进一步降低了操作参数严重超标的风险。化工过程保护层分析（LOPA）中，报警和人工干预是作为独立的安全保护层，因此化工企业必须高度重视报警管理工作。就目前化工企业报警管理的情况看，还存在着一些突出的问题：主要是报警设置过多过滥；操作人员对报警的及时反应不够，操作界面上存在大量未及时确认的报警；对有毒有害气体泄漏报警重视不够等。国外大型化工公司近年来都普遍加强报警管理工作，着力解决类似问题。

加强化工装置报警管理。首先，要对报警参数进行认真梳理。要组织工程技术人员和有经验的操作人员，对每一个报警参数设置的必要性、报警值设置是否合理进行认真分析研究，取消可有可无的报警。有一些重要参数频繁报警，可能是工艺不稳定造成的，要从平稳工艺操作入手解决问题。对必须保留的报警，要明确要求参数报警后，操作人员必须马上确认并采取应对措施，控制系统操作界面不应有未及时确认的报警。其次，要区分警示性报警和提示性报警，两类不同的报警要用不同的操作显示器和声音来区别。再次，要正确认识可燃有毒气体泄漏报警的极端重要性，可燃有毒气体泄漏报警仪表，在国外化工企业往往纳入安全仪表管理。可燃有毒气体泄漏报警意味着可燃有毒气体泄漏探测器安装地点附近可能出现了化工物料的泄漏，必须高度警觉应立即确认现场是否发生了泄漏，及时采取应对措施，避免延误早期处置的时机。如果相邻两个及以上的可燃有毒气体泄漏同时报警，预示着现场发生较大泄漏，要迅速处置。最后，对可燃有毒气体泄漏报警系统的硬件配置要提出特殊要求：可燃有毒气体泄漏报警系统尽量设置单独的二次仪表盘。没有设置二次仪表盘，可燃有毒气体泄漏报警信号直接进入 DCS 系统的要设置单独的报警声音和显示设备，并安排专人负责监控。

13.7　严格劳动纪律管理

化工装置大都24h连续运行，操作人员不脱岗、不串岗、不睡岗，坚守岗位是安全生产的最基本要求。在我国，化工企业的劳动纪律问题始终是一个"老大难"问题，化工部时期如此，今天仍然如此。中央企业如此，小化工企业更是如此。目前一些企业的劳动纪律问题仍然十分严重，调查河北张家口某公司"11·28"事故时，调取控制室夜班视频录像，发现绝大多数人员均在睡岗。加强劳动纪律管理，首先要加强思想教育，做好深入细致的思想工作，讲清违反劳动纪律，容易因无法发现装置异常现象，不能及时处理，一害个人、二害家庭、三害同事、四害企业；讲清违反劳动纪律导致事故是责任事故，是要负法律责任的；讲清违反劳动纪律的经济损失和个人声誉损失，提高操作人员遵守劳动纪律的自觉性。二是要加强监督检查和经济处罚。要采取措施实现劳动纪律监督检查全方位、全时段、全覆盖，发现多次(二次以上)违纪严肃处理，直至解除劳动合同，因为这比因违反劳动纪律发生事故，对个人和企业来讲，结果都"好得多"。要用有效措施震慑极少数不自觉员工不敢违反劳动纪律。

要突出加强对夜间劳动纪律的管理。人的一般作息规律是夜间休息，化工企业夜班操作人员凌晨瞌睡是很自然的现象，但化工操作又要求必须时刻保持清醒的头脑，及时发现和正确处置装置运行参数的细微异常，确保安全生产。总结化工安全生产规律，零点班是安全生产事故一天内的两个高峰期之一(另一个事故高发期是夏天的下午2点到6点，化学品储罐因温度升高而压力升高，易发生泄漏导致火灾、爆炸事故)，主要就是由于这段时段内操作人员精力不集中、巡检不及时、甚至脱岗睡岗造成。2008年8月26日，广西河池市某公司发生重大爆炸事故，造成20人死亡、60人受伤，事故发生时间是早上6时45分。河北张家口某公司"11·28"重大泄漏爆燃事故发生时间也是0时41分。管控好夜间劳动纪律既要严格要求、确保安全生产，又要考虑到人的作息规律客观存在，从关心爱护操作人员角度出发，要多措并举。在加强思想教育、适当提高夜班津贴的同时，夜间给操作人员准备一些咖啡、茶等提神的饮品，凌晨4时左右提供一次夜餐是一些企业的有效做法。装置值班人员增强责任心，多检查督促也很重要。编者在担任车间主任期间值夜班时，凌晨2时到早上6时基本盯在控制室内，一是借此机会与操作人员沟通交流思想，二是帮助操作人员度过瞌睡关，三是及时提醒外操人员按时巡检，四是及时掌握夜班生产动态，一举多得。这样做尽管值班人员要相当辛苦，但对夜间安全生产却大有好处。管好夜班的劳动纪律也要人性化管理，有时极个别操作人员白天由于特殊情况没有得到休息，一个夜班是很难坚持下来的。遇到这种情况，与其让他到不易发现的地方脱岗睡觉，还不如让其到值班室休息1~2h，需要时可以找到他。但同时要讲清楚，这样的情况不允许多次发生。

13.8　生产装置现场管理

近年来，一些化工企业淡化了对生产装置现场管理的要求，认为加强生产装置现场管理是与安全生产关系不大，是搞"形式主义"。事实上化工生产装置现场管理与安全生产密切相关。2016 年 4 月 22 日江苏省泰州市某仓储公司交换泵房一处管道动火时发生火灾。由于交换泵房周边环形地沟内有泄漏的油品没有及时清理，火焰沿着地沟蔓延，烧毁了与汽油储罐连接的软管，汽油外泄导致火势异常凶猛、持续燃烧了 14 个小时，在抢险人员冒着生命危险关闭汽油储罐阀门后，大火才被扑灭。事故导致一名消防战士牺牲，造成重大社会影响。从加强安全生产的角度，要注意从以下几个方面加强生产装置现场管理：一是地沟内不得有残存的物料，特别是易燃有毒物料，防止万一发生火灾时火势快速蔓延，造成人员健康危害；二是确保装置通道畅通，方便人员紧急撤离和消防车辆通行；三是装置地面的油污要及时清理，防止人员滑倒；四是消防器材及工器具要定置管理方便操作和应急取用；五是装置平台、地面要"工完、料净、场地清"。

13.9　关注操作人员负面情绪影响

新修订的《安全生产法》第四十四条第二款规定："生产经营单位应当关注从业人员的身体、心理状况和行为习惯，加强对从业人员的心理疏导、精神慰藉，严格落实岗位安全生产责任，防范从业人员行为异常导致事故发生。"

每个人思想情绪都会受到家庭成员、亲朋好友和社会活动的影响。化工生产重要岗位的操作人员如果带着严重的负面情绪上班操作，注意力很难集中，容易因误操作导致事故。国际一些知名大型化工公司大都非常关注操作人员负面情绪对安全生产的影响。操作人员负面情绪导致事故的极端案例：2010 年 8 月 16 黑龙江省伊春市某公司发生特别重大烟花爆竹爆炸事故，共造成 34 人死亡、3 人失踪、152 人受伤。事故的原因是企业一名礼花弹"合球"（将装药后的礼花弹两个半球外壳挤合到一起，然后用木锤轻轻敲实）操作工带着严重负面情绪上岗，在进行礼花弹合球挤压、敲实球体时，敲击用力过大引发爆炸。有条件的化工企业，要建立重要岗位操作人员负面情绪管理制度，明确哪些岗位操作人员不能带着严重的负面情绪上岗；要求这些岗位操作人员，如果有严重负面情绪时要换班或向值班长报告；明确值班长要对重要岗位操作人员的当班情绪注意观察，发现问题及时调换；要通过家访、家属座谈会、家属工厂日等活动，提请重要岗位操作人员的家属协助做好相关工作。

13.10　加强化工装置开、停车安全管理

化工装置的开、停车阶段是化工生产的一种特殊状态。在化工装置开、停车期间，装置的工艺参数变化快，流程切换频繁，操作人员需要监控的控制操作画面多，生产协调调度难度大，如果不加强管理容易发生事故。

（1）制定科学、严谨的装置开、停车程序。化工装置的开、停车程序，要包括装置开、停工前的条件确认，每一步操作的注意事项，开始下一步操作之前的确认事项，可能出现的异常现象及处理方法，每个操作人员的职责等，操作程序要尽量详尽、明确，与开、停车检查确认表一并应用。

（2）组织开、停车程序交底。每次开、停车前，要组织参加装置开、停工的所有工程

技术和操作人员，进行开、停工程序的技术交底。开、停工程序的技术交底，对于新装置非常重要，对于投产多年的装置同样重要，不能因为经过多次开、停车的考验就不再进行技术交底，每次开、停车都会有特殊的情况。

（3）加强开、停车过程的监控，加强流程确认。开、停车过程中因为流程确认不到位发生的事故屡见不鲜。2021年5月29日，上海某石化公司烯烃联合装置一裂解炉区域发生爆燃事故，造成1人死亡、5人重伤、8人轻伤，直接经济损失近840万元。事故的直接原因是：乙烯装置在停车检修期间，完成管线氮气吹扫置换后，未关闭裂解炉进料管线盲板上、下游阀门。相关人员在未完成"盲板抽堵作业许可证"签发流程、未对裂解炉进料管线盲板上、下游阀门状态进行现场确认的情况下，即开展抽盲板作业。同时，另有作业人员打开了轻石脑油进料界区阀门，造成轻石脑油自盲板未封闭的法兰处高速泄漏，汽化后发生爆燃。化工装置、危险化学品设施每一次的流程改动，都要严格予以确认，要特别注意检查通向地下密闭回收系统的导淋、通往火炬的阀门开关位置是否正确，防止发生跑料、串料事故。要确认系统安全阀、爆破膜（片）的监控等安全设施的投用情况。加强工艺参数的监控。每次流程改动和控制参数的调整后，控制室内操作人员要跟进监控相关参数的变化情况，发现异常情况，要及时查找原因。有关负责人和工程技术人员要靠前指挥，及时解决开、停工过程中遇到的问题。

（4）组织好开、停车后的检查确认。装置开车基本正常后，装置生产（或技术）负责人要组织有关技术人员、当班操作人员对开车现场进行一次全面检查确认，通过"看、听、闻"确认现场情况是否正常。化工装置停车后的检查就更为重要，通过开、停车后流程的确认，要持续监控各个设备设施内温度、压力、液位等参数变化情况，直到各个工艺参数持续稳定。

（5）加强停车后的安全管理。化工装置停车一般分为三种情况：一是准备检维修或拆除。二是因产能平衡（如物料平衡原因或市场原因）而临时停车（装置不退物料）。三是装置退掉物料长期停车。对于第一种情况，关键是彻底倒空物料和氮气置换合格，要特别检查装置的低点物料是否排放干净，设备设施内部可能存在的残留和吸附等情况。第二种情况要视同装置正在运行进行监控。第三种情况要进行氮气扫线，尽量将物料退干净，确保安全。

安全操作影响因素复杂，人为因素多。化工企业要根据自身特点，认真研究解决遇到的问题，不断积累经验提升安全操作水平。

第 14 章

设备完好性管理

化工设备、管道是化工物料的一次容纳系统。随着使用寿命的不断延长，设备、管道及其密封件等会因为腐蚀、冲刷、疲劳失效和管理不善导致物料泄漏，引发安全事故。对100起较大的化学品事故原因调查中发现，46%是由设备故障造成的。而设备故障造成的事故中，管道原因占65%，压力容器占22%，转动设备占13%。因此加强化工装置设备管理、保证设备设施完好，对提高化工装置安全生产水平意义重大。美国化学工程师协会在化工过程安全管理要素中确定了设备完好性(mechanical integrity)的理念和方法。

14.1　设备完好性管理的内涵

设备完好性这一概念，我国化工行业早已提出，它强调设备是化工生产的基础，要实现安全生产，各类设备设施(包括电气仪表)必须部件齐全、功能完备，满足安全生产的需要。企业要通过加强设备设施检查、测试和预防性的维护维修，保证设备设施功效的正常发挥。

改革开放后，化工过程安全管理的理念引入国内化工行业，化工过程安全管理要素中，一个重要的要素是"mechanical integrity"，国内通常翻译为"机械完整性"或"设备完整性"。其实，"integrity"本身就有"功能完备""健全"的含义。因此，根据中文意境，"mechanical integrity"翻译为"设备完好性"更为贴切。

当然化工过程安全管理中"设备完好性"的内涵，与我国化工行业传统讲的设备完好性的内涵有很大不同。化工过程安全管理讲的设备完好性的含义已大大扩展，内含的科技水平明显提升，管理的针对性、有效性和投入产出比都跨上了一个新的台阶。

化工过程安全管理讲的设备完好性管理，是一个用于确保设备设施在全生命周期中始终保持功能完好的管理体系。它通过对重要设备设施从设计、采购选型、制造、安装、使用、维护保养、检查检测、维修、停用、报废拆除各个阶段全生命周期活动的管理，从而保证重要设备设施功能健全有效，能够满足化工装置安全生产的需要。

设备完好性所指的设备是广义的，不仅包括化工机械、化工设备，也包括电气、仪表、安全设施、管道等。如果这些设备设施失效或故障，就会引发安全事故。纳入设备完好性管理的设备主要包括：易燃易爆有毒腐蚀性介质的压力容器、压力管道；一般介质的高温高压容器、管道；大型转动设备；安全泄放和通风系统及部件；气体泄漏检测系统，泄漏二次容纳系统、安全仪表系统、消防设施、防雷防静电系统、关键性管道及其附件，以及软管和膨胀节等。为了凸显安全仪表在化工过程安全中的极端重要作用，把安全仪表单独作为独立的要素管理。

设备完好性是从化工行业首先提出来的。随着风险管理工作范围的不断拓展，设备完好性管理的范围延伸到油气长输管道、海上石油等行业，这些行业有时使用"资产完好（整）性"（asset integrity）一词。对于化工企业，设备完好性和资产完好性是一个概念。

14.2　美国化工设备完好性管理的要点

美国化工过程安全管理规定的设备完好性管理体系，至少要包括确定设备完好性管理范围、设备定期进行检查、测试和预防性维护维修、设备完好性管理培训、设备完好性管理作业程序、质量保证和设备设施缺陷管理6个子要素。

（1）确定设备完好性管理范围

开展设备完好性管理工作需要投入更多的人力、物力和财力。考虑到企业的效率和效益，可以只把对安全生产影响大的特定设备设施纳入设备完好性管理的范畴，纳入设备完好性管理范围的设备设施至少要包括政府监管机构有明确要求和企业安全生产重要的设备设施。

（2）设备定期进行检查、测试和预防性维护维修

为了使设备满足安全生产要求，要对纳入设备完好性管理的设备设施进行定期检查、测试，以便早期发现设备设施存在的故障苗头，从而开展预防性维护维修，避免因设备设施故障引发事故和影响正常生产。美国化学工程师协会化工过程安全中心在《基于风险的过程安全》中建议，定期检查、测试和预防性维护维修（inspection，test and preventive maintenance，ITPM）工作应包含建立定期检查、测试和预防性维护维修工作制度、明确时间安排计划和频次要求，建立工作规程（程序），明确监督检查要求。

定期检查、测试和预防性维护维修工作制度要涵盖纳入设备完好性管理范围内的所有设备设施。要确定每台（件）设备设施检查、测试的频率和时间安排，以及规定各项工作应该遵守的程序等。

定期检查、测试和预防性维护维修作业的执行与监控，应由专业人员按照有关规定进行，主要对作业安排进行管理，并监控项目整体运行情况、工作成果存档和管理、工作程序管理等内容。

（3）设备完好性管理培训

为使参与定期检查、测试和预防性维护维修管理工作的所有人员都能理解各自的职责和工作目标，需要对有关技术人员、检修人员、承包商及工程专家等进行培训，并根据各自职责设计培训内容，如：以通俗易懂的形式概述设备完好性管理，对设备设施检测人员进行技能培训，对评估结果的员工进行技术培训、材料可靠性鉴别培训和管理培训等。

（4）设备完好性管理作业程序

作业程序将设备完好性管理体系制度化，明确目标任务并能够系统地执行。设备完好性管理体系应该包括作业程序制定、工作指南及修改说明。

书面作业程序至少应包括设备完好性的项目确定程序（包含设备完好性工作计划、目的

和职责），有关管理要求，质量保证程序（规定保证质量的要求及如何实施），维修程序，检查、测试和预防性维护程序等内容。

(5) 质量保证

质量保证是为了充分实现机械设备的使用价值。在设备的整个生命周期中，都要对机械设备和材料进行完好性质量检测和维护，这些维护措施用以保证设备、材料及生产过程都处于正常运行中。

(6) 设备设施缺陷管理

为有效管理设备缺陷，设备完好性管理建议执行以下系统流程：明确正常设备设施的性能或条件；定期评估设备设施状况；识别设备设施缺陷的状态；针对缺陷状态制定和实施应对措施状况；将设备缺陷告知到所有可能受其影响的人员；正确解决缺陷状态，以完善检查和测试方案，进而跟踪核查应对方案的效果。

14.3　开展设备完好性管理的基本途径

对纳入设备完好性管理的设备设施，通过以下途径实现设备完好性管理：

(1) 通过建立设计管理程序，根据过程风险分析结果和有关设计标准，保障设备设施的设计和选型能够满足化工装置安全稳定运行需要。

(2) 建立有效的采购质量控制程序，确保采购设备设施、材料、备品备件等满足设计和安全生产要求。

(3) 通过建立严格的工程质量监督和验收程序及验收标准，加强施工阶段的质量控制，确保施工、安装和调试质量。

(4) 严格按照工艺和设备操作规程操作，确保设备设施在允许的操作条件下运行；制定设备设施维护保养制度和规程，及时正确维护和保养设备设施。

(5) 实施预防性维护维修。通过对设备设施在线检测、定期检测和日常检查、测试，对纳入设备完好性管理的设备设施进行有效的检测监控，及时掌握设备设施的运行状态，在设备设施发生故障前提前维护维修。

(6) 严格设备设施维护维修程序和标准，确保设备设施维护维修后恢复其原有功能。通过作业许可程序实现维护维修过程安全。

(7) 针对重点设备应制定故障后的应急处置方案，纳入工厂应急响应计划。

(8) 设备设施及相关的润滑油(脂)、备品备件变更严格执行变更管理程序。

(9) 制定设备报废和拆除管理程序和规定，明确报废标准，严格设备设施拆除时化学品倒空、置换、动火、进入和吊装等作业的安全要求。

(10) 企业应安排参与设备管理、使用、维修、维护的相关人员接受设备完好性管理的专门培训。

14.4　确定设备完好性管理设备设施清单和分级管理

要根据国家和当地政府有关法律法规的规定、过程风险分析结果和企业安全生产要求，组织工艺、设备等有关人员认真分析研究，慎重确定纳入设备完好性管理的设备设施清单。对于新建装置，设计基本完成后就要提出初步清单，装置首次开车后一段时间进行确认和调整。管理清单实行动态管理，每年要根据装置安全生产情况确认或调整，发生因为设备设施故障引发的安全事故后要及时调整。

（1）涉及国家有关法律法规规定强制检测的设备设施。例如涉及易燃易爆有毒介质的压力容器和压力管道、一般介质高温或高压容器和管道、大型起重设备、安全阀、现场压力表、可燃有毒气体泄漏探测器等。

（2）通过化工过程风险分析确定的设备设施。组织工艺、设备、电气、仪表、消防和安全管理等专业技术人员，以及有经验的操作人员，通过过程风险分析，确定影响装置安全平稳运行的关键设备设施。例如大型机组、加热炉、高温油泵、液态烃泵、易燃有毒腐蚀性化学品的储罐、重要的单向设施、爆破片(膜)、安全分解或吸收系统、有毒气体厂房负压系统、反应终止系统、反应紧急泄放系统、火炬系统、部分工艺的冷却水系统、关键控制仪表、可燃有毒气体仪表、消防喷淋系统、供电系统、事故电源和事故照明系统、罐区装置围堰等二次容纳设施等，以及企业认为有必要纳入设备完好性管理范围的其他设备设施。

（3）分级管理。针对纳入设备完好性管理范围的设备设施，企业应按照设备设施在安全生产过程中的重要程度和风险分析的结果，制定基于风险的设备设施分级管理标准，确定设备完好性管理等级。相当部分的化工企业通常按照关键设备设施、主要设备设施、一般设备设施进行分级管理，确定设备设施分级分类管理的内容，明确管理权限，落实管理职责，合理配置资源。企业应根据安全事故事件、设备检修、装置改扩建、隐患排查等情况，及时对设备设施分级进行动态调整。

14.5　开展设备完好性管理工作程序

开展设备完好性管理工作，在目标任务和管理范围确定后，建立设备完好性管理制度体系是重要的基础性工作。

（1）充分认识开展设备完好性管理对于企业加强安全生产工作、提高企业经济效益的重要作用，统一思想认识，确定领导组织体系，明确各有关部门的职责，为开展设备完好性管理提供资源支持。

（2）制定(完善)设备完好性管理制度，梳理企业现有设备设施全生命周期各阶段的质量标准和控制程序，并形成书面文件。

（3）确定纳入设备完好性管理范围的设备设施，根据分级管理的要求，明确检查、测试和预防性维护维修(ITPM)任务。

（4）建立各生产装置设备设施缺陷的识别、分析、报告、处理的闭环管理机制，制定各类设备设施的维护维修程序。

（5）收集和分析设备运行、故障数据，建立企业设备设施失效数据库。

（6）统筹好设备完好性管理中可能涉及的其他管理要素，有关的要素程序要一并执行，如设备设施安全信息管理、风险管理要素中的设备设施风险分析、变更管理、作业许可、应急预案、开车前安全检查、操作规程、培训等。

14.6 设备完好性管理前期工作

14.6.1 设计与选型

化工企业要积极参与设备设施的选型和设计,在化工装置可行性研究、基础设计、详细设计阶段,会同设计单位根据过程风险识别和风险分析的结果,从有效控制风险和设备设施完好性管理的角度出发,认真开展设备设施的设计与选型。要明确设计单位资质和设计选型所遵循的法律法规、标准、规范,以及设备制造、安装的技术条件和质量要求,制定各阶段质量控制措施,确保设计文件的规范签署、设计变更管理有效执行,从而确保设备设施安全、合理的设计和选型。

14.6.2 购置与制造

企业应按照设备设施的技术要求,根据以往的经验和业内的反映,慎重选择供应商、制造商。要充分考虑设备设施在化工安全生产中的重要作用,努力避免简单地"低价中标"。要通过现场监造、重点环节质量审核等措施,严格控制设备制造与验收等主要环节的过程质量。

设备购置与制造阶段的过程质量控制包括供应商和制造商服务能力评估、采购技术条件确认、合同及技术协议签订、设备质量风险防控、关键设备监造、设备质量证明文件确认、出入库检验、购置制造过程中的变更等。

14.6.3 安装与调试

企业应建立必要的程序和配置必要的资源,确保设备设施安装、调试符合法律法规、技术规范、标准、设计文件和制造商安全手册的要求。要在承包商选择、技术文件审核、施工方案确认、过程质量控制、施工验收、调试与试验等环节制定过程质量控制措施,确保设备设施安装与调试符合设计和有关标准规范要求。

14.6.4 首次投用

应会同制造商和施工单位制定设备设施单机试车、联动试车方案,明确制造商、施工方和企业的责任,对参加试车人员进行操作培训和试车方案的技术交底。试车时要严格操作程序,确保安全。要认真记录试车有关参数,为设备设施完好性管理数据库建立积累数据。

14.6.5 正常运行操作与维护

设备设施投入正常运行前,企业要在深入消化工艺操作规程、工艺运行指标和设备设施安全操作要求的基础上,对设备设施操作、管理人员进行系统的培训并考核合格。设备设施操作人员要做到"四懂、三会",确保设备、设施的安全稳定运转。要编制动设备操作规程,明确设备启动前的检查内容与要求,确保动设备始终在规定的工况条件下运行;要加强动设备润滑管理,建立健全润滑管理制度,明确润滑管理的职责与要求,确保动设备运行可靠。

建立健全设备巡回检查制度，明确设备操作人员、维修(保全)人员的巡检职责、内容与要求；要积极采用先进的仪器(如测振仪、测温仪、测厚仪、转速表)，对主要设备进行巡检，及时发现和处理设备隐患和缺陷。

做好设备的维护保养工作是生产操作人员、设备管理人员和维修人员共同职责。目前，化工企业的运行管理呈现出设备维护检修人员、设备管理人员从装置管理分离的发展趋势，很多化工企业总部已没有专门的设备管理部门，这无形中削弱了设备管理专业人员的力量及主责意识，应引起关注。

14.7　设备设施检查、测试和预防性维护维修

企业应建立基于风险的设备设施检查、测试和预防性维护维修(ITPM)管理程序，在设备设施日常专业管理的基础上，严格按照管理程序实施设备设施检查、测试和预防性维护维修，提高设备设施可靠性，从而提升设备完好性管理的效能。

14.7.1　基于风险的设备设施检查、测试

基于风险的检验(RBI)是在追求系统安全性与经济性统一的理念基础上，建立起来的一种优化检验、检测策略的方法，其实质就是对危险事件发生的可能性与后果进行分析与排序，发现主要问题与薄弱环节，确保设备设施本质安全，减少运行费用。

检查、测试是通过观察、在线测量、定期测量、测试、校准、判断等手段，及时发现设备设施的缺陷和评估设备设施部件的状态，对设备设施的有关性能进行综合评估，为设备设施开展预防性维护维修提供决策依据。实施设备设施的检查、测试主要包括以下项目和内容：

(1) 静设备专业。特种设备法定检验和定期检查、特殊设备定期维护保养、在线腐蚀监测、定点定期测厚，其他基于风险的检验(RBI)等。

(2) 动设备专业。试车检查、润滑油定期检查、机泵定期切换试运、机泵运行状态监测、大型机组在线状态监测与故障诊断、冬季防冻防凝检查等。

(3) 电气专业。电机的状态监测、电气设备预防性维护检修及试验、设备放电检测、防雷防静电检测等。

(4) 仪表专业(不包括安全仪表)。仪表设备预防性检维护，仪表设备红外检测，仪表系统接地检测，仪表电源系统检测，可燃、有毒报警器定期标定、检定，分析仪表定期校验，控制仪表系统功能测试。

(5) 管道。压力管道、长输管道和公用管网系统的定期检验和定期检查、定期维护保养、在线腐蚀监测、定点定期测厚、其他基于风险的检验(RBI)等。

(6) 其他特种设备。电梯、起重设备、场(厂)内机动车辆等法定检验等。

14.7.2　预防性维护维修

企业应组建由设备、工艺、操作、检维修、工程、腐蚀、完好性管理、承包商等专业人员参加的检查、测试和预防性维护维修(ITPM)工作小组，收集整理设备设施相关信息，

借助于检查、测试数据和失效数据库，对设备设施进行可靠性分析，确定不同类型设备设施的预防性维护维修计划和周期，并确定每台设备设施的预防性维护维修计划。企业应组织生产装置、检维修及维保单位，在日常巡检、运行维护、停工检修等期间认真执行预防性维护维修计划，妥善处理计划延期问题，定期优化工作计划、频率和人员职责等。

预防性维护维修应在设备设施可靠性分析的基础上进行，避免设备设施过度维修和失修。企业要根据预防性维护维修管理程序，制定并实施设备设施预防性维护维修计划，主要包括以下专业设备：

(1) 静设备专业。压力容器、压力管道、常压储罐、加热炉等以及相应的安全附件预防性维修，其他基于风险策略所确定的预防性维护维修设备设施。

(2) 动设备专业。大型机组、机泵设备预防性维护维修，设备润滑油（脂）的定期更换等。

(3) 电气专业。电气设备、电动机预防性维护维修等。

(4) 仪表专业。重要的检测仪表过程控制系统、控制阀、仪表风过滤装置、不间断电源(UPS)预防性维护维修等。

14.8 化工装置、危险化学品设施泄漏管理

14.8.1 化工装置、危险化学品设施泄漏管理重要性

化工生产工艺过程复杂，工艺条件苛刻，设备、管道种类和数量多，工艺波动、违规操作、使用不当、设备失效、缺乏正确维护等情况均可造成易燃易爆、有毒有害介质泄漏。泄漏是引起化工装置火灾、爆炸、中毒事故的主要原因，因此加强化工过程安全管理必须强化泄漏管理。

14.8.2 化工装置泄漏的两种表现形式

化工生产过程中的泄漏主要包括易挥发物料的逸散性泄漏和各种物料的源设备泄漏两种形式。逸散性泄漏主要是易挥发物料从装置的阀门、法兰、机泵、人孔、压力管道焊接处等密闭系统密封处发生的非预期或隐蔽泄漏；源设备泄漏主要是物料非计划、不受控制地以泼溅、渗漏、溢出等形式从储罐、管道、容器、槽车及其他用于转移物料的设备进入周围空间，产生无组织形式的排放，其中设备失效泄漏是源设备泄漏的主要表现形式。

14.8.3 从源头上预防和控制泄漏

(1) 优化防泄漏设计

化工装置、危险化学品设施在设计阶段，要全面识别和评估泄漏风险，从源头采取措施控制泄漏危害。要尽可能选用先进的工艺路线，缓和操作压力、温度等工艺条件，减少设备密封、管道法兰连接等易泄漏点。在进行设备和管线排放口、采样口等排放阀设计时，要通过加装盲板、丝堵、管帽、双阀等措施，减少泄漏的可能性，对存在剧毒及高毒类物质的工艺环节要采用密闭取样系统设计，有毒、可燃气体的安全泄压排放要采取密闭措施设计。

（2）优化设备设施选型

要严格按照规范标准进行设备选型，属于重点监控范围的工艺以及重点部位要按照最高标准规范要求选择。设计要考虑必要的操作裕度和弹性，以适应加工负荷变化的需要。要根据物料特性选用符合要求的优质垫片，以减少管道、设备密封泄漏。新建和改扩建装置的管道、法兰、垫片、紧固件选型，必须符合安全规范和国家强制性标准的要求。

（3）科学选择密封配件及介质

动设备选择密封介质和密封件时，要充分兼顾润滑、散热。使用水作为密封介质时，要加强水质和流速的检测。输送有毒、强腐蚀介质时，要选用密封油作为密封介质，同时要充分考虑针对密封介质侧大量高温热油泄漏时的收集、降温等防护措施，对于易汽化介质要采用双端面或串联干气密封等。

14.8.4 设备逸散性泄漏检测及修复

（1）泄漏检测与修复技术（LDAR）

泄漏检测与修复（leak detection and repair，LDAR）技术是国际上较先进的化工泄漏检测技术。该技术主要通过检测化工装置原料输送管道、机泵、阀门、法兰等易产生逸散性泄漏的部位，并对超过一定浓度的泄漏部位进行修复，既减少环境污染、降低原材料消耗，又有利于安全生产和职业健康。

（2）泄漏检测与修复技术实施程序

完整泄漏检测与修复（LDAR）程序主要包括：一是对所有可能泄漏的部位进行识别，并定义出不同部位泄漏浓度的限值（规定出达到什么程度的泄漏需进行管理）；二是使用仪器对可能泄漏部位进行检测，记录检测结果；三是对检测中超过规定限值的部位进行修复，如拧紧、密封或更换部件。修复后应再次检测，确保符合规定浓度。

LDAR检测是个不断重复的过程，通过对纳入检测的部位定期检测和修复，使整个生产过程中的泄漏得到有效控制。

14.8.5 化工装置源设备泄漏管理

企业要根据物料危险性和泄漏量对源设备泄漏进行分级管理、记录统计。对已发生的源设备泄漏事件要及时采取消除、收集、限制范围等措施，对可能发生严重泄漏的设备，要采取第一时间能切断泄漏源的技术手段和防护性措施。企业要实施源设备泄漏事件处置的全过程管理，加强对生产现场的泄漏检查，努力降低各类泄漏事件的发生。

14.8.6 规范工艺操作行为

操作人员要严格按操作规程进行操作，避免工艺参数大的波动。装置开车过程中，对高温设备要严格按升温曲线要求控制温升速度，按操作规程要求对法兰、封头等部件的螺栓进行逐级热紧；对低温设备要严格按降温曲线要求控制降温速度，按操作规程要求对法兰、封头等部件的螺栓进行逐级冷紧。要加强开停车和设备检修过程中泄漏检测监控工作。

14.8.7 建立和不断完善闭环管理制度

建立定期检测、报告制度，对于装置中存在泄漏风险的部位，尤其是受冲刷或腐蚀容易减薄的物料管线,要根据泄漏风险程度制定相应的周期性测厚和泄漏检测计划,并定期将检测记录的统计结果上报给企业的生产、设备和安全管理部门,所有记录数据要真实、完整、准确。企业发现泄漏要立即处置、及时登记、尽快消除,不能立即处置的要采取相应的防范措施并建立设备泄漏台账,限期整改。加强对有关管理规定、操作规程、作业指导书和记录文件以及采用的检测和评估技术标准等泄漏管理文件的管理。

14.9 设备设施变更管理

2011 年 7 月 16 日,大连某石化公司 1000 万吨/年常减压蒸馏装置检修后开车过程中,换热器发生泄漏并引发火灾,事故未造成人员伤亡和环境污染,但因时间点敏感(2010 年 7 月 16 日大连某储运公司发生输油管道爆炸泄漏特别重大事故)引起社会高度关注。事故直接原因:换热器管箱法兰垫片因在检修单位库房存放时,密封面意外损坏,临时更换厂家紧急订购,新制作的垫片不符合设计要求,且垫片安装不正,经 7 月 13 日、14 日两次紧固后,垫片局部被"压溃",造成原油泄漏。泄漏的原油流淌到泄漏点下方的换热器高温表面被引燃。因此设备设施及其附件、材料的任何变更都有可能带来新的风险,必须纳入变更管理。

企业应建立设备设施变更管理制度,明确纳入变更管理范围的项目,对设备设施变更过程进行管控,消除风险,防止产生新的缺陷。至少以下变更应纳入设备设施变更管理范围:

(1) 企业设备管理架构、相关方(如承包商、供货商及其主要技术人员、重要的技术工人等)或职责发生变更;

(2) 设备完好性管理方针、目标或计划发生变更;

(3) 设备管理程序发生变更;

(4) 设备本身材质、结构、用途、配件、润滑油(脂)、工艺参数、运行环境的变更;

(5) 压力管道的材质、法兰、垫片、工艺参数等变更;

(6) 引入新的设备、设备系统或技术(含报废或退役);

(7) 外部因素变更(新的法律要求和管理要求等)。

设备设施变更要严格依照变更管理要求,组织有关人员对变更的内容进行深入的风险分析,严格审批程序和变更后的结果评估,完善相关管理信息。

14.10 加强设备设施失效数据库建设

为了增强设备完好性管理的科学性、有效性,提高预防性维护维修的针对性和准确度,在保证安全生产的前提下,进一步降低设备管理成本,提高企业经济效益,积累设备设施失效数据,建立企业设备设施失效数据库非常必要和紧迫。

14.10.1 认真组织设备设施失效分析

企业要对所有设备设施故障、功能失效和设备事件等,组织开展失效原因分析,建立失效分析管理制度和程序，确定失效机理并制定改进措施。

在设备设施事件、故障、功能失效等失效机理分析的基础上，企业根据实际情况，应组织开展设备失效根原因分析，判断实施"根原因"即管理原因分析的必要性。对于重复发生的设备事故、故障必须进行根原因分析。

14.10.2　设备事故、事件调查

设备事故、事件发生后，企业应按照管理程序及时开展调查工作，调查分析事故发生的技术原因和技术方案、操作规程缺陷等管理原因。通过根原因分析明确事故发生的直接原因、管理原因和根本原因。

14.10.3　建立和完善设备设施失效数据库

在全面进行设备设施失效分析的基础上，结合预防性维护维修和临时维修积累的设备设施及附件的失效数据，按照设备设施分类，建立企业设备、管道、电气、仪表、安全附件等设备设施的失效数据库，并根据不断获取的失效数据，持续完善失效数据库信息。数据库的信息样本数量越大，失效数据的参考价值和可信度越高，使用的效益越好。从这种意义上来讲，失效数据库应该由企业集团总部建立为宜；同类企业应通过协议共享失效数据库；化工园区管委会也可建立园区的失效数据库。企业要持之以恒地完善、补充失效数据，数据库失效数据积累到相当程度后，数据库的作用会得到更好的发挥。

设备完好性管理工作量大，初期见效慢，并与多个管理要素相衔接，企业要借鉴有关标准，不断完善体制、机制、有关规定和程序，持之以恒加强管理，为化工过程安全提供设备基础保障，降低设备维护费用，提升企业经济效益。

安全仪表管理本来属于设备完好性管理要素的组成部分，设备完好性管理要求完全适用于安全仪表完好性管理。但考虑到安全仪表在现代化工安全生产中作用极其重要，几乎无法替代，而且我国安全仪表专业人才十分缺乏，安全仪表管理工作的基础非常薄弱。因此将其单独列为一个管理要素，凸显它的重要性。

安全联锁系统、紧急切断、紧急停车系统(ESD)、安全仪表系统(SIS)先后出现并在化工生产广泛应用，极大地提高了化工安全生产的保障能力。目前化工装置大型化趋势越来越明显，苛刻操作条件的化学品生产工艺不断出现，安全仪表对化工安全生产作用也越来越重要。

安全仪表(或称安全自动化)是化工过程重要的保护措施，是化工过程安全稳定运行的重要保障，主要包括安全控制、安全报警和安全联锁，是针对特定的危险事件，用仪表和控制实现的过程安全保护措施(保护层)，以达到或保持过程安全状态。而广泛使用的安全仪表系统(SIS)必须按照功能安全标准 GB/T 21109—2007《过程工业领域安全仪表系统的功能安全》进行设计和管理。本要素强调安全仪表全生命周期管理，并在操作维护期间保证设计规定的完好性，从而确保安全仪表可靠运行。

就目前我国化工行业的情况看，加强安全仪表管理突出的矛盾是工艺和仪表专业的融合不够、缺乏功能安全相关知识，仪表工程师缺乏，安全仪表工程师严重不足。化工企业必须高度重视工艺技术人员学习安全仪表知识、仪表技术人员学习工艺原理，同时要加大功能安全相关知识培训，加快安全仪表工程师培养，以满足化工装置安全仪表稳定运行的需要。

15.1　安全仪表系统的重要性

安全仪表系统独立于基本过程控制系统(BPCS)，在化工安全生产中承担着独立保护层的重要职责。生产正常时安全仪表系统处于休眠或静止状态，一旦生产装置或设施出现可能导致安全事故的情况时，能够瞬间准确动作，使生产装置安全停止运行或自动导入预定的安全状态。因此安全仪表系统必须有很高的可靠性(即功能安全)，如果安全仪表系统失效，往往会导致严重的安全事故，近年来发达国家发生的重大化工(危险化学品)事故，相当部分与重要的控制仪表、安全仪表失效或设置不当有关。例如 2005 年 12 月 11 日，英国邦斯菲尔德(buncefield)油库一汽油储罐在进油过程中，由于高液位仪表报警失灵、高高液位停止进油的安全仪表功能失效，汽油满罐后仍继续进油，导致约 300t 汽油从罐顶溢流外泄四处流淌，被罐区外道路行驶的油罐车引燃并发生一系列爆炸。事故最终导致大约 10000t 的油品泄漏起火，造成 2000 名左右的人员紧急撤离、43 人受伤，20 多个汽油、航煤等油品储罐被大火烧毁。大火持续燃烧 5 天，1000 多名消防员参与火灾扑救。因严重的空气、土壤和环境危害以及经营业务中断引起法律诉讼，导致巨额赔偿，事故损失高达 2.5 亿英镑，见图 15-1、图 15-2。

图 15-1　英国邦斯菲尔德油库事故引发的大火

图 15-2　英国邦斯菲尔德油库事故后的图片

当前，我国化工装置安全仪表应用和管理相对落后。一方面，一些涉及危险工艺的中小化工企业还没有基于风险配备安全仪表，因反应失控造成的重大事故还时有发生。另一方面，由于缺乏功能安全理念，安全仪表的设置和维护管理都还存在许多突出问题。近年来，国内由于紧急切断设置问题造成事故扩大或仪表失效导致事故的情况也时有发生。2010年某储运公司输油管道爆炸火灾事故，就是因为原油储罐的切断阀选用了电动阀，不具备紧急切断功能，输油管道爆炸后，原油储罐切断阀无法及时关闭，大量罐内原油倒流泄漏，造成事故后果扩大。2015年某石化公司乙二醇装置环氧乙烷精馏塔发生爆炸。事故原因是环氧乙烷精馏塔压力测量仪表的引压管（传感器共用）堵塞，压力测量共因失效造成精馏塔内压力显示失真，安全联锁功能失效，导致塔顶安全阀起跳后，实施紧急停车时切断热源，塔内环氧乙烷下沉到塔底，形成环氧乙烷水溶液。在酸性催化条件下，环氧乙烷水溶液水合并放出大量的热。塔内环氧乙烷水溶液在高温、催化条件下，发生暴聚和热分解反应造成超温超压，引起塔内化学爆炸(图15-3)。

图15-3　某石化公司乙二醇装置环氧乙烷精馏塔爆炸事故现场

　　安全仪表系统的设置是在化工装置危险与可操作性(HAZOP)分析的基础上，通过保护层分析(LOPA)，过程风险消减没有达到可接受风险标准的，通过装备安全仪表系统，使风险控制达到可接受的标准。根据安全仪表功能失效产生的后果及风险，将安全仪表功能完好性(完整性)要求划分为不同等级(SIL1-4，4级为最高)。不同等级安全仪表回路在设计、制造、安装调试和操作维护方面的技术要求也不同。

　　安全仪表系统的功能安全需要全生命周期的一系列技术和管理措施予以保障。目前，我国安全仪表系统及其相关安全保护措施在设计、安装、操作和维护管理等生命周期各阶段，还存在风险分析不准确、安全要求规格书(SRS)欠缺、设计选型不恰当、冗余容错结构不合理、缺乏明确的检验测试周期、预防性维护策略针对性不强等问题，规范安全仪表系统管理工作亟待加强。随着我国化工装置规模和危险化学品储存设施的大型化、生产过程自动化水平的逐步提高，化工安全生产对安全仪表系统的依赖越来越高，为了提升化工装置安全生产水平，加强和规范安全仪表系统管理十分必要和紧迫。

15.2　加强安全仪表工程师的培养

　　我国各种专业教育中，鲜见安全自动化或安全控制这样的教材或读物，缺乏完整的理念和方法，致使业界对于安全自动化的理解分歧较多，对功能安全理念和相关标准争议颇多，迫切需要系统的理论和方法的支撑。

目前不管是化工设计单位，还是化工生产企业，懂安全仪表及其功能安全的专业工程师少之又少。化工设计单位、化工企业要把功能安全工程师的培养，作为安全生产人才培养的重要组成部分，舍得投入，安排热爱化工安全仪表专业、有一定实践经验的化工自动化仪表工程师，到专门的培训班培训学习，通过学习能够取得功能安全工程师资格的，要给予奖励，提高仪表工程师学习安全仪表知识的积极性，加快功能安全工程师培养工作，以适应我国化工装置大型化、自动化和安全生产的要求。

15.3　加强安全仪表系统全生命周期管理

化工装置在设计阶段，经过对装置进行系统的危险与可操作性分析和保护层分析，根据风险防控的需要设计安全仪表系统，既安全又经济。

选择有能力的设计单位至关重要。在选择设计单位时，一定要考察设计单位的业绩和能力水平。事实上，选择优秀的设计单位，不仅可以更好地实现化工装置的本质安全设计，也可以提高整个项目的投资回报率。因为聘用优秀设计单位多支出的设计费用，很快可以通过化工装置的顺利投产和"安全、稳定、长周期、满负荷、优质"运行得到补偿。

(1) 设计安全仪表系统之前要明确安全仪表系统的过程安全要求、设计意图和依据。通过采用危险与可操作性(HAZOP)分析等方法，对装置生产过程的危害进行全面分析，充分辨识所有危害事件，科学确定必要的安全仪表功能。要根据国家有关标准规范对安全风险进行评估，确定必要的风险降低要求。在此基础上，根据所有安全仪表功能的功能性和完好(整)性要求，准确编制安全要求规格书(SRS)。

(2) 规范化工安全仪表系统的设计、选型。要严格按照安全要求规格书(SRS)设计与实现安全仪表功能。通过仪表设备合理选择、结构约束(冗余容错)、检验测试周期以及诊断技术等手段，优化安全仪表功能设计，确保实现风险降低要求。要合理确定安全仪表功能(或子系统)检验测试周期，需要在线测试时，必须设计在线测试手段与相关措施。详细设计阶段要明确每个安全仪表功能(或子系统)的检验测试周期和测试方法等要求。

(3) 严格安全仪表系统的安装调试和联合确认。化工企业要会同安全仪表系统施工单位，制定完善的安装调试与联合确认计划并保证有效实施，详细记录调试(单台仪表调试与回路调试)、确认的过程和结果，并建立管理档案。施工单位按照设计文件安装调试完成后，企业在投运前应依据国家有关标准规范、行业和企业安全管理规定以及安全要求规格书(SRS)，组织对安全仪表系统进行审查和联合确认，确保安全仪表功能具备既定的功能和满足完好(整)性要求，具备安全投用条件。

(4) 加强安全仪表系统操作和维护管理。化工企业要编制安全仪表系统操作维护计划和规程，保证安全仪表系统能够可靠执行所有安全仪表功能，实现功能安全。

要按照符合安全完好(整)性要求的检验测试周期，对安全仪表功能进行定期全面检验测试，并详细记录测试过程和结果。要加强安全仪表系统相关元件故障管理(包括元件失效、联锁动作、误动作情况等)和分析处理，逐步建立相关设备失效数据库。要规范安全仪表系统相关设备选用，建立安全仪表设备准入和评审制度以及变更审批制度，并根据企业应用和设备失效情况不断修订完善。

为了减少非计划停车，一些化工企业习惯于将某些安全仪表的测量输入"强制"，这是有相当风险的。对于安全仪表的任何人为干预，都必须纳入变更管理，对可能带来的风险进行评估，制定相应降低风险的补偿措施，确保风险可以接受。

（5）功能安全管理。企业要制定和完善安全仪表系统相关管理制度或企业内部技术规范，把功能安全管理融入企业过程安全管理体系，不断提升过程安全管理水平。

15.4　重视其他安全仪表保护措施管理

（1）加强装置报警管理。化工企业要高度重视化工装置的报警管理工作，制定企业报警管理制度并严格执行。一些企业没有科学设置 DCS 的报警，报警参数过多过滥，相当部分的报警可有可无，操作人员对正在报警参数无动于衷，DCS 画面充斥着大量的激活的报警而没有操作人员及时处理。这样长此以往，迟早会重演"狼来了"的故事，河北张家口某化工公司"11・28"重大事故就是典型的例证。化工企业要由工艺专业牵头，组织设备、电气、公用工程等专业，对所有的 DCS 报警进行认真的分析甄别，剔除所有非必要报警并按既定规则确定报警优先级。这项工作完成后，DCS 画面上一旦出现报警，操作人员必须立即确认并采取相应措施，不允许 DCS 画面上有激活而未确认的报警。要采用不同的声音和显示区分提示性报警和警示性报警。与安全仪表功能安全完好（整）性要求相关（即作为独立保护层）的报警可以参照安全仪表功能进行管理和检验测试。

（2）加强基本过程控制系统的管理。化工企业工艺技术人员要学习相关仪表知识，以便在仪表显示异常时，能比较迅速判断是工艺参数偏离，还是仪表故障；仪表技术人员要基本掌握工艺原理和仪表控制参数的变化规律和特点，优化控制回路 PID（比例、积分、微分）参数设置，增强控制回路的抗干扰能力，提高工艺参数的平稳率。要对自动控制回路的投用率进行考核。控制回路无法投入自动控制，不外乎两个原因：仪表控制回路不完好或工艺参数波动过大。考核仪表投用率，一方面倒逼仪表完好率的提升，另一方面暴露工艺操作矛盾加以解决。要加强重要参数控制回路的管理，以提高装置运行平稳率。与安全完好（整）性要求相关的控制回路（作为独立保护层），要参照安全仪表功能进行管理和检验测试。

（3）加强有毒有害和可燃气体泄漏检测保护系统的管理。在发达国家的化工企业，大都将有毒有害和可燃气体泄漏检测保护系统纳入安全仪表系统管理，相关系统独立于基本过程控制系统。在我国化工企业，有毒有害和可燃气体泄漏检测一般仅提供报警（即常说的 GDS）。相关要求可以参照新修订的 GB/T 50493—2019《石油化工可燃气体和有毒气体检测报警设计标准》执行。当前，相当部分的化工企业对有毒有害和可燃气体泄漏检测报警系统的重视不够。有的企业有毒有害和可燃气体泄漏检测探头现场布置不合理。有的企业操作人员不了解有毒有害和可燃气体泄漏检测保护系统的性能，对可燃气体泄漏检测报警值的单位和含义不清楚；有的企业操作人员对有毒有害和可燃气体泄漏检测报警熟视无睹；有的企业有毒有害和可燃气体泄漏检测系统出现故障也不及时修复；个别企业甚至因此发生严重事故。作为危险化学品泄漏早期最直接的反应，有毒有害和可燃气体泄漏检测保护系统在化工安全生产中的作用非常重要，企业要高度重视有毒有害和可燃气体泄漏检测保护系统的管理。有毒有害和可燃气体泄漏检测保护系统现场安装时，化工企业的工艺和仪表人员要积极参与，将探测器安装在更加靠近有毒有害和可燃气体容易泄漏的地方，使其布局更加合理，有条件的企业可以通过探测器覆盖率评估验证探头覆盖率。有毒有害和可燃气体泄漏检测保护系统最好要单独设置二次仪表盘，检测数据直接在 DCS 画面上显示的，要注意独立性，并安装专用的声音报警设备，以区别于其他工艺、设备报警。要加强对有毒有害和可燃气体泄漏检测保护系统相关知识的培训，使装置所有人员清楚可燃气体爆炸下限的含义，有毒有害气体报警值是如何确定的，根据有毒有害和可燃气体泄漏检测报警值，判断现场泄漏的严重程度。要加强有毒有害和可燃气体泄漏检测保护系统的维护和保养，定期测试、标定，确保有毒有害和可燃气体泄漏检测保护系统功能完备。

第 16 章

重大危险源安全管理

1993 年 6 月，第 80 届国际劳工大会通过的《预防重大工业事故公约》将"重大事故"定义为：在重大危害设施内的活动过程中出现意外的突发性事故，如严重泄漏、火灾或爆炸，其中涉及一种或多种危险物质，并导致对工人、公众或环境造成当下或后期严重危害。对重大危害设施定义为：长期或临时加工、生产、处理、搬运、使用或储存数量超过临界量的一种或多种危险物质，或多类危险物质的设施（不包括核设施、军事设施以及设施现场之外的非管道的运输）。

我国安全生产领域讲到的重大危险源，一般是指危险物品储存量超过一定数量的危险品储存场所或设施。把重大危险源安全管理作为化工过程安全管理的独立要素，是借鉴欧盟化学品安全管理的经验（塞维索指令），根据我国国情和化工、危险化学品安全生产的特点和危险化学品重大危险源的危险特性确定的。

重大危险源与一般的生产工艺单元相比，虽然涉及的流程和操作并不复杂，发生事故的概率也较低，但化学品数量大，一旦失控，往往导致严重后果。一些重大危险源事故造成的危害往往不仅限于企业自身，还会波及周边区域和产生环境污染，造成十分严重的后果。例如：2010 年大连某公司原油库输油管道发生爆炸，引发大火，事故直接财产损失为2.2 亿余元，构成特别重大事故，造成严重的社会不良影响；2015 年天津港区存放的危险化学品发生火灾、爆炸。专家测算，事故中最大一次爆炸能量达到 430t TNT 当量。事故造成 173 人死亡和失联，直接经济损失 68 亿元。因此化工企业（包括危险化学品储存单位）必须突出加强重大危险源安全管理。防范化工、危险化学品重特大事故首先要把重大危险源管住、管好。

为了加强企业重大危险源的安全管理和地方各级政府对重大危险源的安全监管，有效预防重大危险源事故的发生，2011 年原国家安全监管总局发布《危险化学品重大危险源监督管理暂行规定》（原国家安全监管总局令第 40 号），明确危险化学品重大危险源是指按照GB 18218—2018《危险化学品重大危险源辨识》辨识确定，生产、储存、使用或者搬运危险化学品的数量等于或者超过临界量的单元（包括场所和设施）。《危险化学品重大危险源监督管理暂行规定》对危险化学品重大危险源的辨识、分级、评估、备案和核销，登记建档、监测监控体系和安全监督检查等提出了具体、明确的要求。

16.1 完善重大危险源安全设计

重大危险源的设计首先要符合现行的设计标准、规范，同时也要及时吸取近年来重大危险源发生的事故教训。

（1）动力电缆和仪表电缆的安全问题

大连"7·16"事故中，本来原油罐电动切断阀的动力电缆设计是埋地敷设的，由于山石地基开挖困难，施工单位提出改为沿管架敷设，设计单位没有考虑变更后可能带来的风险就同意施工单位的要求。爆炸火灾发生后，大火很快将电缆烧毁，导致无法及时关闭原油储罐的切断阀，大量原油从原油罐倒流泄漏，严重扩大了事故的规模。一些储罐的仪表电缆在危险化学品储罐的围堰内地面支架敷设，一旦发生火灾，仪表电缆很快烧毁，储罐液位、温度、压力等工艺参数无法显示，会严重影响事故的应急处置。因此重大危险源的电气、仪表电缆的安全设计，要充分考虑发生事故状态下应急处置的需要，尽量埋地设计为宜。

（2）罐组防火堤内的增设隔堤（一罐一堤）问题

目前我国有关设计标准是4个或6个储罐为一组设计防火堤。近年来几次危险化学品储罐区事故，都暴露出这样设计存在的风险：罐组的任何一个储罐泄漏发生火灾爆炸，很快会威胁罐组其他储罐的安全。大连某石化公司的"6·2"事故、南京某石化公司的"6·9"酸性水储罐区爆炸事故、漳州某芳烃企业"4·6"重大爆炸火灾事故都暴露出这样的问题。对此，原国家安监总局发文要求：在罐组防火堤内增加隔堤。增加的隔堤要适当低于防火堤的高度，这样既保证了防火堤的设计容积，又能保证储罐发生泄漏火灾初期，将事故影响控制在发生事故储罐的隔堤内，为罐组内其他储罐安全提供短期的保护屏障。同时，大于10000m³的大型储罐如果6个一组，万一发生火灾，中间两个储罐往往很难实施有效的冷却保护。因此从消防角度看，大型储罐以4个为一罐组更有利于火灾时储罐的冷却保护。

（3）液体危险化学品储罐的阶梯布置问题

一些重大危险源选址在山坡上，危险化学品液体储罐分不同高度阶梯布置。这种情况下，万一高处的储罐发生事故产生"流淌火"，会导致严重的后果。对这样的重大危险源，要设计考虑如何防止高处储罐发生事故影响低处储罐安全问题。相类似地，重大危险源的控制室、消防设施等重要安全设施也不应布置在低处，防止发生类似于大连"7·16"输油管道爆炸泄漏事故，流淌火将原油储罐区的控制室和消防泵房烧毁。

（4）罐区挥发性有机物（VOCs）治理的安全问题

近年来，随着我国环境保护标准的提高，要求轻质油品罐进行VOCs治理。一般的方法是将油品储罐呼吸阀排出的油气集中到回收或吸附装置处理，以减少VOCs的排放量。在罐区VOCs治理过程中，一些企业没有进行变更风险分析，简单地将数个油罐的呼吸阀排放口用管线联通在一起，没有在呼吸阀出口增设阻火装置。这样，一旦有一个储罐发生闪爆事故，联通管线成为火焰传播通道，造成相联的储罐连环爆炸。2021年5月31日，河北沧州某石化公司因原油罐动火引发的原油储罐连续闪爆火灾事故就是这类事故的典型。因此，设计油罐VOCs治理方案时，必须纳入变更管理，对改造可能带来的安全风险采取有效控制措施。

（5）重大危险源的整体安全问题

化工过程安全管理的核心是遏制涉及危险化学品的重特大事故，当然这里讲的重特大事故不仅是以伤亡人数和财产损失度量。随着党中央国务院和各级人民政府对安全生产工作的要求越来越高、人民群众对安全事故的容忍程度越来越低，危险化学品事故社会影响越来越大，重特大事故理应包括重大社会影响的事故。遏制危险化学品重特大事故，重大危险源的安全管理是重中之重。当前重大危险源的规划设计必须从整体安全的角度出发考虑问题：

一要考虑重大危险源建成后对周边公共安全的影响，规划时要对整个重大危险源的化学品容量做出初步估算，在此基础上对重大危险源做出初步的定量风险评估、确定发生事故极端情况下可能影响的范围，为总图设计和周边社会规划提供依据。

二要考虑重大危险源的最大允许容量。GB 50160—2008《石油化工企业设计防火标准（2018 年版）》对罐组的最大储量提出了要求，但对重大危险源最大容量没有提出明确要求，随着化工装置、危险化学品储存装置的大型化，要从底线思维的角度出发，从事故后果的角度限制一个重大危险源的最大容量。要特别关注爆炸化学品（硝酸铵和硝基化合物、偶氮化合物、过氧化物等）、液态烃、有毒有害化学品，易燃液体等重大危险源的重大风险。

三要严禁爆炸性化学品（例如硝酸铵）与易燃、特别是自燃化学品一起存放，严防类似天津港"8·12"特别重大火灾爆炸事故等恶性事故的发生。

四要考虑重大危险源与化工生产装置的相对位置和安全间隔。要认真吸取福建漳州"4·6"重大爆炸火灾事故教训，避免危险生产装置和危险化学品罐区平行布置；禁止轻质油罐、有毒有害化学品储罐靠近存在爆炸风险的化工装置布置。

五要对重大危险源定期进行定量风险评估，对重大危险源的风险，企业要始终做到心中有数。

16.2　完善重大危险源监控措施

鉴于重大危险源失控后的严重后果，完善的监控措施对重大危险源的安全运行尤为重要。

一是吸取印度博帕尔事故教训，每个危险化学品储罐除装备温度、压力、液位等参数的基本控制过程仪表外，还应当装备安全仪表系统，确保每个储罐温度、压力、液位检测的可靠性。

二是在风险评估的基础上，高毒高危害化学品、液态烃、易燃液体的储罐和大中型危险化学品储罐要装备紧急切断阀。紧急切断阀必须能够在所有外部动力（电、仪表风等）中断的情况下仍然能够实现预定功能。紧急切断阀除能在控制室实现远程控制外，在现场罐区防火堤外的安全区域也要就近安装控制按钮。

三是科学设置重大危险源可燃有毒气体泄漏和火灾（危险化学品库房）探测报警装置。目前一些企业的危险化学品罐区内的可燃有毒气体泄漏报警布局不合理，部分泄漏探测器远离潜在的泄漏点，泄漏探测的及时性、准确性和有效性都不够。要对重大危险源可燃有毒气体泄漏探测设备的覆盖率进行评估，根据评估结果及时完善可燃有毒气体泄漏探测设备的现场布置。近年来，一些国外公司、国内高校和科研机构都在积极研发非接触式远程化学品泄漏探测设备，部分成果已经开始应用，有条件的企业可以在液态烃、有毒和易燃化学品罐区率先应用，提高化学品泄漏的早期发现能力。

四是化工企业重大危险源通常都装有视频监控系统。这些视频监控对监控现场、支持应急处置和事故调查起到了很好的作用，随着我国图像识别技术开发应用，对于特定危险场景的监控会发挥越来越重要的作用，企业要积极探索。

五是我国目前大部分轻质油罐、原油罐都已采用浮顶罐，浮顶罐的密封性能直接决定罐顶可燃气的浓度，为了避免因雷击引发罐顶事故，每年进入雷雨季节前要对所有浮顶罐密封性能进行检查，必要时设置、投用氮气保护措施。

六是把重大危险源作为企业领导干部安全生产联系承包的重点，企业主要领导要掌握重大危险源风险管控措施的落实情况，特别是管控责任的明晰和落实、监控仪表的完好、防雷和防静电措施的落实等，要严格泄漏管理和火源管控，确保重大危险源的风险始终处于受控状态。

16.3　重大危险源安全操作管理

重大危险源的危险特性决定了涉及重大危险源的安全操作十分重要。

一要严格切换流程操作。重大危险源储罐多、管道多、阀门多、切换流程频繁，一旦出错后果严重。发生在 1997 年香港回归前夕的北京东方化工厂"6·27"特大泄漏爆炸火灾事故教训就极为深刻。流程切换前，操作人员要核实操作指令，仔细确认切换阀门，夜间、恶劣天气切换流程操作，要安排专人监控操作。要建立重大危险源切换流程后的确认制度，流程切换完成后的一段时间内，要对相关储罐的液位、温度、压力等参数的变化情况进行监控、确认，确保流程切换操作准确无误。

二要严格储罐切水安全操作。需要定期切水的储罐要安装二次切水装置，手动切水阀要选择弹簧式自关阀。要深刻吸取 1988 年上海某石化公司液化气罐区"10·22"重大事故、2015 年山东日照某公司"7·16"液化气罐区泄漏爆炸事故教训，现场切水严禁离人。

三要严格轻质油内浮顶罐进、送料操作。内浮顶油罐正常投用时，内浮盘浮在油品表面，浮盘与油品之间没有空间以防空气进入形成爆炸性气体。为了检修，在罐内一般设置 1.8m 高的浮盘支架，罐内液位低于浮盘支架高度后，浮盘与油品液面之间形成空隙导致空气进入，这时如果进料流速过快(体积电阻率大的油品要求流速小于 1m/s)产生静电的话，就会发生油罐内闪爆事故。典型的事故是：2011 年 8 月 29 日，大连某石化公司一个 20000m³ 柴油储罐在进油时发生闪爆事故，事故罐被损毁，防火堤内的另一盛有 20000m³ 柴油储罐险些被烧毁，见图 16-1、图 16-2。

因此除非倒空操作，浮顶罐正常送料严禁液位降低到浮盘支架高度。浮顶罐投用时要采取氮气置换或控制进料流速方法降低风险。

四要严格重大危险源的巡回检查。2012 年 12 月 30 日，山西某煤化工公司在苯胺切换产品储罐时发生泄漏事故，事故直接原因是储罐的连接金属软管因质量问题破裂导致苯胺泄漏。暴露出的突出问题是从 30 日 13 时 45 分苯胺开始泄漏，至 31 日 8 时 15 分停止送料，苯胺泄漏长达 18.5h 历经两个班次而没有发现。致使苯胺泄漏总量达近 320t，流出厂区 130

图 16-1　大连某石化公司"8·29"事故

图 16-2　大连某石化公司"8·29"事故后罐组

余吨，其中近9t流入浊漳河造成跨省域污染。相对于化工装置的频繁操作来讲，重大危险源的操作人员因为操作去现场次数不算多，因此重大危险源的按时巡检、及时发现异常状况尤为重要。

16.4　重大危险源动火管理

重大危险源内往往储存大量的易燃易爆化学品，在重大危险源范围内进行动火作业，万一失控后果十分严重。近年来因为在罐区动火引发的事故屡屡发生。典型的事故案例有：2013年6月2日，大连某石化公司第一联合车间三苯罐区小罐区939#杂料罐在动火作业过程中发生爆炸起火，并引起937#、936#、935#三个储罐相继爆炸，事故造成4人死亡。2020年6月9日，某石化公司烯烃厂乙烯原料罐区在除锈作业时发生闪爆事故，造成2人死亡（图16-3），发生事故的是10000m³的石脑油罐，从事故图片上判断，闪爆部位是内浮顶罐的排气孔附近，分析原因应该是排气孔附近的可燃气超标，由非防爆的施工工具引发事故。原国家安监总局发文要求涉及运行重大危险源的动火必须按特级动火管理。这一要求意味着在重大危险源范围内尽量不安排动火作业，确实需要动火作业的要十分谨慎、小心，必须对参与作业人员进行专门的安全教育和现场交底，认真组织作业风险识别，严格可燃气体检测，严格限定作业范围。要特别注意作业部位变化、气温变化带来的风险。重大危险源动火要根据动火部位的变化，随时分析作业点附近可燃气浓度，要充分考虑气温升高带来油品挥发增加、周边可燃气浓度上升的风险。要安排责任心强、现场情况熟、安全管理能力强的管理人员对重大危险源动火进行"旁站"监护，确保安全。

图 16-3　某石化公司烯烃厂乙烯原料罐区闪爆事故

16.5　重大危险源的应急准备

重大危险源一旦发生火灾、爆炸，如果应急处置不及时，后果往往是灾难性的。

一要加强事故的早期发现、早期应对，防止事故扩大。事故的早期发现、早期处置对于降低事故后果十分重要，重大危险源事故更是如此。要综合工艺参数监控、可燃气体泄漏报警监控、具有泄漏图像识别功能的视频自动监控和各级巡回检查等措施，重视各监控措施的细微变化，见微知著，不断摸索规律，提高事故的早期发现能力。要加强应急处置的技能培训，增强事故早期处置能力。大多数事故的早期处置并不十分困难，关键是有关人员的早期应急反应，抓住事故早期处置"三分钟"的黄金时间，采取有效措施控制或消灭事故。

二要应急预案要实。要明确发生事故后的各项应急响应处置工作分工，特别是要明确报警、现场应急处置和事故源处置的责任分工。要针对每个罐组，选择应急处置最困难的储罐开展包括消防车战位布置的全要素消防演练，不断完善应急预案。

三要针对重大危险源事故的特殊性配备应急器材、装备。重大危险源事故一旦早期控制失败，后期处置对消防水量需求量大增，工厂消防系统难以满足消防要求。大功率消防车(包括涡喷灭火设备)、远程供水系统、消防机器人、无人机、充足的消防泡沫和水源，一定数量的重型防化服、特殊急救药品等应急救援的特殊装备、物资必须提前准备到位，制定好有效的保障措施。

加强重大危险源管理是化工企业、危险化学品单位防范重特大事故最重要的工作，必须高度重视，积极实践，不断完善，提高防范化工、危险化学品重特大事故的水平。

第 17 章
作业安全管理

17.1 概述

化工生产活动分为操作和其他作业两种情况，操作和作业都涉及安全问题。操作安全一般是通过制定操作规程来保障。其他作业安全需要通过作业许可证或安全作业程序管理来实现。

为了预防化工企业作业事故，化工部时期曾明确规定动火、进入有（受）限空间、盲板抽堵、高处作业、吊装、临时用电、动土 、断路八大作业为特殊的高风险作业，制定了相应的安全管理制度，要求必须实行作业许可证管理，防范事故发生。

从近几年全国事故的统计数据来看，化工、危险化学品事故死亡人数的50%~60%发生在动火、进入受限空间等特殊作业环节。因此，加强作业安全管理特别是高风险作业安全管理是化工企业安全生产工作的重要内容。

基于近年来化工、危险化学品的事故教训，借鉴化工部时期的安全管理经验，化工企业高风险作业应包括动火、进入受限空间、盲板抽堵、高处作业、吊装、临时用电、破土、断路、危险化学品装卸九大作业。原来的"有限空间"一词，近年来化工企业逐渐被更规范的"受限（作业受到限制）空间"替代。随着我国化工行业的快速发展，危险化学品运输量大大增加，危险化学品装卸环节事故多发，因此化工企业高风险作业应该增加"危险化学品装卸"。2020 年 11 月 2 日，位于广西壮族自治区北海市铁山港（临海）工业区的某液化天然气公司在实施二期工程项目贫富液同时装车工程施工时，因仪表"强制"（是指强行停止仪表一种或一些安全功能）导致紧急切断阀误开，液化天然气喷出发生闪燃事故，造成 7 人死亡、2 人重伤。位于美国得克萨斯州帕萨迪纳市的菲利普石油公司休斯敦化工厂（HCC），1989 年 10 月 23 日聚合装置反应器出料阀在检修时突然打开发生爆炸事故（连续爆炸 5 次，最初的爆炸威力达到里氏 3.5 级，大火耗时 10 个小时才得以控制，事故最终造成 23 名员工死亡、314 人受伤）。因此化工企业仪表"强制"作业也应纳入高风险作业管理。

化工装置安全生产的特殊性决定了必须对化工装置进行定期、不定期的检维修。化工企业的检维修过程往往作业单位多、作业人员多、交叉作业多，容易发生事故，但主要的风险大多集中在上述高风险作业中，考虑到承包商安全管理要素对化工企业的检维修作业也有涉及，国际知名化工公司也没有将检维修作业单独列入高风险作业管理，因此没有再将检维修作业列入高风险作业管理。但是，化工企业的检维修作业既涉及高风险作业，又涉及承包商管理，还涉及各种交叉作业，安全管理难度很大，企业要高度重视，认真组织，加强安全管理，必要时聘请第三方安全监理，确保检维修安全。

作业的安全管理在于对作业风险的认知，管理的有效措施是在作业危害分析(JHA)的基础上实施作业许可或安全作业程序管理。因此作业安全的关键是在充分识别风险的前提下严格执行许可管理制度或安全作业审批程序。

17.2 作业安全管理的一般措施

对于化工企业的作业安全管理，国内外化工行业都积累了比较成熟的经验：在对作业可能存在的风险进行深入分析的基础上，针对风险防控要求，制定相应的管理制度；通过具体作业安全分析(JSA)和作业许可程序，对作业前应具备的安全条件，进行逐项签字确认；通过设立监护人制度，对作业过程进行安全监护，确保高风险作业安全。我国2022年修订公布了国家标准 GB 30871—2022《危险化学品企业特殊作业安全规范》，修订后的标准2022年10月1日起实行，适用于化工企业、化学品单位涉及的动火作业、受限空间作业、盲板抽堵作业、高处作业、吊装作业、临时用电作业、动土作业、断路作业。化工企业要在深入研究 GB 30871—2022《危险化学品企业特殊作业安全规范》的基础上，制定符合企业自身特点的高风险作业安全管理制度。

作业安全管理基本要求：

(1) 作业前，作业单位和生产单位应对作业现场和作业过程中可能存在的危害因素进行辨识和分析(作业危害分析 JHA)，制定相应的安全措施。

(2) 作业前，应对参加作业的人员进行安全教育和培训，主要内容如下：

① 与安全作业有关规章制度的具体要求；

② 作业现场和作业过程中可能存在的危险有害因素及应采取的具体安全措施；

③ 作业过程中所使用的个体防护器具的使用方法及安全使用注意事项；

④ 作业出现紧急情况时避险、逃生、自救、互救的知识和方法；

⑤ 类似作业发生过的事故案例和教训。

(3) 作业前，生产单位应进行以下工作：

① 对作业设备、管线进行排空、隔绝、清洗、置换，并确认满足动火、进入受限空间等作业安全要求；

② 在放射源附近作业时，要对放射源采取相应的安全处置措施；

③ 对作业现场的地下隐蔽工程进行现场交底；

④ 涉及腐蚀性介质的作业场所应配备应急冲洗水源和设施；

⑤ 夜间作业的场所设置满足要求的照明装置；

⑥ 会同作业单位组织作业人员到作业现场进行安全作业交底，了解和熟悉现场环境，进一步核实安全措施的可靠性，熟悉应急救援器材的位置、分布及紧急避险通道。

(4) 作业前，作业单位对作业现场及作业涉及的设备、设施、工器具等进行安全检查，

并使之符合以下要求:

① 作业现场消防通道、行车通道应保持畅通;影响作业安全的杂物、特别是易燃物应彻底清理干净;

② 作业现场的梯子、栏杆、平台、箅子板、盖板等设施应完整、牢固,采用的临时设施应确保安全;

③ 作业现场可能危及安全的坑、井、沟、孔洞等应采取有效防护措施,并设警示标志,夜间应设警示红灯;需要检修设备上的电气电源应可靠断电,在电源开关处加锁并加挂安全警示牌;

④ 作业使用的个体防护器具、消防器材、通信设备、照明设备等应完好可靠;

⑤ 作业使用的脚手架、起重机械、电气焊用具、手持电动工具等各种工器具应符合作业安全要求;超过安全电压的手持式、移动式电动工器具应逐个配置漏电保护器和电源开关;

⑥ 进入作业现场的人员应正确佩戴符合国家标准 GB 2811—2019《头部防护 安全帽》要求的安全帽,作业时,作业人员应遵守本工种安全技术操作规程,并按规定着装及正确佩戴相应的个体防护用品,多工种、多层次交叉作业应安排专人统一做好安全协调工作;

⑦ 特种作业和特种设备作业人员应持证上岗,患有职业禁忌证者(依据国标 GBZ/T 157—2009《职业病诊断名词术语》)不应参与相应作业。

(5) 作业前,作业单位应办理作业审批手续,并有相关责任人签名确认。同一作业涉及动火、进入受限空间、盲板抽堵、高处作业、吊装、临时用电、动土、断路中的两种或两种以上时,除应同时执行相应的作业要求外,还应同时办理相应的作业审批手续。作业时审批手续应齐全,安全措施应全部落实,作业环境应符合安全要求。

(6) 当生产装置出现异常,可能危及作业人员安全时,作业人员应立即停止作业,按照预定的路线迅速撤离。生产单位监护人员应立即报告生产单位。

(7) 作业完毕,应恢复作业时拆移的盖板、箅子板、扶手、栏杆、防护罩等安全设施的安全使用功能;将作业用的工器具、脚手架、临时电源、临时照明设备等及时撤离现场;将废料、杂物、垃圾、油污等清理干净,确保现场不遗留残留火种。

17.3　动火作业安全

存在闪点小于 60℃ 可燃物质的场所称之为易燃易爆场所。具体是指国家标准 GB 50016—2014《建筑设计防火规范(2018 年版)》、GB 50160—2008《石油化工企业设计防火标准(2018 年版)》和 GB 50074—2014《石油库设计规范》中火灾危险性分类为甲、乙类区域的场所。

化工企业在易燃易爆场所进行可能产生火焰、火花或炽热表面的非常规作业,如使用电焊、气焊(割)、喷灯、电钻、砂轮、铁器除锈、临时接电等进行的作业,属于动火作业。目前,我国动火作业闪爆事故依然频发、高发。控制动火作业风险是化工企业安全管理的难点和重点,动火作业安全管理是否到位,是目前企业风险识别水平和安全管理水平的重要标志之一。化工企业必须高度重视动火作业安全管理,进一步完善管理制度、强化教育培训、严格作业许可、加强作业现场持续监控,有效防范动火作业事故的发生。

（1）动火作业风险管控的核心问题

动火作业的风险主要有两种，一是引发火灾，二是发生闪爆事故，其中动火作业发生闪爆事故造成的危害更大。动火作业发生闪爆事故是因为达到爆炸极限的可燃气体遇到点火源发生爆炸。化工装置内动火作业是明显的点火源，因此可燃气体的控制就成为关键。动火前动火部位及周边可燃物清理，特别是可燃气体的排净、置换、隔离和检测达到爆炸下限（LEL）的20%以下，以及动火过程中可燃气体的随时检测，是动火作业风险管控的核心措施。

要特别注意在设备、管道外部动火时，设备内部不能存在爆炸性气体的物料，否则焊接热量传到设备内部会成为点火源。如：2014年4月16日，江苏南通市某化工厂硬脂酸造粒车间，在硬脂酸储罐外侧焊装振荡器（用于防止罐内物料粘壁）时，引发罐内硬脂酸粉尘爆炸，事故当时造成9人死亡。原因就是罐外焊接产生的高温，通过管壁传导到储罐内部，成为罐内硬脂酸粉尘（硬脂酸罐直通大气）爆炸的点火源。2021年12月28日，山西某公司发生4人死亡的爆炸事故。事故的直接原因是：二硝车间硝化分离器至水洗锅间的放料蒸汽夹套管道有漏点，在未办理完动火作业票证和安全措施未落实的情况下，违规对夹套管道漏点进行补焊（电焊作业），导致放料管道内的2,4-二硝基氯苯受热分解爆炸。在设备外部动火，必要时可在设备内部可用惰性气体（氮气或蒸汽）或充满水进行保护。

（2）动火分级

化工企业动火一般分为特级动火、一级动火和二级动火。节假日或企业有特殊要求的，动火作业应升级管理。根据需要，有的企业设定固定动火区。

① 特级动火。在易燃易爆运行装置区域内的动火作业属于特级动火。原国家安监总局规定：没有全部倒空、置换合格的重大危险源的动火属于特级动火。特级动火具有相当大的风险，一旦管控措施不到位就可能引发严重的事故，要遵循"非必要不动火"的原则，谨慎决定、严格审批特级动火。特级动火应至少由动火装置的上一级管理机构分管安全的负责人审批，熟悉动火装置情况的技术或安全管理人员监护。特级动火许可时间一般不超过8h，动火期间要连续监测可燃气体含量，中间休息超过30min，再次作业前必须进行可燃气体分析。特殊作业尽可能使用连续监测设备进行监测。一般不允许在易燃易爆设备上带压不置换动火作业。

② 一级动火。在装置停止运行、尚未彻底倒空置换合格的易燃易爆场所的动火作业属于一级动火。易燃易爆化学品输送管廊上的动火作业按一级动火作业管理。

③ 二级动火。凡生产装置或系统全部停车，装置经倒空排净、清洗置换，分析合格并与其他系统采取安全隔离措施后，可根据其火灾、爆炸危险性大小，经安全管理部门批准，动火作业可按二级动火作业管理。

④ 固定动火区。固定动火区的选择应远离易燃易爆区域（《建筑设计防火规范》要求大于30m）、位于易燃易爆有毒区的上风向。为了确保安全，固定动火区可设置可燃气体报警器。

（3）设备、管道等设施动火作业前可燃物料的排净、置换和隔离

如果是在易燃易爆设备、管道上动火，设备、管道内易燃易爆物料的倒空排净、置换和有效隔离，是动火作业"本质"安全的关键。

首先，必须完全倒空、排净易燃易爆化学品物料。动火点附近没有易燃易爆化学品，就不可能因为动火而发生火灾、爆炸事故。因此动火设备、管道的物料必须完全倒空、排净，要逐一打开每一个低点排放(导淋阀)检查确认物料是否倒空、排净。

彻底吹扫、置换。倒空、排净后的设备、管道要用氮气彻底置换合格。存在催化剂、吸附剂以及复杂内件的设备很难置换合格，往往还需要采用蒸汽吹扫(蒸煮)。设备、管道内存在物料结垢、重组分残渣时，置换合格后还需要过一段时间再次确认是否有易燃易爆气体逸出。

彻底隔离。要实现彻底隔离，决不能紧靠关闭有关阀门。使用盲板隔离是化工常用的隔离方法。化工行业有一句名言"相信盲板，不相信阀门"，因为阀门很可能因为内漏而无法做到"彻底"隔离。采取拆除一段管道也是常用的隔离方法。在使用"关闭双阀组、打开中间导淋阀"隔离时，要注意检查导淋阀是否畅通，两侧阀门是否内漏。

(4) 动火周边环境的处理

动火点周围或其下方地面如有可燃物、空洞、窖井、地沟、水封等，应检查、取样分析并采取清理或封盖等措施；对于动火点周围有可能泄漏易燃、可燃物料的设备，应采取隔离措施。

(5) 动火作业可燃气分析

动火作业可燃气分析(简称动火分析，下同)是动火安全作业的最后和最重要的安全屏障。只有动火前正确(分析方法、取样时间和部位)、认真进行可燃气体含量分析，动火作业安全才有保障。

动火分析合格的标准。原来有关标准中规定动火分析合格标准为："当被测气体或蒸气的爆炸下限大于或等于4%时，其被测浓度应不大于0.5%(体积)；当被测气体或蒸气的爆炸下限小于4%时，其被测浓度应不大于0.2%(体积)。"这样的表述是因为当时动火分析还采用气体含量分析仪器(例如色谱)。目前动火分析都采用可燃气体检测仪，对所有可燃气体检测的读数均为可燃气体爆炸下限的百分数，因此将动火分析合格标准规定为"动火部位及周边可燃气体含量小于爆炸下限(LEL)的20%为合格"更为方便。用于可燃气体检测的各种仪器要按照供应商的要求，定期校验以确保其检测的准确性。

设备内及受限空间内动火时，氧含量不应超过23.5%。因为在富氧条件下如果发生火灾，由于氧有助燃作用，后果会更加严重，而且富氧条件下作业人员容易"醉氧"导致注意力降低。

动火分析部位的选择。动火分析部位一定要有代表性。2018年5月12日，上海某石化公司在10000m³苯罐内更换内浮顶浮盘时发生爆炸事故。由于罐高19m，顶部和底部人孔打开时存在"烟筒"效应，底部气流主要向上运动，罐内气流的横向扩散效应降低，底部人孔处测的是外部进入的新鲜空气，仅在下部人孔处取样分析可燃气体不具代表性，尽管可燃气体分析合格，罐内作业时仍然发生闪爆事故，造成4人死亡。因此动火分析部位的选定十分重要。紧靠第一动火位置的周围必须分析，因为如果可燃气体超标，开始动火的一瞬间就会发生爆炸；容易散发可燃气体的部位必须分析，这是动火周围存在可燃气体的源头；要在动火周边选择一定数量的部位进行可燃气体检测，以确保分析数据可靠。只有所有的检测分析合格后方可动火。

动火分析还要注意三种情况：一是不论哪一级动火作业，只要动火作业中断 30min 以上，再次动火前必须再次进行可燃气体分析。二是要特别注意在设备设施内等受限空间动火时，重组分残渣中可燃气挥发和各种吸附的可燃气解吸问题。在受限空间内动火应该采用可燃气体连续分析仪器进行监控。三是检维修作业或技术改造动火作业时，动火点往往不断变化，动火分析要及时跟上。

（6）动火作业许可

化工企业动火作为最危险的作业之一，必须实施许可管理。通过作业许可证制度实施动火作业许可是化工企业通常的做法。《动火作业许可证》是动火事故调查的重要证据。必须认真填写，留存的一联必须妥善保存。

根据化工企业动火管理督查发现的问题，《动火作业许可证》管理要特别注意以下问题：

① 准确描述动火部位。同一区域不同的动火部位危险性差异很大，准确描述动火部位可以更准确地识别作业风险。

② 认真开展作业危害分析。认真、科学的作业危害分析是作业安全的基础。作业许可证危害识别采用列表清单方式的，每一项必须认真确认。一些动火作业可能存在特殊情况，动火作业许可证的危害识别和确认部分，要给处理特殊情况留有危害识别和安全措施确认的空间。

③ 动火可燃气分析的时间要严格。动火可燃气分析不能早于动火作业开始前 30min！动火过程中的可燃气分析要按照时间顺序认真逐一填写清楚。

④ 要注明动火结束时间和现场安全清理情况。

⑤ 动火许可证签字顺序要按管理级别从低到高进行；要严格按照企业制定的动火管理规定权限审批签发；签字时间要准确到分钟。

⑥ 特级动火、一级动火作业许可证有效期建议不超过同一班作业人员连续作业时间。二级动火作业许可证有效期不超过 24h。

⑦ 字迹要工整、清楚。

（7）动火作业现场监护

动火作业应有专人监火，监火人必须熟悉动火现场工艺、设备等情况，接受过专门的监火培训并考核合格。动火期间监火人不得离开现场，确需因故离开时，要安排相应人员顶替。动火现场必须配备消防器材，满足作业现场应急需求。

（8）动火作业结束后的现场安全处理

动火作业结束后，监火人员会同动火作业人员要对动火现场进行认真检查、清理，确保不遗留残留火种。

（9）动火作业其他有关规定

① 动火期间距动火点 30m 内不能排放可燃气体；距动火点 15m 内不能排放可燃液体；在动火点 10m（美国 CCPS 要求大于 35ft，即 10.668m）范围内及用火点下方不应同时进行可燃溶剂清洗或喷漆等作业。

② 铁路沿线 25m 以内的动火作业，如遇装有危险化学品的列车通过或停留时，应立即停止动火作业。

③ 使用气焊、气割动火作业时，乙炔瓶应直立放置，氧气瓶与其间距不应小于 5m，两者与作业地点间距不应小于 10m，并应设置防晒设施。

④ 五级以上(含五级)天气,原则上禁止露天动火作业,因生产确需动火,动火作业应升级管理。

17.4 进入受限空间作业安全

所谓受限空间,是指进出口受到一定限制,通风不良,可能存在缺氧或有毒有害、易燃易爆物质集聚,对进入人员的身体健康和生命安全构成威胁的封闭、半封闭设施及场所。如反应器、塔、釜、槽、罐、炉膛、锅筒、管道以及地下室、窨井、坑(池)、下水道、深坑或其他封闭、半封闭场所。

受限空间内发生事故救援困难,而且情急之下,现场人员经常会在没有穿戴防护用品的情况下盲目施救,结果往往非但没有救出遇险人员,施救人员最终也未能生还,导致事故进一步扩大。

受限空间作业事故不仅发生在化工、危险化学品企业,而且在轻工、冶金、食品(酱菜、泡菜腌制)、城市污水系统清理、市政工程等行业也屡屡发生,必须高度重视受限空间作业的风险识别和管控问题。

(1)受限空间作业风险管控核心问题

受限空间作业面临的主要风险是缺氧窒息、有毒气体中毒和人员遇险后施救困难。在受限空间进行可能产生火花的作业时,还要注意易燃易爆气体含量要小于爆炸下限的20%,防止发生火灾、爆炸事故。一些存在残渣、残液、淤泥的受限空间,作业还要特别注意,尽管作业前有毒有害气体分析合格,但人员进入作业时搅动残渣、残液、淤泥造成有毒气体逸出,导致作业人员中毒问题。在一些出入口狭窄的受限空间救援往往十分困难,一旦作业人员遇险,留给救援的时间窗口很小。就缺氧窒息而言,有医学资料显示:人体大脑缺氧时间超过6min就会造成不可逆损伤,超过8min基本就会脑死亡,也就是说如果发生人员缺氧窒息,留给救援的时间不到10min。因此受限空间安全作业的关键是必须创造安全、可靠的作业环境。

(2)受限空间安全作业条件准备

① 作业的受限空间是化工设备、管道以及危险化学品储存设施时,作业条件的准备与动火作业步骤和要求相同,但要特别注意可靠的安全隔绝后,要用空气置换到氧含量、有毒有害气体含量满足要求。

② 与受限空间连通的可能危及安全作业的孔、洞应进行严密可靠地封堵。

③ 受限空间内用电设备应停止运行并有效切断电源,在电源开关处上锁并加挂"有人工作严禁合闸"的警示牌。

④ 受限空间作业需要照明的,要使用36V及以下的防爆灯具。潮湿和狭窄环境要使用12V及以下的防爆灯具,潮湿金属容器内的作业人员应站在绝缘板上,同时保证金属容器可靠接地。

(3)进入受限空间作业分析

进入受限空间作业要分析氧含量、有毒物质浓度和可燃气体浓度。

① 氧含量分析。人缺氧就会窒息,据有关医学资料讲,空气中氧气浓度减少到18%是

人类呼吸的最低安全限度。而当氧气浓度减少至16%时，会使人的呼吸与脉搏加快；氧气浓度少到10%时，人的脸色发白，呕吐，失去意识；氧气浓度少到8%时，人会昏睡，8min后死亡；氧气浓度剩6%时，人类会抽搐，呼吸停止、死亡。因此受限空间作业时保证有足够的氧含量非常重要。美国CCPS编著的《化工过程安全基本原理》中要求，受限空间作业的最低氧含量为19.5%，并要持续监测。需要特别提醒的是，人的缺氧昏迷是一瞬间的事情，在缺氧昏迷前，没有任何不舒服的感觉，不能指望受限空间作业人员感觉不舒服时能够自行逃离。鉴于氧的助燃特性和富氧条件下容易发生火灾，以及富氧环境下人容易"醉氧"导致反应迟钝，受限空间作业的氧含量不应大于23.5%。

② 有毒物质浓度的分析。受限空间作业有毒物质分析更为复杂，要首先针对需要进入作业的受限空间，对其可能存在有毒物质进行充分识别，不能出现遗漏。在此基础上，根据可能存在的有毒物质种类选用分析仪器。分析仪器应在校验有效期内，使用前应保证其处于正常工作状态。受限空间作业有毒物质最大允许浓度，GBZ 2.1—2019《工作场所有害因素职业接触限值 第 1 部分：化学有害因素》中做了明确规定，可从其中表 1"工作场所空气中化学有害因素职业接触限值"查取。表 1 中规定了三个数值：时间加权平均容许浓度 PC-TWA（以时间为权数规定的 8h 工作日、40h 工作周的平均容许接触浓度）；最高容许浓度 MAC（在一个工作日内、任何时间、工作地点的化学有害因素均不应超过的浓度）；短时间接触容许浓度 PC-STEL［在实际测得的 8h 工作日、40h 工作周平均接触浓度遵守 PC-TWA 的前提下，容许劳动者短时间（15min）接触的加权平均浓度］。受限空间作业有毒物质允许最高浓度可以是时间加权平均容许浓度 PC-TWA 或最高容许浓度 MAC，不得采用短时间接触容许浓度 PC-STEL。注意"工作场所空气中化学有害因素职业接触限值"给出的单位是 mg/m^3，要对分析仪器的显示单位进行核对，与标准单位不一致的要进行换算。为了确保监测人员安全，监测人员深入或探入受限空间采样时应采取个体防护措施。

③ 易燃易爆气体含量分析。为了保证受限空间作业的安全，受限空间作业时易燃易爆气体含量须小于爆炸下限（LEL）的 20%。

④ 应在作业前 30min 内，对受限空间进行气体采样分析，分析合格后方可进入，如现场条件不允许，时间可适当放宽，但不应超过 60min。监测点应有代表性，容积较大的受限空间，应对上、中、下各部位分别进行监测分析。

⑤ 作业期间对受限空间内的气体浓度要进行连续监测，确实不具备连续监测条件的，作业中要严格定时监测，至少每 2h 监测一次，如监测分析结果有明显变化，应立即停止作业，撤离人员，对现场进行处理，再次分析合格后方可恢复作业。

（4）进入受限空间作业应采取以下防护措施

① 进入有残液、污泥等受限空间作业开始时必须使用长管或空气呼吸器，防止残液、污泥中吸附的硫化氢等有毒气体在作业人员的搅动下逸出，导致作业人员中毒。这在清理生活污水系统（包括泡菜腌制池的清理）尤为重要。

② 作业时要保持受限空间良好的空气流通，可通过打开人孔、手孔、料孔、风门、烟门等与大气相通的设施进行自然通风。必要时，可采用风机强制通风或管道送风，管道送风前应对管道内介质和风源进行分析确认。

③ 对可能释放有害物质的受限空间，应进行连续监测。

④ 涂刷具有挥发性溶剂的涂料时，应做连续分析，并采取强制通风措施。

⑤ 作业中断时间超过 30min 时，应重新进行取样分析。

⑥ 缺氧或有毒的受限空间经清洗或置换仍达不到要求的，应佩戴长管或空呼等隔离式呼吸器，必要时应拴带救生绳、佩戴通信设备。

⑦ 易燃易爆的受限空间经清洗或置换，仍达不到可燃气体浓度低于爆炸下限 20% 要求的，应穿防静电工作服及防静电工作鞋，使用 12V 防爆型低压灯具及防爆工具。

⑧ 酸碱等腐蚀性介质的受限空间，应穿戴防酸碱防护服、防护鞋、防护手套等防腐蚀护品。

⑨ 高温的受限空间作业，进入时应穿戴高温防烫防护用品，必要时采取通风、隔热、佩戴通信设备等防护措施。

（5）受限空间作业的安全监护

① 受限空间作业时，应在受限空间外设有专人监护，监护人必须熟悉受限空间有关的工艺、设备情况及涉及化学品的危险特性，作业期间监护人员严禁离开现场。

② 在风险较大的受限空间作业时，应增设监护人员，并随时与受限空间内作业人员保持联络。

③ 受限空间外应设置安全警示标志，备有空气呼吸器、消防器材等相应的应急装备。

④ 在有毒、缺氧环境的受限空间作业时，在没有完全脱离受限空间前严禁摘下防护面具。不能向受限空间输送氧气或富氧空气，受限空间出入口必须保持畅通。

⑤ 受限空间作业有人遇险时，严禁监护人员或其他人员不采取保护措施就冒险施救，以防止事故进一步扩大。

⑥ 难度大、劳动强度大、时间长的受限空间作业应采取轮换作业方式。最长作业时限不应超过 4h，特殊情况超过时限的应办理作业延期手续。

⑦ 作业人员不应携带与作业无关的物品进入受限空间；作业中不应抛掷材料、工器具等物品；离开受限空间时应将气割（焊）工器具带出；作业前后应清点作业人员和作业工器具。作业结束后，受限空间所在单位和作业单位共同检查受限空间内外，确认无问题后方可封闭受限空间。

17.5 盲板抽堵作业安全

盲板抽堵（或称拆装）作业的风险主要是：在设备、管道安装或拆除盲板时，如果管道带压、存在有毒气体、腐蚀性介质等，会对盲板作业人员造成伤害。

如：2014 年 4 月 25 日，辽宁沈阳某化工公司在检修气分装置的过程中，3 名作业人员在进行加装盲板作业时，因没有采取防护措施，造成 3 人硫化氢中毒死亡。

盲板抽堵安全作业要求如下：

（1）加强盲板管理。生产装置应预先绘制盲板位置图，对盲板进行统一编号，并设专人（企业戏称为盲板司令）统一管理。

（2）应根据设备、管道内介质的性质、温度、压力和管道法兰密封面的口径等选择相应材料、强度、口径和符合设计、制造要求的盲板及垫片。高压盲板使用前应经过超声波探伤，并符合国家机械行业标准的要求。

（3）作业单位应按图进行盲板拆装作业，并对每个盲板设标牌进行标识，标牌编号应与盲板位置图上的盲板编号一致。生产装置应逐一确认并做好记录。

（4）拆装盲板时，设专人监护。作业点压力应降为常压，并通过打开上下游导淋等方式进行确认。

（5）在有毒介质的管道、设备上进行盲板拆装作业时，作业人员必须按 GB 39800—2020《个体防护装备配备规范》的要求选用空气呼吸器、长管呼吸器、防毒面具等防护用品。

（6）在易燃易爆场所进行盲板拆装作业时，作业人员应穿防静电工作服、工作鞋，并应使用防爆灯具和防爆工具；距作业地点 30m 内不应有动火作业。

（7）在强腐蚀性介质的管道、设备上进行盲板拆装作业时，作业人员应采取防止酸碱灼伤的措施。

（8）介质温度较高、可能造成烫伤的情况下，作业人员应采取防烫措施。

（9）不应在同一管道上同时进行两处及两处以上的盲板拆装作业。

（10）盲板拆装作业结束，由作业单位和生产装置专人（盲板司令）共同确认。

17.6 高处作业安全

在距坠落基准面 2m 及以上有坠落可能的高处进行的作业规定为高处作业。高处作业的主要危害是坠落。

17.6.1 高处作业分级

按作业高度（h）分为四个等级，按 A 法分类具体如下：

Ⅰ级：$2m \leqslant h \leqslant 5m$

Ⅱ级：$5m < h \leqslant 15m$

Ⅲ级：$15m < h \leqslant 30m$

Ⅳ级：$h > 30m$

17.6.2 容易引起坠落的环境影响因素

分为 11 种，如下：

（1）阵风风力五级（风速 8.0m/s）以上。

（2）高温作业环境，要按照 GBZ/T 229.3—2010《工作场所职业病危害作业分级 第 3 部分：高温》中规定的Ⅱ级或Ⅱ级以上的高温作业（表 17-1）。

表 17-1 高温作业分级表

劳动强度	接触高温作业时间/min	WBGT* 指数/℃						
		29~30 (28~29)	31~32 (30~31)	33~34 (32~33)	35~36 (34~35)	37~38 (36~37)	39~40 (38~39)	41~ (40~)
Ⅰ（轻劳动强度）	60~120	Ⅰ	Ⅰ	Ⅱ	Ⅱ	Ⅲ	Ⅲ	Ⅳ
	121~240	Ⅰ	Ⅱ	Ⅱ	Ⅲ	Ⅲ	Ⅳ	Ⅳ
	241~360	Ⅱ	Ⅱ	Ⅲ	Ⅲ	Ⅳ	Ⅳ	Ⅳ
	361~	Ⅱ	Ⅲ	Ⅲ	Ⅳ	Ⅳ	Ⅳ	Ⅳ

劳动强度	接触高温作业时间/min	WBGT* 指数/℃						
		29～30 (28～29)	31～32 (30～31)	33～34 (32～33)	35～36 (34～35)	37～38 (36～37)	39～40 (38～39)	41～ (40～)
Ⅱ (中劳动强度)	60～120	Ⅰ	Ⅱ	Ⅱ	Ⅲ	Ⅲ	Ⅳ	Ⅳ
	121～240	Ⅱ	Ⅱ	Ⅲ	Ⅲ	Ⅳ	Ⅳ	Ⅳ
	241～360	Ⅱ	Ⅲ	Ⅲ	Ⅳ	Ⅳ	Ⅳ	Ⅳ
	361～	Ⅲ	Ⅲ	Ⅳ	Ⅳ	Ⅳ	Ⅳ	Ⅳ
Ⅲ (重劳动强度)	60～120	Ⅱ	Ⅲ	Ⅲ	Ⅲ	Ⅳ	Ⅳ	Ⅳ
	121～240	Ⅱ	Ⅲ	Ⅲ	Ⅳ	Ⅳ	Ⅳ	Ⅳ
	241～360	Ⅲ	Ⅲ	Ⅳ	Ⅳ	Ⅳ	Ⅳ	Ⅳ
	361～	Ⅲ	Ⅳ	Ⅳ	Ⅳ	Ⅳ	Ⅳ	Ⅳ
Ⅳ (极重劳动强度)	60～120	Ⅱ	Ⅲ	Ⅲ	Ⅲ	Ⅳ	Ⅳ	Ⅳ
	121～240	Ⅲ	Ⅲ	Ⅳ	Ⅳ	Ⅳ	Ⅳ	Ⅳ
	241～360	Ⅲ	Ⅳ	Ⅳ	Ⅳ	Ⅳ	Ⅳ	Ⅳ
	361～	Ⅳ	Ⅳ	Ⅳ	Ⅳ	Ⅳ	Ⅳ	Ⅳ

注：WBGT（wet bulb globe temperature index）指湿球黑球温度指数，是综合评价人体接触作业环境热负荷的一个基本参量，单位为℃，用以评价人体的平均热负荷。它采用自然湿球温度（T_{nw}）和黑球温度（T_g），露天情况下加测空气干球温度（T_a）。

（3）平均气温等于或低于5℃的作业环境。

（4）接触冷水温度等于或低于12℃的作业。

（5）作业场地有冰、雪、霜、水、油等容易滑倒物质。

（6）作业场所光线不足或能见度差。

（7）作业活动范围与危险电压带电体距离小于表17-2规定的距离。

表 17-2　作业活动范围与危险电压带电的距离

危险带电体电压等级/kV	≤10	35	6～110	220	330	500
距离/m	1.7	2.0	2.5	4.0	5.0	6.0

（8）容易摆动的、立足处不是平面的或面积不足的作业平台。即任一边小于500mm的矩形平台、直径小于500mm的圆形平台或具有类似尺寸的其他形状的平台，致使作业者无法维持正常的作业姿势。

（9）GBZ 2.2—2007《工作场所有害因素职业接触限值 第2部分：物理因素》规定的Ⅲ级或Ⅲ级以上的体力劳动强度：

Ⅲ级体力劳动是指劳动强度指数（区分体力劳动强度等级的指标）$20 < n \leqslant 25$。直观的Ⅲ级体力劳动可参照原国家标准 GB 3869—1997《体力劳动强度分级》（该标准已于2017年废止）中的描述：8h工作日平均耗能值为7310.2kJ/人，劳动时间率为73%，即净劳动时间为350min，相当于重强度劳动。

（10）存在有毒气体或空气中含氧量低于 19.5% 的作业环境。

（11）其他通过作业安全分析（JSA）容易导致高处坠落的作业环境。

17.6.3　高处作业安全要求

（1）作业人员应佩戴符合 GB 6095—2009《安全带》要求的安全带。带电高处作业应使用绝缘工具或穿均压服。Ⅳ级高处作业（30m 以上）要配备通信联络工具。

（2）高处作业应设专人监护，作业人员不应在作业处休息。

（3）应根据实际需要配备符合 GB 26557—2021《吊笼有垂直导向的人货两用施工升降机》安全要求的吊笼、梯子、挡脚板、跳板等，脚手架的搭设应符合国家有关标准。

（4）在彩钢板屋顶、石棉瓦、瓦楞板等轻型材料上作业，应铺设牢固的脚手板并加以固定，脚手板上要有防滑措施。

（5）在邻近排放有毒、有害气体、粉尘的放空管线或烟囱等场所进行作业时，应预先与作业所在地有关人员取得联系、确定联络方式，并为作业人员配备必要的且符合相关国家标准的防护器材（如空气呼吸器、过滤式防毒面具或口罩等）。

（6）雨天和雪天作业时，应采取可靠的防滑、防寒措施；遇有五级以上强风、浓雾等恶劣气候，不应进行高处作业、露天攀登与悬空高处作业；暴风雪、台风、暴雨后，应对作业安全设施进行检查，发现问题立即处理。

（7）作业使用的工具、材料、零件等应装入工具袋，上下梯子时手中不应持物，不应投掷工具、材料及其他物品。易滑动、易滚动的工具、材料堆放在脚手架上时，应采取防坠落措施。

（8）与其他作业交叉进行时，应按指定的路线上下，不应上下垂直作业，如果确需垂直作业应采取可靠的隔离措施。

（9）因作业必需，临时拆除或变动安全防护设施时，应经作业审批人员同意，并采取相应的防护措施，作业后应立即恢复。

（10）作业人员在作业中如果发现异常情况，应及时发出信号，并迅速撤离现场。

（11）拆除脚手架、防护棚时，应设警戒区并派专人监护，不应上部和下部同时拆除施工。

17.7　吊装作业安全

17.7.1　吊装作业主要风险

吊装作业的主要风险是吊装物坠落和吊装设备倾覆。典型事故：2001 年 7 月 17 日上午 8 时许，在沪东中华造船（集团）有限公司船坞工地，由上海某建筑工程公司等单位承担安装的 600t×170m 龙门起重机在吊装主梁过程中发生倒塌事故，造成 36 人死亡、3 人受伤，直接经济损失 8000 多万元。

17.7.2　吊装作业分级

吊装作业按照吊装重物质量 m 不同分为：

（1）一级吊装作业：$m>100t$；

（2）二级吊装作业：$40t \leqslant m \leqslant 100t$；

（3）三级吊装作业：$m<40t$。

17.7.3 吊装作业安全要求

（1）三级以上的吊装作业，应在作业安全分析的基础上编制吊装作业方案。吊装物体质量虽不足 40t，但形状复杂、刚度小、长径比大、精密贵重，以及在作业条件特殊的情况下，也应编制吊装作业方案，吊装作业方案应按有关规定审批。

（2）吊装现场应划定警戒范围、设置安全警戒标志，并设专人监护，非作业人员禁止入内，安全警戒标志应符合 GB 2894—2008《安全标志及其使用导则》的规定。

（3）不应靠近输电线路进行吊装作业。确需在输电线路附近作业时，起重机械的安全距离应大于起重机械的倒塌半径并符合电力行业标准 DL 409—1991《电业安全工作规程（电力线路部分）》的要求；不能满足时，应停电后再进行作业。吊装场所如有含危险物料的设备、管道等时，应制定详细吊装方案，并对设备、管道采取有效防护措施，必要时停车，放空物料，置换后进行吊装作业。

（4）大雪、暴雨、大雾及六级以上风时，不应露天作业。

（5）作业前，作业单位应对起重机械、吊具、索具、安全装置等进行检查，确保其处于完好状态。

（6）应按规定负荷进行吊装，吊具、索具经计算选择使用，不应超负荷吊装。

（7）不应利用管道、管架、电杆、机电设备等作吊装锚点。未经土建专业审查核算，不应将建筑物、构筑物作为锚点。

（8）起吊前应进行试吊，试吊中检查全部机具、地锚受力情况，发现问题应将吊物放回地面，排除故障后重新试吊，确认正常后方可正式吊装。

（9）指挥人员应佩戴明显的标志，并按 GB 5082—2019《起重机 手势信号》规定的联络信号进行指挥。

（10）起重机械操作人员应遵守以下规定：

① 按指挥人员发出的指挥信号进行操作；任何人发出的紧急停车信号均应立即执行；吊装过程中出现故障，应立即向指挥人员报告；

② 重物接近或达到额定起重吊装能力时，应检查制动器，用低高度、短行程试吊后，再吊起；

③ 各台起重机械所承受的载荷不应超过各自额定起重能力的 80%；

④ 下放吊物时，不应自由下落（溜）；不应利用极限位置限制器停车；

⑤ 不应在起重机械工作时对其进行检修；不应有载荷的情况下调整起升变幅机构的制动器；

⑥ 停工和休息时，不应将吊物、吊笼、吊具和吊索悬在空中。

（11）有下列情形不能起吊：

① 无法看清场地、吊物，指挥信号不明；

② 起重臂吊钩或吊物下面有人、吊物上有人或浮置物；

③ 重物捆绑、紧固、吊挂不牢，吊挂不平衡，绳打结，绳不齐，斜拉重物，棱角吊物与钢丝绳之间没有衬垫；

④ 重物质量不明、与其他重物相连、埋在地下、与其他物体冻结在一起。

（12）司索人员应遵守以下规定：

① 听从指挥人员的指挥，并及时报告险情；

② 不应用吊钩直接缠绕重物及将不同种类或不同规格的索具混在一起使用；

③ 吊物捆绑应牢靠，吊点和吊物的重心应在同一垂直线上；起升吊物时应检查其连接点是否牢固、可靠；吊运零散件时，应使用专门的吊篮、吊斗等器具，吊篮、吊斗等不应装满；

④ 起吊重物就位时，应与吊物保持一定的安全距离，用拉伸或撑杆、钩子辅助其就位；

⑤ 起吊重物就位前，不应解开吊装索具。用定型起重机械(例如履带吊车、轮胎吊车、桥式吊车等)进行吊装作业时，除遵守本标准外，还应遵守该定型起重机械的操作规程。

（13）作业完毕应做以下工作：

① 将起重臂和吊钩收放到规定位置，所有控制手柄均应放到零位，电气控制的起重机械的电源开关应断开；

② 对在轨道上作业的吊车，应将吊车停放在指定位置有效锚定；

③ 吊索、吊具应收回，放置到规定位置，并对其进行例行检查。

17.8 临时用电作业安全

17.8.1 临时用电作业主要风险

临时用电主要风险是：在具有火灾爆炸危险区域内接临时电源，存在火灾爆炸风险；临时用电作业人员存在触电风险；移动电源、自备电源接入电网影响电网运行安全的风险等。

17.8.2 临时用电作业安全要求

（1）在运行的生产装置、罐区和具有火灾爆炸危险场所内一般不应接临时电源，确实需要接用临时电源时应对周围环境进行可燃气体检测分析，分析结果可燃气体浓度应低于爆炸下限(LEL)的20%。

（2）各类移动电源及外部自备电源，不应接入电网以防影响电网运行安全。

（3）动力和照明线路应分路设置。

（4）开关上接引、拆除临时用电线路时，其上级开关应断电上锁并加挂安全警示标牌。

（5）临时用电应设置保护开关，使用前应检查电气装置和保护设施的可靠性。所有的临时用电均应设置接地保护。

（6）临时用电设备和线路应按供电电压等级和容量正确使用，所用的电气元件应符合国家相关产品标准及作业现场环境要求，临时用电电源施工、安装应符合 JGJ 46—2005《施工现场临时用电安全技术规范(附条文说明)》的有关要求，并有良好的接地。

（7）为了确保安全，临时用电还应满足以下要求：

① 火灾爆炸危险场所应使用相应防爆等级的电源及电气元件，并采取相应的防爆安全措施。

② 临时用电线路及设备应有良好的绝缘，所有的临时用电线路应采用耐压等级不低于 500V 的绝缘导线。

③ 临时用电线路经过有高温、振动、腐蚀、积水及产生机械损伤等区域，不应有接头，并应采取相应的保护措施。

④ 临时用电架空线应采用绝缘铜芯线，并应架设在专用电杆或支架上。其最大弧垂与地面距离，在作业现场不低于 2.5m，穿越机动车道不低于 5m。

⑤ 对需埋地敷设的电缆线路应设有走向标志和安全标志。电缆埋地深度不应小于 0.7m，穿越公路时应加设标志和防护套管。

⑥ 现场临时用电配电盘、箱应有电压标识和危险标识，应有防雨措施，盘、箱、门应能牢靠关闭并能上锁。

⑦ 行灯电压不应超过 36V，在特别潮湿的场所或塔、釜、槽、罐等金属设备内作业，临时照明行灯电压不应超过 12V。

⑧ 临时用电设施应安装符合规范要求的漏电保护器，移动工具、手持式电动工具应逐个配置漏电保护器和电源开关。

（8）临时用电单位不应擅自向其他单位转供电或增加用电负荷，以及变更用电地点和用途。

（9）临时用电时间一般不超过 15 天，特殊情况不应超过 1 个月。用电结束后，用电单位应及时通知供电单位拆除临时用电线路。

17.9 动土和断路作业安全

17.9.1 动土和断路作业主要风险

在化工厂内动土的主要风险是：挖断地下物料、公用工程管线，造成物料泄漏、爆炸、火灾、中毒风险；挖断地下电缆，造成爆炸、火灾、触电和停电的风险；动土开挖的深坑坍塌，造成作业人员掩埋的风险；断路后如果不设置警示设施造成交通事故风险和晚间威胁行人安全问题。

典型事故：2010 年 7 月 28 日，南京市栖霞区某塑料厂旧址地块拆除平整土地时，违规挖掘回收地下废旧钢材，挖掘机挖穿地下丙烯管道，造成丙烯泄漏引发爆燃事故，造成 22 人死亡、120 人住院治疗，其中 14 人重伤，爆燃点周边部分建筑物受损，直接经济损失 4784 万元。

17.9.2 动土作业安全有关要求

（1）作业前应首先了解地下隐蔽工程和设施的分布情况，办理动土作业安全许可。

（2）作业现场应根据需要设置护栏、盖板和警告标志，夜间应悬挂警示灯。作业前，应检查工具、现场支撑是否牢固、完好。

（3）动土临近地下隐蔽设施时，应使用适当工具挖掘，避免损坏地下隐蔽设施。如暴露出电缆、管线以及不能辨认的物品时，应立即停止作业，妥善加以保护，报告动土审批单位处理，经采取措施后方可继续动土作业。

（4）在破土开挖前，应先做好地面和地下排水，防止地面水渗入作业层面造成塌方。

（5）挖掘坑、槽、井、沟等作业，应遵守下列规定：

① 挖掘土方应自上而下逐层挖掘，不应采用挖底脚的办法挖掘；使用的材料、挖出的泥土应堆放在距坑、槽、井、沟边沿至少 0.8m 处，挖出的泥土不应堵塞下水道和窨井。

② 不应在土壁上挖洞攀登。

③ 不应在坑、槽、井、沟上端边沿站立、行走。

④ 应视土壤性质、湿度和挖掘深度设置安全边坡或固壁支撑。作业过程中应对坑、槽、井、沟边坡或固壁支撑架随时检查，特别是雨雪后和解冻时期，如发现边坡有裂缝、疏松或支撑有折断、走位等异常情况，应立即停止作业，并采取相应措施。

⑤ 在坑、槽、井、沟的边缘安放机械、铺设轨道及通行车辆时，应保持适当距离，采取有效的固壁措施，确保安全。

⑥ 在拆除固壁支撑时，应从下而上进行；更换支撑时，应先装新的，后拆旧的。

⑦ 作业人员不应在坑、槽、井、沟内休息。

（6）作业人员在沟(槽、坑)下作业应按规定坡度顺序进行，使用机械挖掘时不应进入机械旋转半径内；深度大于 2m 时应设置人员上下的梯子，保证人员快速撤离；两人以上作业人员同时挖土时应相距 2m 以上，防止工具伤人。

（7）作业人员发现异常时，应立即撤离作业现场。

（8）在化工装置、危险化学品设施等危险场所动土时，应与有关操作人员建立联系，当化工装置、危险化学品设施突然排放有害物质时，化工操作人员应立即通知动土作业人员停止作业，迅速撤离现场。

（9）施工结束后应及时回填土石，并恢复地面设施。

17.9.3　断路作业安全有关要求

（1）作业前应首先了解地下隐蔽工程和设施的分布情况，办理断路作业安全许可。

（2）作业前，作业申请单位应会同本单位相关主管部门制定临时交通组织方案，方案应能保证消防车和其他重要车辆的通行，并满足应急救援要求。

（3）作业单位应根据需要在断路的路口和相关道路上设置交通警示标志，在作业区附近设置路栏、道路作业警示灯、导向标志等交通警示设施。

（4）在道路上进行定点作业，白天不超过 2h，夜间不超过 1h 即可完工的，在有现场交通指挥人员指挥交通的情况下，只要作业区域设置了相应的交通警示设施，即白天设置了锥形交通路标或路栏，夜间设置了锥形交通路标或路栏及道路作业警示灯，可不设标志牌。

（5）在夜间或雨、雪、雾天进行作业应设置道路作业警示灯，警示灯设置要求如下：

① 采用安全电压；

② 设置高度应离地面 1.5m，不低于 1.0m；

③ 其设置应能反映作业区的轮廓；

④ 应能发出至少自 150m 以外清晰可见的连续、闪烁或旋转的红光。

（6）断路作业结束后，作业单位应清理现场，撤除作业区、路口设置的路栏、道路作业警示灯、导向标等交通警示设施。申请断路单位应检查核实，并报告有关部门恢复交通。

17.10　危险化学品装卸作业安全

17.10.1　危险化学品装卸作业主要风险

危险化学品装卸作业的主要风险是危险化学品泄漏及泄漏后火灾、中毒和爆炸事故等，常见危险化学品泄漏形式有：充装接口连接不牢，装卸过程中接口脱开造成危险化学品泄漏；充装万向节、软管、管线泄漏；充装满罐溢流泄漏；充装装置与运输车辆尚未完全脱开，车辆启动拉断充装管线导致泄漏；包装物损坏泄漏等。

典型事故：2017 年 6 月 5 日凌晨 1 时左右，临沂某石化公司储运部装卸区的一辆液化石油气运输罐车在卸车时，由于卸车万向节快接接口与罐车液相卸料管未能可靠连接，在开启罐车液相球阀瞬间发生脱离，造成罐体内液化气大量泄漏，引发重大爆炸火灾事故（图17-1），造成 10 人死亡、9 人受伤，直接经济损失 4468 万元。

图 17-1　临沂某石化公司"6·5"罐车泄漏重大爆炸火灾事故

17.10.2　危险化学品装卸作业安全基本要求

（1）从事危险化学品装卸的人员，必须按国家有关规定经岗位培训，特别是对装卸作业涉及的危险化学品安全技术说明书（SDS）的内容进行专题培训，使装卸人员掌握危险化学品的危险特性、操作注意事项和应急处置方法，持相关专业岗位操作证书上岗作业。

（2）必须针对装卸设施制定具体的安全操作规程，并由经过操作培训合格的专职人员操作，以防事故发生。

（3）在进行危险化学品装卸操作时，必须严格执行操作规程和有关规定，预先做好准备工作，认真细致地检查装卸搬运工具及操作设备。作业完毕后，必须清除工具上沾染的危险化学品，防止相互作用的物质引起化学反应。对接触过氧化剂物品的工具，必须清洗后方可再次使用。

（4）人力装卸搬运小包装（桶装、包装箱、包装袋等）危险化学品时，应量力而行，配合协调，防止摔坏危险化学品外包装导致泄漏事故。

（5）操作人员根据危险化学品不同的危险特性，应分别穿戴相应的防护用具。对有毒的腐蚀性物质更要注意，避免发生中毒和灼伤事故。操作完毕后，应对防护用具进行清洗或消毒。各种防护用品应有专人负责，专储保管。

（6）装卸小包装危险化学品时应轻搬轻放，防止撞击摩擦、震动摔碰。液体铁桶包装的危险化学品，不宜采用快速溜放法卸垛，防止包装破损。对破损包装可以修复的，移至安全地点整修后再搬运，整修时要选择使用安全的工具。

（7）散落在地面上的危险化学品，应及时清除干净。对于回收起的没有利用价值的废危险化学品，应采用合适的物理或化学方法处置，以确保安全。

（8）装卸现场必须保持空气流通，装卸作业完毕后，应及时洗手、洗脸、漱口、淋浴，防止沾染皮肤、黏膜等。中途不得饮食、吸烟。如装卸人员出现头晕、头痛等中毒现象，应按救护知识进行急救，严重者要立即送医院治疗。

（9）两种性能相互抵触的危险化学品，不得同时装卸。对怕热、怕潮物质，装卸时要采取隔热、防潮措施。

（10）危险化学品装卸现场应统一指挥，有明确固定的指挥信号，以防作业混乱发生事故。现场装卸搬运人员和机具操作人员，应严格遵守劳动纪律，服从指挥。非装卸搬运人员不准在作业现场逗留。

17.10.3　小包装危险化学品搬运装卸安全

（1）装卸压缩气体和液化气体

储存压缩气体和液化气体的钢瓶是压力容器，装卸搬运作业时，应用抬架或搬运车，防止撞击、拖拉、摔落，不得溜坡滚动；搬运前应检查钢瓶阀门是否漏气，搬运时不要把钢瓶阀对准人身，注意防止钢瓶安全帽跌落；装卸有毒气体钢瓶时，应穿戴防毒用具；剧毒气体钢瓶要当心漏气，防止吸入有毒气体；搬运氧气钢瓶时，工作服和装卸工具不得沾有油污；易燃气体严禁接触火种，在炎热的季节搬运作业应安排在早晚阴凉时进行。

（2）装卸易燃液体化学品

一些易燃液体闪点低、汽化快、蒸气压力大，又容易和空气混合成爆炸性的气体，在空气中浓度达到一定范围时，遇到明火、火花、火星或发热表面等点火源，都能引发闪燃（闪爆）或燃烧。因此，在装卸搬运作业中必须注意：室内装卸搬运作业前应先进行通风；搬运过程中不能使用能产生火花的黑色金属工具，必须使用时应采取可靠的防护措施；装卸机具应装有防止产生火花的防护装置；在装卸搬运时必须轻拿轻放，严禁滚动、摩擦、沿地面拖拽；雨雪天作业要采取防滑措施。

（3）装卸易燃固体化学品

易燃固体化学品燃点低，对热、撞击、摩擦敏感，容易被外部火源点燃，而且燃烧迅速，并可能散发出有毒气体。在装卸搬运时除按易燃液体的要求处理外，作业人员禁止穿带铁钉的鞋，不可与氧化剂、酸类物质共同搬运。搬运时散落在地面上和车厢内的粉末，要随即抹擦干净。装运时要捆扎固定牢固，以免运输过程中产生晃动。

(4) 装卸遇水燃烧化学品

这类化学品遇水时发生剧烈的化学反应，放出大量的易燃或有毒气体和热量，由于反应异常迅速，反应时放出的气体和热量多，放出来的可燃性气体能迅速在周围空气中达到爆炸极限，一旦遇明火或由于自燃就会引起爆炸。所以在搬运装卸作业时要做到以下几点：注意防水、防潮，雨雪天没有防雨设施不准作业；若有汗水应及时擦干，绝对不能直接接触遇水燃烧物质；在装卸搬运中不得使化学品翻滚、撞击、摩擦、倾倒，必须轻拿轻放；电石桶搬运前预先放气，使桶内乙炔气放尽，然后搬动，严禁滚桶、重放、撞击、摩擦，防止引起火花，作业人员必须站在桶身的侧面，避免人身冲向电石桶面或底部，以防爆炸伤人；不得与其他类别危险化学品混装混运。

(5) 装卸氧化剂

氧化剂装运除遵守上述规定外，应单独装运，不得与酸类、有机物以及自燃、易燃、遇湿易燃的物品混装混运，一般情况下氧化剂也不得与过氧化物配装。

(6) 装卸毒害品及腐蚀物品

毒害品及腐蚀物品尤其是剧毒物品，少量进入人体或接触皮肤，即能造成局部刺激或中毒，甚至死亡。腐蚀物品具有强烈腐蚀性，除对人体，动、植物体，纤维制品，金属等能造成破坏外，甚至会引起燃烧、爆炸。装卸搬运时必须注意：要严格检查包装容器是否符合规定和完好；作业人员必须穿戴防护服、胶手套、胶围裙、胶靴、防毒面具等；装卸剧毒物品时要先通风再作业，作业区要有良好的通风设施；剧毒物品在运输过程中必须派专人押运；装卸要平稳，轻拿轻放，严禁肩扛、背负、冲撞、摔碰，以防止包装破损；严禁作业过程中饮食；作业完毕后必须更衣洗澡；防护用具必须清洗干净后方能再用；装卸现场应备有清水、苏打水和稀醋酸等，以备急用。

17.10.4　危险化学品罐车装卸操作安全

装卸液化气体、易燃液体和有毒有害化学品必须使用万向连接管道。一般危险化学品装卸使用软管连接的，必须定期对连接软管进行试压，严防连接软管破裂引起泄漏。易燃易爆、有毒有害化学品装卸场所，要按照有关规定装备可燃、有毒气体泄漏报警仪表。

17.10.4.1　装卸准备

(1) 作业前，装卸危险化学品的操作人员(简称操作人员)确认装卸流程是否正确，确认管线、储罐、机泵、仪表、通信等各储运设备及消防、安全系统处于正常状态。

(2) 卸车作业时，操作人员应会同槽罐车押运员(司机)有效连接好静电释放装置，静置至少 15min 后通知化验室取样，检测合格后出具化验单，并通知进行卸车作业。

(3) 进入装卸车作业区时，操作人员、司机、押运员严禁携带火种，不准在罐区使用通信工具。操作人员作业前穿着戴好劳动安全防护用品，戴好安全防护手套。

(4) 运输停靠装卸车位后，要熄火拔掉车辆启动钥匙，交由装卸作业人员保管，以防误启动车辆拉断装卸车管线。在靠近车辆接口的装卸车管线上要安装管线拉断保护装置。要用专用的防溜车装置掩住轮胎，接好带有报警功能的静电接地导出装置(将报警器一端静电夹夹持车辆，另一端静电夹夹持接地网络连线或接地地桩，当没有正确连接或通路不畅时会自动发出持续蜂鸣声提醒、报警），静置15min后方可进行下一步操作。

（5）在装卸车前，必须先检查罐车装卸介质与罐车本体标识一致。

（6）检查确认危险化学品罐车压力表、温度计指示是否准确。

（7）有下列情况之一时，不能进行危险化学品的装卸作业：

① 装卸管道及阀门、紧急切断阀泄漏；

② 遇到雷击、暴风雨等恶劣天气时，要停止装卸车作业；

③ 附近发生火灾或出现明火；

④ 周围有易燃易爆、有毒气体泄漏；

⑤ 危险化学品充装设施压力异常，发生泄漏或其他不安全因素。

17.10.4.2　装卸作业过程的安全操作

（1）装卸作业时，必须正确使用劳动防护用品。

（2）操作人员在装卸危险化学品期间严禁脱离岗位，当班不能装卸完毕或有紧急情况需交下一班次或其他人继续装卸时，一定要以书面的形式交接清楚，防止发生物料的泄漏。

（3）为防止产生静电，一般要采取液下装车方式。采用顶部装车时，装车装置应深入到离槽罐的底部200mm处。

（4）充装过程中时刻注意槽车液位、压力和有无泄漏，操作人员必须坚守现场，随时处置突发情况。充装完毕后检查各有关阀门是否关严，确认无误后方可离开现场。

（5）卸车作业要服从卸车作业人员的指挥。罐车押运员只负责运输车辆上管道装备的操作，罐区操作人员负责卸料管道的连接和阀门的开关操作。押运人和卸车操作人员要联合确认车辆紧急切断阀状态。卸料两侧管线连接牢固后，司机在车辆紧急切断阀操作手柄处就位，然后再打通卸料管线流程，最后打开车辆卸料阀。逐渐开启车辆卸料阀门试漏，若有泄漏消除后再恢复卸料，如果发生大量泄漏，司机要迅速拉动车辆紧急切断阀停止作业。

（6）卸车过程卸料速度不能太快，当储罐液位达到安全高度以后，禁止继续卸料。

（7）整个卸车过程必须保证至少两人现场操作，关键作业一人操作、一人监护。卸车时不准两辆车同时卸放物料，也不准一辆车卸放物料时，另一辆车停在卸车区域内。

（8）在整个卸车过程中，司机不得离开现场，押运员必须自始至终在现场进行安全监护。操作人员坚守岗位，卸货时罐(槽)内货物必须卸净，然后关紧阀门，收好卸料导管和支撑架。

17.10.4.3　危险化学品罐车装卸作业后的安全检查确认

（1）罐车内的物料必须卸净后，押运员、操作人员分别关闭罐车卸料阀和收料储罐入口阀，拆卸连接管路时应由押运人和操作人员同时确认，收好卸料导管确认完毕后运输车应尽快驶离装卸罐区。

（2）液体化学品装卸完毕后，要经过规定的静止时间，才能进行拆除静电接地线等其他作业。

（3）岗位操作人员清理好作业现场，做到设备归位，地面清洁干净。

（4）危险化学品罐车排放的残液或污水禁止进入下水沟。

第 18 章
承包商安全管理

18.1 概述

随着我国经济社会发展、改革的逐步深入，社会专业化分工越来越细，化工企业越来越多地将一些专业技术要求不高的业务进行外包，一些化工企业为了节省成本，将化工装置的检维修、技改技措等业务也交给承包商完成，承包商越来越多地参与了化工检维修、技改等作业，随之而来的是近年来化工企业涉及承包商的事故频发。一家中央化工企业一段时间内统计，涉及承包商的事故占到其集团公司事故总量的80%，化工企业做好安全生产工作必须加强承包商的安全管理。

最为典型的涉及承包商的事故是2010年大连某储运公司"7·16"输油管道爆炸泄漏特别重大事故。

事故经过：某公司购买的高硫原油要卸船到大连某储运公司油库。为降低高硫原油在加工过程的安全风险，决定在油轮卸船过程中，通过卸油管道加入脱硫化氢剂，由脱硫化氢剂(主要成分为双氧水)的供应方负责加剂工作。7月15日20时许，脱硫化氢剂供应方加剂人员开始通过罐区内2号输油管道上的排空阀向管道中加注脱硫化氢剂。在加剂过程中，由于油轮卸油泵压头高、加注脱硫化氢剂的临时泵压头不足，先后停止加剂作业4次、累计约4h，没有达到均匀加入的要求。7月16日13时，油轮停泵开始扫舱作业。在卸油管道停止输油的情况下，承包商继续向卸油管道加注脱硫化氢剂约22.6t。18时02分，卸油管道加剂点附近U形管道处发生爆炸，引发大火和大量原油泄漏。

事故原因：事故的直接原因是在油轮暂停卸油作业的情况下继续进行加剂作业，造成脱硫化氢剂局部富集，脱硫化氢剂中的强氧化剂双氧水(过氧化氢)与原油发生氧化反应，引起输油管道发生爆炸。事故的根本原因是承包商加剂人员不掌握原油的特性，对"均匀加入"要求的安全内涵不理解，作业风险识别缺失，大连某储运公司安全生产工作外包给两家承包单位，均没有对加脱硫化氢剂工作的方案进行认真审核，没有对现场作业进行有效监督，结果引发特别重大事故，教训极为深刻。

化工企业的承包商涉及原材料、备品备件供应、检维修作业和技改技措等，考虑到原材料、备品备件供应方面影响安全生产因素主要是产品质量和变更管理，不涉及直接作业安全，化工过程安全承包商管理要素只讨论涉及作业安全的承包商管理。

　　加强承包商安全管理，化工企业要正确认识承包商事故的性质，从管理责任、承包商资质管理和安全业绩考核、承包商安全教育和培训、承包商作业人员入厂管理、作业安全分析、安全施工作业方案制定、安全作业现场交底、作业现场监控、涉及承包商特殊作业安全管理、承包商事故调查与处理等方面加强管理。

18.2　承包商安全事故的性质

　　相当部分的化工企业认为承包商的事故不是本企业的事故，与企业无关或关系不大，这种认识是错误的。《安全生产法》第二十八条第二款明确规定，"生产经营单位使用被派遣劳动者的，应当将被派遣劳动者纳入本单位从业人员统一管理"。从我国安全生产事故统计办法看，发生在生产经营单位的承包商安全事故，也要计入生产经营单位事故统计。

　　从化工企业自身安全生产管理的角度看，如果不把承包商事故纳入企业内部事故管理严格考核，承包商事故就很难遏制。一旦承包商发生严重事故，企业就会承担被问责的重大风险。

　　从安全管理实践的角度，企业应选择具备国家有关资质、安全生产业绩良好的承包商；必须按照《安全生产法》的要求，认真组织对承包商的安全教育和培训，全面讲明本企业作业可能存在的风险和安全问题，对承包商加强作业全过程的安全监督管理，确保承包商安全作业，严禁承包商安全生产工作"以包代管"，严格履行承包商选择、培训和监督管理的责任。

　　发生承包商伤亡事故后，当地政府有关部门严格按照有关法律法规，根据发包企业监督管理责任和承包商应承担的安全责任的履行情况认定责任。

18.3　加强承包商安全管理的有关要求

　　《国家安全监管总局关于加强化工过程安全管理的指导意见》（安监总管三〔2013〕88号）对化工企业承包商安全管理提出明确要求：

　　严格承包商管理制度。企业要建立承包商安全管理制度，将承包商在本企业发生的事故纳入企业事故管理。企业选择承包商时，要严格审查承包商有关资质，定期评估承包商安全生产业绩，及时淘汰业绩差的承包商。企业要对承包商作业人员进行严格的入厂安全培训教育，经考核合格的方可凭证入厂，禁止未经安全培训教育的承包商作业人员入厂。企业要妥善保存承包商作业人员安全培训教育记录。

　　落实化工企业安全管理责任。承包商进入作业现场前，企业要与承包商作业人员进行现场安全交底，审查承包商编制的施工方案和作业安全措施，与承包商签订安全管理协议，明确双方安全管理范围与责任。现场安全交底的内容包括：作业过程中可能出现的泄漏、火灾、爆炸、中毒窒息、触电、坠落、物体打击和机械伤害等方面的危害信息。承包商要确保作业人员接受了相关的安全培训，掌握与作业相关的所有危害信息和应急预案。企业要对承包商作业进行全程安全监督。

18.4　明晰承包商安全管理责任

化工企业对承包商安全生产事故承担主体责任。化工企业要在招标文件中明确安全保障措施要求，严格审查承包商的相关资质和能力，告知承包商企业可能存在的风险和危害，对承包商开展安全教育和培训，认真审核承包商施工安全措施，强化施工作业的现场安全技术交底，为承包商提供必要的安全防护用品，加强承包商施工作业现场监护，强化承包商安全生产业绩考核，严防承包商事故的发生。

加强承包商安全管理，明确企业内部安全管理责任非常重要。企业主要负责人是承包商安全管理的第一责任人，企业要明确一名副职作为分管负责人，分管负责人一般可由负责承包商合同管理的负责人承担。有关部门根据"管业务管安全"和"谁发包谁负责""谁用工谁负责""谁的属地谁负责"的原则，承担承包商相对应的安全管理责任。

（1）承包商的资质和专业安全管理

承包商的资质管理一般由企业法务或合同部门配合工程、设备管理部门承担。企业法务或合同部门负责合同的法律符合性审查。工程、设备管理部门负责承包商的资质和能力审查；编制招标文件中的安全措施要求；组织监理审查承包商施工涉及安全的技术措施、危险性较大的分部分项工程中的专项施工方案；组织监理对重大设计变更、工期调整等重要安全影响因素进行论证和评估；组织监理对承包商特种作业人员和特种设备作业人员、工程需要的其他人员的业务技能进行现场考评；负责落实项目安全防护措施费用的使用，做到专款专用；会同施工作业所在单位负责施工现场的日常安全监督管理；组织对承包商编制的施工现场生产安全事故应急预案进行评审，组织承包商开展应急演练；负责将承包商安全绩效纳入综合考核等。

（2）承包商的安全监督管理

企业安全生产管理部门负责承包商安全监督管理。制定企业承包商安全监督管理制度，并监督执行；负责审核安全保证措施和安全生产管理协议；组织承包商员工入厂（场）安全教育、管理人员专项安全培训考核；负责特殊作业许可申请人、签发人、监护人的资格培训和认定；负责对承包商进行安全绩效考核；参与承包商安全资质审查和项目安全技术措施或专项施工方案的审查；参加承包商生产安全事故应急预案的评审，指导承包商开展应急演练等。

（3）严格落实承包商现场安全管理责任

承包商施工作业现场的安全监管责任由项目监理单位和（或）施工作业属地单位承担，具体由企业做出规定。

承包商现场安全管理职责：负责对承包商施工作业进行全过程的安全监督；根据建设项目规模、施工阶段及安全管理风险度，配备安全监管和监护人员，将安全管理责任落实到人；监督检查施工过程中各项安全技术措施、安全管理措施的落实。

化工企业要通过签署安全生产管理协议的方式，明确企业和承包商双方各自安全生产责任和义务。企业要负责承包商的安全教育和培训及施工安全措施的审查，提供必要的安全防护用品，负责施工现场的安全监护和应急处置等。承包商要严格遵守企业的有关安全生产规定，配备胜任的安全管理人员、技术人员和作业人员，服从企业的安全管理和指挥，加强内部管理，确保安全生产。

18.5 严格承包商资质管理和业绩考核

对于申请作为化工企业承包商的单位，企业要根据需要委托的施工作业性质，严格审查承包商所具有的施工资质是否与委托工程作业相一致。如果承包商没有相应的施工资质或超出资质允许的范围施工作业，一旦发生安全事故，企业要承担相关的责任。

承包商在化工企业承揽施工作业一般涉及四种资质：建筑施工总承包资质、石油化工总承包资质、防水防腐保温专业资质和建筑机电安装工程专业承包资质。

18.5.1 建筑施工总承包资质允许承包的工程范围

（1）一级资质可承担单项合同额 3000 万元以上的下列建筑工程的施工：

① 高度 200m 以下的工业、民用建筑工程；

② 高度 240m 以下的构筑物工程。

（2）二级资质可承担下列建筑工程的施工

① 高度 100m 以下的工业、民用建筑工程；

② 高度 120m 以下的构筑物工程；

③ 建筑面积 40000m^2 以下的单体工业、民用建筑工程；

④ 单跨跨度 39m 以下的建筑工程。

（3）三级资质可承担下列建筑工程的施工：

① 高度 50m 以下的工业、民用建筑工程；

② 高度 70m 以下的构筑物工程；

③ 建筑面积 12000m^2 以下的单体工业、民用建筑工程；

④ 单跨跨度 27m 以下的建筑工程。

18.5.2 石油化工总承包资质允许承包的工程范围

（1）一级资质可承担各类型石油化工工程的施工和检维修。石油化工工程包括：油（气）田地面、油气储运（管道、储库等），石油化工、化工、煤化工等主体工程，配套工程及生产辅助附属工程。

（2）二级资质可承担大型以外的石油化工工程的施工，各类型石油化工工程的检维修。

（3）三级资质可承担单项合同额 3500 万元以下、大中型以外的石油化工工程的施工，以及大型以外的石油化工工程的检维修。

（4）石油化工工程大、中型项目划分标准：

① 大型石油化工工程是指以下工程：

a. $30×10^4$t/a 以上生产能力的油（气）田的主体配套建设工程；

b. $50×10^4$m^3/d 以上的气体处理工程；

c. $300×10^4$t/a 以上原油、成品油，$80×10^8$m^3/a 以上输气等管道输送工程及配套建设工程；

d. 单罐 $10×10^4m^3$ 以上、总库容 $30×10^4m^3$ 以上的原油储库，单罐 $2×10^4m^3$ 以上、总库容 $8×10^4m^3$ 以上的成品油库，单体 $5000m^3$ 以上、总库容 $1.5×10^4m^3$ 以上的天然气储库，单体 $400m^3$ 以上、总库容 $2000m^3$ 以上的液化气及轻烃储库，单罐 $3×10^4m^3$ 以上、总库容 $12×10^4m^3$ 以上的液化天然气储库，单罐 $5×10^8m^3$ 以上的地下储气库，以及以上储库的配套建设工程；

e. $800×10^4t/a$ 以上的炼油工程，或者与其配套的常减压、脱硫、催化、重整、制氢、加氢、气分、焦化等生产装置和相关公用工程、辅助设施；

f. $60×10^4t/a$ 以上的乙烯工程，或者与其配套的对二甲苯（PX）、甲醇、精对苯二甲酸（PTA）、丁二烯、己内酰胺、乙二醇、苯乙烯、醋酸、醋酸乙烯、环氧乙烷/乙二醇（EO/EG）、丁辛醇、聚酯、聚乙烯、聚丙烯、ABS 等生产装置和相关公用工程、辅助设施；

g. $30×10^4t/a$ 以上的合成氨工程或相应的主生产装置；

h. $24×10^4t/a$ 以上磷铵工程或相应的主生产装置；

i. $32×10^4t/a$ 以上硫酸工程或相应的主生产装置；

j. $50×10^4t/a$ 以上纯碱工程、$10×10^4t/a$ 以上烧碱工程或相应的主生产装置；

k. $4×10^4t/a$ 以上合成橡胶、合成树脂及塑料和化纤工程或相应的主生产装置；

l. 项目投资额 6 亿元以上的有机原料、染料、中间体、农药、助剂、试剂等工程或相应的主生产装置；

m. 30 万套/年以上的轮胎工程或相应的主生产装置；

n. $10×10^8Nm^3/a$ 以上煤气化、$20×10^8m^3/a$ 以上煤制天然气、$60×10^4t/a$ 以上煤制甲醇、$100×10^4t/a$ 以上煤制油、$20×10^4t/a$ 以上煤基烯烃等煤化工工程或相应的主生产装置。

② 中型石油化工工程是指大型石油化工工程规模以下的下列工程：

a. $10×10^4t/a$ 以上生产能力的油（气）田的主体配套建设工程；

b. $20×10^4m^3/d$ 以上气体处理工程；

c. $100×10^4t/a$ 以上原油、成品油，$20×10^8m^3/a$ 及以上输气等管道输送工程及配套建设工程；

d. 单罐 $5×10^4m^3$ 以上、总库容 $10×10^4m^3$ 以上的原油储库，单罐 $5000m^3$ 以上、总库容 $3×10^4m^3$ 以上的成品油库，单罐 $2000m^3$ 以上、总库容 $1×10^4t/a$ 以上的天然气储库，单罐 $200m^3$ 以上、总库容 $1000m^3$ 以上的液化气及轻烃储库，单罐 $2×10^4m^3$ 以上、总库容 $6×10^4m^3$ 以上的液化天然气储库，单罐 $1×10^8m^3$ 以上的地下储气库，以及以上储库的配套建设工程；

e. $500×10^4t/a$ 以上的炼油工程，或者与其配套的常减压、脱硫、催化、重整、制氢、加氢、气分、焦化等生产装置和相关公用工程、辅助设施；

f. $30×10^4t/a$ 以上的乙烯工程，或者与其配套的对二甲苯（PX）、甲醇、精对苯二甲酸（PTA）、丁二烯、己内酰胺、乙二醇、苯乙烯、醋酸、醋酸乙烯、环氧乙烷/乙二醇（EO/EG）、丁辛醇、聚酯、聚乙烯、聚丙烯、ABS 等生产装置和相关公用工程、辅助设施；

g. $15×10^4t/a$ 以上的合成氨工程或相应的主生产装置；

h. $12×10^4t/a$ 以上的磷铵工程或相应的主生产装置；

i. $16×10^4t/a$ 以上硫酸工程或相应的主生产装置；

j. 30×10^4 t/a 以上纯碱工程、5×10^4 t/a 以上烧碱工程或相应的主生产装置；

k. 2×10^4 t/a 以上合成橡胶、合成树脂及塑料和化纤工程或相应的主生产装置；

l. 项目投资额 2 亿元以上的有机原料、染料、中间体、农药、助剂、试剂等工程或相应的主生产装置；

m. 20 万套/年以上的轮胎工程或相应的主生产装置；

n. 4×10^8 Nm^3/a 以上煤气化、5×10^8 m^3/a 以上煤制天然气、20×10^4 t/a 以上煤制甲醇、16×10^4 t/a 以上煤制油、10×10^4 t/a 以上煤基烯烃等煤化工工程或相应的主生产装置。

18.5.3 防水防腐保温专业资质允许承包的工程范围

（1）一级资质可承担各类建筑防水、防腐保温工程的施工。

（2）二级资质可承担单项合同额 300 万元以下建筑防水工程的施工，单项合同额 600 万元以下的各类防腐保温工程的施工。

18.5.4 建筑机电安装工程专业承包资质允许承包的工程范围

（1）一级资质可承担各类建筑工程项目的设备、线路、管道的安装，35kV 以下变配电站工程，非标准钢结构件的制作、安装。

（2）二级资质可承担单项合同额 2000 万元以下的各类建筑工程项目的设备、线路、管道的安装，10kV 以下变配电站工程，非标准钢结构件的制作、安装。

（3）三级资质可承担单项合同额 1000 万元以下的各类建筑工程项目的设备、线路、管道的安装，非标准钢结构件的制作、安装。

企业要加强对承包商安全生产业绩和遵守发包企业安全生产规章制度情况的考核，建立承包商安全生产业绩考核档案，认真记录承包商发生的安全事件(未遂事故)、违反化工企业有关安全生产规章制度情况、信守安全承诺情况，企业安全生产管理情况以及施工安装质量情况，作为考核承包商安全业绩和继续合作的重要依据。对于两次以上违反安全生产有关规定发生险情的承包商，化工企业要组织有关部门会商研判，当机立断予以解除合作合同，避免在承包商发生事故后，影响企业形象和安全生产信誉。

18.6 承包商安全生产培训教育和入厂管理

化工企业负有对承包商风险告知和安全生产教育、培训的责任。承包合同签署后、承包商进入企业施工作业前，化工企业要组织对承包商单位主要领导、分管领导、安全管理以及相关部门负责人、所有参与施工作业的工程技术人员和作业人员进行安全生产教育和培训。主要内容包括：企业的主要危害和风险，包括企业涉及危险化学品的危险特性、易燃易爆易中毒的场所划分，化工企业八大特殊作业存在的危害和风险等；企业安全生产的有关规定、应急逃生的路径和方法以及其他的安全生产注意事项等。

为了确保安全教育培训取得实效，培训结束后，要组织认真的考试，考试合格者方可进入企业。

在一些事故调查中发现，有的承包商作业人员流动性大，经常出现承包商作业人员临时替代、未经安全教育培训就进入化工企业作业发生事故的情况。化工企业要结合企业自身实际，研究加强承包商入厂管理的措施。鉴于人脸识别技术已日趋成熟，化工企业可通过装备人脸识别系统，严格承包商入厂管理。

18.7　承包商安全施工作业方案审查、现场安全交底和现场监护

对于具体的施工作业项目，承包商都要编制安全施工方案，并提交化工企业审查。企业要组织安全、工程管理、工程监理和其他有关专业工程技术人员，对承包商提交的安全施工方案进行严格、细致的审查，重点审查作业风险识别是否全面深入、有无遗漏重大风险危害；安全防范措施是否齐全有效；应急预案内容是否满足要求；安全管理人员数量、能力是否能够满足安全作业的要求等。

安全施工方案审查通过以后，化工企业还要在施工现场对承包商进行安全交底。施工现场安全交底要求承包商的作业负责人、安全管理人员、工程技术人员、作业人员和化工企业的监护人员全部参加，化工企业有关人员要针对安全施工方案的内容和施工现场作业周边环境，将作业危害分析的详细内容与现场情况一一对应，进一步介绍有关规定的必要性，确认施工作业的边界，施工过程中可能出现的问题及处理的方法，出现紧急情况时现场应急资源、处置方法及联系方式等。确保承包商全面了解施工现场有关情况，防止施工超出边界，乱动阀门、设备设施等。

在化工企业的安全施工作业，承包商不可能完全掌握和理解风险和危害。因此，化工企业要安排熟悉施工作业现场情况、具有一定工作经验和相应能力的人员进行现场监护。施工现场要根据危害识别情况，针对可能存在的危害，配备足够的应急装备、器材。

18.8　承包商安全事件和事故的调查

化工企业对承包商发生的安全事件(未遂事故)要高度重视，及时组织认真调查，查明事件原因、分清企业和承包商的责任，制定有针对性的防范措施，严防因对承包商安全事件重视不够，最终导致承包商安全事故发生。

承包商发生安全事件后，化工企业安全管理部门要及时组织工程、设备、监理、属地单位和承包商认真开展调查工作。在查明发生事件的直接原因后，要分别从化工企业自身和承包商两个方面深入分析管理原因。特别是化工企业一定要从企业承包商安全管理制度的相关要求是否准确完整、管理责任是否明确、制度执行是否存在问题等方面，深入自我剖析，及时堵塞漏洞，补齐短板，加强承包商管理，严防再次发生承包商安全事故。

承包商发生安全事故后，化工企业要认真配合当地安全生产监督管理部门进行调查，深刻吸取事故教训。

第 19 章

变更管理

19.1 概述

化工安全生产变更管理概念的提出，源自英国 1974 年弗利克斯堡(Flixborough)发生的一起化工企业重大事故。1974 年 6 月 1 日 16 时许，英国 Nypro 公司环己烷氧化生产尼龙装置，由于临时跨接反应器管道的膨胀节突然破裂，大量(大约 40t)含有环己烷(C_6)的物料泄漏形成的蒸气云发生爆炸，爆炸当量达到 15t TNT 当量，导致工厂内 75 人中 28 人死亡(其中中控室 18 人)、36 人受伤，厂外 53 人受伤。爆炸摧毁了工厂的控制室及临近的工艺设施，经济损失达 2.544 亿美元。

化工企业变更是指企业在工艺、设备、仪表、电气、公用工程、备品备件、原辅材料、生产组织方式和重要岗位人员、组织机构以及供应商、承包商等方面进行的临时或永久改变。

变更要与同类替换(replacement in kind)相区别:

同类替换是指采用同一供应商，且符合原设计规格同一型号物品的更换。如：用相同供应商同规格的设备、仪表或管道替换现有的设备、仪表或管道，而且这项改变不需要修改设计规格文件。同类替换不属于变更，也就不需要进行特殊的管理。

化工企业的变更管理(management of change, MOC)是指通过风险识别和分析，对变更进行有计划的风险控制和管理，从而避免由于变更对安全生产、职业健康和环境保护造成的不利影响和带来安全风险。

变更管理不仅能够保证化工过程安全，还有助于化工产品的质量控制。

化工发达国家的化工企业都把变更管理作为安全生产(化工过程安全)的重要管理要素严格管理。而且化工过程安全管理的许多要素都涉及变更管理。例如领导力要素的企业主要负责人、主要生产装置的主要负责人以及重要部门主要负责人变化；安全信息管理要素中，涉及的化学品变化、技改技措、化工三剂和备品备件变更供应商、仪表联锁的摘除等；合规性管理要素中，国家法律法规标准的变化和安全生产政策重大调整等。

变更管理在我国化工行业起步较晚，目前我国相当部分的化工企业还没有认识到变更管理的极端重要性，尚未开展变更管理工作，因变更管理缺失引发的事故屡屡发生。

因变更管理不到位而发生的典型重特大事故有：

2012年2月28日，位于石家庄市赵县境内的河北某化工公司发生重大爆炸事故，造成25人死亡、4人失踪、46人受伤，直接经济损失4459万元。该重大爆炸事故是一起因严重违反操作规程，变更管理缺失，擅自提高导热油温度和反应温度，导热油泄漏着火后处置不当而引发的重大生产安全责任事故。

2010年7月16日，位于辽宁省大连市保税区的某储运公司原油库输油管道发生爆炸，引发大火并造成大量原油泄漏，导致部分原油、管道和设备烧损，另有部分泄漏原油流入附近海域造成污染。事故造成1名作业人员轻伤、1名作业人员失踪；在灭火过程中，1名消防战士牺牲、1名消防战士受重伤。事故造成的直接财产损失为2.2亿元。事故的主要原因是，改变卸油过程中加入的脱硫化氢剂没有进行变更管理，新的脱硫化氢剂主要成分为双氧水(过氧化氢)，双氧水与原油发生剧烈的氧化反应造成管道爆炸。

因此，为了加强和改进化工过程安全管理，提升化工企业安全生产管理水平，必须对所有变更进行有效的风险管理。

19.2　变更分类

根据变更时效、影响程度、紧迫程度对变更进行分类，突出各类变更的风险特点，有针对性地加强变更管理，以提高变更管理的效率和效果。

根据美国化工过程安全中心编写的《过程安全变更管理导则》和工厂实践，变更分为以下五类：

(1)临时变更。因需维持生产连续运行、解决临时的安全问题等原因，需要进行有一定时限的短期变更。临时变更达到预定期限或临时问题解决后，应恢复到变更前状态。例如联锁的临时摘除、工艺控制的临时副线操作等。临时变更的时限由企业按照"宜短不宜长"的原则规定，一般不应超过一个月，涉及订货周期的，一般不应超过三个月。

(2)永久变更。变更实施后，变更对象永久不再恢复到变更前状态的变更。例如化工装置的技术改造、新的催化剂使用后工艺参数的调整等。

(3)紧急变更。化工企业在紧急状况下，变更如果按照正常管理程序花费的时间，有可能导致不可接受的安全风险、环境危害或重大财产损失，为了避免人员、环境、财产等受到重大损失，从而简化变更管理手续的变更。例如装置因不太严重泄漏采取的降压运行措施。

(4)重大变更。可能导致生产工艺不稳定、安全风险等级提高，造成发生事故、污染环境和财产损失概率增加等潜在严重后果的变更。例如重要安全仪表回路的停用。重大变更的具体定义，企业根据自身可接受的风险标准确定。

(5)一般变更。除紧急和重大变更以外，需要纳入变更管理的其他变更。

19.3　变更管理的一般做法

19.3.1　变更管理重要性

要开展变更管理工作，首先要了解变更管理在化工安全生产工作中的重要地位。事故是安全生产管理工作最好的教材，要通过对因变更管理缺失或变更管理不到位引发事故的深刻剖析、通过事故惨痛的教训，教育企业的领导层、管理层和操作层充分意识到变更可能带来的安全风险，建立"非必要不变更"理念，尽可能减少变更带来的风险。同时要提高对变更管理在化工安全生产管理工作中不可或缺的地位和重要作用的认识，凝聚建立变更管理制度和加强变更管理工作的共识。

19.3.2　变更管理培训

变更管理在化工行业相对于其他的管理要素而言，是一个比较新的概念，管理所涉及的内容还在不断地完善中。变更管理工作在我国大中型化工企业刚刚起步，绝大多数中小企业变更管理的概念尚未建立。因此，化工企业开展变更管理工作要以培训为先导。要分别针对领导层、管理层和操作层开展变更管理的全员培训，讲清楚变更管理的概念、在防范化工事故中的作用、涉及的管理专业领域、变更管理的风险识别和管控、变更管理后风险防控措施效果的评估，以及变更信息管理等，为开展变更管理奠定基础。

19.3.3　变更管理制度

变更管理制度要对变更管理的组织领导、责任体系（纳入安全责任制）、管理范围（变更管理涉及的内容和部门）、变更管理的程序要求（特别是风险识别与分析、编制变更实施方案及审批程序）、变更管理工作效果的评估、责任考核与持续改进等做出明确的规定要求。变更管理制度要不断完善。

19.3.4　变更风险管理

变更管理主要工作是管控各类变更带来的风险。对纳入管理的每个变更，都要由变更管理的责任部门指定具有相应能力的管理人员，组织有关人员进行变更风险识别和分析，要充分利用预先危险性分析（PHA）、危险与可操作性（HAZOP）分析、假设法（what-if）、蝴蝶结（bow-tie）法、事件树分析法（event tree analysis，ETA）等风险分析方法，对所要进行的变更进行系统的风险识别和分析，针对变更可能带来的风险制定有效的管控措施，形成变更实施方案，按程序报备或报批。对于可能带来重大风险的变更实施方案，还要组织专家论证和按规定程序报批。

变更风险评估要特别注意以下几点：

（1）变更风险评估应从变更带来的潜在后果严重性和引发后果的可能因素两个方面开展：

① 后果的严重性应至少从以下三个因素进行评估：

- 变更后系统中危险物质数量和危害特性的变化；
- 变更后系统最严苛工艺条件的运行状况；
- 变更后对整个系统、上下游工艺单元及相关设备设施运行的影响。

② 导致后果的可能因素至少从以下两个方面进行评估：

- 变更是否增加了设备或系统的故障模式或故障点；
- 变更是否破坏了原有保护层。

（2）精细化工企业涉及重点监管危险化工工艺和金属有机物合成反应（包括格氏反应）、采用间歇和半间歇反应的，在发生生产工艺变化、物料变化、操作方式、装置能力变化等变更的，需重新开展精细化工反应安全风险评估、确定危险度等级并采取有效管控措施。

（3）涉及安全仪表系统的联锁逻辑设定、硬件变更，应对该安全仪表回路的功能重新开展完整性评估。

（4）变更风险评估团队应包含变更涉及的所有专业，评估人员应具备一定风险评估能力和工作经验。确保充分识别变更所带来的危害，充分评估风险，制定有效的风险控制措施，以及决策该变更的可行性。

19.3.5　变更管理的实施

变更实施方案批准后，要及时组织有关人员对变更方案进行培训和实施方案交底。重点讲明变更的目的、可能带来的风险和防范措施、变更实施的责任分工等。变更实施需要工程施工的，要严格施工作业安全管理，确保施工安全。施工完毕后要按照实施方案组织验收。变更项目投用前，企业应当组织变更投用前的安全条件确认，具备条件后方可投用。安全条件确认至少要包括以下内容：

（1）变更是否完全按照方案实施。

（2）取得相关法律法规许可。如新增压力容器、压力管道和其他特种设备应取得政府有关部门的许可。

（3）变更风险的防范措施是否已全部落实。

（4）已对有关人员进行了变更后操作规程的培训和考核，变更情况已通知相关单位和个人。

（5）现场设备设施已具备安全投用条件。

19.3.6　变更实施后的安全评估

变更风险识别往往没有经验可以借鉴，完全依靠有关人员借助风险分析方法和管理经验识别可能遇到的风险。风险管控措施是否全面和有效，需要在变更实施的过程和变更完成后装置运行中进行实际检验。因此变更后及时组织进行安全评估非常重要。变更实施负责人要组织有关人员对变更风险识别是否全面、准确进行评估，对安全防范措施的有效性进行核查。如果发现存在尚未识别的风险要及时采取防范措施进行补救，确保变更带来的所有风险得到有效管控。

19.3.7　及时完善相关安全信息

变更完成后，要及时更新与变更所有有关部门的所有信息。

19.4　需要重点关注的变更

由于化工企业变更的多样性和复杂性，到目前为止，尚没有一个比较成熟的化工企业变更管理清单。对于一个化工企业，到底哪些改变纳入变更管理主要基于风险原则，凡是改变有可能带来新的风险的，都必须纳入变更管理。当然，变更管理也需要经验的积累。基于事故教训和管理经验，编者认为涉及以下方面的变更需要重点关注。

19.4.1　总图变更

建成装置内布置任何新的设备设施或构(建)筑物，都要考虑给周边防火距离、防火防爆分区、消防和紧急撤离通道、检维修场所等方面带来的风险变化。

19.4.2　工艺技术变更

这是化工企业最常见的一类变更。主要包括技术路线、工艺流程、操作条件、操作规程、操作程序(包括进料顺序)、控制回路、控制参数(包括报警参数)、联锁值改变或联锁摘除、原辅材料(包括助剂、添加剂、催化剂以及供应商等)、流程介质(包括组分)、装置扩能、公用工程(水、电、汽、风等)等方面的改变。

工艺技术变更的风险识别常用的方法是危险与可操作性(HAZOP)分析和假设法(what-if)。

19.4.3　设备设施变更

主要包括设备设施的更新改造，非同类替换(包括型号、材质、安全设施、设备运行参数和供应商的改变)，设备设施布局改变，备品备件、材料材质以及供应商的改变，基本控制仪表的改变，安全仪表(包括有毒可燃气体泄漏报警)改变，装置优化控制软件改变，电气设备的改变，增加临时的电气设备等。

设备设施变更风险识别常用的方法有故障类型和影响分析(FMEA)、假设法(what-if)以及事件树分析法(event tree analysis, ETA)等。

19.4.4　组织管理和变更

企业内管理机构、管理职责、管理制度和标准、生产组织方式等方面的改变。

组织管理变更的风险主要靠企业组织有关部门参与专门论证和广泛征求意见识别和防范。要特别注意的是组织管理变更的风险具有延迟性，组织管理变更对安全生产影响的显现可能有一个过程。

19.4.5　重大人员变更

企业主要负责人，生产、工艺、设备、安全分管负责人，重要生产管理部门和生产装置主要负责人，重要技术管理骨干和重要岗位操作人员的变化。

重大人员变更的风险可以通过加强日常培训、重要岗位岗前培训和上岗考核控制或化解。还可以借鉴道(Dow)化学公司安全述职的做法，控制企业主要负责人、分管负责人、重要部门和装置负责人变化的风险。对安全生产影响大的人员改变后，新的人员上岗一段时间后(一般为2~3个月)，上一级安全管理部门组织有关专家，听取新上任负责人的安全述职，内容包括分管装置(部门)安全管理的现状、存在的主要问题和今后加强和改进安全生产工作的打算等。通过安全述职，了解新上任负责人对安全生产情况的熟悉情况和下步工作思路，并给予有针对性的指导。述职没有达到要求的，给予一次重新述职的机会。第二次述职通不过的，取消任职资格。这种做法可以督促新上任负责人尽快承担起安全生产责任。

19.4.6 承包商、供应商变更

长期合作的承包商、供应商熟悉企业的安全要求和安全需求，改变承包商和供应商需要纳入变更管理。变更承包商要严格按照承包商管理的要求对其进行安全教育和培训；变更供应商时，要向新的供应商详细介绍企业采购设备设施、备品备件和原辅材料的用途、规格、技术要求，以及设备设施、备品备件和原辅材料的安全生产作用，提示承包商必须严格按照合同要求供货。变更供货商后的一段时间内，化工企业要加强设备设施、备品备件和原辅材料的入厂核验工作。

再次需要特别强调指出：化工企业到底哪些变化应纳入变更管理，可能不仅限于以上六个方面，需要企业依据本企业实际，基于风险考虑，根据行业的事故教训和管理经验以及企业自身的管理经验，规定必须纳入管理的变更清单。

19.5 可能导致风险增加的典型变更案例

美国化工过程安全中心编写的《过程管理变更管理导则》列举了一些可能导致风险增加的典型变更案例，现摘录如下，供读者借鉴和参考。

19.5.1 设备变更

如设备材质、设计参数、设备结构等。

（1）将碳钢管道换为不锈钢管道，要考虑到管道内氯化物的存在可能对不锈钢管道造成氯的点腐蚀。

（2）用另一个体积相同但长径比不同的反应器替换原有反应器，要考虑反应器内物料的混合情况和传热性能发生的变化。

（3）改变容器原有用途，存储的物料密度增加，要考虑容器支撑结构的负荷增加问题。

（4）增大离心泵的叶轮直径，以提高泵的能力和扬程，要考虑可能对以下方面造成影响：①下游设备超压；②操作压力高于安全阀（PSV）的设定值；③由于吸入端的流量限制，造成泵汽蚀。

（5）使用夹具带压堵漏，要考虑临时堵漏设备的压力等级是否足够。

（6）把一个金属垫片临时换成聚四氟乙烯垫片，要考虑聚四氟乙烯材料能不能承受外部火灾。

（7）新增反应器的冷却水系统，要考虑已建成循环水冷却塔负荷是否有足够的余量。

（8）将钢管换成塑料管，要考虑塑料管道可能产生的静电累积，这有可能成为粉尘、泄漏的可燃气以及高温物料爆炸的点火源。

（9）临时把离心泵换成容积泵，没有考虑下游管路需要稳定的流量。

19.5.2 控制系统变更

如仪表、控制方案、联锁逻辑及计算机系统，包括逻辑运算器和软件等。

(1) 将触发联锁的设定值调整(调高或调低)时，要考虑新的设定值是否超出原来规定的安全操作范围。

(2) 把原来仪表的三选一表决系统在出现其中的一个传感器失效时改成二选一，要考虑安全仪表系统对硬件冗余度的要求。

(3) 把产生模拟信号的变送器换成输出数字信号的变送器时，要考虑数字变送器相关的失效模式，及其对整个联锁回路可靠性的影响。

(4) 在 DCS 系统里增加新的报警时，要考虑过多的报警信号对操作员的不良影响。

19.5.3 安全系统变更

如对安全系统进行如下改变：

(1) 为了对安全阀进行拆卸测试，在安全阀入口管线增加切断阀，要考虑到安全阀的入口切断阀可能误关，导致安全阀失效。

(2) 把建筑物内的喷淋水灭火系统换成 CO_2 灭火系统，要考虑到建筑物内人员窒息的可能。

(3) 把排放大气的放空阀连接到现有的火炬总管上，要考虑氧含量、有关组分和排放量对火炬总管、其他连接到火炬总管排放装置的影响。

(4) 为防止泄压装置误动作更换为起跳压力更高的泄压装置，要考虑被保护系统是否存在超压的风险。

19.5.4 工厂基础设施变更

如消防系统、永久或临时性的建筑、厂内道路等。

(1) 增加中控室的人员，要考虑风险增加后是否还可接受。

(2) 增加化学品仓库的面积，要考虑增加喷淋面积对消防水用量/管网压力的影响。

(3) 为减少操作人员靠近危险源的风险，把某一工艺单元的控制室移到离装置较远的位置，要考虑操作人员远离装置后会增加操作响应时间的影响。

(4) 由于施工或维修临时封闭厂区内道路，要考虑对应急车辆通行的影响。

19.5.5 操作和技术变更

如工艺条件、工艺物流流向、原料及产品规格、使用新的化学品及包装变更等。

(1) 增加产能超出装置现有的设计能力，要考虑超压泄放系统能力是否满足要求。

(2) 临时将蒸发加热器进行旁路，要考虑液体蒸发产生的低温可能导致下游设备、管线低温开裂。

(3) 将接受火车槽罐运输有毒物质临时改为汽车罐车运输，要考虑卸车连接管线频繁拆卸，有毒物质泄漏可能性增加的风险。

(4) 使用反应活性更强的催化剂，要考虑更高的反应速率可能超出反应器冷却系统的能力、导致反应温度失控。

19.5.6 设备设施检查、测试和维护维修变更

如检验时间间隔增加、改变压缩机使用的润滑油标号等。

（1）由于延长装置运行周期推迟了设备的维修时间，要考虑设备超出其允许的最长测试和检验间隔带来的失效风险。

（2）装置维修周期延长，要考虑以往的失效数据，例如轴承和密封的寿命，设备管线的腐蚀余度等。

（3）让操作人员自己承担装置维修工作，要考虑针对维修作业程序、正确使用工具等对有关人员进行必要的培训。

（4）将使用超声波检查管道壁厚改成使用 X 射线检查，要考虑到射线辐射的影响。

19.5.7　工作程序变更

如标准操作规程、安全作业流程、应急操作流程、管理流程、维护规程和检验规程等。

（1）减少或取消外操人员巡检，要考虑到现场泄漏不能及时发现问题。

（2）修改操作规程要充分考虑对安全生产、质量控制或操作方便等带来的影响。

（3）把纸质的操作规程改为电子版，要考虑操作人员紧急情况下是否方便查用的问题。

（4）用工厂制定的维修程序代替设备生产商的维修手册，要考虑新的维修程序是否满足设备生产商维修手册的技术和安全要求。

（5）组织结构和员工人数变更（如减少每班次操作人员数量等），要考虑出现紧急情况时操作人员是否够用。更换维修承包商，要考虑新的承包商是否具备安全作业的能力。

（6）把工厂的技术部门搬迁到距离较远的集团总部，要考虑对装置操作技术支持的影响。

（7）把 8h 一班改成 12h 一班，要考虑因工作时间增加导致疲劳对安全操作的影响。

（8）更换装置的操作经理，要考虑需要对新经理进行培训。

（9）决定找人顶替一位即将退休的以前负责审查所有泄压系统设计的集团公司技术专家，或由一个没有经验的工程师来顶替这位专家时，要考虑是否会导致泄压系统安全管理工作的弱化。

（10）把集团公司过程安全管理审计的职能下放到工厂，要考虑专业能力的下降或现场审计人员的独立性、权威性问题。

19.5.8　工厂有关政策变更

如修改加班时间限制的规定等。

（1）放宽每月最多加班时间的限制，要考虑人员疲劳对安全的影响。减少加班时间，要考虑对应急小组人员配置的影响。

（2）修改个人仪容与佩戴呼吸器的要求，允许某些员工保留胡须，因为这些级别的员工很少用到呼吸设备，这种变更要考虑这些员工万一遇到紧急情况的风险。

（3）采用无纸化办公，所有现场文件电子化，包括作业许可，过程安全相关的信息、程序文件、变更管理、投产期安全分析及培训记录等，要考虑紧急情况或多人同时查阅时出现的问题。

（4）执行新的公司政策，在选择设备供货商和服务商时，执行低价中标策略，要考虑可能中标的是非标准设备或者可靠性较低设备。

（5）调整交接班的时间和方式，要考虑对安全生产信息传递带来的不利影响。

19.5.9　其他变更管理

例如：

（1）修改变更管理程序增加紧急变更需求条款。

（2）指定区域进行动火作业，需要重新划分危险分区。

（3）修改事故调查组长的资格要求。

（4）省去安全工作许可的批准步骤，而这个许可目前要求由中控室主管的最后签字批准。

（5）改动限制临时拖车停放地点的规定。

即使有些变化不符合上述变更管理分类，但变化可能带来新的风险，这类变化也应该纳入变更管理。

（1）采用新的、被大多数工厂认可的某一良好的管理方法。

（2）在同一栋建筑里迁移化验室。

（3）增加/取消应急反应的机动车辆（救护车等）。

（4）现场交通改成自行车。

化工行业变更管理工作起步晚，其变更种类又多，各类变更可能随时遇到，情况十分复杂。化工企业加强变更管理，一要高度重视变更管理。要深刻吸取化工行业因变更管理缺失和不到位，引发重特大事故的惨痛教训，重视变更管理工作要从企业主要领导做起。二要强化变更风险意识。开展变更管理初期，由于缺少管理经验和管理数据库，变更管理要从严掌握，所有涉及生产工艺、设备、仪表（特别是安全仪表）、电气、公用工程、化学品以及生产、技术、设备、质量、安全等方面操作规程和管理文件变化的都要进行风险识别和分析。对重大的管理变更也要专题会议分析变更对安全生产带来的不利影响，确保所有的变更都趋利避害。三要及时评估变更管理要素运行的有效性、科学性。堵漏洞、补短板，不断完善变更管理制度，努力杜绝因变更管理不到位引发安全生产事故。

第 20 章
应急准备与响应

应急救援是安全生产的最后一道屏障。应急准备充分、响应及时，大事故可以转化为小事故，小事故可以转化为安全事件，可谓"大事化小、小事化了"。及时、有效的应急处置可以减少安全突发事件可能造成的人员伤亡、财产损失和社会影响，因此必须高度重视应急准备和响应工作。

化工企业应急准备与响应工作更具特殊性。一是化工生产工艺复杂，生产条件大多高温(低温)高压(真空)，应急处置需要企业工程技术、操作人员和专业救援队伍紧密配合；二是往往涉及危险化学品，泄漏物料易燃易爆易中毒，救援难度大，发生二次伤害的风险大；三是大型化工装置、危险化学品储罐区发生事故，危险化学品种类多、数量大，救援处置非常困难；四是危险化学品种类多、危险特性多种多样，应急处置专业要求高；五是化工应急处置往往需要大型和专用救援设备和设施，对应急保障要求高。因此化工企业应急准备与响应工作更复杂、要求更高。

20.1　相关概念

（1）突发事件

根据《中华人民共和国突发事件应对法》规定，突发事件是指突然发生，造成或者可能造成严重社会危害，需要采取应急处置措施予以应对的自然灾害、事故灾难、公共卫生事件和社会安全事件。

（2）应急管理

是指在突发事件的事前预防、事发应对、事中处置和善后恢复过程中，通过建立必要的应对机制，采取一系列必要措施，应用科学、技术、规划与管理等手段，保障生命、健康和财产安全。

应急管理通常包括预防、准备、响应、恢复等四个阶段，在实际情况中不同阶段有可能重复叠加，但每一部分均有各自单独目标，且为下个阶段内容的一部分。应急管理四个阶段中，由于"响应"阶段最为直观，往往也最被重视，容易忽视其他阶段特别是"预防"阶段。化工过程安全管理追求的是本质安全、从源头预防治理，所以应急管理的预防阶段是最为根本的。所谓不战而屈人之兵，善之善者也，这也是基于风险管理"预控"理念的体现。

（3）应急预案

是指为有效预防和控制可能发生的事故，最大限度减少事故及其造成损害而预先制定的工作方案。

（4）综合应急预案

是指生产经营单位为应对各种生产安全事故而制定的综合性工作方案，是本单位应对生产安全事故的总体工作程序、措施和应急预案体系的总纲。

（5）专项应急预案

是指生产经营单位为应对某一种或者多种类型生产安全事故，或者针对重要生产设施、重大危险源、重大活动，防止生产安全事故而制定的专项性工作方案。

（6）现场处置方案

是指生产经营单位根据不同生产安全事故类型，针对具体场所、装置、设施所制定的应急处置措施。现场处置方案是专项应急预案的具体化。

（7）应急准备

是指针对可能发生的事故，为迅速、科学、有序地开展应急行动而预先进行的思想准备、组织准备、预案准备和物资准备。

（8）应急响应

是指针对发生的事故，有关组织或人员采取的应急行动。

（9）应急救援

是指在应急响应过程中，为最大限度地降低事故造成的损失或危害，防止事故扩大，而采取的紧急措施或行动。

（10）应急演练

是指针对可能发生的事故情景，依据应急预案而模拟开展的应急活动。

20.2　应急准备

应急准备是针对可能发生的事故，为迅速、科学、有序地开展应急行动而预先进行的思想准备、组织准备、预案准备和物资准备。广义上讲，应急准备包括应急响应前的所有要素，应急准备越充分，应急响应越及时、顺畅、有效，就可以在较低响应阶段有效处置。充分的应急准备是提高应急管理水平的关键。

应急准备以风险管理为基础。化工企业要在风险识别和分级的基础上，针对发生过及可能发生的事故和风险等级进行应急准备。对于危险化学品重大危险源还要从底线思维的角度出发，针对事故最严重的后果，通过事故情景构建，开展应急准备。应急准备工作包括应急意识的培训、应急体系的建立、职责的落实、应急预案的编制、应急预案的培训及演练、应急设施维护和应急物资准备等。

20.2.1　应急思想准备

（1）充分认识应急准备工作的重要性。化工生产是化学品加工处理的过程，生产过程中危险化学品易燃易爆、有毒有害的风险与反应失控、误操作、设备设施失效、动火和进入受限空间作业、变更等风险耦合，发生事故的概率很高，容易发生群死群伤事故。应急处置是防范事故的最后一道防线，应急准备充分、响应及时有效，可以大大降低事故伤亡和财产损失，可以有效降低事故等级。相当多的安全事故通过及时、科学的早期应急处置，安全事故可以降为安全事件。因此化工企业必须高度重视应急准备和响应工作，根据企业的风险特点，认真组织开展应急准备工作，有备无患。

（2）强化底线思维意识。应急准备工作要坚持底线思维，建立"宁防十次空，不放一次松"的应急准备理念，全面梳理企业存在的各类风险，在风险分析的基础上进行风险分级，把事故风险和最坏的事故后果全面分析、排查清楚。要按照不同的风险分类和风险级别开展应急准备工作。对重大风险要进行情景构建，全面研判风险可能的严重后果，确保应急准备工作全面、充分、科学。

（3）倡导生命至上、科学救援的应急救援准则。明确"救人"是应急救援的首要任务，事故救援时，要在保证救援人员安全的前提下，首先搜救事故被困和遇险人员。救援过程要仔细研判、科学指挥，确保救援人员安全，遇到突发情况危及救援人员生命安全时，迅速撤出救援人员。

（4）坚持"救早救小"原则，强化第一时间响应。涉及化学品的泄漏、火灾事故，早期处置非常重要，因此有事故响应"黄金三分钟"之说。化学品泄漏着火，早期处置相对简单和容易，一旦火势蔓延起来，扑救往往会非常困难，化学品火灾更要"灭早、灭小、灭彻底"。其他类的救援也是要"早救、快救"，减轻人员伤害，增加人员生还可能。因此基层岗位的应急准备和快速响应非常关键。

20.2.2 应急组织准备

认识到应急准备与响应工作的重要性后，做好应急准备与响应工作，组织领导是关键。应急组织准备包括建立应急准备组织领导机构和应急响应组织指挥机构。

（1）明确企业应急准备与响应的职责。根据《中华人民共和国安全生产法》第二十一条、二十五条规定，生产经营单位主要负责人组织制定并实施本单位的生产安全事故应急救援预案；生产经营单位安全生产管理机构以及安全生产管理人员组织或者参与拟订本单位安全生产规章制度、操作规程、生产安全事故应急救援预案，组织或者参与本单位应急救援预案的演练。

（2）建立应急准备组织领导机构。应急准备作为安全生产工作的重要组成部分，建议企业应急准备工作不再单独设立组织领导机构，可在安全生产组织领导机构（例如安委会）的职能中，明确领导组织企业开展应急准备工作的内容。应急准备组织领导机构要领导组织企业建立健全应急准备和响应各项规章制度。

（3）企业要明确应急准备工作的综合协调部门和各类突发事件应急准备工作的分管部门。综合协调部门要组织各分管部门在风险分析的基础上，确定需要进行应急准备的应急预案清单，明确每项应急预案编制的责任部门和预案格式、内容。

（4）明确每个应急预案实施的组织指挥机构和有关部门、人员的责任分工，构建应急响应的组织指挥网络。

（5）结合企业生产调度值班、夜间和节假日领导值班值守，合理调配各专业力量，组织安排好 24h 随时待命的应急值守工作。

（6）根据企业安全突发事件的特点，建立包括工艺、设备、仪表、电气、消(气)防、安全、环保等专业的应急专家队伍，为处置突发事件提供技术支持。

（7）企业应急救援专业队伍建设。危险化学品种类繁多，不同危险化学品的危险特性不同。因此，化工企业要建立专职消防和气体防护(简称气防)队伍，小型化工企业设立专职消防、气防队伍有困难的，也要根据涉及危险化学品的情况设立兼职的消防、气防人员，并与周边企业建立联动机制。化工企业应将涉及危险化学品的种类、数量等情况报告当地政府应急(安全生产监督管理)、环保、消防、医疗、公安等部门。

20.2.3　应急预案准备

应急预案准备是应急准备工作的核心任务，是应急准备工作是否充分的综合体现。企业应急预案要尽可能覆盖企业可能发生的事故情景，针对性、可操作性要强。

（1）在全面分析企业存在的风险基础上，同时借鉴同类企业发生过的事故，编制发生过或可能发生的事故情形清单。

（2）针对企业的重大事故风险进行情景构建，编制好重大事故应急处置预案。具有危险化学品重大危险源的企业应编制重大危险源专项应急预案，切实做好重特大事故的防范工作。

（3）根据事故情形清单逐一编制应急预案。应急预案的编制应当符合下列基本要求：

① 符合有关法律、法规、规章和标准的规定；

② 符合企业的安全生产实际情况；

③ 基于企业的风险分析；

④ 应急组织和人员的职责分工明确，并有具体的落实措施；

⑤ 有明确、具体的应急程序和处置措施，并与企业自身应急能力和可调用的应急资源相适应；

⑥ 有明确的应急保障措施，满足企业的应急工作需要；

⑦ 应急预案基本要素齐全、完整，应急预案附件提供的信息准确；

⑧ 应急预案内容与相关应急预案相互衔接；

⑨ 涉及企业周边公共安全的预案要报当地政府审查、批准；

⑩ 企业的应急预案体系应向当地政府安全生产监督管理部门备案，并与周边企业、社区和地方政府的预案相互衔接，形成联动机制。

（4）应急预案草案编制完成后，要组织预案所有涉及人员和专家进行评审加以完善，有条件的，可以通过演练进行完善，形成正式的预案。为了基层有关人员更好地掌握自身应急职责和应急处置程序，应依据应急预案编制基层岗位应急处置卡。

（5）企业应按 AQ/T 3043—2013《危险化学品应急救援管理人员培训及考核要求》的要求，对员工、承包商和相关单位开展应急预案培训，使有关人员了解相关应急预案内容，熟悉各自的应急职责、应急程序和现场处置方案。特别是有必要组织专业人员，针对消防、危险品应急处理、人员搜救、急救和应急医疗服务、应急指挥等进行专业培训。如果应急预案涉及社区和居民，要通过适当方式做好宣传和告知等工作。

培训内容至少包括：

- 预案适用的紧急情况和启用条件；
- 紧急情况的报告方式；
- 岗位应急响应和工艺处置要求；
- 企业的平面布置、紧急疏散路线、紧急出口、紧急集合点的位置及清点人数要求；
- 应急器材、设施的使用要求。

(6) 企业要制定《生产安全事故应急预案管理办法》，加强预案管理。

(7) 企业要按有关要求，将所有应急预案向当地应急管理部门备案。

20.2.4 应急装备和物资准备

企业要根据法规标准要求和所有应急预案中需要的各类器材、物资，做好应急装备和物资的准备。化工企业要按照 GB 30077—2013《危险化学品单位应急救援物资配备要求》的要求，配备应急装备和物资，同时还要特别注意以下应急装备、物资的准备。

(1) 存在一、二级易燃液体重大危险源的企业，要考虑购置大功率消防设备(车)和远程供水系统。要考虑应急取水问题，因为一旦发生典型油罐火灾，工厂的消防水只能满足保护周边储罐的需要。

(2) 根据涉及的易燃化学品种类，准备相应种类的灭火泡沫。

(3) 涉及有毒气体的企业，要装备满足需要的防化服和空气呼吸器，涉及液氯、液氨等强刺激性有毒气体的企业要装备重型防化服。岗位的防化服要至少配备两套，以便紧急情况时一人操作，另一人协助和监护。

(4) 涉及特殊有毒化学品的，有关岗位和企业医院(或装备有毒化学品特殊急救设施的签约医院)要准备相应的解毒和特殊急救、治疗药品。

(5) 配备一定数量的防爆便携式可燃、有毒气体泄漏检测仪器。

(6) 有条件的大中型企业装备灭火机器人和无人机等现代化的应急救援装备。

(7) 企业应制订应急物资储备制度，加强应急物资储备动态化管理，定期核查并及时补充和更新消耗和过期的应急物资。

20.3 组织开展应急演练

应急预案编制完成以后，要组织预案中参与应急响应的所有人员开展应急演练，通过演练，使所有参与应急响应的人员在预案培训的基础上，进一步熟悉应急响应时的职责、响应程序和需要相互协同的工作，检验应急预案的科学性和适用性，不断完善应急预案。

(1) 制定应急预案演练计划。根据《生产安全事故应急预案管理办法》(原国家安监总局令第 88 号)第三十三条规定，生产经营单位应每年至少组织一次综合应急预案演练或专项应急预案演练，每半年至少组织一次现场处置方案演练；根据《危险化学品重大危险源监督管理暂行规定》(原国家安监总局令第 40 号公布 第 79 号修正)第二十一条规定，重大危险源专项应急预案演练每年至少进行一次，重大危险源现场处置方案演练每半年至少进行一次。考虑到演练对应急响应的重要作用，建议每个预案每年要至少组织演练一次。

（2）涉及企业外部安全的应急预案演练，应邀请当地应急管理部门和相关单位参加。演练情况报送所在地县级应急管理部门。

（3）应急演练应包括预警与报告、指挥与协调、应急通信、事故监测、警戒与管制、疏散与安置、医疗卫生、现场处置、社会沟通、后期处置等内容。

（4）开展多种形式的演练。按照演练内容分为综合演练和单项演练，按照演练形式分为现场演练和桌面演练，不同类型的演练可相互组合。

（5）组织对演练情况进行评估。演练设置评估组，由应急方面专家和相关领域专业技术人员或相关方代表组成。演练现场评估工作结束后，评估组针对收集的各种信息资料，对演练活动全过程进行科学分析和客观评价，形成演练评估报告。

（6）持续改进。应急预案编制部门根据演练评估报告中对应急预案的改进建议，按程序对预案进行修订完善。

20.4　事故应急响应

（1）应急响应要坚持以人为本、科学指挥、底线思维的原则，及时、准确对事故发展趋势作研判预测，充分考虑最严重、最不利状况下的应急响应准备。

（2）企业应根据事故危害程度、影响范围和控制事态的能力，对事故应急响应进行分级，明确各级响应的条件和基本原则。

（3）企业应根据应急响应级别，启动针对性的接警报告和记录、应急响应机构、应急指挥、资源调配、应急救援、应急升级等应急响应程序。

（4）企业在应急响应状态下，应根据应急预案体系及事态发展趋势，及时启动专项应急预案、现场处置方案(包括应急处置卡)，保证应急指挥机构、应急资源调配、应急救援、应急升级、与政府及相关单位的联动等机制有效运行。

（5）企业应针对发生的泄漏、火灾、爆炸、中毒等事故，从人员救护、工艺处置、事故控制、消防、现场管控、恢复等各方面，采取简明实用的应急处置措施。

（6）事故得到有效控制，现场危害基本消除后，要适时结束应急响应状态，公开相关信息，开展后期处置等工作。

20.5　常用应急管理相关法律法规和标准

20.5.1　相关法律法规

（1）《中华人民共和国突发事件应对法》(自2007年11月1日起实施)；

（2）《突发事件应急预案管理办法》(国办发〔2013〕101号)；

（3）《生产安全事故应急预案管理办法》(应急管理部令〔2019〕2号修订)；

（4）《生产经营单位生产安全事故应急预案编制导则》(GB/T 29639—2020)；

（5）《危险化学品应急救援管理人员培训及考核要求》(AQ/T 3043—2013)；

（6）《危险化学品单位应急救援物资配备要求》(GB 30077—2013)；

（7）《生产安全事故应急演练指南》（AQ/T 9007—2011）；

（8）《生产安全事故应急演练评估规范》（AQ/T 9009—2015）。

20.5.2　危险化学品生产单位的应急救援物资配备要求

根据 GB 30077—2013《危险化学品单位应急救援物资配备要求》的定义，危险化学品生产单位应急救援物资主要包括危险化学品单位配备的用于处置危险化学品事故的车辆和各类侦检、个体防护、警戒、通信、输转、堵漏、洗消、破拆、排烟照明、灭火、救生等物资及其他器材。在化工企业、危险化学品单位作业场所，应急救援物资应存放在应急救援器材专用柜或指定地点，作业场所应急物资配备标准应符合表 20-1 的要求。

表 20-1　应急物资配备要求

序号	物资名称	技术要求或功能要求	配备标准	备　　注
1	正压式空气呼吸器	技术性能符合 GB/T 18664—2002《呼吸防护用品的选择、使用与维护》要求	2 套	
2	化学防护服	技术性能符合 AQ/T 6107—2008《化学防护服的选择、使用和维护》要求	2 套	有毒腐蚀液体危险化学品作业场所
3	过滤式防毒面具	技术性能符合 GB/T 18664—2002《呼吸防护用品的选择、使用与维护》要求	1/人	根据有毒有害物质、当班人数确定
4	气体浓度检测仪	检测气体浓度(有毒、可燃)	2 台	根据作业场所气体确定
5	手电筒	易燃易爆场所，防爆	1/人	根据当班人数确定
6	对讲机	易燃易爆场所，防爆	1 台	根据作业场所选择防护类型
7	急救箱或急救包	物资清单可参考 GBZ 1—2010《工业企业设计卫生标准》	1 包	
8	吸附材料	吸附泄漏的化学品	*	根据介质理化性质确定，常用的为干沙土
9	洗消设施或清洗剂	洗消进入事故现场的人员	*	在工作地点配备
10	应急处置工具箱	箱内配备常用或专业处置工具	*	根据作业场所具体情况确定

注：表中所有"＊"表示由单位根据实际需要进行配置。

第 21 章

安全事故、事件的调查与管理

为了切实吸取事故教训，防止类似事故重复发生，必须对发生的安全事故进行认真、严谨的全面调查。需要强调的是，事故达到一定级别后，调查的权限就不在企业了，须有当地政府安全生产管理部门负责调查，企业要积极配合。

企业要高度重视安全生产事件的调查工作。化工生产过程中发生的许多意外情况，由于外部条件的限制或者当事人的及时处置，没有造成严重的后果，称之为安全事件。安全事件是未遂的事故，是明显的事故征兆。企业必须把安全事件当作安全事故来对待，全面、认真调查事件原因，研究防范类似事件的有效措施，关口前移，防范事故。

事故事件调查、管理的目的就是查清原因、吸取教训，避免再次发生同类事故。

21.1 事故、事件的定义及分类

21.1.1 事故、事件定义

事故是指生产经营单位在生产经营活动(包括与生产经营有关的活动)中突然发生的，伤害人身安全和健康，或者损坏设备设施，或者造成经济损失的，导致原生产经营活动(包括与生产经营活动有关的活动)暂时中止或永远终止的意外事件。

事件是指后果没有达到企业规定的事故统计标准的意外情况。

21.1.2 事故、事件分类

对事故进行准确、规范的分类，目的在于实现不同口径的事故数据统计，帮助分析各类事故分布趋势，研究事故发生原因。

(1) 按照事故的责任划分，事故可以分为责任事故和非责任事故。

(2) 按事故发生的专业划分，化工企业事故可分为工艺事故、设备事故、电气事故、仪表事故、公用工程事故、作业事故和车辆事故等。

(3) 按照事故的类型划分，化工事故可分为泄漏事故、火灾事故、爆炸事故、中毒窒息事故、人身伤害事故等。其中人身伤害事故按照 GB 6441—1986《企业职工伤亡事故分类》又分为物体打击、车辆伤害等 20 类；按伤害程度分为轻伤、重伤和死亡三类事故。

（4）按照事故后果的严重程度划分。据事故造成的人员伤亡或者直接经济损失，按照《生产安全事故报告和调查处理条例》（国务院令第 493 号），事故分成特别重大、重大、较大和一般事故四个等级。

特别重大事故：是指造成 30 人以上死亡，或者 100 人以上重伤（包括急性工业中毒，下同），或者 1 亿元以上直接经济损失的事故。

重大事故：是指造成 10 人以上 30 人以下死亡，或者 50 人以上 100 人以下重伤，或者 5000 万元以上 1 亿元以下直接经济损失的事故。

较大事故：是指造成 3 人以上 10 人以下死亡，或者 10 人以上 50 人以下重伤，或者 1000 万元以上 5000 万元以下直接经济损失的事故。

一般事故：是指造成 3 人以下死亡，或者 10 人以下重伤，或者 1000 万元以下直接经济损失的事故。

21.2　安全事故、事件管理

从安全事故、事件的管理角度讲，无论是事故还是事件，都要从事故、事件信息上报，原因调查，制定和实施防范措施，事故档案归档，事故教训再教育五个环节着手，建立制度，开展工作。

安全事故、事件管理的根本目的，一是吸取事故、事件教训，防止类似事故发生。二是探索事故发生的规律，掌握安全生产的主动权。企业要全面收集企业和同行业事故信息，定期组织员工就有关事故开展研讨，不断警示企业员工。同时积极探索企业安全生产规律，指导企业安全生产工作。

目前一些企业存在重事故、轻事件的问题。对事故管理比较重视、相对"严格"，而对事件则重视不够、管理不够严格。之所以产生这种情况，是因为事故特别是引起严重伤害或损失的事故，由于场景惨烈、伤亡严重、财产损失大，容易引起企业领导和有关人员重视；当事故没有造成严重后果而成为事件时，人们也就往往不再重视。

事故的发生都是有一定征兆的。现阶段化工企业总会存在一些大大小小的安全隐患，这些隐患如果没有及时消除，根据事故"奶酪"理论，一旦管理防护层的漏洞重合，隐患就会突然爆发转变为突发事件。这种突然爆发的事件，大部分通过及时有效处置或周边环境限制，没有继续扩大成事故而成为安全事件；只有小部分爆发的事件由于处置不及时或处置不当，而现场又存在事态扩展的条件，而最终发展成为后果严重的安全事故。因此隐患是事故事件的根源，事件是潜在的事故，预防事故必须从预防和减少事件着手，抓事故管理必须从抓事件管理开始。

对于加强安全事故、事件管理，原国家安全监管总局会同工业和信息化部印发的《关于危险化学品企业贯彻落实〈国务院关于进一步加强企业安全生产工作的通知〉的实施意见》（安监总管三〔2010〕186 号）明确要求，"加强安全事件管理，企业应对涉险事故、未遂事故等安全事件（如生产事故征兆、非计划停工、异常工况、泄漏等），按照重大、较大、一般等级别，进行分级管理，制定整改措施，防患于未然；建立安全事故、事件报告激励机制，鼓励员工和基层单位报告安全事件，使企业安全生产管理由单一事后处罚，转向事前奖励与事后处罚相结合；强化事故事前控制，关口前移，积极消除不安全行为和不安全状态，把事故消灭在萌芽状态"。

21.2.1 安全事故、事件管理制度

做好安全事故事件管理工作，首要的是建立健全有关规章制度。

原国家安全监管总局《关于加强化工过程安全管理的指导意见》(安监总管三〔2013〕88号)要求，"企业要制定安全事件管理制度，加强未遂事故等安全事件(包括生产事故征兆、非计划停车、异常工况、泄漏、轻伤等)的管理"。

按照 AQ/T 3034—2010《化工企业工艺安全管理实施导则》的要求，企业应建立未遂事件发现、上报、跟踪及关闭机制，并制订安全事故事件管理制度，加强未遂事故等安全事件(包括生产事故征兆、非计划停车、异常工况、泄漏、轻伤等)的管理。通过事故事件调查分析，查清事故事件发生的原因，制定纠正和预防措施，防止类似事故事件的再次发生。

生产安全事故、事件管理制度应至少包括以下内容：

(1) 生产安全事故、事件等级的划分；

(2) 生产安全事故、事件上报的责任、时限和渠道；

(3) 生产安全事故、事件的调查：调查组的人员组成、职责和工作要求；

(4) 生产安全事故、事件处理和防范措施落实；

(5) 生产安全事故、事件调查结果的运用；

(6) 生产安全事故、事件调查文件的管理要求(安全事故、事件信息管理)。

21.2.2 生产安全事故、事件报告

生产安全事故、事件信息的及时、准确上报是生产安全事故、事件管理工作的基础。化工企业生产安全事故、事件的报告要简明扼要，讲明时间、地点、事故的简要情况，特别是要尽量讲清涉及危险化学品的情况。

(1) 生产安全事故报告

生产安全事故报告分为企业内部报告和企业向政府有关部门报告两种情况。

① 企业向政府报告事故。生产安全事故规模达到一定程度必须报告当地人民政府有关部门。国务院令第 493 号(《生产安全事故报告与调查处理条例》)第九条规定："事故发生后，事故现场有关人员应当立即向本单位负责人报告；单位负责人接到报告后，应当于1 小时内向事故发生地县级以上人民政府安全生产监督管理部门和负有安全生产监督管理职责的有关部门报告"。"情况紧急时，事故现场有关人员可以直接向事故发生地县级以上人民政府安全生产监督管理部门和负有安全生产监督管理职责的有关部门报告。"

国务院令第 493 号规定的一般事故，"是指造成 3 人以下死亡，或者 10 人以下重伤，或者 1000 万元以下直接经济损失的事故"。这个规定并没有给出一般事故下限指标，这对于企业一般事故伤亡或间接损失达到多少，就必须报告当地政府有关部门没有给出明确的要求。只是明确"未造成人员伤亡的一般事故，县级人民政府也可以委托事故发生单位组织事故调查组进行调查"。

事故报告后出现新情况的，应当及时补报。自事故发生之日起 30 日内，事故造成的伤

亡人数发生变化的，应当及时补报。道路交通事故、火灾事故自发生之日起 7 日内，事故造成的死亡人数发生变化的，应当及时补报。

② 企业内部一般事故报告。发生没有达到上报地方政府等级的一般事故，企业内部应该按照事故管理有关规定及时上报。企业发生一般事故时，为了第一时间组织应急处置，通常首先报告企业消防、生产调度和安全生产管理部门，同时根据事故涉及的专业，报告相应的管理部门。

（2）安全事件信息报告

加强事件的报告管理，有助于分析和研究生产经营活动中事故发生的原因和规律，实现"强化事故事前控制，关口前移"。因此，事件报告要以激励为主，鼓励员工将发生在身边的不安全事件和采取的控制措施及时报告，分享经验教训，为改进管理提供支撑。

21.2.3 事故、事件的调查

发生生产安全事故、事件后，需要尽快组织开展调查工作，以便及时采集、固定事故事件有关证据，为尽快查清事故、事件原因创造条件，调查工作开展越早，工作越主动。根据事故、事件具体情况，事故、事件的调查工作不应晚于发生后的 48h。

21.2.3.1 事故、事件调查基本原则

按照《中华人民共和国安全生产法》第八十三条规定，"事故调查处理应当按照科学严谨、依法依规、实事求是、注重实效的原则"。事件的调查也要遵循同样的原则。

事故、事件调查"四不放过"的原则。即事故、事件原因没有查清楚不放过，事故、事件责任者没有受到处理不放过，群众没有受到教育不放过，防范措施没有落实不放过。这四条原则互相联系，相辅相成，成为一个预防事故、事件再次发生的防范系统。

属地分级负责原则。事故的调查处理是依照事故的分类级别来进行的。根据目前我国有关法律、法规的规定，事故调查和处理依据《生产安全事故报告和调查处理条例》（国务院令第 493 号）。

21.2.3.2 事故调查的组织

依据《生产安全事故报告和调查处理条例》（国务院令第 493 号），根据事故的分级，按如下原则组织调查：

（1）特别重大事故：国务院或者国务院授权有关部门；

（2）重大事故：事故发生地省级人民政府；

（3）较大事故：设区的市级人民政府；

（4）一般事故：县级人民政府。

对于大中型化工企业，也要制定相应的规定，对企业负责调查的事故以及安全事件分级组织调查。对于事件的调查，企业可根据事件的性质、分类和分级，可进行适当减少调查组规模、降低调查的层级。

21.2.3.3 事故、事件调查组组成

依据《生产安全事故报告和调查处理条例》（国务院令第 493 号），事故调查组的组成应

当遵循精简、效能的原则。根据事故的具体情况，事故调查组由有关人民政府、安全生产监督管理部门、负有安全生产监督管理职责的有关部门、监察机关、公安机关以及工会派人组成。事故调查组可以聘请有关专家参与调查。

对于企业内部的事故、事件的调查，调查组应由具备相关专业知识的人员和具有事故调查经验的人员组成，事故、事件涉及承包商时应包括承包商有关人员。

21.2.3.4　事故、事件调查组职责

依据《生产安全事故报告和调查处理条例》（国务院令第493号），调查组的职责有：
（1）查明事故发生的经过、原因、人员伤亡情况及直接经济损失；
（2）认定事故的性质和事故责任；
（3）提出对事故责任者的处理建议；
（4）总结事故教训，提出防范和整改措施；
（5）提交事故调查报告。

21.2.3.5　事故、事件调查内容

对事故、事件进行全面、细致、深入的调查，查明事故、事件的经过，深入调查分析事故、事件的直接原因、管理原因和企业安全文化方面的缺陷，有针对性地制定改进和防范措施，是吸取事故、事件教训，避免同类事故、事件重复发生的关键环节。

事故、事件直接原因调查：事故的直接原因可以借助于"事故树"的方法，从物（设备设施）的不安全状态、环境要素和人的不安全行为方面入手进行调查。涉及危险化学品的事故，有时候需要通过技术分析和相关试验确定事故、事件的直接原因，因此有的企业又将直接原因称之为技术原因。

事故、事件管理原因调查：为了切实吸取事故、事件的教训，查明事故、事件的直接原因后，还要分析导致事故、事件直接原因的管理方面存在的问题，以便堵塞管理漏洞、补齐管理短板。管理原因首先调查分析有关制度、规程是否健全；涉及事故的安全操作要求是否全面、明确；责任是否明确、清晰。在此基础上还要分析事故责任者是否具备相应的能力，从而分析人力资源管理、员工招聘、员工安全教育和技能培训方面是否存在漏洞和短板。如果事故、事件有关责任人存在违章行为，还要调查企业日常管理、政治思想工作和安全文化方面存在的问题。

从企业安全文化角度审视事故、事件发生的深层次原因：企业发生安全事故、事件，追根究底是企业在安全文化方面存在问题。美国化学品事故调查委员会（Chemical Safety and Hazard Investigation Board，CSB）调查化学品事故时，在调查事故的直接原因和管理原因后，还要调查事故企业安全文化方面存在的问题。2018年编者率团参加美国化工过程安全年会时，曾与美国化学品事故调查委员会时任首席主席，就化学品事故企业安全文化方面问题的调查进行过深入的讨论。事故企业安全文化方面的调查，实际上就是调查企业管理者对安全重视程度不够和企业安全方面存在的不良习惯。调查通过查看有关记录、各个层级的访谈等方式，着重发现企业重视安全不够、安全行为规范与"安全第一"理念存在差距等安全生产根本性的问题，从而督促企业改进安全文化，从根本上夯实安全生产的根基。

一些国际知名化工公司在安全管理中，崇尚"无责备文化"，所谓"无责备文化"并不是没有处罚，而是更关注领导与管理的不足，并从事故、事件中吸取经验教训，持续改进。

事故调查完成后，应编制事故调查报告，事故调查报告应包含以下内容：

(1) 事故发生单位概况；

(2) 事故发生经过和应急处置过程；

(3) 事故造成的人员伤亡和财产损失情况；

(4) 事故发生的原因和性质；

(5) 事故责任认定和责任追究；

(6) 事故防范和整改措施。

21. 2. 3. 6　建立事故、事件档案

企业要建立事故档案。事故调查完毕后，事故调查报告要及时归档。企业应将重大亡人和重大泄漏、爆炸、火灾事故调查报告永久保存，一般事故调查报告至少保存 5 年。建议企业将所有事故、事件建立数据库，以便对新入厂员工进行有针对性的安全教育和培训，杜绝同类事故重复发生。

21. 3　事故、事件的整改措施

按照《生产安全事故报告和调查处理条例》(国务院令第 493 号)规定，事故发生单位应当认真吸取事故教训，落实防范和整改措施。

21. 3. 1　落实事故整改措施

及时消除事故暴露出的人的不安全行为、物的不安全状态与管理制度上的缺陷。重点是每一条整改措施要落实责任人、整改期限，并且建立跟踪考核机制，确保整改措施落实到位。

21. 3. 2　整改措施落实前安全监控

在落实整改措施时，因为条件限制，不能立即整改的措施，要落实有效的临时监控措施，防止落实整改措施阶段重复发生事故。如果有更好的整改措施时，企业要组织有关专家进行充分论证，并将论证结果记录存档。重伤、亡人及重大泄漏、爆炸、火灾事故防范措施全面完成之后，企业要在适时组织对整改措施的有效性进行评估。防范和整改措施的落实情况应当接受企业工会或职工组织的监督。

21. 3. 3　安全经验分享和事故教训吸取

组织员工学习本企业和同类企业事故、事件经验和教训，是提高员工安全意识和防范事故能力的一项行之有效的做法。每一起事故、事件调查结束后，企业要组织有关员工进行深入的分析、讨论，使有关员工切实了解事故发生直接原因、管理原因和根本(安全文化方面)原因。深刻吸取事故教训，杜绝同类事故重复发生。

21.4 安全生产事故、事件统计分析

在建立事故、事件数据库的基础上,定期(一般每半年)对企业发生的安全事故、事件进行统计分析,努力找出发生事故、事件的规律,提前制定防范措施避免事故、事件发生。

21.4.1 安全生产事故、事件统计

事故、事件统计是指运用统计学原理对安全生产有关指标进行统计,为分析事故、事件的发生规律提供依据,从指标量值方面反映企业安全生产状况,为企业负责人和管理人员掌握安全生产情况,制定安全生产工作方针、策略,研究改进企业安全生产工作提供可靠的数据资料。

事故、事件统计的基础是建立安全生产统计指标体系,重点是统计指标的科学性和可比性。

目前,世界有关组织和各个国家事故和职业健康尚没有统一的统计指标。

21.4.1.1 国际组织、行业协会和国际化工知名公司的职业健康统计指标体系

国际劳工组织(ILO)的职业伤害指标包括死亡人数、伤害人数、总损失工作日、伤害频率、伤害发生率、伤害严重程度、事故平均损失工作日7项指标。

国际油气生产者协会(OGP)安全绩效关键指标包括死亡率、死亡事故、损工伤害率、总可记录事故率、限工+损工伤害率、损工事故严重程度、限工伤害事故严重程度7项指标。

壳牌公司指标包括死亡人数、损工伤害率、总可记录事故率、总可记录职业病率。

英国石油公司(bp)指标包括死亡人数、损工事件、损工事件率、可记录事件率、可记录伤害率。

以百万工时为单位,可以扩展建立的统计指标有:总可记录事件率(TRIR)、损失工时率(TLWR)、损工伤亡率(LTIF)、死亡事故率(FIR)、死亡率(FAR)。各指标计算公式如下:

$$总可记录事件率(TRIR) = (总可记录事件人数/总工时) \times 10^6$$

$$损失工时率(TLWR) = (总损工时/总工时) \times 10^6$$

$$损工伤亡率(LTIF) = (损工死亡人数/总工时) \times 10^6$$

$$死亡事故率(FIR) = (死亡事故起数/总工时) \times 10^6$$

$$死亡率(FAR) = (死亡人数/总工时) \times 10^6$$

21.4.1.2 我国安全生产伤亡指标统计体系

我国在1986年颁布实施了 GB 6441—1986《企业职工伤亡事故分类》。该标准提出并界定了与企业事故有关的统计指标,即损失工作日、千人死亡率、千人重伤率、伤害频率、伤害严重率、伤害平均严重率和按产品产量计算的死亡率7项指标。常用的指标有如下几种:

(1) 千人死亡率:表示某时期内,平均每千名职工中因工伤事故造成的死亡人数。

$$千人死亡率 = 死亡人数/平均职工人数 \times 1000$$

（2）千人重伤率：表示某时间内，平均每千名职工因工伤事故造成的重伤人数。

千人重伤率=重伤人数/平均职工人数×1000

（3）工伤事故严重率：表示某时期内，每人次受伤害的平均损失工作日数。

工伤事故严重率=总损失工作日/伤害人次

（4）工伤事故频率：表示某时期内，平均每千名职工中发生事故的次数。

工伤事故频率=事故次数/平均职工人数×1000

（5）产品百万吨死亡率：表示每生产一百万吨产品如煤、钢平均死亡人数。

百万吨死亡率=死亡人数/实际产量（吨）×1000000

21.4.1.3 我国安全生产伤亡事故经济损失指标统计体系

1986 年我国颁布实施了 GB 6721—1986《企业职工伤亡事故经济损失统计标准》，界定了直接经济损失和间接经济损失，提出了千人经济损失率和百万元产值经济损失率等指标。

（1）直接经济损失：是指因事故造成人身伤亡及善后处理所支出的费用和毁坏财产的价值。其计算范围包括：医疗费用（含护理费用）；丧葬费及抚恤费；补助及救济费用；歇工工资；处理事故的事务性费用；现场抢救费用；清理现场费用；事故罚款和赔偿费用；固定资产损失价值；流动资产损失价值。

（2）间接经济损失：是指因事故导致产值减少、资源破坏和受事故影响而造成其他损失的价值。其计算范围包括：停产、减产损失价值；工作损失价值；资源损失价值；处理环境污染的费用；补充新职工的培训费用及其他损失费用。

（3）千人经济损失率计算公式：

千人经济损失率=全年内经济损失（万元）/企业职工平均人数（人×10^3）

（4）百万元产值经济损失率计算公式：

百万元产值经济损失率=全年内经济损失（万元）/企业全年总产值（万元）×10^2

21.4.2 防范措施落实

安全生产监督管理部门和负有安全生产监督管理职责的有关部门应当对事故发生单位落实防范和整改措施的情况进行监督检查。《安全生产法》要求，企业防范和整改措施的落实情况应当接受工会和职工的监督。

21.4.2.1 安全事故、事件统计数据采集

对安全事故、事件的统计数据进行科学分析，是把握安全生产规律主要途径之一。需要强调的是，安全生产事故、事件的统计数据分析，由于样本数据相对较少，不同于一般的统计数据分析，企业一方面加强安全生产有关数据的采集，特别是设备设施、管道、仪表失效数据的采集工作；另一方面要探索安全事故、事件统计数据分析的科学方法，更好地研究、把握安全生产规律，防范事故发生。

21.4.2.2 安全事故、事件统计数据分析

一般从事故种类、发生季节、每天的时间段、设备类别、设备管道泄漏部位、仪表失

灵、停电、工艺介质性质等方面入手进行安全事故、事件统计数据分析，探索事故事件发生的规律。

（1）从事故类别分析哪类事故、事件发生频率更高。化工企业常见的事故（事件）类别有：泄漏、火灾、爆炸、中毒窒息以及物体打击、车辆伤害、机械伤害、起重伤害、触电、淹溺、烫伤、高处坠落、其他伤害等。

（2）从四季天气情况分析安全事故、事件发生的规律。就化工企业而言，一年四季发生安全事故、事件有一定的规律、特点。

春季：容易发生因解冻导致的泄漏、倒塌事故；气候干燥导致的火灾和静电事故；春季户外作业增加，作业事故会增多。

夏季：主要是泄漏、雷电、中暑、台风、洪水容易引发的事故。特别是夏季高温，容器和管道容易发生超压泄漏事故。因此，化工企业在夏季往往火灾、爆炸事故易发、高发。需要指出的是，夏季是化工企业事故最多的季节。

秋季：主要是天气逐渐干燥易发生静电导致的事故；北方天气转凉后要防止室内有毒、可燃气体聚集发生事故。晚秋季节，为了做好冬季安全生产准备工作，维修作业增加，要防止动火作业发生事故。

冬季：主要是防冻凝、防中毒、防静电、防火、防滑、防巡检不到位引发事故。

（3）设备失效事故主要从超压或腐蚀泄漏、密封失效泄漏、焊接质量、电气、仪表故障等方面分析事故发生的规律。

（4）从一天中事故发生比较集中的时间段分析事故发生的规律。从以往化工企业发生事故统计情况看，一天当中有两个时间段容易发生事故，一是夜班容易因为脱岗、睡岗导致事故，二是每年5~10月份的下午容易因气温升高、部分易挥发化学品的蒸气压上升导致泄漏、火灾和爆炸事故。

（5）我国化工生产自动化控制程度已相当普及，要注意分析因自动化控制仪表失效导致的事故规律。

分析事故规律尚没有比较成熟的经验可以借鉴，每个企业安全生产的特点不同，分析事故规律的角度也不同，企业要在充分收集事故、事件信息的基础上，建立事故事件数据库，事故事件数据积累到足够大时，事故的规律会逐渐清晰、显现。因此，大型企业集团建立事故事件数据库的意义更大。企业要加强探索研究，积极摸索安全生产事故规律，逐步掌握安全生产工作的主动权。

21.4.2.3　探索建立企业安全生产预警系统

近年来，一些企业探索建立安全生产预警系统，其基本思路是：把企业发现的不安全因素与企业发生的事故、事件相关联，通过日常管理中发现不安全因素的性质和数量，警示企业安全生产状况，在没有发生事故时就采取有效措施加以防范。例如将工艺指标超限、巡检不及时、泄漏增多、违章增加、出现计划外停车、安全事件增加等加权赋值，统计分析一段时间后，分析事故与不安全因素的关联规律，建立"安全预警指数"的数学模型，当"安全预警指数"达到一定数值时发出预警。

第 22 章

本质更安全

化工安全生产，本质安全是基础、是根本，是企业需要持续不断追求的目标。

百度百科对本质安全的表述：本质安全是指通过设计等手段使生产设备或生产系统本身具有安全性，即使在误操作或发生故障的情况下也不会造成事故的功能。

本质安全具体包括两个方面：

（1）失误—安全：误操作不会导致事故发生或自动阻止误操作。

（2）故障—安全：功能设备、工艺发生故障时还能暂时正常工作或自动转变为安全状态。

在化工安全生产工作中，绝对的本质安全是很难达到的。但为了克服员工在操作、作业中，因为疲劳、情绪波动等因素干扰导致的误操作、误动作，必须要通过科技进步等手段，持续推进化工装置的本质安全。

22.1 本质安全的重要性

在安全生产等高风险领域，墨菲定律深刻地影响着人们的思维方式和工作努力方向。

墨菲定律的发明人爱德华·墨菲（Edward A. Murphy）是美国爱德华兹空军基地的上尉工程师。1949 年，他和他的上司斯塔普少校，在一次火箭减速超重试验中，因仪器失灵发生了事故。墨菲发现，测量仪表被一个技术人员装反了。由此，他得出的教训是：如果做某项工作有多种方法，而其中有一种方法将导致事故，那么一定有人会按这种方法去做。

墨菲定律的英文表述：If there are two or more ways to do something, and one of those ways can result in a catastrophe, then someone will do it.

墨菲定律的中文含义：如果有两种或两种以上的方式去做某件事情，而其中一种选择方式将导致灾难，则必定会有人做出这种选择。

墨菲定律的极端表述：如果坏事有可能发生，不管这种可能性有多小，它总会发生，并造成最大可能的破坏。

墨菲定律的其他表述：

只要有可能性，事情往往会向你所想到的不好的方向发展。"凡是可能出错的事有很大概率会出错"，是指只要某事件具有大于零的概率，就不能够假设它不会发生。

对待墨菲定律，安全管理者存在着两种截然不同的态度：一种是消极的态度，认为既然差错是不可避免的，事故迟早会发生，那么，管理者就难有作为，安全生产工作是靠"运气"；另一种是积极的态度，认为差错虽不可避免，事故迟早要发生的，那么安全管理者就不能有丝毫放松的思想，要时刻提高警觉，持之以恒地做好安全生产工作，推迟和防止事故发生，或者不断降低事故等级，实现相对安全。

墨菲定律对企业做好安全生产工作具有重要的启迪作用：

(1) 安全生产必须不断追求本质安全。在安全生产领域，人是最活跃、最根本的要素，但任何事情都有两面性：一方面，所有的安全生产工作都需要参与者进行规划、设计、安装调试和运行管理，所有先进的安全管理措施也都是有安全生产的参与者研究开发；另一方面人作为生物体，总有疲劳、注意力分散的时候，有时候情绪还会受到外部坏境的干扰而变得不稳定，特别是进行重复工作时，容易产生麻痹大意问题。误操作、误动作在安全生产工作是很难完全避免的。有时会犯错误是人类与生俱来的弱点，不论科技多发达，事故都会发生。因此，化工生产必须不断提高本质安全水平，让反复、重复的工作由自动化仪表或机械化替代，让复杂的工作由程序控制系统承担，装备安全仪表系统承担部分容错功能，确保安全生产。

(2) 不能忽视小概率危险事件。由于小概率事件在一次具体的安全生产活动中发生的可能性很小，因此，就给人们一种错误的理解，即这一次不会发生。与事实相反，正是由于这种错觉，麻痹了人们的安全意识，加大了事故发生的可能性，其结果是事故可能频繁发生。譬如，中国运载火箭每个零件的可靠度均在 0.9999 以上，即发生故障的可能性均在万分之一以下，可是仍有发射失败的情况，虽然原因是复杂的，但这不能不说明小概率事件也会发生的客观事实。纵观无数大小事故的原因，可以得出结论："认为小概率事件不会发生"是导致侥幸心理和麻痹大意思想的根本原因。墨菲定律正是从强调小概率、高后果事件的重要性角度出发，明确指出：虽然危险事件发生的概率很小，但在一次工作(或活动)中仍可能发生。因此，不能疏忽大意，必须引起高度重视。

(3) 遵章守纪、不图侥幸。侥幸心理是一种不想遵循客观规律、只想依靠机会或运气等偶然因素实现成功愿望或消灾免难的心理。它使得人们投机取巧、明知故犯、不讲因果、不守规则，变得懒惰懈怠、好走捷径。因其只依赖偶然因素，所以它必然不遵循因果规律，轻视或放纵隐患，在现实中往往如墨菲定律预言的那样事与愿违。

(4) 安全管理必须持之以恒、久久为功。安全管理的目标是杜绝事故的发生，而事故是一种不经常发生和不希望有的意外事件，这些意外事件发生的概率一般比较小，人们称之为小概率事件。由于这些小概率事件在大多数情况下不会发生，所以人们往往会产生侥幸心理和麻痹大意思想，这恰恰是事故发生的主观原因。墨菲定律告诫我们，安全意识时刻不能放松。要想保证安全，必须从现在做起，从我做起，采取积极的预防方法、手段和措施，消除人们不希望有的和意外的事件。

22.2 提高化工生产本质安全度的原则

22.2.1 替代原则

(1) 化学品替代

化工安全生产的第一大风险是危险化学品的风险。许多化工事故是因为易燃易爆、有毒有害的危险化学品泄漏造成的。用一般化学品替代危险化学品；用危险性小的化学品替代危险性大的化学品。例如冷冻系统使用新型冷冻剂替代高度危险的液氨制冷剂；部分农药生产工艺使用"三光气"原料替代光气等。

（2）工艺路线替代

化工生产苛刻的工艺条件也是事故多发的重要原因。在更加缓和的工艺条件下生产是化工本质安全的重要手段，例如聚乙烯生产，刚开始时仅有高压法一种生产工艺，聚合反应压力为300MPa，反应温度为300℃，反应状态接近乙烯的分解条件，因此生产过程容易发生乙烯分解造成非计划停车，而且高压条件下，设备、管道泄漏的风险很大。20世纪80年代，美国联合碳化物公司开发的气相法聚乙烯，反应压力仅为2.1MPa，反应温度也降到了100℃以下，生产工艺条件大大缓和，生产的安全性明显提升。目前适用于强放热反应系统开发的微通道反应器，也是替代目前釜式反应器、降低反应风险、提升工艺本质安全的有效途径。

（3）设备升级换代

化工生产过程一些化学品具有腐蚀性；有的化学品则对设备管道的材质有特殊的要求，例如含氢、含硫物料；乙烯分离和空气分离则必须在低温下进行，要求使用低温材料。对于特殊物料对设备材质的特殊要求，随着新材料的不断开发应用，企业要及时进行设备管道材质的更新换代，以降低因为材质问题引发的化学品泄漏、火灾、爆炸和中毒事故。

（4）自动化、机械化替代

目前我国大多数小型化工企业自动化、机械化水平还不高。化工企业实现全流程自动化、机械化操作一举多得：一是操作更加平稳。操作波动容易引发非计划停车，非计划停车不仅容易发生安全生产事故，而且增加物料意外排放，不利于环境保护、职业健康和降低原材料消耗。化工装置装备自动化控制系统后，在减少人为操作失误的同时，通过控制回路的PID参数优化，使工艺参数的控制更加平稳，更能发挥装置的生产能力，提升装置的综合经济效益。二是随着我国经济社会的快速发展，化工企业的人工成本迅速上升，装备自动化系统，可以大大降低人工成本，使企业在市场更具竞争力。三是化工装置装备自动化控制系统后，生产现场操作人员明显减少，即使万一发生事故，伤亡会明显减少，事故的等级会显著降低。同样对于化工生产的辅助单元，例如精细化工的加料系统、化工固体产品的包装系统等，也要努力实现自动化和机械化操作。

（5）装备安全仪表系统

危险化工装置装备安全仪表系统，在化工装置出现失控危险时，安全仪表系统迅速响应，代替操作人员将失控装置紧急停车或导向安全状态，因此在危险与可操作性（HAZOP）分析和保护层分析（LOPA）的基础上，根据风险控制需要，装备安全仪表系统可以大大提升危险化工工艺的本质安全化水平。

22.2.2　减量原则

减量原则主要是针对化工生产过程中危险化学品的数量采取的本质安全化措施。化工生产中危险化学品数量减少，万一发生事故时，后果严重程度就会明显减少，同时还能减少资金占用，降低财务成本。化工生产危险化学品减量主要从减少中间产品储量、减少原材料及产品储量两方面入手。

（1）中间产品储量减量

为了整套化工装置的平稳运行，化工生产单元之间往往设有中间产品储罐，以便在某一单元出现故障、短时停车时，其他单元能够继续维持运行，防止整套化工装置停车，减少停车损失。化工装置中间储罐设计时考虑了有一定的安全裕量。装置平稳运行后，通过进一步加强操作员工培训、优化操作、科学调度等措施，进一步挖掘装置平稳操作的潜力，努力减少各生产单元的非计划停车，从而减少中间物料、特别是危险性大的物料的储存量，提高装置的本质安全度。

（2）原材料和产品储存量减量

相对于化工装置中间产品的储存量，原材料和产品的储存量要大得多，原料和产品仓储区、特别是液体罐区多数构成重大危险源。因此减少装置危险化学品的储存量，要提升企业本质安全度，减少企业资金占用，更要从减少原材料特别是原料以及产品储存量方面开展工作。对于危险化学品原材料的库存量，要通过选择可靠的供应商来保持合理的库存量，提升本质安全水平。当然，在考虑安全的同时，要充分考虑原材料运输过程天气等自然条件方面的影响。在减少产品储存量方面，从安全的角度，危险化学品产品的库存越低越好，但在产品涨价时要兼顾经济效益。降低危险化学品产品的库存量，要通过完善销售网络、优化营销策略、加强营销管理工作实现。

22.2.3 缓和原则

缓和原则主要是降低化工生产过程工艺条件的苛刻度，从而达到提升本质安全度的目的。缓和工艺条件，使化工生产过程特别是反应过程的压力、温度更接近常温、常压，活性化学品浓度更低，可以降低对设备、管道的材质和密封要求，减少意外泄漏，从而减少事故。化工装置缓和工艺条件的主要方法有：开发新的工艺技术、研发新的催化剂等。对于已经建成投产的化工装置，开发应用新的催化剂是缓和工艺条件的重要方法之一。例如合成氨生产，在 20 世纪七八十年代，合成氨的合成压力在 30MPa，由于合成氨催化剂的持续改进，目前合成压力已降到 15MPa 以下，近年来合成氨企业事故明显下降，本质安全度显著提升。

22.2.4 简化原则

在本质安全的理念中，简化原则就是通过简化设备、设施和操作，以减少人为的操作失误，提升本质安全水平。一是从减少人为失误的角度，化工生产实现自动化控制、机械化操作是简化的重要途径。二是通过技术进步逐步淘汰操作复杂的设备设施，减少操作失误的风险。三是对于加料顺序有严格要求的精细化工，将间歇生产改为连续生产，可以避免加料顺序错误引发事故。四是加强报警管理。通过系统安全分析，剔除不必要的报警，让操作人员更好地聚焦重要的报警及时响应，防范类似"狼来了"的事故发生。五是对于操作步骤复杂的化工操作，设计操作程序确认表，指导操作人员按规定的步骤和顺序操作，防止误操作。当然，有效的简化措施最好是在工艺开发和工程设计阶段实现。

22.2.5 隔离原则

对于一些例如医药等类的化工产品，尽管目前的生产工艺仍具有较大的风险，但为了人类生存的需要还必须生产，解决这类矛盾可以通过隔离原则来解决。所谓隔离原则就是通过物理屏障和安全距离，使不能接受的风险与有关人员实现隔离。最常见就是设计安全距离和建设防火墙、防爆墙。对于重大危险源，首先考虑设置安全距离，现场条件实在不允许的可考虑建设防火墙或防爆墙。对于危险的安全设施，可考虑设立防爆（火）墙来将危险和人员隔离开来。例如高压聚乙烯的反应器，因为操作压力高达250~300MPa，泄漏的风险概率高、后果严重，一般设计将高压聚乙烯反应器安装在钢筋混凝土的防爆墙中，监控通过视频实现，相对于操作人员来讲实现了本质安全。

22.2.6　智能化控制、安全预警

随着信息化技术的突飞猛进，人们对化工行业、危险化学品领域安全生产预警工作进行了一系列的探索。但目前借助于传统参数报警和视频监控基础上开发的预警系统，应用效果并不明显，智能化提升本质安全需要更积极的探索。从目前了解到的情况，可以从以下几个方面进行尝试：

（1）开发新的测量控制参数

传统的化工控制参数一般局限于温度、压力、流量、液（料）位，有些工艺可能涉及反应物的浓度。随着测量技术的发展，一些特殊工艺增加生成物浓度、相变参数（例如结晶度、反应体系的固体物含量）等，对化工过程安全状态的界定有更多的参数测量和控制手段，对化工过程安全状态的掌握和自动控制更加精准，提升了化工装置的本质安全度。

（2）开发智能控制技术

传统的化工参数自动化控制是单一参数在遇到外部强烈干扰时，自动控制状态可能无法及时把参数控制在规定的范围内，需要人工干预，使控制参数尽快回到要求的控制范围内。在实际化工生产过程中，很多操作参数的因果关系不止一对一的变量关系，有可能是一对多、多对一、多对多。这种场景就要用一些能同时处理和协调多变量问题的控制方法，于是产生了先进过程控制（APC 或 MPC），但是以提高化工生产本质安全性的先进控制非常少见。现在发展很快的数据挖掘技术，或者称为计算机学习算法，处理这种问题就表现出了极大的优越性。计算机学习或数据挖掘算法，可以挖掘出众多变量所呈现出的一种在某种概率意义上的多变量集合效应，它表达出来的结果不是传统意义上的确定性因果关系，而是一种用更接近人类思维方式、具有模糊性和非量化描述方式，从而完成对系统规律的刻画和控制。基于这一情况，在化工生产中，对危险工艺参数通过数学建模和建立操作数据库，采用数据挖掘算法和控制技术，将单一参数自动化控制改为计算机对化工生产诸多参数智能控制，从而提升化工装置本质安全。

（3）探索更为超前化工预警技术

目前的化工预警技术主要基于现有的工艺参数报警，并辅助以视频监控。这种预警技术的弊端在于，化工装置的安全状态只有在某一参数超出报警值时，操作人员才能收到预警信号；视频监控只有在图像识别技术辅助以预先定义危险场景的结合下才能发挥作用，这并不是真正意义上的"预警"。只有通过研究整合，将化工单元的各个参数进行关联，探索前后参数相互关联的规律，才能做到在某一参数发生变化时，及时对可能导致变化的其他参数进行提示性预警，真正做到超前预警。

22.3　提升化工装置本质安全的途径

提高化工生产本质安全度的基本路径包括：尽量不用或少用危险化学品，尽量使用危险性小的化学品、采用没有爆炸火灾危险的生产工艺、降低工艺条件的苛刻度(尽量使用接近常压、常温)等。具体的实现路径在化工装置建设阶段要有科学的选址、选用本质安全的生产工艺、优良合理的设计、采购可靠装备、良好的安装调试等。化工装置投入运行后，要继续不断提高安全生产本质安全度，要积极推进科技进步，从替代、减量、缓和、简化、隔离和智能化控制方面入手，持续推动化工生产本质更安全。

化工是高危行业，提升装置的本质安全水平始终是化工安全生产的重要工作，其中科技创新是主要的途径。化工企业要增强科技创新意识和能力，针对安全生产中存在的突出问题做到两条腿走路：一方面，通过全面加强管理强化安全生产工作；另一方面，要持续推进科技进步，通过科技手段提升化工生产本质安全水平。

通过科技进步提升本质安全水平的主要路径有：

(1) 新型本质安全工艺的应用。开发新的生产工艺方法，使生产条件更接近常温、常压；开发新的催化剂，提高目的产品的选择性和转化率，降低"三废"和工艺条件的苛刻度；采用避免使用高度危险的化学品的生产工艺等。

(2) 新材料的应用。化工生产的许多物料有腐蚀性，生产条件常涉及高温、高压和低温、真空操作，对设备管道的材质和密封材料提出了很高的要求。新型钢材、新型陶瓷、新型高分子材料以及复合材料等耐腐蚀材料的应用，可以减少因为物料腐蚀和密封失效引发的危险化学品泄漏，提升本质安全水平。

(3) 推广采用先进的设备、仪表和管道安全状态检测技术。化工生产设备是基础，化工本质安全，设备、设施、管道和仪表(特别是安全仪表)的完好性管理至关重要。设备完好性管理的眼睛是设备、设施、管道、仪表的状态检测，因此：一是要大力开展在线检测。对于重要的动设备、液态烃等危险物料的动设备密封、易腐蚀和易冲刷的设备管线和重要的安全仪表，要尽量采用在线检测技术，以及时发现设备设施的缺陷，从而修复防止事故。二是要加强定期检测。对无法或没有必要采取在线检测的设备、设施、管道、仪表，要在过程危害分析的基础上，参照失效数据库的失效数据，确定需要定期检测的重点部位和检测周期，从而有效控制关键设备、设施、管道和仪表的失效。三是企业要高度重视失效数据库的建设。确定相对固定的供应商、建立重点设备、设施、管道和仪表失效数据库，可以为定期检测预知性维修提供可参照的基础数据，这对大型化工集团公司意义重大。目前我们使用的大多是国外化工企业或咨询机构的失效数据库，由于国内外产品质量标准、质量控制水平和企业管理水平的差异，这些失效数据很难直接应用于国内企业。企业没有自己的失效数据库，定期检测和预知性维修就很难恰如其分、科学合理。大型化工集团公司由于化工装置数量多、类型全、各种工况状态齐全，最有条件率先建立失效数据库，为企业本质安全提供基础数据。

总之，化工装置的本质安全工作应贯穿于化工装置的全生命周期。化工企业要增强化工生产本质安全意识，从科技进步和强化管理入手持续推动化工装置本质更安全。

第 23 章
安全文化

23.1 概述

"文化"在传统上被定义为"通过语言记录和交流的一套共同的信仰、规范和实践做法"。一些专家将文化定义为领导者在与不在时人们一样的做事方式，这指的是具有共同目标的团队成员形成的一套嵌入到团队思维和工作方式的信仰、习俗和行为。

安全文化的概念最先是由国际核安全咨询组织（INSAG），在 1986 年针对苏联切尔诺贝利核电站事故提出的。在 INSAG-1（后更新为 INSAG-7）报告中提到"苏联核安全体制存在重大的安全文化的问题"。

1991 年出版的（INSAG-4）报告给出了安全文化的定义：安全文化是团队和个人的各种素质和态度的总和。具体地讲，安全文化是安全理念、安全意识以及在其指导下的各种行为的总称。

安全生产管理要从安全本能反应、经验管理、制度管理、体系管理阶段，最终上升到文化管理。但安全文化的养成贯穿于整个安全生产的各个阶段。在安全生产的实践中，人们发现预防事故发生仅有安全技术手段和安全管理手段是不够的。一是当前的科技手段还达不到物的本质安全，设施设备失效的风险不能根本避免。二是各类生产过程无法完全离开人的参与。与所有的社会活动一样，在安全生产过程中不仅离不开人的参与，而且人的理念、行为起着决定性的因素。安全文化这一概念的建立就是要强调人的因素在保证安全生产中的主导和核心作用。如何引导所有安全生产参与者树立先进的安全生产理念、建立风险意识、规范安全行为就是安全文化建设要解决的问题。

传统的安全管理方法有一定的局限性。安全管理的有效性依赖于对被管理者指导和监督下的被管理者的响应。由管理者无论在何时、何事、何处都密切监督每一位员工遵章守纪，就人力物力来说，几乎是一件不可能的事，这必然会带来安全管理上的盲区和漏洞。被管理者受某些利益驱使，会不严格执行企业的规章制度，例如为了省时、省力、多挣钱等，会在缺乏有效监督的情况下，无视安全规章制度，"冒险"地采取不安全行为。并不是每一次不安全行为都会导致事故的发生，这可能会进一步强化这种不安全行为，并可能"传染"给其他人。不安全行为是事故发生的重要原因，大量不安全行为的结果必然是发生事故。安全文化手段的运用，正是为了弥补安全管理手段不能彻底改变人的不安全行为的先天不足。

安全文化的作用是通过对人的观念、道德、伦理、态度、情感、品行等深层次人文因素的强化，利用领导、教育、宣传、奖惩、创建群体氛围等手段，不断提升人的安全理念、提高人的安全素质、规范人的安全行为，从而使企业全体员工从被动地服从管理，转变成自觉主动地按安全要求行动，即从"要我安全"转变成"我要安全"，最后发展到"我们要安全"。

23.2　安全文化的起源和发展

23.2.1　安全文化的起源

1986 年苏联切尔诺贝利事故后，国际核能领域对该事故进行了大量深入、细致和长期的分析，其中以国际原子能机构(IAEA)下属的国际核安全咨询组织(INSAG)发表的一系列报告最为著名：事故后半年，在 INSAG-1 报告"切尔诺贝利事故后评审会的总结报告"指出，运行人员在试验过程中，有 6 次严重违反程序；同时，该报告首次提出了"安全文化"(safety culture)一词，但目前还未考证到"安全文化"在当时确切的定义；国际原子能机构在1991 年编写的"75-INSAG-4"评审报告中，首次提出了"安全文化"的概念，并建立了一套核安全文化建设的思想和策略；1992 年在 INSAG-7"切尔诺贝利事故补充报告"调整了INSAG-1 报告中的一些观点，认为 INSAG-1 报告由于受当时资料的限制，过于指责运行人员，主张应当从设计安全特征、操作人员行为和总体安全管理框架方面去寻找事故原因；INSAG-1 报告认定运行人员 6 次违章，在 INSAG-7 报告中只剩下 2 次。INSAG-7 报告更多把它们放到管理和安全文化层面来分析。

综上所述，核安全文化定义的最终形成，大致发展历程如下：

• INSAG 在切尔诺贝利事故后评审会的总结报告中第一次出现和采用"安全文化"这个术语。(75-INSAG-1，1986)

•《核电厂安全原则》中"安全文化"被强调为安全管理的基本原则。(75-INSAG-3，1988)

• "切尔诺贝利事故补充报告"专门讨论了"安全文化"的概念。强调只有全体员工致力于一个共同的目标才能获得最高水平的安全。(75-INSAG-4，1991)

•《强化安全文化的关键实践》提出了安全文化的 7 个关键要素(即承诺、程序的使用、保守决策、报告文化、挑战不安全行为和条件、学习型组织、沟通及明确的优先次序和组织)。(75-INSAG-15，2002)

美国国家航空航天局(NASA)也高度重视安全文化建设。他们认为，安全文化是对安全价值的重视，体现在人的日常行为活动中，反映组织对安全的认知、尊重与重视程度，以及组织中的各层级对安全的承诺。美国航空航天局审查了多个安全文化模型之后，选择了基于詹姆士·瑞森安全文化五要素(报告文化、公平文化、灵活文化、学习文化与契约文化)的安全文化模型。五个要素相互依赖、缺一不可。

报告文化：报告文化旨在形成鼓励员工报告危害或安全问题的文化氛围。在健康的报告文化氛围里,员工应该明白重要的信息(意外、潜在风险、员工顾虑或程序问题)一旦被发现或遇到就应该勇敢上报。在美国航空航天局内部,可通过正式和非正式两种渠道报告安全问题。其中,正式渠道包括:向主管报告、向中心报告、向美国航空航天局报告和向美国航空航天局安全报告系统报告等四种方式。非正式渠道则包括通过 E-mail 发送发现的问题,以及在"开放政策"下随时随地、公开透明地与管理层讨论问题。

公平文化:公平文化旨在形成一种奖惩分明的文化氛围。在一个健康的公平文化氛围里,员工明白什么行为是允许的,什么行为是不允许的,且在报告安全问题时能得到公平的待遇。美国航空航天局认为,缺乏信任会使员工与管理者之间产生隔阂。当然,完全"无责备"是不切实际的,当事故发生时仍要有人承担责任。这就要求管理者在处理问题时要讲究艺术,力争做到公开表扬、私下谴责。

灵活文化:灵活文化旨在形成灵活应对需求变化的文化氛围。在健康的灵活文化氛围里,无论是内部(如人员或计算机等)出现问题,外部(如预算或进度安排等)出现压力,还是存在不可预见的新挑战,美国航空航天局均能够使用安全数据做出灵活的规划、计划和响应,并通过完善规则、改进程序和优化系统来适应不断出现的各种变化,从而安全地完成所承担的任务。

学习文化:学习文化旨在形成一种总结成功经验、分析失败教训、持续学习的文化氛围。在健康的学习文化氛围里,经验教训的收集、分析与共享是首要的,并且将学习作为一种习惯长期保持。在美国航空航天局内部,员工可以通过"经验教训信息系统""NASA 工程网络"和"系统事故案例学习"等多媒体进行在线学习,也可以在美国航空航天局管理、培训与教育资源系统的培训环境中,学习适合自己的专业技能。

契约文化:契约文化旨在形成全员参与的文化氛围。在健康的契约文化氛围里,每名员工都能做到积极参与、言行一致,将"安全"落实到日常行为中,在完成本职工作的同时,还要做到事故发生前的预防、意外发生后的报告,以及改进措施的实施。美国航空航天局希望通过构建契约文化,使每名员工都能积极参与到安全管理工作中,既强调每名员工的责任意识,各部门应对变化的灵活机制,又关注经验教训的分析总结和持续学习。

美国国家航空航天局把安全文化应用到航空航天的安全管理中,并有效地提升了安全管理绩效。

23.2.2 安全文化的发展

国际原子能机构(IAEA)根据自身的研究成果,对核安全文化给出了以下定义:

核安全文化是指组织和个人所具有的种种特征和态度的组合体:它保证作为首要事情的核设施的安全问题受到与其重要性相称的重视,它应是一种超出一切之上的观念(INSAG-4《安全文化》)。

虽然 IAEA 在 INSAG-4《安全文化》给出了"安全文化"的清晰定义,但基于各国对"安全"的认知与"国内文化"的差异性,很多国家对安全文化的定义给予了修订,比如:

英国健康安全委员会核设施安全咨询委员会(HSCASBI)对 INSAG 的定义进行了修正,认为:"安全文化是个人和集体的价值观、态度、能力和行为方式的综合产物,它取决于安全健康管理上的承诺、工作作风和精通程度。"

加拿大国家能源委员会认为，安全文化是指特定人群在风险和安全方面所持有的共同态度、价值观、规范和信仰。

美国的核管理委员会认为，安全文化是基于个人和集体承诺的核心价值观与行为的综合体，目的是使安全得到强化，尤其是当组织的目标与保护人身与环境安全相冲突时，确保安全能够得到保障。

美国化学品事故调查委员会(CSB)调查发现，真正导致危险化学品工厂发生事故的，是优良安全文化的缺失。于是美国化工过程安全中心(CCPS)结合行业特点也提出了"过程安全文化"(process safety culture)的定义：一个工厂或者更广泛的组织内，影响过程安全的各个层级的共同价值观、行为规范。它对工厂或公司管理体系的开发和成功执行产生积极影响，贯穿其过程安全管理系统的始终，从而预防过程安全事件的发生。

国际劳工组织(ILO)则根据核安全文化的发展及其全面推广的重要性，于2003年第91届国际劳工大会上提出了"国家预防性安全与卫生文化"的概念：国家预防性安全与卫生文化是使享有安全与健康的工作环境在所有级别受到尊重的文化，政府、雇主和工人可通过界定权利、责任和义务的制度，积极地参与确保安全和健康的工作环境，而且预防原则被赋予了最高的优先权。

国际劳工组织认为，建立并保持预防性安全与卫生文化要求利用所有可能的手段，以提高对危害和危险概念的普遍认识、知晓和理解程度以及思考如何才能对它们加以预防或控制。简单描述为："组织和个人的信念、价值观、态度和行为方式的集合，预防被给予最高的优先权。"

自1991年核安全文化的定义形成并逐渐推广至其他工业领域后，我国工业领域、政府主管部门、专家学者及企业界也开始认同安全文化对企业安全管理的重要性。1994年12月，中国第一部安全文化书籍《中国安全文化建设——研究与探索》出版。该书是我国首次集知识性、科普性、创新性、历史性及趣味性为一体的大众安全文化读本。之后，在电力行业、煤炭行业领域得到较大范围的推广应用。安全文化在危险化学品行业企业的普遍应用则是在全面推行安全生产标准化之后。

尽管期间的不同专家学者尝试着给出了安全文化的概念，但由于"文化认知差异性"一直没有固化和推广，直到2008年AQ/T 9004—2008《企业安全文化建设导则》出台，企业安全文化的定义才以推荐性标准的形式得到较为广泛认知和应用。《企业安全文化建设导则》给出的安全文化定义为：被企业的员工群体所共享的安全价值观、态度、道德和行为规范组成的统一体。

23.3 安全文化的定义

安全文化有广义和狭义之别。

广义的安全文化是指与安全有关的所有物质财富和精神财富的总和。

关于狭义的安全文化，比较全面的是英国安全健康委员会下的定义：一个组织的安全文化是个人和集体的价值观、态度、能力和行为方式的综合产物。

AQ/T 9004—2008《企业安全文化建设导则》给出了企业安全文化的定义：被企业组织

的员工群体所共享的安全价值观、态度、道德和行为规范的统一体。

安全文化分为三个层次：

（1）直观的表层文化，如企业的安全文明生产环境与秩序。

（2）企业安全管理体制的中层文化，它包括企业内部的组织机构、管理网络、部门分工和安全生产法规与制度建设。

（3）安全意识形态的深层文化。

安全文化一般以四种形态展现：安全生产的物质形态、制度形态、行为形态和精神形态。

企业安全文化的物质形态就是安全文化在企业生产经营所涉及的各种实体事物上表现出来的形态。例如，安全警示、宣传教育用品的使用。

企业安全文化的制度形态是企业所制定的安全生产各种规章制度。

企业安全文化的行为形态就是企业每一个员工在安全生产过程中呈现的行为规范。

企业安全文化的精神形态就是企业安全生产所确定的管理理念、观念、宗旨、方针、目标，以及其在企业全体员工产生的反应和效果。

尽管安全文化的定义表述在文字、措辞、逻辑等方面存在差异性，但其内涵和外延均涉及了"价值观、信念、理念、态度""道德、尊重""行为方式、行为规范""工作作风、精通程度""承诺、安全的最高优先权"等。其中，"道德、尊重"强调了企业的安全伦理认知与要求，即安全生产工作应践行"以人为本"的理念，敬畏员工生命，尊重员工；"行为规范"实质是指企业管理体系文件所涵盖的内容，如安全生产责任制、安全管理规章制度、安全技术规程及相关安全作业程序等所有用于规范和约束安全生产活动及行为的内容；"最高优先权"则等同我国安全生产方针中"安全第一"的作用；"精通程度"则强调了企业"安全生产的专业认知"即企业应从安全专业的角度实现基于风险的过程安全管理，通过过程安全管理（PSM）等方法的应用来强化事故纵深的预防能力。

从定义本身构成能够看出，安全文化绝不是大家一般意义上认为的是"抽象的"和"虚"的。相关组织提出这一概念的初心都是希望通过树立正确的安全价值观和安全理念来解决认知问题，破解"主动安全"的瓶颈，优化全员的安全心智模式，最终实现安全行为（决策、管理和操作）习惯化而不是仅仅依靠强制和处罚。

为进一步认清安全文化的实质，企业可以根据创建和培育安全文化的最终目的来简化安全文化的定义，比如：一个企业的安全文化即"基于安全认知的做事方式"；"安全文化是指企业员工在生产作业环境中的安全行为表现"。美国的安全文化简化为："安全文化就是一种不需要思考就能表现出来的安全思维模式和安全行为模式"；美国 CCPS 更是将过程安全文化简化为："我们在这里做事的方式（the way we do things around here）"等等，有的企业甚至更直接地强调"安全文化就是安全习惯"！

安全文化从其产生和发展的历程来看，其深层次内涵，仍属于"安全教养""安全修养"或"安全素质"的范畴。这就是说，安全文化主要是通过"文之教化"的作用，提升企业全体员工的安全理念，培植优秀的安全价值观、规范安全行为，以满足企业安全生产的需要。

23.4　安全文化建设的重要性

在化工安全生产过程中，人是根本的决定因素，要做好安全生产工作关键在人。企业参与安全生产的所有员工对安全生产的价值观、态度和行为规范最终决定企业的安全生产策略、措施和效果。因此，通过教育引导企业员工牢固树立"安全第一"的价值观；通过不断完善企业安全生产规章制度和遵章守纪教育规范企业员工行为；通过持续的技能培训提高企业员工的履职能力；通过深入细致的思想工作和关爱职工行动培养企业的团队精神；从而构建优良的企业安全文化，这是企业安全生产长治久安根本性的工作。美国化工过程安全中心（CCPS）编写的《基于风险的过程安全》一书第一个要素就是过程安全文化；美国化学品事故调查委员会（CSB）在重大事故调查时，要对事故企业安全文化方面存在的问题进行深入的剖析，找到企业发生事故根源性的问题。

先进的安全文化铸就团队在安全生产方面共同的信仰和价值观，可能创造出一种积极的文化。

积极且强有力的过程安全文化通常会表现出下列情况：

① 不管有没有人监督，企业员工总是做正确的事；

② 不允许违反企业制定的安全规定、程序或实践惯例；

③ 从员工安全、健康的角度重视生产过程中的固有风险，对后果严重但发生可能性很低的风险也应如此；

④ 安全地执行各项任务，不安全就不进行。

消极或脆弱的文化通常会表现出下列情况：

① 容忍员工经常违反企业制定的安全规定、程序或实践惯例；

② 对于操作工艺过程风险不当回事；

③ 允许走捷径，通过更快或以更"省事"的方式完成某项工作而不顾及安全。

因此，培养优良的企业安全文化是加强企业竞争能力、创造高水平安全管理业绩的内在需要。

（1）优良的安全文化是提高企业执行力的助推器

当前化工企业有章不循、违章违纪导致的事故屡屡发生，优良的安全文化首先是执行文化。企业的安全生产规章制度大都是用事故血的教训换来的，如果不严格执行往往会重复发生事故。为了构建优良的安全文化，一是要加强安全规章制度的培训，讲清规章制度每一条安全要求的来龙去脉，增强员工对规章制度的思想认同，提高执行规章制度的自觉性、主动性。二是要动员基层员工参与到企业规章制度的不断完善工作中。企业安全生产规章制度建设是一个不断完善的过程，基层员工是规章制度的执行者，对规章制度中不够完善和合理方面存在的问题最清楚，动员基层员工参与制度的修订和完善，有利于加快规章制度的完善，美国化工过程安全管理的20个要素，其中之一就有全员参与。员工参与规章制度的修订，增强了主人翁意识，推动了规章制度的严格执行。三是要培养相互关心的团队文化。在化工企业工作，安全是头等大事。要在企业内部树立一种理念，对同事安全的关心是最大的关心。要教育员工克服传统文化"事不关己，高高挂起"的心态，学习国外知名化工公司（例如英国石油公司BP）的做法，鼓励全体员工对发现的不安全行为指出来，营造遵章守纪的良好氛围。

（2）优良的安全文化是企业安全生产规章制度体系的重要补充

企业的规章制度不可能将所有的生产经营活动细节一一做出规定，对于新成立和年轻的企业而言更是如此。对于个别规章制度没有完全覆盖的生产经营细节存在安全问题的活动，需要企业员工通过安全文化日常形成的"安全第一"的理念和原则去处理。始终坚持"安全第一"的方针、对化工生产装置安全知识的全面掌握、"不伤害自己，不伤害他人"的良好团队合作精神，是处理一切安全问题基础。

（3）优良的安全文化是企业改革创新的保护神

企业的发展离不开改革创新，改革创新从安全生产的角度看就是各种变革变更。变更管理是化工企业安全生产重要的管理要素。优良的企业安全文化可以保证企业在管理架构优化、设备技术更新换代、装置技改技措等变革变更中规避风险，保证企业的健康发展。化工企业优良的安全文化首先始终坚持"安全第一"的原则，在变革变更中遇到效益与安全产生矛盾时，宁愿损失一时的效益，也不能冒发生安全事故的风险。化工企业优良的安全文化还是具有强烈风险意识的文化。化工生产高温高压、易燃易爆易中毒的特点，决定了化工企业的高风险性，这就要求化工企业的安全文化必须具有鲜明的风险意识。部署、开展任何工作都要审视工作中可能遇到的风险，凡事都做到"预则立"。基于这一点，化工企业在工艺、设备、仪表、电气、公用工程等专业变更和企业管理体制变更等方面，都要组织有关人员对这些改革、变革和变更进行风险识别，存在需要管控的风险时，制定相关风险管控措施，确保企业健康发展。

安全文化是企业安全生产的根基。任何企业自建立伊始都在自觉或不自觉地形成自己的安全文化，一些企业的安全文化助推了安全生产工作，而另一些企业的安全文化则阻碍了安全生产工作。因此化工企业必须从建成之日起，就要高度重视企业安全文化建设，推动优秀安全文化的构建，为安全生产夯实基础。

23.5　构建安全文化

23.5.1　领导重视

化工企业要打造"百年企业"，安全生产是基础，安全生产要长治久安，安全文化建设是治本之策。企业的主要领导要高度重视安全文化建设。这有以下四个原因：一是与其他任何工作一样，只有主要领导重视了，安全文化建设工作才有做好的可能。二是安全文化建设工作见效慢，时间一长容易产生"厌战"情绪，企业的主要领导必须始终坚持对安全文化建设工作引领推动，持之以恒，长期坚持，企业的安全文化建设才能取得成效。三是人们常说"企业文化"是"一把手"文化，安全文化也是如此，主要负责人的安全理念、工作标准、行为表现等，直接影响企业安全文化建设目标和效果。四是只要初步形成了优良的安全文化，企业安全生产工作往往就会进入良性循环，主要负责人可以腾出更多的精力研究企业未来的发展。

23.5.2　安全文化体系建设工作要点

美国化工过程安全中心（CCPS）早期确定了6个化工过程安全文化主题：
（1）保持工作紧迫感，安全问题必须迅速解决；

（2）建立健全各项安全规章制度；

（3）严肃查处违规违章行为；

（4）进行及时、有效的危害辨识和风险评估；

（5）企业内部要进行公开坦诚的沟通；

（6）在安全文化方面持续学习和提升。

化工过程安全文化建设的核心原则：

（1）强调过程安全文化的必要性。没有安全就没有生产。

（2）提供强有力的领导力。领导者言行一致地激励他人积极处理安全问题。

（3）增进企业内部互信，每个人都要言行一致、彼此信任。

（4）要进行公开和坦诚的沟通。畅通沟通渠道，鼓励就安全问题开展沟通，意见不一致时不对沟通者进行指责。

（5）保持安全工作的紧迫感。对企业生产经营过程中可能存在和遇到的危害、风险，要从安全和健康角度给予充分的重视，迅速解决发现的安全问题。

（6）全面辨识危害和风险并采取措施进行有效管控。

（7）鼓励、支持企业每个员工充分履行安全职责。员工有权力和资源履行其担负的安全职责。

（8）尊重专业知识，重视专业安全。要重视与过程安全相关的技术知识，尊重和接受专业技术意见。

（9）严查违章行为，坚决杜绝违章行为。

（10）不断提升安全文化水平。学习企业内部和外部的文化经验教训，利用已学到的知识不断提升安全文化水平。

23.5.3　安全文化的要素构成

尽管目前化工企业的安全文化还没有形成严格的要素体系，但借鉴已有良好实践的企业做法，结合编者的长期实践和研究，认为可以从以下方面切入。

（1）牢固树立"以人为本、安全第一"的安全价值观

安全文化的核心是"以人为本、安全第一"的安全价值观。安全价值观（safety values）是指企业的全体员工共同认可的对安全生产意义和重要性的看法。安全价值观具有相对稳定性和持久性，通过员工的行为取向及对安全表现的评价、安全态度等反映出来的，是促使员工采取安全行为的内部动力。企业价值观是经过长期努力所培养的结果，是企业安全文化的核心部分，对企业的安全实践和安全绩效起着重要影响。

企业安全文化建设，旨在在培养"以人为本、安全第一"的价值观方面下大气力。企业主要领导和领导层要带头践行"以人为本、安全第一"的理念，把"以人为本、安全第一"作为核心价值。在制定发展战略、企业管理和日常言行中，始终体现"以人为本、安全第一"的价值观。在处理安全与发展、安全与效益时，首先要考虑保证安全。在企业内部要营造重视安全会及时受到表扬、不重视安全有人批评的浓厚安全生产氛围。

（2）始终强化风险意识

化工生产高温（低温）高压（真空）的复杂工艺条件与化学品的危险特性耦合，决定了其

生产过程高风险的特质。化工企业安全文化要突出员工风险意识的养成，要通过事故教训分析、未遂事件分享和系统的风险分析，教育员工充分认识化工生产过程时时处处存在风险，在化工装置的整个生命周期，包括选择技术路线、工厂选址、设计、采购、工程施工和安装调试、原始开车、日常运行管理和装置报废的各个阶段，都要时刻高度重视风险的防范工作，加强危害识别，强化风险分级管控，全力防范事故。特别是在化工装置日常运行管理中，要特别重视严格按照操作规程操作、加强设备设施完好性管理、高度重视安全仪表系统管理和重大危险源管理，突出加强各类变更管理，通过全员强烈的风险意识，推动企业对安全生产的重视。

（3）设计好安全文化的载体

企业文化一般通过"企业远景目标""企业战略""企业宗旨""企业使命""企业核心价值观""企业精神""企业标识（企业文化宣传性标识、告知性标识和警示性标识）"等载体来展现和传播，企业安全文化是企业文化在安全生产方面的具体体现，也应该以这些方面为载体。

编者在企业工作时曾借助于清华大学的一个团队，领导齐鲁石化塑料厂创建企业文化。基于当时的经验，编者认为安全文化载体可以把握以下要点：

① 企业安全远景目标：要体现企业做好安全生产工作的决心和远大目标。例如，"建成中国（世界）最安全的化工企业"。

② 企业安全战略：要体现企业做好安全生产的基本路径。例如，本质安全战略、人才提升战略、专业安全管理提升战略、科技兴安战略等。

③ 企业安全使命：体现企业的社会责任和对员工的关爱。例如，"为社会提供优质产品，为员工提供最安全的工作环境"。

④ 企业安全价值观：体现企业对安全生产的态度，例如，"以人为本、安全第一"。

⑤ 企业安全精神：体现企业在安全生产方面的倡导。例如，关爱、敬业、担当、"三老四严""严、细、实"；等等。

⑥ 企业的安全生产宣传标识：企业安全生产宣传标识要体现对员工的关心爱护，多用温馨提示，少用命令要求。

⑦ 企业的安全警示性标识：要明确、准确，布放适当。该有的一定有，不该有的不乱放。

⑧ 企业的安全提示性标识：语言不要太生硬。

（4）不断完善企业安全生产规章制度体系

要规范企业全体员工的安全行为，必然要经过制度管理阶段。首先要健全安全管理规章制度，让员工明白什么是对的，什么是错的；应该做什么，不应该做什么，违反规定应该受到什么样的惩罚，使安全管理有法可依，有章可循。对管理人员、操作人员，特别是关键岗位、特殊工种人员，要进行特殊的安全意识教育和安全技能培训，使员工真正懂得违章的危害及严重的后果，提高员工的安全意识和技术素质。在这一阶段，一方面用企业员工规章制度规范员工的安全行为，持续坚持一个时期，使员工养成良好的安全习惯。另一方面，全员参与，不断完善企业的安全生产规章制度体系，使企业的规章制度更加成熟、适用、科学。

（5）提升执行力

企业安全生产规章制度的生命力在于员工的执行力。当前化工企业因违章作业、违反操作规程引发的事故时有发生。企业提升安全生产水平，安全执行力是关键。要发挥企业安全文化在员工培训、引导和养成方面引领作用，教育员工懂得，化工企业的规章制度大都是经验的积累和教训的转化，违规操作、违章作业就意味制造事故，从保护自己、关心家庭和爱护企业的角度出发，决不能违反企业的规章制度。

（6）规范安全行为

以企业安全生产规章制度为基础规范全体员工的安全行为，是规范企业员工行为安全的第一步。企业生产经营活动多种多样、人员岗位千差万别，员工在企业的一言一行、一举一动不可能完全通过规章制度来规范，更多的是通过安全文化建设，改变各种不安全行为习惯，通过企业管理层、员工的相互提醒、相互监督，日积月累，经过数年甚至更长时间的积淀，初步实现企业全体员工的行为安全。在此基础上，通过企业领导的言传身教、员工的以老带新和行为安全的不断修正，实现企业杜绝不安全行为的目标。

（7）强化团队精神

安全文化建设，强化团队精神至关重要，化工企业更是如此。化工生产涉及工艺、设备、电气、仪表、公用工程等诸多专业，企业运营又由许多管理部门共同承担，如果没有良好的团队精神来支撑，各部门、各专业缺乏相互理解、相互支持、相互关心的工作氛围，内部没有很强的凝聚力，企业参与严酷的市场竞争、发展壮大是不可能的。企业加强安全文化建设，要在增强企业的凝聚力上下功夫。要努力营造企业关心、关爱每一位员工工作、学习、生活的浓厚氛围。只有企业爱员工，员工才能爱企业。

（8）构建学习型组织

企业安全文化建设，构建学习型组织非常重要。学习文化旨在形成一种总结成功经验、分析失败教训、持续学习的文化氛围。在一个健康的学习文化氛围里，首要的是经验教训的收集、分析与共享，而且要将学习作为一种习惯长期保持。化工安全生产的特殊性、复杂性，决定了提升企业安全生产水平是一个不断学习、不断探索、不断总结、不断提高的长期过程，需要整个企业团队营造浓厚的学习氛围，针对安全生产中存在的问题不断学习、讨论、研究和提出解决办法，这其中发挥集体的智慧和团队精神尤为重要，要鼓励企业所有员工参与到所在单位集体学习和讨论中，为解决安全生产问题出主意、想办法，攻坚克难，通过构建学习型组织提升解决安全生产问题的能力。

（9）追求卓越

优秀的企业安全文化一定是永不满足、敢为人先、追求卓越的文化。化工生产新工艺、新设备和新的化学品不断出现；在用设备设施失效的风险会一直伴随着生产装置的整个生命周期；生产过程的变更风险不时就会遇到；重要岗位人员的新老更替也对安全生产带来风险和挑战；化工事故的偶发性又使得事故的发生规律在很长的一个时期内很难准确把握，因此安全生产问题会一直伴随着企业发展的全生命周期。安全生产工作必须始终如履薄冰，不为一个时期安全稳定所满足，把建设地区、全国、全球最安全的化工企业作为奋斗目标，永远进取，努力实现由"管事故向管事件转变""管事件向管隐患转变""管隐患向管风险转变"。

23.5.4 安全文化的建设步骤

企业安全文化的创建和培育是一个长期的过程，企业需要在组建安全文化建设领导小组和工作小组的基础上，按照安全文化建设方案逐步实施，切忌一蹴而就。

借鉴核安全文化建设的成功经验，根据我国传统文化和安全生产工作的特点，结合多年来企业安全文化建设的实践经验，可以按照"六阶段推动法"的工作步骤来构建企业安全文化建设。以下对"六阶段推动法"作简要介绍，目的是为企业创建安全文化提供思路和参考。

第一阶段：导入企业安全文化概念

企业安全文化导入阶段主要目的是通过系列的培训课程，提升企业各级管理人员特别是企业高层管理人员对安全工作重要性、科学性、艰巨性和复杂性的认知水平，革新安全理念。其中针对包括企业决策层和高管层在内的管理人员的"安全文化第一课"至关重要，通过对安全工作深层次问题认识的不断深入以及现代安全管理理念、方法和企业安全文化概要等内容的培训，实现对企业安全文化的高度认同，为企业全面创建安全文化奠定坚实基础。同时，通过开展全员安全文化知识培训，实现全体员工对企业安全文化创建工作的正确认知，增强企业员工参与安全生产的积极性和主动性。

第二阶段：初始状态评估

这一阶段主要任务是对企业进行系统全面的安全文化初始状态评估。内容一般包括以下几个方面：

（1）企业的安全管理模式与机制框架；

（2）企业安全管理体系文件；

（3）包括高层管理人员在内的各类安全管理人员的安全文化意识；

（4）现场安全目视化管理状况；

（5）现场作业人员安全行为状况；

（6）现场各类安全技术措施状况等。

可以采用调查问卷的方式，分管理层和操作层两个层面，对企业部分员工进行安全意识、安全态度及安全应知应会方面的抽样测试，掌握员工对安全生产基本法规要求、基本安全管理知识、基本安全技术要求等方面的熟悉和掌握情况。

第三阶段：策划安全文化体系框架

本阶段主要是根据企业安全文化要素的基本构成，同时考虑企业实际，借助企业安全文化外部专家，策划公司的安全文化体系框架，并编制《企业安全文化手册》及《安全知识手册》等文件。

第四阶段：构建企业安全文化体系

这一阶段是按照第三阶段策划要求，在对企业安全文化推动小组合理分工的基础上，对每个子体系进行构建。

确保构建的每个子体系在满足对企业现行控制的基础上，实现预期提升目的。

第五阶段：安全文化体系文件的发布与实施

体系文件正式发布与实施会议是非常有必要的，旨在表明企业各级管理层对改进企业安全管理及风险控制的决心和信息。同时也是寻求内部的自我约束和监督，确保各项安全事务"说"和"做"同样重要。

第六阶段：企业安全文化状态的阶段评价

在全面实施各项安全文化要素一段时间（一般为一年）后，企业应组织开展安全文化状态评价工作，目的是验证企业整体安全文化氛围及各项要素的落实效果。

需要评价的要素主要包括以下几个方面：

（1）安全承诺及目标的完成绩效；

（2）各类管理制度的落实情况；

（3）安全培训过程的控制及培训效果评估情况；

（4）现场目视化管理完善情况；

（5）现场安全硬件设施建设情况；

（6）员工安全行为的可靠程度等。

安全文化建设需要稳步推进、扎实有效地开展，一般步骤如下：

（1）成立企业安全文化推进工作领导小组和推进工作小组；

（2）进行企业安全管理状况自评（初始状态评估）；

（3）分层次开展全员安全意识（态度）、法制知识、安全常识的调查问卷；

（4）进行安全文化架构及组成内容的策划方案，并制定推进计划表；

（5）根据策划方案，制定实施各组成内容的实施计划；

（6）根据整体策划，制定实施各类安全培训计划；

（7）进行定期的工作回顾，及时调整推动方案和计划；

（8）实施效果跟踪和评定，及时修正和完善各项推动内容；

（9）进行安全文化的建设评估，编制评估报告，持续改进。

23.5.5　建成安全文化的关键要素

根据企业安全文化建设经验，成功的安全文化创建和培育至少包括：践行安全承诺、强化安全执行力、坚守审慎决策的原则、积极报告不安全信息、管理不安全行为和条件、构建安全学习型企业以及沟通、明确优先次序和组织等七个方面的关键要素。

（1）践行安全承诺

安全承诺与安全责任状内在含义和形式都不同。当前绝大多数企业习惯于在安全管理过程中逐级签订安全责任状。安全责任状体现的是当年度的安全生产工作目标，呈现的是上级对下级的安全生产目标要求，是下级完成当年安全目标的决心，是"要我安全"的被动安全实现方式；而安全承诺则是下级对上级做出的"自愿、自觉"实现"主动安全"的意愿表示。

企业的高层、特别是主要负责人对安全和强化安全文化的承诺是实现卓越安全业绩首要的、至关重要的因素。这就要求企业高层对安全的要求必须清楚、毫不含糊地放在第一位，企业的安全理念要绝对清晰。对强化安全的真正承诺并不仅仅是由高层管理人员书写一个重视安全的政策声明和提供安全领导力，还意味着企业领导要和员工及其代表一起，制定将企业安全目标转化为日常现实的措施，从而提供有力的证据表明：企业所有员工真正拥有共同的安全志向和目标；企业在安全方面真正投入足够的时间和资源；企业所有高层管理者能够接受培训，为安全生产提供必要的能力。

（2）强化安全执行力

安全执行力是指贯彻企业安全方针，严格执行安全操作规程、安全作业程序、安全规章制度、安全工作标准，实现安全目标的行为和能力。执行力包括贯彻安全理念、满足安全的能力、完成安全目标的程度三个方面。安全执行力的考察范围包括了企业的决策层、管理层和员工。对企业员工而言，安全执行力的基本表现就是在生产过程中，保障个人安全与健康的能力。企业拥有"完美"的安全管理体系文件是一回事，拥有被全体员工理解并始终如一、自觉执行的安全管理体系文件却是另一回事。换句话说，员工对风险的理解，应当足以使他们认识到摆在面前的要求是必需的和恰当的，这一点相当重要。如果体系文件得不到尊重和执行，员工就会走捷径或"绕着走"，管理者就只会"停留在口头上"，这是非常可怕的。这可能会导致安全标准的进一步降级，因为绕开一个"不太重要"的安全要求会很快产生一种氛围（文化），在这种氛围（文化）中长此以往，就会导致即便是至关重要的和基本的安全体系文件也不再被视为神圣不可侵犯了，执行力就成了一句空话。需要强调的是，体系文件要尽可能的简单易懂并能方便查阅，有利于有关人员理解和执行。

（3）坚守审慎决策的原则

与企业发展壮大和领导魄力的要求相反，在安全管理和事故预防方面恰恰需要管理者及一线员工坚持审慎决策的原则。审慎决策在安全文化范畴中是一个褒义词，因为很多事故的发生就是因为事先的"我以为""无所谓""不可能"或"没有那么巧"等不正确安全认知所导致的。在安全决策方面应当养成质疑的习惯（在没有亲自确认是安全的情况下，就要认为其是有危险的）和严谨工作的方法。要依赖多重保护措施和经过充分实践检验的管理程序和制度，从根本上保护员工免受事故伤害。因此，必须时刻提醒与作业安全相关的每个人，如果不把安全放在绝对优先地位，一定会有潜在的危害后果。化工企业发生的大部分事件和事故，都是因为有人没有执行相关的预防措施，或者没有以保守的方式、质疑的态度考虑和决策安全问题导致的。

（4）积极报告不安全信息

具有良好安全文化的企业应将失效和未遂事件作为教训认真吸取，以避免发生更严重的事件。因此优秀的安全文化要有强大的驱动力来保证所有潜在的、有教育意义的事件都能得到及时报告和调查，以发现出现问题的根本原因，并将调查结果和补救措施及时反馈到直接相关的工作班组和其他有关班组，或反馈到可能经历相同问题的专业部门和单位。未遂事件非常重要，因为它能够提供原来没有掌握的安全信息。

企业应当制定正向激励政策，鼓励所有员工报告所有的安全事件和疑惑，即使是微小的疑惑也应报告。"动辄问责"是安全报告文化的"天敌"，尤其是企业的高层管理人员，不要把"问责当作为"，企业应当积极培育"无责备安全文化"氛围。"凡事必有因"，有些违章的背后是由于员工家庭遇到大的麻烦，或者是其主管在管理作风上有问题，甚至是受到了其他方面的不公正待遇等等，对该类违章仅靠处罚问责不但会无济于事，还有可能会适得其反。

（5）管理不安全行为和条件

对化工企业来讲，很多事故的发生（包括未遂事件）几乎都始于"无意"的不安全行为或不可接受的不安全条件。这些不安全行为或不可接受的不安全条件通常是潜在的、没有察觉的或被视为"司空见惯"的，因而常常容易被忽视。因此，企业应当营造良好的安全氛围，用于管理这些问题。

企业对不安全行为和条件视而不见，不仅不能消除已发现的具体缺陷，还形成了一种"文化"，使得制度失效、麻痹大意和工作走"捷径"司空见惯。"容忍就是默许"！尤其是企业负责人和管理层要特别注意这一点。

（6）构建安全学习型企业

企业的安全管理犹如"逆水行舟"，如果不始终坚持通过对标先进来获取最佳实践，从而不断改进管理，企业就有管理滑坡的危险。安全学习型企业能够发掘各层次员工对安全的思考、精力和注意力，是实现安全管理部门"安全专业"和其他专业技术部门"专业安全"的唯一途径。理想情况下，所有员工为改进企业安全生产工作积极参与、主动出谋划策，并受到鼓励和表彰，使全体员工认识到在安全方面的卓越业绩对他们的工作、生活乃至人生意味着什么。通过持续提升的安全学习使企业每个员工都能够在安全上做出贡献，而且不是因为企业要他们这样做，是他们自己想这么做。

企业内部应当建立一种机制，使得安全经验和想法及时得到传播和分享。在安全生产方面很有价值的做法是鼓励员工提出安全改进建议。当然企业应当确保必要的投入，为创建安全学习型组织提供资源支持，例如组织有关专业的管理人员和操作人员"走出去"观摩学习、引进外部专家举办安全讲座和组织培训等。

企业应当清醒地认识到：因为没有鼓励引入新的安全想法和实践而导致安全业绩下滑的这一过程是不易觉察的。企业很难能够认识到安全管理退步的早期迹象，直到事故发生时才意识"当初如果怎么样，就不会发生事故"。国际原子能机构核安全顾问组织（INSAG）经过研究提出了企业安全业绩下滑的典型模式（表23-1），对化工企业也是很好的借鉴。

表23-1　安全业绩下滑的典型模式

第一阶段 过于自信阶段	对安全生产的过于自信，往往开始于过去一个时期企业良好的安全业绩、安全评估的赞扬和缺少依据的自我满足，缺乏客观公正的第三方评价结果
第二阶段 自满阶段	在这一阶段，安全小事件开始在企业出现，对这些事件调查分析不深入、不全面，没有找出事件发生的根本原因。企业的安全监督活动开始弱化，自满导致一些安全改进计划推迟或取消
第三阶段 否认阶段	否认阶段常常表现为小事件的数量进一步增多，开始发生更严重的事件。但企业的管理者仍顽固地坚信，这些问题仍旧是孤立的个案，固执地认为是个别人的责任，认为企业内部安全管理部门自我评估发现的负面问题是无效的，因而不承认问题的存在。企业没有发挥内部安全生产管理和评估制度的作用，问题整改措施没有得到全面实施或半途而废
第四阶段 危险阶段	当一些潜在的安全严重事件发生，而企业的管理者仍然拒绝来自企业内部的监督、政府监管部门或者社会的批评时，企业就进入危险阶段了。企业往往会认为外部的评审结果是有偏见的、对企业的批评也是不公平的。结果导致内部安全管理部门不再提出问题，不敢对安全工作做出负面的评价，更不敢因为安全问题与管理层发生冲突
第五阶段 崩溃阶段	崩溃阶段最容易识别。在这一阶段，企业连续发生事故，安全管理问题对所有相关方已变得非常清楚，需要政府监管机构和其他外部组织进行特别会诊和深度评估，以便找出问题的根源。这时企业负责人往往不知所措，通常需要撤换。企业通常不得不实施重大且代价惨重的整改计划

特别强调的是，企业安全业绩下滑必须在前两个阶段得到识别并采取措施，最晚也不要迟于第三阶段的早期。

（7）解决问题的基础

加强沟通、明确安全工作的优先次序和完善安全生产的体制、机制是解决问题的基础。

"加强沟通与交流"几乎是所有安全管理体系都关注的要素，因为安全生产"隐患在现场、风险在一线"，企业一线人员或"基层的同志"会更清楚：哪些安全问题迫切需要解决；生产装置现场风险防控的脆弱点在哪里。因此，企业应当构建良好的沟通与交流机制，安全生产靠的是专业和基于"实际情况怎样"的判断，而不是靠"长官意识"和强硬的"行政手段"。

其次是实事求是地确定安全工作的顺序和完成工作所需的时间。一些企业加强安全生产的措施进展不顺利，往往是工作安排的优先次序出了问题。由于事前没有对安全工作的优先顺序达成共识，企业确定的"安全改进工作清单"没有能够及时实施或只是部分地得到实施，这样不仅不能真正实现安全的提升，反而会造成工作完不完成无所谓的印象，给人一种安全工作太多、忙不过来的感觉，最终使提升安全工作失去动力。因此，为保证安全提升计划的及时、有效实施，必须将需要改进的工作排出优先次序，而不是靠"某些领导的强硬工作作风"。

第三方面，完善安全生产的体制机制，这是企业安全生产的基础问题。企业必须要解决安全管理的体制机制问题，尤其是属于企业安全管理顶层设计的安全管理架构，并在科学合理设置组织机构基础上清晰地列出各部门的"安全责任清单"和"安全权力清单"并辅之以合理的绩效考评机制。

23.6 化工企业卓越安全文化的特征

根据职业安全与健康标准（OSHA），安全文化是一个企业内的共同信念、共同实践和共同态度的集合。文化是由这些信念、态度等创造的氛围，该氛围塑造企业全体员工的行为。以下25个方面可以判断企业是否拥有卓越的安全文化。

（1）企业内各级领导都以身作则。

通常企业领导重视的就是各部门和基层所要努力做好的。企业领导重不重视安全（或缺乏作为）在职工眼里一清二楚。优秀的企业安全文化中，企业主要负责人通过自身行动以及授权企业领导层来实现对安全生产的重视和践行倡导的安全行为。

（2）企业内的所有员工都具备安全相关的知识和职业技能。

当你重视某件事时，你就会舍得花时间和精力去认真对待。在优秀的安全文化中，企业内的所有员工都掌握了必要的安全知识和操作技能，企业所有员工都明确自己的安全责任，并为了更好地履行职责而主动努力学习。

（3）企业对要实现的安全文化有明确的描述。

如何达到企业想要实现的安全文化？首先要设定目标并公布于众，然后评估企业安全文化所处的阶段，最后制定实现安全文化目标的工作计划。安全的发展战略并不复杂，但是也绝不简单。要确保企业制定的安全文化实施计划中，对想要实现的安全文化进行了明确的描述：企业想要建设的安全文化是"什么样子和感觉"。

（4）没有能与安全抗衡的优先事项——安全永远都是第一位！

企业内在任何紧要关头，生产和安全之间孰轻孰重？是每次都是安全赢，还是安全有时赢？安全应该每次都赢，否则企业的安全文化就是有问题的！化工企业的生产经营永远都是无条件的"安全第一"，就这么简单！

（5）保证各种投入满足安全生产的需要，而且有足够的安全资金投入证据。

创建优秀的企业安全文化，不能只有响亮的安全口号，还需要资源来支持改进措施的实施，解决安全问题需要资金、人力资源和时间的投入。如果说投资安全项目是一场持续的战役，但没有明显的安全资金投入迹象，那么企业的安全文化肯定存在问题。

（6）在安全事故发生之前，能够提前发现问题并能改进管理。

具有安全管理前瞻性的企业，在安全需要付出高昂代价和产生伤害之前就会发现问题。企业是被动地对每一次事故做出反应，还是积极主动地发现新的风险和隐患并制定控制措施？卓越的安全领导能力会在问题发展成事故之前，就能发现和解决问题。

（7）就安全问题定期进行全厂性的交流。

沟通、交流、分析、探讨是解决安全问题的有效方式。企业内部的安全交流过程，可以增强全体员工对安全问题深入认识，并能够将安全知识转换为员工的安全生产能力。

（8）对所有员工一视同仁、公平公正的纪律和制度。

我们的世界是一个播种和收获的世界，所谓"种瓜得瓜、种豆得豆"，什么样的行为酿就什么样的结果。贯彻企业"安全第一"的主张，建立公平、公正和"安全面前人人平等"的安全行为纪律制度是必不可缺的。

（9）企业中的每个人都能有效地参与安全工作中。

安全是每个人的工作，每个人都需要做好自己的工作。从专业经理到安全经理，从主管到基层工人，做好安全工作需要整个团队的共同努力。在安全工作和安全文化的建设过程中，每个人都需要发挥有效的作用。

（10）企业的各级管理者要有足够的时间深入基层，即所谓的"有感领导（领导感觉到）"或更进一步的"可感领导（基层员工感觉到）"。

卓越的安全领导人会拿出足够的时间深入到生产装置与员工所在的地方。生产基层是企业真正完成工作和现实安全目标的地方。在基层你可以发现安全存在的问题；在基层你可以和承包商交谈并获取他们的意见和建议；在基层你能够被视为（或者被敬重为）安全领导。尽管企业领导、特别是主要领导都有重要的行政职责，但是优秀的安全领导者一定会走出办公室，到生产区域中"把双手搞脏"（与员工打成一片）。"有感领导"是相对于企业领导人而言，而"可感领导"是针对企业基层员工的感受，因此企业领导深入基层重在让员工感受到领导在安全方面的"存在"。

（11）安全生产工作的参与度不断被刷新，表明员工的安全生产积极性很高，证明企业对安全要求和倡议的宣传非常有效。

化工企业安全的成功往往会孕育企业效益、信誉、发展等方面更多的成功。安全文化是企业成功的发动机。当企业员工安全生产工作的参与率达到或接近百分之百时，企业就为未来的发展创造了良好的氛围。要继续维持、不断加油！

（12）员工主动响应安全倡议和要求，为公司安全生产产生切实的效果。

企业的员工是否积极响应安全倡议和要求？还是他们对这些倡议和要求不屑一顾，让企业领导质疑自己的安全领导力？积极参与安全生产工作的员工更加具有生产力，给企业的发展带来切实的效果和回报。

（13）由于公司对员工安全负责和高福利待遇，员工的工作满意度高。

"留住人"是全世界所有企业都高度关注的问题，防止有经验的员工流失，更应该是化工企业高度关注的问题。当前化工企业在人才方面面临两大难题，人才流失和老员工退休。若企业能做到为员工提供良好的安全保障和福利待遇并形成习惯做法，员工的满意度会因此不断提高，更有可能留住想留住的人。与此同时，企业想要的优秀安全文化也就蕴含其中。

（14）在企业内部，安全都是每次会议的第一项议程。

安全是否处于企业的所有会议议程的首位？我们希望如此。但如果没有做到，大家就能猜到你们企业的安全文化是什么样的。企业领导要始终把安全放在第一位，否则就是不经意间在向会议上的每个人发出一条响亮而明确的信息：你并不是真的在意安全。

（15）企业员工愿意主动向上级主管报告安全问题。

企业的员工是否愿意向主管报告安全问题？还是他们觉得自己提出的问题没有被重视，如果员工因为提出问题而受到责备或惩罚，那就糟糕透顶了！对待员工提出安全问题的态度是反映企业安全文化的一面巨大的镜子。员工在报告安全问题时，应该受到鼓励、赞扬和奖励。

（16）聘请外部审计对公司安全管理体系和安全工作进行定期的、详细的审计。

卓越的企业领导有足够的信心接受安全生产的外部审计。内部审计（大多数情况下是肯定的）要做，同时也应请外面的安全专家来做外部审计、直面安全工作挑战，这更是查找问题的最有效手段，因而也更应该做。

（17）认可并定期奖励员工良好的安全行为，激励员工持续保持。

企业要通过奖励、持续激励员工的良好安全行为。员工看重的不仅仅是物质奖励，他们看重的是企业对他们出色工作的认可，如果企业把对员工的奖励亲自送到员工的家人（妻子或丈夫和孩子）手上，会产生意想不到的结果。认可并奖励员工的良好行动，会让企业重视安全的信息自动传遍企业内外。

（18）将安全作为员工聘用的条件之一。

企业会聘用一名在安全方面认为自己凌驾于规则之上的员工吗？生命系于安全之上，安全第一。安全应该作为企业聘用员工的条件之一。如果企业重视安全，始终将安全置于首位，企业就需要把"安全第一"作为一个基本的价值观。不共享安全价值观的员工应该被辞退，去安全要求不高的地方工作，以防他们害己、害人、害企业！

（19）企业各级管理者都对基层上报的安全问题作出积极回应。

优秀的管理者懂得：员工每次提出安全问题，都是企业改进安全问题的一次机会。积极的安全生产心态能使企业的管理者能够对员工提出的问题作出积极的回应，并高度重视问题的分析、采纳和落实解决方案。

（20）将安全投入看作是投资。

在安全生产方面表现优异的企业一般在生产经营方面也表现突出。拥有优秀安全文化的企业懂得安全的真正价值，将安全投入看作是优质投资会有丰厚的回报，而不是认为是一项昂贵的、可怕的支出。

（21）执行精准、详细和高标准的伤害报告制度——不掩饰任何安全问题的真相！

如实报告事故和事件是安全生产的一项重要工作。任何事故、事件的真相都不允许被掩盖。在卓越的企业安全文化中，安全透明度和诚信是做好工作的唯一途径。企业要直面所有的安全挑战。

（22）企业安全规划要实现的目标必须有具体的定义。

企业要设定具体可衡量的安全目标，只有这样你才能知道企业是否能真正做到安全生产。

（23）企业在必要时要具备做出重大改变的决心和毅力。

对于安全生产来讲，能做到迅速实施简单的整改方案固然好，但有些安全问题的解决需要企业采取重大行动（例如机构调整、重要负责人的撤换、大额资金投入等），这时候考验的是企业的决心和毅力。在优秀的安全文化中，远大目标的实现，企业必须拥有可以承受重大变革、可以接受高昂投入、可以处理艰难决策的决心和毅力。

（24）高效及时地处理所有的安全问题。

企业高效的安全管理程序能够及时、高效地处理任何安全问题，及时辨识危害并在尽可能短的时间内实施控制措施。一个企业明知事故风险、隐患的存在却迟迟没有任何作为，出现这种情况可以判定该企业的安全文化在迅速恶化。

（25）企业的所有员工都拥有发现并解决安全问题所需的资源和权力。

企业的安全管理制度应该有明确的岗位分工和责任界定。想要让企业员工很好地履行他们的岗位职责，就必须赋予他们足够的资源和权力。

进入到安全文化管理阶段是企业安全管理的最高阶段，但安全文化没有最好，只有更好。化工企业主要负责人要以确保企业安全发展、打造百年企业的战略视野，高度重视企业安全文化建设。一是要从现在做起。构建优秀的企业安全文化既需要一个漫长的培育过程，又是企业躲不开、绕不过一个发展阶段，因此安全文化建设早动手、早主动，企业领导人在企业安全生产、安全发展方面，要高瞻远瞩，领导企业尽早开展安全文化建设工作。二是要构建好企业安全文化的架构。安全文化概念提出的时间并不长，许多开展安全文化建设的企业还处在实践的初期阶段，特别是"文化"的多样性又决定很难有完全可以照搬的案例可以借鉴，因此建议企业创建安全文化的准备期时，要广泛调研学习，选择一家有良好业绩的安全文化建设指导单位合作，确定好企业安全文化建设的战略目标、要素构成、主要工作、保障措施等，为企业安全文化建设奠定坚实的工作基础。三是要准确评定企业安全文化的状态起点。组织对企业安全文化要素的现状进行全面、深入的评估，查找短板和不足，对存在的问题研究分析，根据轻重缓急安排工作方案和措施，这样有利于安全文化建设工作推进和尽快见到效果。要强力推进，不达目的不罢休。安全文化建设工作犹如逆水行舟，不进则退。一个正常运营的化工企业，业务繁忙，工作千头万绪，企业开展安全文化建设后，要"咬定青山不放松"，持之以恒地推进安全文化建设，切忌工作"松一阵、紧一阵"。如果安全文化建设长期见不到明显成效，很容易动摇企业各级领导和员工的工作信心。

需要特别指出的是：如果企业安全文化建设中以"一体化"的形式推进企业文化建设，或以企业安全文化建设为引领开展企业文化建设，企业安全文化建设会相得益彰，成效更为明显。

第 24 章

化工过程安全管理的实施、考核评审与持续改进

24.1 化工过程安全管理体系的实施

发达国家化工、危险化学品安全生产走过的历程证明，开展化工过程安全管理是防范和遏制化工、危险化学品事故的有效手段。我国引入化工过程安全管理理念已有十余年时间，当前，我国化工行业快速发展，危险化学品领域不断扩大，党和国家对安全生产的要求越来越高，社会和广大人民群众对安全生产事故、特别是涉及危险化学品的安全事故容忍度越来越低。但就全国化工、危险化学品的安全生产总体形势而言，化工、危险化学品事故总量依然很大，重特大事故还时有发生，因此在化工行业、危险化学品企业开展化工过程安全管理的工作非常必要，而且十分紧迫。

化工和涉及危险化学品企业的主要负责人要从保障企业安全发展的高度，认识开展化工过程安全管理的重要性、紧迫性，借鉴化工过程安全管理开展以来形成的有效、成熟做法，尽快将化工过程安全管理方法引入企业，加快提升企业安全生产管理水平，为企业健康快速发展提供坚实的安全基础。

开展化工过程安全管理，并不是要求企业的安全生产管理工作"另起炉灶""推倒重来"。已建成安全生产管理体系并有效运行的企业，可以对照化工过程安全管理的要素，对现有的管理体系(例如 HSE、ISO 18001、安全生产标准化等)进行完善和补充。总的要求是，开展化工过程安全管理，企业的安全生产管理体系必须覆盖化工过程安全管理的所有要素，安全管理体系能够有效运行，并通过"PDCA"循环保证管理体系的持续改进。

实施化工过程安全管理需要领导重视、建立基于化工过程安全的管理体系或借助于成熟的安全管理体系做载体，需要通过考评机制持续改进，不断提高管理水平。

24.2 化工过程安全管理体系的考核评审与持续改进

化工过程安全管理工作的考核评估要结合企业安全生产的业绩考核开展，可以分为四个层次：化工过程安全管理各要素执行情况的考核评估、企业安全生产管理体系运行情况

的评审、企业安全生产业绩指标考核和企业安全生产情况的外部审计。

24.2.1　化工过程安全管理要素考核

与其他管理工作一样，化工过程安全管理也是一个持续改进的、不断提升的过程，而持续改进的重要内生动力之一，就是企业对化工过程安全管理要素执行情况的定期考核评估，以及企业领导层对安全生产目标的更高追求。

按照当前国内外化工行业形成的基本共识，化工过程安全要素是化工企业安全管理体系的基本要素。因此化工过程安全管理要素执行的好坏，不仅直接影响化工企业事故预防工作成效，而且也影响整个企业安全生产管理水平的提升。因此，在安全生产考核评估方面，化工过程安全要素执行情况的审核评估是基础、是核心、是关键。化工过程安全管理要素的审核是企业安全管理体系审核最重要的内容。

化工过程安全管理要素的考核要注意以下几个方面：

（1）全面考核评估

美国化工过程安全中心（CCPS）特别强调，化工过程安全的每个要素都承担着防范事故某一方面的功能。因此，加强化工过程安全管理要全面、全要素，对要素运行情况审核评估也要对企业涉及的要素逐一、全面审核，以全面发现企业内部各有关专业、有关部门化工过程安全管理工作的短板和不足，制定有针对性的整改提升措施，不断提升化工过程安全管理工作水平。

（2）确定量化指标，定量审核、考核

要想通过审核不断提高工作绩效就必须对审核指标进行量化，定量审核、定量考核。当前，有些化工企业安全管理绩效不好，关键问题就是工作考核没有跟上，或者是没有开展量化考核。没有量化考核，往往导致被考核单位对考核结果不服气，因而对考核结果也就不会重视，更谈不上针对考核问题组织认真整改。企业要根据自身情况，确定化工过程安全管理每个要素的二级要素，将各二级要素分解为若干重点工作，根据每项重点工作相对重要性给予赋值，然后按照"六档评分法"（工作没部署不得分；部署了尚未行动得 2 分；已经开展工作但完成率没有达到 50% 得 4 分；工作完成超过 50%、尚未全面完成得 6 分；工作全部完成但未进行效果评估得 8 分；评估后达到预期效果得满分 10 分）进行定量审（考）核，通过审（考）核不断查找管理短板和漏洞，持续改进提升安全生产各项管理工作。

（3）确定考核周期，定期考核

一般情况下，化工过程安全管理要素原则上应每个季度审核一次，有些要素，例如安全领导力、全员安全生产责任制、安全生产合规性管理、本质更安全、安全文化等具有相对稳定性，审核周期可以适当延长。化工装置安全规划与设计、装置首次开车安全两个要素，因为建成后只有在装置大的技术改造后才会涉及，具体的审核时间可以根据实际情况来定。需要特别指出的是，在企业发生安全生产事故、事件或同行业企业发生事故后，相关要素要及时跟进审核。企业安全管理体系审核牵头部门要及时发现要素管理中的漏洞和短板，以便立即采取措施补救，从而保障安全平稳生产。

24.2.2　企业安全管理体系评估审核

企业安全管理体系评审与要素执行情况考核目的不同。安全管理体系评审是全面评估审核安全管理体系完整性、有效性、合理性。所谓完整性是指评估管理体系是否完全覆盖了企业安全生产活动的所有方面，管理措施是否全部纳入管理要素；有效性是指管理体系是否有效管控到企业的所有风险；合理性是指企业的安全投入（包括人财物）是否充足并得到了充分的发挥。

管理体系的审核分为前期准备、编制审核计划、组建审核团队、审核团队审定审核方案、审核预备会议、审核单位首次会议、审核结果沟通、审核末次会议、审核结果跟踪问效等方面。

24.2.2.1 审核的前期准备

（1）确定审核目的

企业每次体系审核的目的并不完全一致。每次体系审核前，企业主要领导人要召开专门的会议，针对企业安全生产和日常管理暴露出的管理体系存在的突出问题，确定审核的目的。

例如某集团公司年度 HSE 体系审核的目的为：

- 全面掌握企业 HSE 管理体系建设和运行状况；
- 促进管理体系及其绩效的改进；
- 满足外部要求，例如管理体系标准认证；
- 验证与合同要求的符合性；
- 获得和保持对供方能力的信心；
- 确定管理体系的有效性；
- 评价管理体系的目标与管理体系方针、组织的总体目标的兼容性和一致性。

（2）编制审核计划

体系审核计划一般包括以下内容：

- 审核目标，同时要明确是全面审核（审核体系的所有要素）还是重点审核（选择部分重点要素）；
- 审核范围，包括受审核的组织单元（企业或工厂）、职能单元（部门），审核准则和引用文件；
- 实施审核活动的地点、日期、预期的时间和期限，包括与受审核方管理者的会议；
- 使用的审核方法，包括所需的审核抽样的范围和抽样方案的设计，以获得足够的审核证据；
- 审核组成员和职责；
- 为审核配置适当的资源。

审核计划还可包括以下内容：

- 明确受审核方本次审核的代表；
- 当审核员和（或）受审核方的语言不同时，明确审核工作和审核报告所用的语言；
- 后勤保障和沟通安排，包括受审核现场的特定安排；
- 针对实现审核目标的不确定因素而采取的特定措施；
- 保密和信息安全的相关事宜；

- 来自以往审核的后续措施；
- 所策划审核的后续活动；
- 其他审核需要特别准备的事项。

（3）选定审核内容

一是选定审核目标要素。重点审核时，审核要素的选择主要是结合企业体系运行状况、上年度审核情况与体系推行计划以及上年度企业的安全生产暴露出的突出问题而定，有些要素可连续几年进行复审，每年渐次补充数个要素，通过不断持续改进，逐年补充完善，最终达到企业管理体系在企业运行中取得良好的绩效。

二是确定审核方案的范围和详略程度。这取决于受审核方的规模和性质、受审核的管理体系的复杂程度和成熟度水平以及其他重要事项。

（4）组建审核团队

为确保审核评估结果的稳定，审核团队应由拥有丰富现场管理经验与熟知管理体系的专业人员组成，团队中要有企业的专业人员，必要时也要聘请企业外部经验丰富的体系审核专家参加。

审核团队和审核组长通常经安全环保部门审定后，报企业主要领导或体系管理者代表批准。要明确审核团队中每位人员的分工。根据选定的审核内容，原则每人可主审 1~2 个（一般不要超过 3 个）要素，并协助团队其他人员对相关检查项审核结果提出建议。

在确定审核组的规模和组成时，应考虑下列因素：

- 考虑到审核范围和准则，实现审核目标所需要的审核组的整体能力；
- 审核的复杂程度以及是否是结合审核或联合审核；
- 所选定的审核方法；
- 法律法规要求、合同要求和受审核方所承诺的其他要求；
- 确保审核组成员独立于被审核活动以及避免任何利益冲突；
- 审核组成员协同工作的能力以及与受审核方的代表有效协作的能力；
- 特殊审核要求可以通过技术专家的支持予以解决。

在审核过程中，出现了利益冲突和能力方面的问题，审核组的规模和组成要及时加以调整。

① 审核人员要求

根据管理体系审核的需要，审核人员要具备以下专业背景：

- 具有 5 年以上的现场管理经验；
- 熟知同行先进的安全生产管理理念，了解安全标准化基本内容；
- 具有较为丰富化工行业的专业背景并具备以下方面的知识和技能：审核原则、程序和方法；管理体系标准和引用文件；受审核方的主要生产经营活动；与受审核方活动、产品有关的适用的法律法规要求和其他安全生产的特殊要求。

② 审核组长的任务和职责

审核组长的任务与职责至少包括以下几个方面：

- 代表审核组与受审核工厂或企业进行联络；
- 编制审核方案；

- 向审核组成员分配审核任务；
- 主持见面会、末次会议；
- 审核工作的组织和协调；
- 组织审核组内部会议；
- 组织审核组评价审核发现的问题并准备审核结论；
- 编制评审报告。

（5）审核团队培训

审核团队组建完成以后、审核工作开始前，要对审核团队所有人员进行培训，培训内容包括审核的目的、内容，企业安全管理体系、有关管理规范与制度基本要求，所审核工厂（企业）的状况，所使用的检查表与评分标准，审核期间需要准备的物品与资料，审核工作流程，提交的审核成果（如报告与照片）格式要求等。

24.2.2.2 审核的实施

审核应遵循统筹运作、客观公正、程序规范、操作简明、抽样科学的工作原则。

具体工厂（企业）或部门的审核程序可以参照以下进行：

（1）审核程序应包括审核启动、审核准备、现场审核活动、审核结束、审核后续活动，见图24-1。

（2）编制下达审核计划，要做到受审核单位所属单位全覆盖，涉及要素全覆盖，受审核单位应根据计划安排配合完成审核工作。

（3）审核组根据现场审核发现问题，开具不符合项和提出存在问题，分析企业安全管理体系运行中存在的缺陷和不足，提出改进建议和要求。

（4）审核组负责对受审核企业的不符合项和存在问题的整改完成情况及有效性进行跟踪，通过后续监督检查、指导等方式对整改完成情况及有效性进行验证。

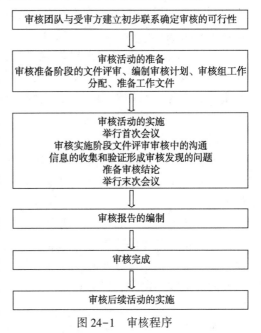

图24-1　审核程序

（5）审核工作结束后应及时组织召开审核总结会，总结交流审核经验，并下发审核通报。

24.2.3　企业安全业绩考核

开展化工过程安全管理，加强企业安全生产工作的最终目的是防范事故、提升安全生产水平。因此把安全生产指标量化后进行考核，既增强了企业员工对安全生产工作的重视和成就感，又检验了企业开展化工过程安全管理、加强企业安全生产工作的成效。因此，要在开展以化工过程安全管理要素为重点安全管理体系要素审核、安全生产管理体系审核的基础上，必须开展安全生产业绩考核。

对化工企业来讲，发生安全生产伤亡事故的概率是很低的，即使是安全事件，样本也不会很多。因此，企业安全生产业绩考核指标不能仅是伤亡指标，而要借鉴发达国家化工企业安全生产指标考核体系，设置企业安全生产业绩指标考核体系。

本书第21章21.4所述英国石油公司(bp)安全业绩考核指标体系，可以作为国内化工企业建立自己的考核指标体系参考。

24.2.4　企业安全生产外部审计

企业安全生产内部审核固然重要，可以发现企业安全生产绝大多数的漏洞和短板。但企业安全生产仅仅靠内部审核是不够的，企业内部审核无法发现、暴露所有的安全生产问题，特别是当问题涉及企业负责人和管理部门时，内部审核制度就往往会失灵。这是因为，作为企业内部审核部门很难直接指出同级管理部门存在的严重问题，对企业领导在安全生产管理中存在的问题就更难以直接地、实事求是地指出来。企业内部审核往往肯定工作多，暴露问题少；基层问题查得多，管理层问题查得少；现场问题查得多，管理问题查得少；表面问题讲得多，深入分析不够；部门问题也许还能讲一些，企业领导存在的问题就很难讲出来。因此，企业要在安全生产管理方面不断提升，就必须请外部安全专家来做外部审计，企业主要负责人就要直面安全工作挑战，卓越的企业领导要有足够的勇气和信心接受安全生产的外部审计，以暴露企业内部审核难以发现、难以指出的安全管理矛盾和不足。借助外力，可以克服企业内部的思维定式，暴露企业高管层安全生产方面的不足，不断提升企业安全领导力。安全生产外部审计是查找企业安全管理深层次问题的最有效手段。

安全生产外部审计的概念在我国刚刚提出，但在工业发达国家已经是普遍做法。编者认为，越是安全管理水平较高的企业越需要外部审计，以打破管理瓶颈，持续提升企业的管理水平。

外部审计借助外部专家发现企业安全生产管理体系在体制、机制和安全文化等方面的短板和不足，主要目的是进一步推动企业领导层和企业管理部门在安全理念、战略、有感领导和安全文化建设等方面，补齐短板、堵塞漏洞，充分发挥企业领导、管理层在安全生产方面的引领、保障、督促、指导作用，提升企业安全生产工作的先进性、科学性和有效性。

对于外部审计的频次，编者认为这取决于企业的安全管理水平。安全生产管理水平高的企业，外部审计的周期可以长一些，可以5年左右一次。安全管理处于提升关键期，可以适当增加频次，可以2年左右一次。发生伤亡等严重事故或严重泄漏、火灾、爆炸、中毒等安全事件后，应及时开展外部审计。

　　我国企业安全生产管理原来一直是以职业安全理念为指导，职业安全事故数量大，但与化学品事故相比，职业安全事故后果严重程度往往较低，职业安全事故规律符合海恩里希法则。涉及危险化学品的事故特别是化工行业事故，相关事故样本相对较小，但事故后果往往十分严重。化工发达国家通过长期的实践、探索，提出了化工过程安全的概念，用于指导解决化工和涉及危险化学品的安全生产问题，取得了明显的成效。把化工过程安全管理理念引入我国化工行业、危险化学品领域安全管理，建立有中国特色的化工、危险化学品安全生产管理体系，是化工、危险化学品安全生产工作的革新，需要一大批热爱化工、危险化学品安全生产工作的有志者，认真贯彻落实习近平总书记以人为本、安全发展的理念，积极探索化工、危险化学品安全生产的规律，学习借鉴发达国家化工过程安全安全管理经验做法，结合我国化工、危险化学品安全生产的特点，勇于探索和实践，走出一条符合我国国情的化工安全发展之路，全力推动化工、危险化学品安全生产形势实现根本好转，为化工行业的持续、健康、发展奠定安全基础，为实现"第十四个五年规划和 2035 年远景目标"贡献力量！

《企业安全教育培训管理的典型做法》

一、工作要求

（1）制订相关制度，为员工提供初次与持续培训，以满足政府法定要求和工作要求。

（2）员工入职、转岗、轮岗要接受岗前培训和适用的安全工作实践。

（3）关键岗位任职者及他们的继任人员应在承担其相关责任前接受与其工作相关的安全培训。

（4）制定与岗位相关的核心知识与技能培训计划，并付诸实施。

（5）实施定期再培训，依据岗位工作要求对员工培训后的效果进行评估。

（6）保存员工培训相关的记录。

（7）为确保培训的有效性，应根据需要对培训计划进行评估更新。

二、培训程序

（一）培训计划

每个培训项目都要有培训计划。

1. 培训计划过程

（1）部门培训员向人事部门提交经部门主管批准的部门年度培训计划。

（2）人事部门将收到的部门培训计划汇总形成公司年度培训计划。

（3）人事部门与处室培训责任人确认内部和外部培训课程能否满足需要。

（4）人事部门完成整体计划的成本预算。

（5）人事部门将确定的公司培训计划报公司领导批准。

（6）人事部门将批准的培训计划交付实施。

2. 培训计划要求

培训计划包括的内容有：培训目标、拟进行培训的项目（包括具体培训内容、参加培训人员、计划培训时间、培训地点、建议培训讲师）、培训方式。

部门年度培训计划于 12 月底以前报人事部门，公司年度培训计划于 1 月底前发布实施。

3. 培训反馈、计划修正

在培训计划实施过程中，人事部门依据部门申请和影响培训条件的变化召开培训反馈会议，审查、变更培训计划。

具体内容为：培训调整、修正，培训延期、终止。

(二) 培训审查程序

培训项目实施前，要进行审查，以确保内容恰当并符合实际需要。

1. 由于以下因素的影响，可能进行审查

(1) 装置、设备和工艺发生变更；

(2) 操作人员发生变更；

(3) 内部和外部要求、规章或法规发生变更；

(4) 被培训人员意见反馈。

培训项目责任人负责培训审查。

2. 内部培训审查程序

(1) 内容审查(内部培训责任人负责)。

审查内部培训内容要确保：信息和材料恰当、符合实际需要，培训结果可实现培训目标，参考资料有效、正确，评估材料符合培训评估要求，培训内容的所有方面符合公司职工发展的要求，充分考虑职工的反馈意见。

(2) 更新培训材料(内部培训责任人负责)。

对培训材料进行变更时，要同时更改人事部门的备份及 OA 网(办公自动化系统)相应的培训材料，确保培训材料是最新的。

(3) 将变更通知关键人员(内部培训责任人负责)。

在完成审查和进行更新后，将变更通知下列关键人员：人事部门、部室相关责任人、部门领导和技术人员、被培训职工。由内部培训责任人写出变更说明，交由人事部门备案。

3. 外部培训审查程序

(1) 内容审查(外部培训责任人负责)。

审查外部培训内容以确保：信息和材料是最新的和恰当的，培训结合企业实际需要，培训结果可实现培训目标，评估材料符合规定要求，已充分考虑职工的反馈意见。

(2) 更新课程材料(外部培训责任人负责)。

培训责任人与外部培训机构接触以确认所有的变更并负责接受这些变更。

(3) 将变更通知关键人员(外部培训责任人负责)。

在完成审查和进行更新后，将变更通知下列关键人员：人事部门、相关部门领导和技术人员、被培训职工。由外部培训责任人写出变更说明，交由人事部门备案。

其他情况下：当再次要求或预定外部培训时，将变更通知培训责任人和被培训职工。

(三) 发起和安排培训

常规培训按照计划执行，由部门领导、技术人员班长或岗位主操承担。培训责任人填

写常规培训记录表，并将常规培训记录表和培训评估结果报人事部门备案。如上岗、技能鉴定、多岗操作、高级技术工人聘任、岗位练兵等。

大的培训项目和计划外培训项目应先确定培训方案，批准后方可实施培训。

培训方案内容有：培训名称、培训内容、培训目标、培训承办部门、培训讲师、需要培训人员（包括人数）或参加培训人员、培训形式、培训时间、培训地点、培训费用、评估说明。

不发生培训费用的培训删除培训费用项。

1. 内部培训安排步骤

（1）培训责任人安排部门领导或技术人员承担培训，或与人事部门协调聘请专业处室技术人员承担培训，或联系设备供应商、政府或行业管理部门、外部培训机构提供培训讲师。

（2）培训责任人向承担培训的讲师提供培训需求，协商培训方案以确保培训内容满足培训需求。

（3）由行业管理部门、外部培训机构提供的培训，在保证质量的情况下，选择价格合理的机构。培训责任人与人事部门协商确认。

（4）确认培训地点，培训时间。

（5）安排培训，记录培训详细情况。

（6）将培训记录表和培训评估结果报人事部门备案。

（7）更新培训矩阵以反映培训完成。

人事部门与培训责任人共同确认选定的培训能消除确定的技能差距，培训能满足特定的培训需求。

2. 外部培训安排步骤

（1）培训责任人依照培训计划或特定需求寻找外部培训机构，提出培训需求，制定培训方案。

（2）培训责任人与人事部门协商确定培训方案，报公司领导批准。

（3）参加培训人员填写外部培训预定表格，部门领导批准后，交培训责任人或由人事部门送交培训机构。（课前作业）

（4）实施培训。培训责任人对培训过程进行监督，及时修正培训偏差，并记录培训情况。

（5）完成培训后对培训成果做出总结，并将培训成果、培训记录和评估结果报人事部门备案。

（6）人事部门依据培训成果、培训记录和评估结果更新培训矩阵，支付培训费用。

3. 计划外的外部培训安排步骤

（1）培训责任人与人事部门协商确定该项培训。

（2）培训责任人寻找外部培训机构，提出培训要求，确定培训方案。

（3）培训责任人将经主管经理批准的培训方案报人事部门审批、备案。

（4）人事部门将培训方案（或服务合同）报公司领导批准。

计划外培训项目获批准后，人事部门更新培训成本。

4. 外部培训机构筛选方针

外部培训机构要选择有资质、有质量保证、适合企业发展需求的培训机构，以确保培训效益。

（1）符合企业特定的培训需求。

（2）有政府主管部门颁发的许可证。

（3）有良好的信誉。

（4）培训讲师有丰富的培训经验，具有培训资格证书。

（5）有自编的培训教材，齐全的硬件设施。

（6）培训价格合理。

5. 外部培训费用申报程序

管理部门就培训项目与人事部门沟通确认培训方案后，进入外部培训费用申报程序。

管理部门申报培训项目→管理部门领导审批→管理部门主管副总经理审批→人事部门审批→人事部门主管副总经理审批→总经理审批→财务支付培训费用。

（四）培训实施

可用多种方式实施培训。实施的方式根据要求的培训类型和职工特定的需求确定。

培训责任人协助讲师授课；培训考勤；监控培训过程，修正培训。

培训需要考虑员工的个人学习风格和选择以确保获得最有效的培训结果。

公司致力于采用灵活的培训方法，加强培训指导，经常调研，反馈最有效的培训方式的信息，使职工主动参与培训、自我培训，不断提高能力和素质。

（五）培训评估

培训评估结果非常重要，培训管理者可据此确定培训的质量和有效性。

评估培训可帮助领导和培训责任人确定参与培训职工是否对交付的培训感到满意、是否对参与培训职工提出的问题进行处理和跟踪。

评估培训为以后维护优选外部培训机构提供依据。

1. 内部培训评估程序

员工完成内部培训→员工对培训做出结论并填写评估表格→交培训责任人→交人事部门。

2. 外部培训评估程序

员工完成外部培训→员工填写评估表格→交培训责任人→交人事部门。

（六）培训总结要求

培训总结包括培训目标达成情况（成果）、完成培训项目的情况、培训中取得的经验、培训中存在的问题和不足、对培训的建议。

部门培训总结于 12 月上旬交人事部门，人事部门于 12 月底将公司培训总结交公司领导。

（七）培训记录

保存公司所有员工培训记录是确保所有员工安全有效地胜任其角色的一个关键部分。

培训记录有助于确保多种技能或知识要求（如包括在特定培训中的法律、技术、安全生产要求）得到满足。

培训记录可便于人事部门和部门领导分析和汇报安全生产要求的培训进度。

职工培训档案与人事部门培训库用于记录和报告培训。

所有与员工相关的培训和评估均记录在职工培训档案与管理处室的培训库中。

管理处室培训责任人和部门培训员负责记录和保存培训信息。

（八）培训讲师资质条件（供参考）

1. 专业管理人员培训

具备助理工程师及以上技术职称，从事专业管理工作三年以上，掌握所从事专业的国家法律法规，熟知所从事专业的企业管理制度，具有丰富的专业理论知识和丰富的专业管理经验，熟悉专业操作流程，接受过培训知识培训。

2. 分厂领导、技术人员培训

具备助理工程师及以上技术职称或取得技师及以上技术等级，从事装置操作五年以上，熟悉装置工艺原理和工艺流程，熟悉装置设备原理，具有丰富的专业理论知识和丰富的实际操作、管理经验，接受过培训知识培训。

3. 运行班长、岗位主操培训

具备装置（工种）高级工及以上技术等级，从事装置操作五年以上，熟悉装置工艺原理和工艺流程，熟悉装置设备原理，具有丰富的专业理论知识和丰富的实际操作、设备运行维护经验，接受过培训知识培训。

附 录 2

《化工装置生产准备工作纲要》编制提纲

生产准备工作是化工装置试车总体统筹控制计划的内容之一，建设(生产)单位应及早组织生产准备部门及聘请设计、施工、生产、安全等方面的专家，编制《化工装置生产准备工作纲要》，使生产准备与工程建设同步进行。具体编制提纲如下：

一、概况

化工工程项目简况；生产准备的总体要求、目标、任务和计划安排；与生产准备相关的化工建设项目审批(核准、备案)、设计、施工、工程监理和质量监督等主要工作情况。

二、组织准备

组织准备一般包括生产准备和试车的领导机构、工作机构，明确负责人、成员、工作职责、工作标准、工作流程等相应规定，建立健全各项管理规章制度。

三、人员准备

(1) 根据审批的定员，编制人员配备计划，主要内容包括：
① 人员类别、来源、素质要求；
② 各级管理人员、技术人员、操作人员调配到岗时间。
(2) 人员培训。包括：
① 人员培训的组织与管理。
② 人员培训方法与步骤。
③ 培训单位的选择及时间安排。
④ 各级管理人员、专业技术人员、操作人员的培训。
⑤ 各培训阶段及各类人员培训的考试、考核。
⑥ 编制人员培训计划。

四、技术准备

(1) 技术资料、图纸、操作手册的翻译编印。
(2) 编制各种技术规程、岗位操作法和安全操作规程。

（3）编制各类综合性技术资料。

（4）编制企业管理的各项规章制度。

（5）编制大机组试车和系统干燥、置换及"三剂"装填、保护等方案，并配合施工单位编制系统吹扫、气密及化学清洗方案。

（6）编制储运、公用工程、自备发电机组、热电站、锅炉、消防等试车方案。

（7）编制总体试车、单机试车、联动试车、化工投料试车、生产考核等方案。

（8）国内外技术资料编制（翻译）出版计划。

（9）各种试车方案的编制计划。

（10）技术准备总体网络计划。

五、安全准备

（1）安全生产管理机构的建立和人员配备、培训、考核。

（2）安全生产责任制、安全管理制度和安全操作技术规程。

（3）全员安全培训计划。

（4）同类装置安全事故案例搜集、汇编以及教育培训安排。

（5）装置试车涉及的每种物质的安全注意事项和应急处理措施。

（6）安全、消防、救护等应急设施使用维护管理规程和消防设施分布及使用资料。

（7）化工装置的风险识别及试车的风险评价或危险与可操作性（HAZOP）分析报告，重大危险源辨识资料。

（8）应急救援预案、组织、队伍和装备。

（9）周边环境安全条件及控制措施。

（10）化工装置试车过程中的区域限制。

（11）其他安全条件。

六、物资及外部条件准备

1. 物资

（1）主要原料、燃料及试车物料，辅助材料、"三剂"、化学药品，润滑油（脂）。

（2）备品配件国内外订货计划，进口备品配件测绘、试制安排。

（3）引进装置"三剂"、化学药品、标准样气、润滑油（脂）国内配套情况。

（4）生产专用工具、工器具、管道、管件、阀门等。

（5）安全卫生、消防、气防、救护器材、劳动保护等。

（6）运输车辆。

（7）生产记录、办公及生活用品。

（8）通信器材，包装材料。

（9）其他物资。

2. 外部条件

（1）落实外部供给的电力、水源、蒸汽等动力的联网及供给时间。

(2) 厂外道路、雨排水、工业污水等工程的接通。

(3) 外部电信与内部电信联网开通时间。

(4) 铁路、码头、中转站、物料互供管廊等工程衔接。

(5) 安全、消防、职业卫生、环境保护、特种设备等申报、审批、取证。

(6) 落实依托社会的机电仪维修力量及公共服务设施。

3. 资金

各项试车费用和生产流动资金计划安排。

七、营销及产品储运准备

1. 营销准备

(1) 调查产品在市场上的需求使用情况，收集市场信息，研究销售策略。

(2) 营销体制及责任制。

(3) 编印产品说明书，商标设计、注册，宣传介绍产品质量、性能、使用方法，危险化学品安全技术说明书、安全标签。

(4) 落实产品流向、销售区域并签订协议。产品属于危险化学品的要落实用户的安全资质并设立 24h 应急咨询电话。

2. 产品储存及物流运输准备

(1) 按照国家有关标准规定，设置产品储存设施。

(2) 制订产品储存、装卸规范，设备维护保养规范，安全技术规范和应急预案。

(3) 落实公路、铁路、水路等物流运输方式，准备有关审批手续。

八、其他准备

(1) 后勤服务保障准备；

(2) 技术提供、专利持有或承包方配合的有关准备；

(3) 设计单位配合的有关准备；

(4) 施工单位配合的有关准备；

(5) 设备制造和供应单位配合的有关准备。

九、生产准备统筹网络计划

将生产准备七项内容及大机组试车、系统吹扫、气密、干燥、置换、"三剂"装填、单机试车、联动试车、化工投料试车等方面，按年、季、月绘制出主要控制点，并纳入化工项目建设的总体统筹控制计划之中。

附 录 3

《化工装置总体试车方案》编制提纲

一、工程概况

（1）工程简要说明，附总流程图（方块图）；改造项目附改造前总流程图或上一年度实际总流程图（方块图）。

（2）生产装置、公用工程及辅助设施的规模、工艺流程简要说明及建设情况。

（3）原料、燃料、动力供应及产品流向。

二、总体试车方案的编制依据和原则

三、试车的指导思想和应达到的标准

四、试车应具备的条件

五、试车的组织与指挥系统

（1）试车组织机构与指挥。

（2）技术顾问组和开车队。

（3）试车保运体系。

六、试车方案与进度

（1）单机试车、联动试车和化工投料试车方案简介。

（2）试车进度及其安排原则、化工投料与产出合格产品的时间。

（3）试车程序、主要控制点、化工装置考核与试生产时间安排。

（4）试车统筹进度关联图。

七、物料平衡

（1）化工投料试车的负荷。

（2）主要原料消耗计划指标与设计值（或合同保证值）的对比。

（3）物料平衡表。包括：

① 主要产品产量汇总表。

② 主要原料消耗指标表。

③ 化工投料试车运行状态表。

④ 经济技术指标。

⑤ 主要物料投入产出图。

八、燃料、动力平衡

（1）燃料、水、电、汽、风、氮气等的平衡。

（2）附表。包括：

① 燃料平衡表。

② 用电计划表。

③ 热负荷表。

④ 蒸汽用量平衡表。

⑤ 用水平衡表。

⑥ 氮气平衡表。

⑦ 其他。

九、安全、职业卫生及消防

（1）试车组织和指挥系统中安全、消防、职业卫生和应急救援机构、人员和职责。

（2）基础工作。包括：

① 依法进行安全评价及设立安全审查、安全设施设计专篇审查、职业病危害评价、防火设计审查等情况。

② 设计审查、重大设计变更、"三查四定"情况。

③ 安全设施、消防和职业卫生设施和装备等配备情况。

④ 有关安全、消防、职业卫生方面的管理制度、安全技术规程、事故应急预案等制订和完善情况。

⑤ 人员在安全、消防、职业卫生方面培训考核情况。

⑥ 对重大危险源、重要试车环节和难点进行危险有害因素辨识情况。

（3）按照规范要求采取的现场安全管理措施。

（4）试生产方案报安监部门的备案情况。

十、环境保护

（1）环保检测及"三废"处理。

（2）"三废"处理的措施、方法及标准。

（3）"三废"排放及处理一览表。

十一、试车的难点及对策

试车程序、倒开车、化工投料、化工装置负荷、物料平衡等方面的难点分析及相应的对策。

十二、试车成本测算

试车成本测算是对新建、改建、扩建化工装置在试车期间的会计核算，时间段为化工装置开始试车至产出合格产品。

（1）试车成本测算的方法、结果及分析，所需资金总量和分配表。

（2）减少试车成本的措施。

十三、其他需要说明和解决的问题

附 录 4

化工装置预试车安全操作要点

一、管道系统压力试验

(一) 管道系统压力试验条件

(1) 安全阀已加盲板、爆破板已拆除并加盲板。

(2) 膨胀节已加约束装置。

(3) 弹簧支、吊架已锁定。

(4) 当以水为介质进行试验时,已确认或核算了有关结构的承受能力。

(5) 压力表已校验合格。

(二) 应遵守下列规定

(1) 以空气和工艺介质进行压力试验,必须经设计单位同意、安全部门认可。

(2) 试验前确认试验系统已与无关系统进行了有效隔绝。

(3) 进行水压实验时,以洁净淡水作为试验介质,当系统中连接有奥氏体不锈钢设备或管道时,水中氯离子含量不得超过 25ppm。

(4) 试验温度必须高于材料的脆性转化温度。

(5) 当在寒冷季节进行试验时,要有防冻措施。

(6) 钢质管道液压试验压力为设计压力的 1.5 倍;当设计温度高于试验温度时,试验压力应按两种温度下许用应力的比例折算,但不得超过材料的屈服强度。当以气体进行试验时,试验压力为设计压力的 1.15 倍。

(7) 当试验系统中设备的试验压力低于管道的试验压力且设备的试验压力不低于管道设计压力的 115% 时,管道系统可以按设备的试验压力进行试验。

(8) 当试验系统连有仅能承受压差的设备时,在升、降压过程中必须确保压差不超过规定值。

(9) 试验时,应缓慢升压。当以液体进行试验时,应在试验压力下稳压 10min,然后降至设计压力查漏。当以气体进行试验时,应首先以低于 0.17MPa(表压)的压力进行预试验,然后升压至设计压力的 50%,其后逐步升至试验压力并稳压 10min,然后降至设计压力查漏。

（10）试验结束后，应排尽水、气并做好复位工作。

二、管道系统泄漏性试验

（1）输送有毒介质、可燃介质以及按设计规定必须进行泄漏性试验的其他介质时，必须进行泄漏性试验。

（2）泄漏性试验宜在管道清洗或吹扫合格后进行。

（3）当以空气进行压力试验时，可以结合泄漏性试验一并进行，但在管道清洗或吹扫合格后，需进行最终泄漏性试验，其检查重点为管道复位处。

（4）应遵守下列规定：

① 试验压力不高于设计压力。

② 试验介质一般为空气。

③ 真空系统泄漏性试验压力按设计文件要求进行；设计文件无要求时按 0.1MPa（表压）试验。

④ 以设计文件指定的方法进行检查。

三、水冲洗

（1）压力试验合格，系统中的机械、仪表、阀门等已采取了保护措施，临时管道安装完毕，冲洗泵正常运行，冲洗泵的入口安装了滤网后，才能进行水冲洗。

（2）冲洗工作不宜在严寒季节进行，如进行必须有防冻、防滑措施。

（3）充水及排水时，管道系统应和大气相通。

（4）在上道工序的管道和机械冲洗合格前，冲洗水不得进入下道工序的机械。

（5）冲洗水应排入指定地点。

（6）在冲洗后应确保全部排水、排气管道畅通。

四、蒸汽吹扫

（一）蒸汽吹扫条件

（1）管道系统压力试验合格。

（2）按设计要求，预留管道接口和短节的位置，安装临时管道；管道安全标准应符合有关规范的要求。

（3）阀门、仪表、机械已采取有效的保护措施。

（4）确认管道系统上及其附近无可燃物，对邻近输送可燃物的管道已做了有效的隔离，确保当可燃物泄漏时不致引起火灾。

（5）供汽系统已能正常运行，汽量可以保证吹扫使用的需要。

（6）禁区周围已安设了围栏，并具有醒目的标志。

（7）试车人员已按规定防护着装，并已佩戴了防噪声耳罩。

（二）应遵守下列规定

（1）未考虑膨胀的管道系统严禁用蒸汽吹扫。

（2）蒸汽吹扫前先进行暖管，打开全部导淋管，排净冷凝水，防止水锤。

（3）吹扫时逐根吹遍导淋管。

（4）对复位工作严格检查，确认管道系统已全部复原，管道和机械连接处必须按规定的标准自由对中。

（5）吹扫要有降噪声防护措施。

五、化学清洗

（1）管道系统内部无杂物和油渍。

（2）化学清洗药液经质检部门分析符合标准要求，确认可用于待洗系统。

（3）绘制化学清洗流程图和盲板位置图。

（4）化学清洗所需设施、热源、药品、分析仪器、工具等已备齐。

（5）化学清洗人员已按防护规定着装，佩戴防护用品。

（6）化学清洗后的管道系统如暂时不能投用，应以惰性气进行保护。

（7）污水必须经过处理，达到环保要求才能排放。

六、空气吹扫

（1）直径大于 600mm 的管道宜以人工进行清扫。

（2）系统压力试验合格，对系统中的机械、仪表、阀门等已采取了有效的保护措施。

（3）盲板位置已确认，气源有保证；吹扫忌油管道时，空气中不得含油。

（4）吹扫后的复位工作应进行严格的检查。

（5）吹扫要有遮挡、警示、防止停留、防噪等措施。

七、循环水系统预膜

（一）循环水系统预膜条件

（1）系统经水冲洗合格。

（2）循环水系统联动试车合格。

（3）药液经试验证实适用于现场水质，成膜效果良好，腐蚀性低于设计规定。

（4）在系统中已按规定设置了观察预膜状况的试片。

（5）已采取了处理废液的有效措施。

（二）应遵守下列规定

（1）预膜工作应避开寒冷季节，否则必须有防冻措施。

（2）系统的预膜工作应一次完成，不得在系统中留有未预膜的管道和设备。

（3）预膜后应按时按量投药，使系统处于保膜状态。

八、系统置换

（1）在试车系统通入可燃性气体前，必须以惰性气体置换空气，再以可燃性气体置换惰性气体。在停车检修前必须以惰性气体置换系统中的可燃性气体，再以空气置换惰性气体，注意有毒有害固、液体的置换处理。

（2）系统置换条件：

① 已标明放空点、分析点和盲板位置的置换流程图。

② 取样分析人员已就位，分析仪器、药品已备齐。

③ 惰性气体可以满足置换工作的需要。

（3）应遵守下列规定：

① 惰性气体中氧含量不得高于安全标准。

② 确认盲板的数量、质量、安装部位合格。

③ 置换时应注意系统中死角，需要时可采取反复升压、卸压的方法以稀释置换气体。

④ 当管道系统连有气柜时，应将气柜反复起落三次以置换尽环形水封中的气体。

⑤ 置换工作应按先主管后支管的顺序依次连续进行。

⑥ 分析人员取样时应注意风向及放空管道的高度和方向，严防中毒窒息。

⑦ 分析数据以连续三次合格为准，并经生产、技术、安全负责人员签字确认。

⑧ 置换完毕，惰性气体管线与系统采取有效措施隔离。

（4）合格标准：

① 以惰性气置换可燃性气体时，置换后气体中可燃性气体成分不得高于 0.5%。

② 以可燃性气体置换惰性气体时，置换后的气体中氧含量不得超过 0.5%。

③ 以惰性气体置换空气时，置换后的气体中氧含量不得高于 1%，如置换后直接输入可燃可爆介质，则要求置换后的气体中氧含量不得高于 0.5%。

④ 以空气置换情性气时，置换后的气体中氧含量不得低于 20%。

九、一般电动机械试车

（一）一般电动机械试车条件

（1）已按合同的要求在供方进行了规定的试验。

（2）二次灌浆已达到了设计强度，基础抹面已经完成。

（3）与机械试车有关的管道及设备已吹扫或清洗合格。

（4）机械入口处按规定设置了滤网（器）。

（5）压力润滑密封油管道及设备经油洗合格，并经过试运转。

（6）电机及机械的保护性联锁、预警、指示、自控装置已调试合格。

（7）安全阀调试合格。

（8）电机转动方向已核查、电机接地合格。

（9）设备保护罩已安装。

（二）应遵守下列规定

（1）试车介质应执行设计文件的规定，若无特殊规定，泵、搅拌器宜以水为介质，压缩机、风机宜以空气或氮气为介质。

(2) 低温泵不宜以水作为试车介质，否则必须在试车后将水排净，彻底吹干、干燥并经检查确认合格。

(3) 当试车介质的密度大于设计介质的密度时，试车时应注意电机的电流，勿使其超过规定。

(4) 试车前必须盘车。

(5) 电机试车合格后，机械方可试车。

(6) 机械一般应先进行无负荷试车，然后带负荷试车。

(7) 试车时应注意检查轴承(瓦)和填料的温度、机械振动情况、电流大小、出口压力及滤网。

(8) 仪表指示、报警、自控、联锁应准确、可靠。

十、汽轮机、泵的试车

(一) 汽轮机、泵试车条件

(1) 供方已按合同的要求进行了规定的试验，供方的试车人员已到现场(合同如有规定)。

(2) 通往机械的全部蒸汽和工艺管道已吹扫合格。

(3) 压缩机段间管已进行压力试验并清洗或吹扫合格。

(4) 凝汽系统真空试验合格。

(5) 水冷却系统已能稳定运行并预膜合格。

(6) 油系统已能正常运行。

(7) 蒸汽管网已能正常运行，管网上安全阀、减压阀、放空阀皆已调试合格。

(8) 弹簧支吊架已调试合格。

(9) 机组的全部电气、仪表系统皆已进行了静态模拟试验。

(10) 冷凝系统已能正常运行。

(11) 保护罩等安全设施皆已安装。

(二) 应遵守下列规定

(1) 先进行辅助装置试车(油泵、冷凝系统等)，再进行汽轮机试车，然后进行整体试车。

(2) 汽轮机试车前应首先进行暖管。

(3) 暖管工作完成后，按操作规程或者设备厂家提供的使用手册进行汽轮机冲转。

(4) 经检查如无异状，可按升速曲线升速，同时进行暖机。

(5) 升速时应尽快通过临界转数。

(6) 当达到最低控制转速后，调速器应投入运行。

(7) 当汽轮机运行正常后，进行超速跳车实验，如不能自动脱扣立即手动停车，超速跳车实验应进行 3 次。

(8) 汽轮机试车的全过程，应密切监视油温、油压、轴承温度、振动值、轴位移、转速、进排气温度、压力以及后汽缸真空度等。

(9) 汽轮机试车合格后，应立即与压缩机(泵)进行联动。

(10) 机组首先应进行空负荷试车，升速时应尽快通过临界转速，待达到正常转速后即应按升压曲线逐步升压。在每次升压前都必须对机组进行全面检查，当确信机组运行正常后方可继续升压，直至达到设计压力。

十一、往复式压缩机的试车

(一) 往复式压缩机试车条件

(1) 试车人员已到场，包括技术操作、电气仪表人员(当合同中规定供方参加时，供方必须到场)。

(2) 供水系统已能正常运行。

(3) 循环油系统及注油系统已试车合格。

(4) 段间管道经压力试验合格，段间管道、水冷器、分离器及缓冲器已清洗或吹扫合格。

(5) 安全联锁及报警经模拟试验合格，仪表指示正确无误。

(6) 安全阀已调校。

(7) 重要安装数据如各级缸余隙、十字头与滑道间隙、同步电机转子与定子间隙等已核查。

(8) 励磁机、盘车器已试车合格，防护罩已安装。

(二) 应遵守下列规定

(1) 试车所用介质宜为空气，负荷试车时其压力不得超过 25MPa(表压)。

(2) 试车前应先盘车并按同步电机、无负荷、负荷试车顺序进行。

(3) 同步电机试车时间应为 2~4h，无负荷试车时间应为 4~8h，负荷试车时间应为 24~48h。

(4) 同步电机试车应先开动通风装置并检查电机转动方向。

(5) 同步电机试车时应检查轴承温度、振动值、电机温升及电刷、集电环接触情况。

(6) 无负荷试车前应拆除各级缸气阀。

(7) 联锁报警装置应进行模拟联校。

(8) 负荷试车应在各级缸气阀复位后进行。

(9) 缸气阀复位后进行负荷试车半小时，然后分 3~5 次加压至规定的试车压力，在加压前应在该压力下稳定 1h。

(10) 试车时应检查轴承、滑道、填料函、电机进出口气体及冷却水温度、供油、振动及各处密封情况。

(11) 试车时应注意排油、排水并注意检查各级气缸有无撞击和其他杂音。

(12) 停车前应逐步降压，除紧急情况外，不得带压停车。

(13) 按照操作规程或者设备厂家提供的使用手册停油、停水。

(14) 在试车中应进行安全阀最终调校。

十二、烘炉

(一) 烘炉条件

(1) 当使用不定形耐火材料时,应具有配制记录和试验报告。
(2) 当使用耐火水泥浇注衬里时,其强度应符合设计文件的规定。
(3) 安装的膨胀指示器已调至零位。
(4) 当设备内有加热、冷却管道时,已采取通水、通气等措施以防管道超温。
(5) 具有批准的烘炉曲线。
(6) 设备基础上已采取隔热措施。
(7) 测温仪表已按规定部位安装并调试合格。
(8) 冷却水、脱盐水、锅炉供水系统及排污设施已投用。
(9) 加热、调温、通风设施已能正常投用。

(二) 应遵守下列规定

(1) 点火前炉内或设备内可燃气体分析合格。
(2) 严格按烘炉曲线升温、恒温、降温。
(3) 炉内或设备内部应受热均匀。
(4) 注意观测炉或设备内各种管道和基础的温度,严防超温。
(5) 当点火装置自行熄火时,应置换尽可燃气体后,方可重新点火。
(6) 烘炉燃烧后的气体排放处应有防中毒措施。

十三、煮炉

(一) 煮炉条件

(1) 烘炉已合格。
(2) 热工仪表已校验合格。
(3) 安全阀已冷调校合格。
(4) 锅炉燃料已到位,点火装置已调校合格。
(5) 化学药品、分析器已备齐。

(二) 应遵守下列规定

(1) 按设计文件要求和有关规定,煮炉的溶液介质分析合格后方可投入使用,并已检查确认其他条件都符合安全要求后方可点火。

(2) 严格按煮炉方案的规定分阶段升压,按阶段煮炉、加水、排污,在低压煮炉阶段(一般为 300kPa)紧固全部人孔、手孔阀门法兰螺栓。

(3) 当煮炉接近规定的试验压力时,应采取换水、加水排污等措施直到全面达到工艺条件。

（4）在规定的试验压力下进行安全阀调整，并在工作压力下进行泄漏性试验和检查气包、集箱的膨胀。

（5）按煮炉方案的规定降压、停炉、冲洗、检查。

十四、塔器、反应器内件的充填

（一）塔器、反应器内件充填条件

（1）塔器、反应器系统压力试验合格。

（2）塔器、反应器等内部洁净，无杂物，防腐处理后的设备内部有毒可燃物质浓度符合相关标准。

（3）具有衬里的塔器、反应器，其衬里检查合格。

（4）人孔、放空管均已打开，塔器、反应器内通风良好。

（5）填料已清洗干净。

（6）充填用具已齐备。

（7）已办理进入受限空间作业证。

（二）应遵守下列规定

（1）进入塔器、反应器人员不得携带与填充工作无关的物件。

（2）进入塔器、反应器人员应按规定着装并佩带防护用具，指派专人监护。

（3）不合格的内件和混有杂物的填料不得安装。

（4）安装塔板时，安装人员应站在梁上。

（5）分布器、塔板及其附件等安装和填料的排列皆应按设计文件的规定严格执行，由专业技术人员复核并记录存档。

（6）塔器、反应器封闭前，应将随身携带的工具、多余物件全部清理干净，封闭后应进行泄漏性试验。

十五、催化剂、分子筛等的充填

（一）催化剂、分子筛等充填条件

（1）催化剂的品种、规格、数量符合设计要求，且保管状态良好。

（2）反应器及有关系统压力试验合格。

（3）具有耐热衬里的反应器经烘炉合格。

（4）反应器内部清洁、干燥。

（5）在深冷装置中充填分子筛、吸附剂前，其容器及相应的换热器和管道业已将微量水置换干净，并干燥合格。

（6）充填用具及各项设施皆已齐备。

（7）已办理进入受限空间作业证。

（二）应遵守下列规定

（1）进入反应器的人员不得携带与充填工作无关的物件。

（2）充填催化剂时，必须指定专人监护。

（3）充填人员必须按规定着装、佩戴防护面具。

（4）不合格的催化剂（粉碎、破碎等）不得装入器内。

（5）充填时，催化剂的自由落度不得超过 0.5m。

（6）充填人员不得直接站在催化剂上。

（7）充填工作应严格按照充填方案的规定进行。

（8）应对并联的反应器检查压力降，确保气流分布均匀。

（9）对于预还原催化剂在充填后以惰性气体进行保护，并指派专人监测催化剂的温度变化。

（10）反应器复位后应进行泄漏性试验。

十六、热交换器的再检查

（1）热交换器运抵现场后必须重新进行泄漏性试验，当有要求时还应进行抽芯检查。

（2）试验用水或化学药品应满足试验需要。

（3）试验时应在管间注水、充压、重点检查涨口或焊口处，控制在正常范围内。

（4）如管内发现泄漏，应进行抽芯检查。

（5）如按规定需以氨或其他介质进行检查时，应按特殊规定执行。

（6）检查后，应排净积水并以空气吹干。

十七、仪表系统调试

（一）仪表系统调试前条件

（1）仪表空气站具备正常运行条件，仪表空气管道系统已吹扫合格。

（2）控制室的空调、不间断电源能正常使用。

（3）变送器、指示记录仪表、联锁及报警的发讯开关、调节阀以及盘装、架装仪表等的单体调校已完成。

（4）自动控制系统调节器的有关参数已预置，前馈控制参数、比率值及各种校正的比率偏置系统已按有关数据进行计算和预置。

（5）各类模拟信号发生装置、测试仪器、标准样气、通信工具等已齐备。

（6）全部现场仪表及调节阀均处于投用状态。

（二）应遵守下列规定

（1）检测和自动控制系统在与机械联试前，应先进行模拟调试，即在变送器处输入模拟信号，在操作台或二次仪表上检查调整其输入处理控制手动及自动切换和输出处理的全部功能。

（2）联锁和报警系统在与机械联试前应先进行模拟调试，即在发讯开关处输入模拟信号，检查其逻辑正确和动作情况，并调整至合格为止。

（3）在与机械联试调校仪表时，仪表、电气、工艺操作人员必须密切配合互相协作。

（4）对首次试车或在负荷下暂时不能投用的联锁装置，经建设（生产）单位同意，可暂时切除，但应保留报警装置。

（5）化工投料试车前，应对前馈控制、比率控制以及含有校正器的控制系统，根据负荷量及实际物料成分，重新整定各项参数。

十八、电气系统调试

（一）电气系统调试前条件

（1）总变电站的全部安装工作和有关调试项目供电部门已检查、确认并办妥受电手续。

（2）隔离开关、负荷开关、高压断路器、绝缘材料、变压器、互感器、硅整流器等已调试合格。

（3）继电保护系统及二次回路的绝缘电阻已经耐压试验和调整。

（4）具备高压电气绝缘油的试验报告。

（5）具备蓄电池充、放电记录曲线及电解液化验报告。

（6）具备防雷、保护接地电阻的测试记录。

（7）具备电机、电缆的试验合格记录。

（8）具备联锁保护试验合格记录。

（二）应遵守下列规定

（1）供配电人员必须按规定上岗，严格执行操作制度。

（2）变、配电所在受电前必须按系统对继电保护装置、自动重合闸装置、报警及预相系统进行模拟试验。

（3）对可编程逻辑控制器的保护装置应逐项模拟联锁及报警参数，应验证其逻辑的正报警值的正确性。

（4）应进行事故电源系统的试车和确认。

（5）应按照规定的停送电程序操作。

（6）送电前应进行电气系统验收。

十九、大机组等关键设备试车应具备以下条件

（1）机组安装完毕，质量评定合格。

（2）系统管道耐压试验和热交换设备气密试验合格。

（3）工艺和蒸汽管道吹扫或清洗合格。

（4）动设备润滑油、密封油、控制油系统清洗合格。

（5）安全阀调试合格并已铅封。

（6）同试车相关的电气、仪表、计算机等调试联校合格。

（7）试车所需动力、仪表空气、循环水、脱盐水及其他介质已到位。

（8）试车方案已批准，指挥、操作、保运人员到位。测试仪表、工具、防护用品、记录表格准备齐全。

（9）试车设备和与其相连系统已完全隔离。

（10）试车区域已划定，有关人员凭证进入。

（11）试车需要的工程安装资料，施工单位整理完，能提供试车人员借阅。

（12）试车技术指标确定。

化工装置投料试车应具备的条件

化工投料试车必须高标准、严要求，按照批准的试车方案和程序进行。在化工投料试车前应严格检查和确认是否具备以下条件：

一、依法取得试生产方案备案手续

按照《危险化学品建设项目安全许可实施办法》（国家安监总局令第8号）的规定，将试生产（使用）方案报相应的有关部门备案，并取得备案证明文件。

二、单机试车及工程中间交接完成

（1）工程质量初评合格。

（2）"三查四定"的问题整改消缺完毕，遗留尾项已处理。

（3）影响投料的设计变更项目已施工完毕。

（4）单机试车合格。

（5）工程已办理中间交接手续。

（6）化工装置区内施工用临时设施已全部拆除；现场无杂物、无障碍。

（7）设备位号和管道介质名称、流向标志齐全。

（8）系统吹扫、清洗完成，气密试验合格。

三、联动试车已完成

（1）干燥、置换、"三剂"装填、计算机仪表联校等已完成并经确认。

（2）设备处于完好备用状态。

（3）在线分析仪表、仪器经调试具备使用条件、工业空调已投用。

（4）化工装置的检测、控制、联锁、报警系统调校完毕，防雷防静电设施准确可靠。

（5）现场消防、气防等器材及岗位工器具已配齐。

（6）联动试车暴露出的问题已经整改完毕。

四、人员培训已完成

（1）国内外同类装置培训、实习已结束。

(2) 已进行岗位练兵、模拟练兵、防事故练兵、达到"三懂六会"(三懂：懂原理、懂结构、懂方案规程；六会：会识图、会操作、会维护、会计算、会联系、会排除故障)，提高"六种能力"(思维能力，操作、作业能力，协调组织能力，防事故能力，自我保护救护能力，自我约束能力)。

(3) 各工种人员经考试合格，已取得上岗证。

(4) 已汇编国内外同类装置事故案例，并组织学习。对本装置试车以来的事故和事故苗头本着"四不放过"(事故原因未查清不放过，责任人员未处理不放过，整改措施未落实不放过，有关人员未受到教育不放过)的原则已进行分析总结，吸取教训。

五、各项生产管理制度已建立和落实

(1) 岗位分工明确，班组生产作业制度已建立。

(2) 各级试车指挥系统已落实，指挥人员已值班上岗，并建立例会制度。

(3) 各级生产调度制度已建立。

(4) 岗位责任、巡回检查、交接班等相关制度已建立。

(5) 已做到各种指令、信息传递文字化，原始记录数据表格化。

六、经批准的化工投料试车方案已组织有关人员学习

(1) 工艺技术规程、安全技术规程、操作法等已人手一册，化工投料试车方案主操以上人员已人手一册。

(2) 每一试车步骤都有书面方案，从指挥到操作人员均已掌握。

(3) 已实行"看板"或"上墙"管理。

(4) 已进行试车方案交底、学习、讨论。

(5) 事故应急预案已经制定并经过演练。

七、保运工作已落实

(1) 保运的范围、责任已划分。

(2) 保运队伍已组成。

(3) 保运人员已上岗并佩戴标志。

(4) 保运装备、工器具已落实。

(5) 保运值班地点已落实并挂牌，实行 24h 值班。

(6) 保运后备人员已落实。

(7) 物资供应服务到现场，实行 24h 值班。

(8) 机、电、仪修人员已上岗。

(9) 依托社会的机、电、仪维修力量已签订合同。

八、供排水系统已正常运行

(1) 水网压力、流量、水质符合工艺要求，供水稳定。

(2) 循环水系统预膜已合格、运行稳定。

(3) 化学水、消防水、冷凝水、排水系统均已投用，运行可靠。

九、供电系统已平稳运行

(1) 工艺要求的双电源、双回路供电已实现。

(2) 仪表电源稳定运行。

(3) 保安电源已落实，事故发电机处于良好备用状态。

(4) 电力调度人员已上岗值班。

(5) 供电线路维护已经落实，人员开始倒班巡线。

十、蒸汽系统已平稳供给

(1) 蒸汽系统已按压力等级运行正常，参数稳定。

(2) 无跑、冒、滴、漏，保温良好。

十一、供氮、供风系统已运行正常

(1) 工艺空气、仪表空气、氮气系统运行正常。

(2) 压力、流量、露点等参数合格。

十二、化工原材料、润滑油(脂)准备齐全

(1) 化工原材料、润滑油(脂)已全部到货并检验合格。

(2) "三剂"装填完毕。

(3) 润滑油三级过滤制度已落实，设备润滑点已明确。

十三、备品配件齐全

(1) 备品配件可满足试车需要，已上架，账物相符。

(2) 库房已建立昼夜值班制度，保管人员熟悉库内物资规格、数量、存入地点，出库满足及时准确要求。

十四、通信联络系统运行可靠

(1) 指挥系统通信畅通。

(2) 岗位、直通电话已开通好用。

(3) 调度、火警、急救电话可靠好用。

(4) 无线电话、报话机呼叫清晰。

十五、物料储存系统已处于良好待用状态

(1) 原料、燃料、中间产品、产品储罐均已吹扫、试压、气密、标定、干燥、氮封完毕。

(2) 机泵、管线联动试车完成，处于良好待用状态。

(3) 储罐防静电、防雷设施完好。

（4）储罐的呼吸阀、安全阀已调试合格。

（5）储罐位号、管线介质名称与流向标识完全，罐区防火有明显标志。

十六、物流运输系统已处于随时备用状态

（1）铁路、公路、码头及管道输送系统已建成投用。

（2）原料、燃料、中间产品、产品交接的质量、数量、方式等制度已落实。

（3）不合格品处理手段已落实。

（4）产品包装设施已用实物料调试，包装材料齐全。

（5）产品销售和运输手段已落实。

（6）产品出厂检验、装车、运输设备及人员已到位。

十七、安全、消防、急救系统已完善

（1）经过风险评估，已制订相应的安全措施和事故预案。

（2）安全生产管理制度、规程、台账齐全，安全管理体系建立，人员经安全教育后取证上岗。

（3）动火制度、防火制度、车辆管理制度等安全生产管理制度已建立并公布。

（4）道路通行标志、防辐射标志及其他警示标志齐全。

（5）消防巡检制度、消防车现场管理制度已制定，消防作战方案已落实，消防道路已畅通，并进行过消防演习。

（6）岗位消防器材、护具已备齐，人人会用。

（7）气体防护、救护措施已落实，制定气防预案并演习。

（8）现场人员劳保用品穿戴符合要求，职工急救常识已经普及。

（9）生产装置、罐区的消防水系统、消防泡沫站、汽幕、水幕、喷淋以及烟火报警器、可燃气体和有毒气体监测器已投用，完好率达到100%。

（10）安全阀试压、调校、定压、铅封完毕。

（11）锅炉、压力容器、压力管道、吊车、电梯等特种设备已经质量技术监督管理部门监督检验、登记并发证。

（12）盲板管理已有专人负责，进行动态管理，设有台账，现场挂牌。

（13）现场急救站已建立，并备有救护车等，实行24h值班。

（14）其他有关内容要求。

十八、生产调度系统已正常运行

（1）调度体系已建立，各专业调度人员已配齐并经考核上岗。

（2）试车调度工作的正常秩序已形成，调度例会制度已建立。

（3）调度人员已熟悉各种物料输送方案，厂际、装置间互供物料关系明确且管线已开通。

（4）试车期间的原料、燃料、产品、副产品及动力平衡等均已纳入调度系统的正常管理之中。

十九、环保工作达到"三同时"

(1) 生产装置"三废"处理设施已建成投用。
(2) 环境监测所需的仪器、化学药品已备齐，分析规程及报表已准备完。
(3) 环保管理制度、各装置环保控制指标、采样点及分析频次等经批准公布执行。

二十、化验分析准备工作已就绪

(1) 中间化验室、分析室已建立正常分析检验制度。
(2) 化验分析项目、频率、方法已确定，仪器调试完毕，试剂已备齐，分析人员已持证上岗。
(3) 采样点已确定，采样器具、采样责任已落实。
(4) 模拟采样、模拟分析已进行。

二十一、现场保卫已落实

(1) 现场保卫的组织、人员、交通工具已落实。
(2) 入厂制度、控制室等要害部门保卫制度已制定。
(3) 与地方联防的措施已落实并发布公告。

二十二、生活后勤服务已落实

(1) 职工通勤车满足试车倒班和节假日加班需要，安全正点。
(2) 食堂实行 24h 值班，并做到送饭到现场。
(3) 倒班宿舍管理已正常化。
(4) 清洁卫生责任制已落实。
(5) 相关文件、档案、保密管理等行政事务工作到位。
(6) 气象信息定期发布，便于各项工作及时应对和调整。
(7) 职工防暑降温或防寒防冻的措施落实到位。

二十三、开车队和专家组人员已到现场

(1) 开车队伍和专家组人员已按计划到齐。
(2) 开车队伍和专家组人员的办公地点、交通、食宿等已安排就绪。
(3) 有外国专家时，现场翻译已配好。
(4) 化工投料试车方案已得到专家组的确认，开车队伍人员的建议已充分发表。

附录 6

聘请技术顾问和开车人员管理办法

化工装置的投料试车,技术含量高,风险程度高,开车难度大。为充分吸取相同或类似装置的经验,确保化工投料试车一次成功,在试车期间可根据不同情况,聘请国内外专家(或组织专家组)担任技术顾问、开车人员(队伍)协助开车。具体办法如下:

一、工作任务

(1)技术顾问或开车人员在试车领导小组的统一领导下,协助做好试车工作。

(2)技术顾问或专家组是层次较高的技术指导人员,应参加技术顾问组工作。

(3)开车人员可根据不同情况,分别参加车间、岗位的试车工作。

(4)开车人员应积极参与试车工作,协助聘请单位审查试车方案、检查确认化工投料试车条件,在试车中指导聘请单位操作人员进行操作,一般不直接进行操作。

二、人员组成

(1)技术顾问一般为本专业的高水平专家,可点名聘请。

(2)开车人员应选择技术过硬、有丰富生产实践经验的技术骨干组成,并指定一名精通技术、有一定组织能力的人员带队。

三、聘请方法

聘请或组织专家组、技术顾问或开车人员(队伍)应在生产准备阶段及早落实,并签订聘用协议或合同,使受聘人员参与生产准备、预试车等阶段的工作,熟悉和掌握化工装置的技术、设备等实际情况。

四、其他事宜

(1)聘请单位应向受聘人员提供必要的技术资料、办公用品、劳动保护用品和生活用品等。

(2)受聘人员待遇由双方共同协商确定。

(3)聘用单位应加强对受聘人员的管理,保证受聘人员的安全;受聘人员应遵守受聘单位的管理制度,严格技术保密。

(4)对合资企业或引进装置按照合同规定执行,特殊问题由中外双方协商决定。

后 记

书到写时方知不易！从开始动笔到书稿完稿，不知不觉中两年多的时间过去了。因为一些同志早就督促我写一本关于化工过程安全管理方面书籍，为了给这些同志一个负责任的交代，也为了对自己从事化工、危险化学品安全管理和监管工作40年职业生涯的经验、教训和思考进行全面系统的总结，给自己一个交代。

两年多来，我利用绝大部分的业余时间，构思回忆，查阅资料，一字一句地输入电脑和反复地修改，形成初稿后请中国石油大学(华东)赵东风教授团队审校。参加审校的同志，认真负责，发现了很多错误，提出了许多很好的修改建议。再校一遍，书稿交出版社初审，这时有了一种久违的、如释重负的感觉。

这种放松的心态一闪而过，接下来的是对书稿能否给化工、危险化学品安全生产工作者带来启发和借鉴而忐忑不安。在构思书稿内容时，我有以下考量：

一是力求书稿内容系统、全面。化工安全生产是一个复杂的系统工程，书稿试图通过化工过程安全管理要素的构建和要素的排序，尽量使内容覆盖化工安全生产应涉及的各方面工作，各要素关系符合管理学中"PDCA"循环的原则，努力为化工、危险化学品安全工作内容做一个相对清晰的界定，为化工、危险化学品安全生产工作者提供一个较为系统的工作建议和思考导向。

二是用好典型事故案例，深刻吸取事故教训。事故是安全生产工作最生动、最鲜活的教材。因此，在书稿中引用了大量的化工和危险化学品事故，有的事故还在多个要素中反复引用，尽量从化工过程安全管理的各个要素角度分析事故原因，提高读者对化工过程安全管理要素的理解。

三是尽可能多地提供有关信息。我在化工、危险化学品安全生产工作中，长时间苦于缺乏对化工安全生产知识的系统、全面了解，因此书稿中，我把自己认为有用的内容尽量提供给读者，除了把40年工作的教训和体会写进书稿外，还在培训工作和化工装置首次开车安全要素中，增加了部分附录内容。

四是针对我国化工、危险化学品安全生产工作的实际和当前突出问题。借鉴美国化工过程安全管理的理念和要素构成，同时针对我国化工、危险化学品安全生产存在的突出问题，书稿把安全领导力作为第一要素。我经过长期的思考认为，安全生产工作首先是自上而下展开，企业负责人、特别是主要负责人的安全理念、安全方针、安全管理方法、安全保障措施是做好安全生产工作的基础，管理人员理解各自专业的风险，制定科学、合理、有效的防范措施和管理制度是重要一环，作业层员工能动地严格执行各项规章制度和安全作业规程至关重要，因此要素首先强调安全领导力的重要性。把安全仪表管理从设备完好性管理要素中独立出来，也是基于当前我国大多数企业，对安全仪表功能的认知和日常管理维护知识掌握不多这一现实问题考虑。在考核和持续改进要素中，特别强调了企业安全生产要定期接受外部审计，这是借鉴工业发达国家安全管理的成熟经验，从当前企业内部审核很难暴露领导层、管理层在安全生产方面存在不足和问题这一普遍现象考虑的。

五是融入自己安全生产工作的经验和思考。我从事生产装置基层安全管理 17 年，在对如何做好安全生产工作有太多教训和感悟，把这些内容编入书稿，也是期望能够对正在从事化工、危险化学品安全生产管理工作的人员有所启发和帮助。

在我国全面引入化工过程安全管理的理念，突出化工、危化品安全生产区别于其他行业领域安全生产工作的特点，构建适合我国的化工过程安全管理要素体系，确实极具挑战性。由于能力所限，书稿中的观点不一定完全正确，一些工作建议也不一定适合所有的企业，书稿缺点和错误也在所难免，再次恳请各位专家、学者和各位读者批评指正！

书稿在收集资料阶段，得到了中国化学品安全协会路念明常务副理事长兼秘书长带领专家团队的大力支持。中国石油大学(华东)赵东风教授领导的团队，对整个书稿进行了全面的校核，并提供了部分内容的参考资料。中化安全科学研究院(沈阳)有限公司总工程师程春生，中国石化青岛安全工程研究院的党文义、李玉明，青岛科技大学谢传欣博士也对书稿的有关内容提出了很好的建议，范成凯同志也为本书一些资料的整理做出了许多工作，在此一并表示衷心的感谢！

感谢郭云涛、王海军、杜红岩、党文义、李玉明、卢传敬、酒江波、董小刚、李文悦、刘慧茹等同志对书稿进行全面或部分的审阅，提出许多宝贵的修改建议。

特别感谢尊敬的工业和信息化部原部长李毅中同志，他多次鼓励我用自己的实践和经验编写一本关于化工、危险化学品安全生产的书籍，并百忙之中为本书作序。

特别感谢中国石化出版社的许倩同志，作为责任编辑，她对书稿做了大量审校工作，才使原本相当粗糙的书稿以现在的面貌呈现给读者。

最后，还要特别感谢我的家人，他们几十年如一日，全力支持我利用业余时间工作，幸福的家庭始终是我努力工作重要的动力源泉。

2022 年 3 月于北京

参 考 文 献

1. 白永忠，等译. 基于风险的过程安全. 北京：中国石化出版社，2013.
2. 汪元辉主编. 安全系统工程. 天津：天津大学出版社，1999.
3. 廖学品编著. 化工过程危险性分析. 北京：化学工业出版社，2000.
4. 罗云等编著. 风险分析与安全评价. 北京：化学工业出版社，2016.
5. 赵东风，等译. 化工过程安全基本原理与应用. 青岛：中国石油大学出版社，2017.
6. 赵劲松主编. 化工过程安全. 北京：化学工业出版社，2015.
7. 中国石化集团上海工程有限公司编. 化工工艺设计手册. 北京：化学工业出版社，2018.
8. 中国化学品安全协会主编.《〈危险化学品企业安全风险隐患排查治理导则〉应用读本》. 北京：中国石化出版社，2019.
9. 程春生，等编著. 化工安全生产与反应风险评估. 北京：化学工业出版社，2011.
10. 苏国胜，等译. 过程安全管理实施指南(第2版). 北京：中国石化出版社，2020.
11. 张建国、李玉明译. 安全仪表系统工程设计与应用(第2版). 北京：中国石化出版社，2017.
12. 赵劲松，等译. 工艺安全管理：变更管理导则. 北京：化学工业出版社，2013.
13. 李玉明，等译. 化工过程安全自动化应用指南(第2版). 北京：中国石化出版社，2021.
14. 赵东风，等译. 危害辨识实用方法. 青岛：中国石油大学出版社，2013.